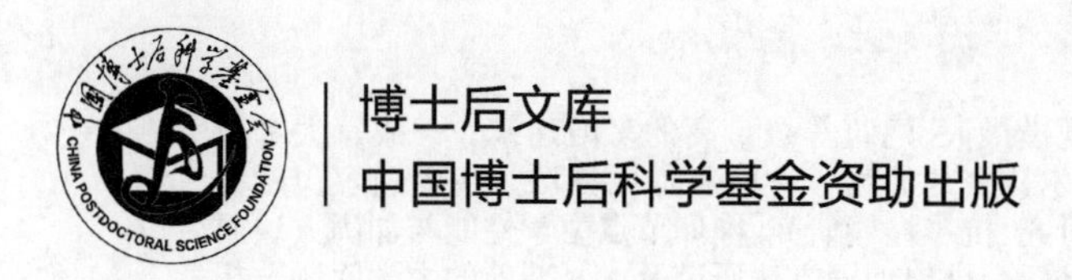

明清官式木构古建结构特性与保护技术
——以故宫太和殿为例

周 乾 著

科 学 出 版 社
北 京

内 容 简 介

本书以我国现存规模最大、建筑等级最高的宫殿建筑——故宫太和殿为例，研究了明清官式木构古建的力学性能和加固方法。主要内容包括故宫太和殿的构造特征研究、抗震性能研究、榫卯节点力学性能与加固方法研究、斗拱竖向加载静力试验、柱根加固方法研究及大修期前的力学问题分析等内容。本书采取理论、试验、数值模拟多手段结合的方法，探讨了故宫太和殿的结构特征、抗震机理、安全现状、典型残损问题、传统及现代方法在其保护和维修的应用等。

全书图文并茂，内容翔实，对于我国明清官式木构古建的保护和维修具有一定参考价值，亦可用于古建保护机构以及科研院校学习和研究参考。

图书在版编目(CIP)数据

明清官式木构古建结构特性与保护技术：以故宫太和殿为例/周乾著. —北京：科学出版社，2019.11

(博士后文库)

ISBN 978-7-03-062994-4

Ⅰ.①明… Ⅱ.①周… Ⅲ.①木结构-古建筑-建筑结构-中国-明清时代 ②木结构-古建筑-保护-中国-明清时代 Ⅳ.①TU-092.4

中国版本图书馆 CIP 数据核字(2019)第 245882 号

责任编辑：周 炜 / 责任校对：王萌萌

责任印制：吴兆东 / 封面设计：陈 敬

科 学 出 版 社出版

北京东黄城根北街 16 号

邮政编码：100717

http://www.sciencep.com

北京建宏印刷有限公司 印刷

科学出版社发行 各地新华书店经销

*

2019 年 11 月第 一 版 开本：720×1000 1/16

2021 年 4 月第三次印刷 印张：19

字数：382 000

定价：120.00 元

(如有印装质量问题，我社负责调换)

《博士后文库》序言

1985年,在李政道先生的倡议和邓小平同志的亲自关怀下,我国建立了博士后制度,同时设立了博士后科学基金。30多年来,在党和国家的高度重视下,在社会各方面的关心和支持下,博士后制度为我国培养了一大批青年高层次创新人才。在这一过程中,博士后科学基金发挥了不可替代的独特作用。

博士后科学基金是中国特色博士后制度的重要组成部分,专门用于资助博士后研究人员开展创新探索。博士后科学基金的资助,对正处于独立科研生涯起步阶段的博士后研究人员来说,适逢其时,有利于培养他们独立的科研人格、在选题方面的竞争意识以及负责的精神,是他们独立从事科研工作的"第一桶金"。尽管博士后科学基金资助金额不大,但对博士后青年创新人才的培养和激励作用不可估量。四两拨千斤,博士后科学基金有效地推动了博士后研究人员迅速成长为高水平的研究人才,"小基金发挥了大作用"。

在博士后科学基金的资助下,博士后研究人员的优秀学术成果不断涌现。2013年,为提高博士后科学基金的资助效益,中国博士后科学基金会联合科学出版社开展了博士后优秀学术专著出版资助工作,通过专家评审遴选出优秀的博士后学术著作,收入《博士后文库》,由博士后科学基金资助、科学出版社出版。我们希望,借此打造专属于博士后学术创新的旗舰图书品牌,激励博士后研究人员潜心科研,扎实治学,提升博士后优秀学术成果的社会影响力。

2015年,国务院办公厅印发了《关于改革完善博士后制度的意见》(国办发〔2015〕87号),将"实施自然科学、人文社会科学优秀博士后论著出版支持计划"作为"十三五"期间博士后工作的重要内容和提升博士后研究人员培养质量的重要手段,这更加凸显了出版资助工作的意义。我相信,我们提供的这个出版资助平台将对博士后研究人员激发创新智慧、凝聚创新力量发挥独特的作用,促使博士后研究人员的创新成果更好地服务于创新驱动发展战略和创新型国家的建设。

祝愿广大博士后研究人员在博士后科学基金的资助下早日成长为栋梁之才,为实现中华民族伟大复兴的中国梦做出更大的贡献。

中国博士后科学基金会理事长

序

我国的古建筑以木结构为主，具有重要的文物和历史价值。从构造上讲，这些古建筑主要由基础、柱子、斗拱、梁架、屋顶和墙体等部分组成，其中，梁和柱采取榫卯节点形式连接。由于历经时间久远，在不同因素的作用下，这些古建筑不可避免地存在残损问题，因而很有必要对它们开展科学评价并采取有效保护措施。位于北京市中心的紫禁城（今故宫博物院），拥有明清时期古建筑 8000 余座，是世界上现存规模最大、保存最完整的木结构古代宫殿建筑群，而位于紫禁城前朝的太和殿，则是我国规模最大、建筑等级最高的宫殿建筑，亦是这些古建筑的代表。以故宫太和殿为对象，开展明清官式木构古建筑结构特性及加固方法相关的研究，对于我国木构古建的保护、维修与研究具有重要意义。

该书是一本关于木结构古建筑力学性能和科学保护方法的著作，以故宫太和殿为例，讨论了明清官式木构古建的力学性能与加固方法。全书采取现场调查、理论分析、数值模拟及静动力试验等多手段相结合的方法，分别讨论了太和殿的静力稳定构造，8 度常遇地震及罕遇地震的抗震性能，榫卯节点、斗拱、柱础、墙体等构造对结构整体抗震性能的影响；科学评价了太和殿柱根、榫卯节点的力学特性和加固方法，研究了太和殿斗拱的竖向承载性能，分析了太和殿在大修期间存在的力学问题及修缮加固措施。以此扩展，该书还讨论了明清官式木构古建的典型残损问题和加固方法。全书内容翔实，图文并茂，知识量丰富，体现了作者较为深厚的研究功底和丰富的工程实践经验。

该书作者周乾是我培养的博士生。他在校求学期间非常刻苦，结合实际工作情况，以故宫太和殿为对象，开展明清官式木构古建的抗震性能与加固方法研究，并以此形成博士论文，其博士论文答辩亦为优秀。作者在博士求学期间，开展了大量的理论和试验研究，并形成了一定数量的成果。这些成果分别在博士、博士后期间发表，如在《土木工程学报》、《建筑结构学报》、《建筑材料学报》、《西南交通大学学报》等期刊上发表了《故宫太和殿抗震构造研究》、《罕遇地震作用下故宫太和殿抗震性能研究》、《3 种材料加固古建筑木构架榫卯节点的抗震性能》、《故宫太和殿一层斗拱竖向加载试验》等多篇论文。这些论文是作者劳动成果的结晶，亦为该书的成型奠定了扎实的基础。

从已有出版成果来看，关于明清木构古建，尤其是故宫太和殿的力学性能及科学保护方法的相关论著很少。该书的问世，有望丰富我国木结构古建筑保护方面的内容，并为明清官式古建筑的保护、研究和修缮提供指导和参考。

2019年1月12日

前　言

本书的写作背景主要包括两个方面：①故宫古建大修工程及“平安故宫”工程。这两项工程的重要内容之一，就是保护故宫内占地 112hm^2、建筑面积 17 万 m^2 的古代木结构宫殿建筑安全。故宫太和殿维修工程于 2004 年启动，2008 年完工，但后续研究保护工作仍在进行。在前期的现场勘查中，工程技术人员发现太和殿大木构架、斗拱、装修（门窗）、屋顶等部位存在不同程度的残损和安全隐患问题。对太和殿的结构现状进行安全评估，探讨结构残损的主要原因，并采取合理有效的保护方法，是当下极为重要而紧迫的任务。基于该背景，作者开始了故宫太和殿结构特性与科学保护方法的研究，通过开展系列的理论分析和科学试验，探讨太和殿的有效保护方法。②目前关于明清官式木构古建的结构特性及保护方法研究成果较少。故宫拥有我国现存规模最大、保存最完整的明清古建筑群，而太和殿是其典型代表。由于种种原因，关于故宫古建筑尤其是太和殿结构特性及保护方法相关的论著却少之又少。以太和殿为对象，开展明清官式木构古建结构特性和加固方法的研究，对相关成果进行汇总并出版，是对明清官式木构古建力学性能研究内容的重要补充。

与其他古建筑相关著作不同，本书具有一定的新意。这主要表现在：①对象新颖。故宫太和殿是我国现存规模最大、建筑等级最高的宫殿建筑，是我国明清官式木构古建的代表。对太和殿进行结构安全现状的评估及保护措施，是极其重要而又艰巨的任务。本书以故宫太和殿为对象，结合太和殿大修背景，围绕太和殿结构特征和保护修缮技术，开展了较为详细的讨论和分析，其研究对象新颖，成果也是有创造性，将给读者耳目一新的感觉。②图片丰富。这些图片是故宫太和殿及其他明清官式木构古建结构特征及维修、保养、研究的特有参考资料，是作者长期科研和工程实践的积累，对相关专业的读者来说，也是不可多得的资源。③内容全面。尽管本书是以故宫太和殿为对象开展分析和研究，但其内容实际涵盖了明清官式木构古建的构造特征、力学性能、理论分析、科学试验方法、典型残损问题、传统及现代加固技术的应用等多方面内容。对于明清官式木构古建的保护和研究而言，本书是一本内容较为全面的资料。

本书得到了中国博士后科学基金的资助，在此表示感谢。

由于作者水平有限，书中难免存在疏漏和不妥之处，敬请读者批评指正。

目　录

第1章 绪 论

古建筑是人类文化遗产的重要组成部分,保护意义重大。我国现存的古建筑以木结构为主。这些古建筑历经时间长久,其结构不可避免地受到各种因素影响而产生残损问题,因而需要不同程度的加固或保养。相应地,国内外一些学者从理论、试验方面,对古建筑的抗震性能或加固方法开展了研究。

在我国,赵均海等[1]和 Fang 等[2,3]通过模型的动力试验、静力试验及现场脉动试验,对西安北门箭楼的动力特性、地震荷载作用下的破坏机理及抗震性能进行了分析研究;高大峰等依据《营造法式》规定做法,对古建筑榫卯节点、斗拱的力学性能开展了试验研究,将柱架简化为"摇摆柱",斗拱铺作层简化为"剪弯杆",提出了单层殿堂式古建筑木结构的两质点"摇摆-剪弯"动力分析模型[4~9];李瑜等[10]研究了历史建筑木结构的剩余寿命预测方法;竺润祥等[11]采用接触问题的相关理论对古建筑木结构直榫节点进行了分析;Yang 等[12]研究了藏式古建筑的力学性能;李铁英等[13,14]系统地分析了应县木塔主要残损类型及机理,提出古建筑木结构的双参数地震损坏准则;王林安[15]研究了应县木塔普柏枋和梁袱节点残损机理,提出"插筋法"增强古建筑木构件的横纹局压承载力的技术;袁建力等[16]对应县木塔斗拱的力学性能开展了试验研究;王娟等[17]通过数值模拟研究了藏式木构古建损伤识别方法;周乾等[18~22]研究了汶川地震古建筑震害症状,评估了故宫部分古建大木结构的力学性能,采取拟静力试验方法,对榫卯节点的力学性能和加固方法进行了初步研究;Chang 等[23,24]采用试验方法研究了不同形式榫卯节点的破坏模式;赵金城[25]以台湾天坛三川殿为例,研究了古建筑在地震荷载及竖向荷载作用下的破坏模式;陈敬文[26]通过试验与 ANSYS 模拟相结合的方法,研究了台湾传统穿斗式木构架榫卯节点的力学特性。其他如王天[27]、陈平等[28]、熊仲明等[29]、Chun 等[30]对我国古建筑木结构的力学性能或加固方法开展了理论或试验研究。

在国外,Seo 等采取低周反复加载试验方法,研究了韩国木结构的抗震性能,分析了木结构的破坏形式,获得了结构的非线性恢复力模型[31];Sangree 等采用理论与试验相结合的方法,对两座古代木桥进行了安全评估[32];Anton 等基于振动台试验,研究了与木构架抗震性能密切相关的阻尼比影响参数,以及参数与构架连接方式之间的关系[33];Folz 等采用有限元分析和振动台试验相结合的方法,对某木结构框架进行了地震破坏分析[34];Thelin 等采取理论分析方法,研究了古代屋顶木构架的承载性能[35];Lee 等采取静载方法,研究了韩国古建筑木结构的抗震性能[36];Li 等采取振动台试验方法,研究了木结构梁柱体系在地震作用下的抗震性能[37]。西川英佑等采取理论分析方法，研究了日本药师寺东塔的震害历史[38]；石丸辰治等对日本传统古建筑的抗震加固进行了研究，提出了在木框架特定部位增加制震壁的方法并论述了其可行性[39]；千葉一樹等采取理论分析方法，研究了日本円覚寺舎利殿的抗震性能[40]；長瀬正等采取微振动试验方法，测量了唐招提寺金堂的自振周期及基频[41]；向坊恭介等采取足尺比例模型振动台试验方法，测试了日本传统木构建筑的动力特性和地震破坏过程[42]；鈴木祥之等对日本的典型古建筑进行了数值模拟或振动台试验研究，讨论了柱础、斗拱和榫卯节点的抗震性能，获得了它们的恢复力模型，分析了地震作用下古建筑木结构的变形和加速度响应；基于阪神地震后木结构古建筑的抗震加固方法，提出了基于概率方程和耐震信赖性理论的抗震分析方法[43~49]。

明清紫禁城（今北京故宫博物院）拥有古建筑 8000 余座，是世界上最大的木结构古代宫殿建筑群。近 600 年来，这些古建筑历经数百次地震仍保持完好[50]，体现了良好的抗震性能。位于故宫前朝的太和殿，是我国规模最大、建筑等级最高的宫殿建筑。太和殿始建于明永乐十八年（1420 年），期间历经数次火灾，现存的建筑形制基本保持了清康熙三十四年（1695 年）重建后的规制。太和殿是明清皇帝举行最隆重典礼的地方，面阔 11 间（60.01m），进深 5 间（33.33m），建筑面积 $2381m^2$。太和殿 72 根柱子排列成行，老檐柱高 12.7m，直径 1.06m，从庭院地坪到正脊的高度为 35.05m。太和殿木构架为十三檩殿堂式木构架体系，内檐金柱中心线上各有童柱支撑七架梁、五架梁、三架梁；斗拱做法是明清斗拱的最高形制[51]，上下两檐均用溜金斗拱；屋顶为重檐庑殿做法，屋脊两端安装有高 3.4m、质量为 4300kg 的大吻。故宫太和殿现状如图 1-1 所示。

图 1-1 故宫太和殿现状

以故宫太和殿为例，开展我国明清官式木构古建力学性能与加固方法研究，意义主要体现在以下三个方面：

(1) 我国现存明清官式木构古建较多,仅以故宫为例,其内古建筑有8000余座,是世界上现存规模最大、数量最多的木结构古建筑群,对它们开展力学性能研究,有利于我国明清官式木构古建筑的保护和维修。

(2) 太和殿是我国明清官式木构古建的典型代表,其构造特征、抗震机理与加固方法的研究,对于我国明清官式古建筑的保护和研究具有重要指导意义。

(3) 以太和殿为例,采用现代化手段开展明清官式木构古建力学性能与加固方法研究,有利于促进不同学科在古建筑保护中的交叉运用,提高我国古建筑的保护和研究水平。

本书主要包括以下六个方面内容:

(1) 故宫太和殿构造特征研究。采用理论分析方法,研究故宫太和殿的柱、雀替、斗拱、梁架、檩三件等构造对结构整体静力稳定性的贡献,以及布局、基础、柱子、榫卯节点、斗拱、梁架、屋顶、墙体等构造对结构整体抗震性能的贡献;建立太和殿有限元模型,开展数值模拟分析,研究太和殿分别在自重荷载作用、水平风荷载作用及8度常遇地震作用下的安全现状,并提出可行性建议。

(2) 故宫太和殿抗震性能研究。基于ANSYS有限元分析方法,分别建立了故宫太和殿的线性、非线性模型,开展了模态分析、响应谱分析及时程响应分析;研究了太和殿的振动特性、在8度常遇地震作用下的内力及变形响应特征、在8度罕遇地震作用下的抗倒塌性能;讨论了柱础、榫卯节点、斗拱、屋顶、墙体等构造对结构抗震性能的不同贡献;细化分析了不同烈度地震作用下,嵌固墙体对结构整体动力特性与动力响应的影响。

(3) 故宫太和殿榫卯节点力学性能与加固方法。在已有研究基础上,制作了考虑燕尾榫连接的故宫太和殿某开间1∶8缩尺比例模型。通过水平低周反复加载试验,研究了榫卯节点的弯矩-转角滞回曲线及骨架曲线,讨论了延性系数、刚度退化、耗能性能,探讨了榫卯节点抗震机理;在此基础上,分别考虑采用扒钉、碳纤维增强塑料(carbon fiber reinforced plastic,CFRP)布和钢构件加固榫卯节点,讨论了不同材料加固节点的抗震性能。通过振动台试验,讨论了未加固、扒钉加固、CFRP布加固、钢构件加固构架的振动特性和地震响应,分析了不同构架的基频、阻尼比、位移响应、加速度响应、减震系数等参数,评价了上述不同材料加固榫卯节点的抗震效果,并对不同材料的工程应用提出了可行性建议。

(4) 故宫太和殿斗拱竖向加载静力试验。故宫太和殿斗拱形式为明清斗拱的最高等级——溜金斗拱。基于已有成果,制作了太和殿一、二层斗拱的1∶2缩尺比例模型,开展了竖向静力加载试验,研究了太和殿溜金斗拱在竖向荷载作用下的破坏形式、力-变形曲线、延性、应变、竖向刚度等力学参数,讨论了斗拱各构造对整体竖向承载性能的影响,提出了竖向荷载作用下太和殿溜金斗拱的简化计算模型。

(5) 故宫太和殿柱根加固方法研究。柱根糟朽是木构古建典型残损问题之一,传统的加固方法包括包镶和墩接。以故宫太和殿某柱为对象,制作了缩尺比例模型,分别进行了传统铁箍墩接加固木柱柱根轴压试验、CFRP 布墩接加固木柱柱根轴压试验及 CFRP 布包镶加固木柱柱根轴压试验,分析了不同方法加固木柱柱根后的力-变形曲线,以及延性、应变、刚度等参数,讨论了不同方法加固底部糟朽木柱的机理,提出了工程应用建议。

(6) 故宫太和殿大修期前的力学问题分析。首先分析了故宫古建筑柱、梁、檩三件、斗拱、榫卯节点、墙体等构造存在的典型残损问题及加固方法。在此基础上,讨论了故宫太和殿在 2004～2008 年大修期间存在的部分力学问题,包括三次间正身顺梁榫头下沉、山面扶柁木下沉而后又支顶、西山挑檐檩大挠度、明间藻井下沉等;开展了理论计算和数值模拟研究,讨论了有效加固方法及已有加固方法的可行性,提出了工程保护及加固建议。

参考文献

[1] 赵均海,俞茂宏,杨松岩,等. 中国古代木结构有限元动力分析[J]. 土木工程学报,2000,33(1):32－35.

[2] Fang D P,Iwasaki S,Yu M H. Ancient Chinese timber architecture—Ⅰ:Experimental study[J]. Journal of Structural Engineering,2001,127(11):1348－1357.

[3] Fang D P,Iwasaki S,Yu M H. Ancient Chinese timber architecture—Ⅱ:Dynamic characteristics[J]. Journal of Structural Engineering,2001,127(11):1358－1364.

[4] 高大峰,赵鸿铁,薛建阳,等. 中国古建木构架在水平反复荷载作用下变形及内力特征[J]. 世界地震工程,2003,19(1):9－14.

[5] 谢启芳,赵鸿铁,薛建阳,等. 中国古建筑木结构榫卯节点加固的试验研究[J]. 土木工程学报,2008,41(1):28－34.

[6] 赵鸿铁,董春盈,薛建阳,等. 古建筑木结构透榫节点特性试验分析[J]. 西安建筑科技大学学报(自然科学版),2010,42(3):315－318.

[7] 隋龑,赵鸿铁,薛建阳,等. Experimental research on the lateral stiffness of ancient wooden Dougong[J]. 西安建筑科技大学学报(自然科学版),2009,41(5):668－671.

[8] 隋龑,赵鸿铁,薛建阳,等. 古代殿堂式木结构建筑模型振动台试验研究[J]. 建筑结构学报,2010,31(2):35－40.

[9] 薛建阳,张风亮,赵鸿铁,等. 单层殿堂式古建筑木结构动力分析模型[J]. 建筑结构学报,2012,33(8):135－142.

[10] 李瑜,瞿伟廉,李百浩. 古建筑木构件基于累积损伤的剩余寿命评估[J]. 武汉理工大学学报,2008,30(8):173－177.

[11] 竺润祥,董益平,任茶仙,等. 榫卯连接的古木结构静力分析[J]. 工程力学,2003,(s):435－438.

[12] Yang N,Li P,Law S S,et al. Experimental research on mechanical properties of timber in ancient Tibetan building[J]. Journal of Materials in Civil Engineering,2012,24(6):635－643.

[13] 李铁英,魏剑伟,张善元,等. 应县木塔实体结构的动态特性试验与分析[J]. 工程力学,

2005,22(1):141－146.

[14] 李铁英,秦慧敏.应县木塔现状结构残损分析及修缮探讨[J].工程力学,2005,22(s):199－212.

[15] 王林安.应县木塔梁柱节点增强传递压力效能研究[D].哈尔滨:哈尔滨工业大学,2006.

[16] 袁建力,陈韦,王钰,等.应县木塔斗拱模型试验研究[J].建筑结构学报,2011,32(7):66－72.

[17] 王娟,杨庆山.藏式古建筑木结构损伤识别的数值模拟[J].振动、测试与诊断,2014,34(1):160－167.

[18] 周乾,闫维明,纪金豹,等.汶川地震古建筑震害研究[J].北京工业大学学报,2009,35(3):330－337.

[19] 周乾,闫维明,周锡元,等.中国古建筑动力特性与地震反应[J].北京工业大学学报,2010,36(1):13－17.

[20] 周乾,闫维明,关宏志,等.故宫太和殿抗震性能研究[J].福州大学学报(自然科学版),2013,41(4):487－494.

[21] 周乾,闫维明.Experimental study on aseismic behaviors of Chinese ancient tenon-mortise joint strengthened by CFRP[J].东南大学学报(英文版),2011,27(2):192－195.

[22] 周乾,闫维明,关宏志,等.罕遇地震作用下故宫太和殿抗震性能研究[J].建筑结构学报,2014,35(S1):25－32.

[23] Chang W S,Hsu M F,Komatsu K.Rotational performance of traditional Nuki joints with gap I:Theory and verification[J].Journal of Wood Science,2006,52(1):58－62.

[24] Chang W S,Hsu M F.Rotational performance of traditional Nuki joints with gap Ⅱ:The behavior of butted Nuki joint and its comparison with continuous Nuki joint[J].Journal of Wood Science,2007,53(5):401－407.

[25] 赵金城.传统叠斗式大木构架结构行为探讨[D].台南:成功大学,2004.

[26] 陈敬文.台湾传统穿斗式木构架接点力学行为及数值模拟分析研究[D].高雄:高雄大学,2008.

[27] 王天.古代大木作静力初探[M].北京:文物出版社,1992.

[28] 陈平,姚谦峰,赵冬.西安钟楼抗震能力分析[J].西安建筑科技大学学报(自然科学版),1998,30(3):277－283.

[29] 熊仲明,韦俊,权吉柱,等.古建筑殿堂型结构耗能减震性能的有限元分析研究[J].振动与冲击,2008,27(12):139－142.

[30] Chun Q,Yue Z,Pan J W.Experimental study on seismic characters of typical mortise-tenon joints of Chinese southern traditional timber frame buildings[J].Science in China Series E:Technological Sciences,2011,54(9):2404－2411.

[31] Seo J M,Choi I K,Lee J R.Static and cyclic behavior of wooden frames with tenon joints under lateral load[J].Journal of Structural Engineering,1999,125(3):344－349.

[32] Sangree R H,Schafer B W.Field experiments and numerical models for the condition assessment of historic timber bridges:Case study[J].Journal of Bridge Engineering,2008,13(6):595－601.

[33] Anton P,Boyd D S.Dynamic properties of light-frame wood subsystems[J].Journal of Structural Engineering,1991,117(4):1079－1095.

[34] Folz B, Filiatrault A. Seismic analysis of wood frame structures Ⅰ[J]. Journal of Structural Engineering, 2004, 130(9): 1353—1360.

[35] Thelin C, Olsson K G. Static behavior of a historic roof structure[J]. Journal of Architectural Engineering, 2005, 11(2): 39—49.

[36] Lee Y W, Hong S G, Bae B S. Experiments and analysis of the traditional wood structural frame[C]//Proceedings of the 14th World Conference on Earthquake Engineering, Beijing, 2008.

[37] Li M, Lam F, Foschi R O, et al. Seismic performance of post and beam timber buildings Ⅰ: Model development and verification[J]. Journal of Wood Science, 2012, 58(1): 20—30.

[38] 西川英佑，山内淳子，藤岡洋保，他. 国宝薬師寺東塔の地震被害の履歴について-文化財建造物の地震被害履歴に対する構造学的な-考察-[J]. 日本建筑学会计画系论文集，2010，75(647)：271—278.

[39] 石丸辰治，石垣秀典，吉田明義. 伝統的木造建築物の制震改修について[C]//日本建築学会大会学術講演梗概集，2001：425—426.

[40] 千葉一樹，藤田香織，栗田哲. 国宝円覚寺舎利殿の構造評価[J]. 歴史都市防災論文集，2010，4：173—180.

[41] 長瀬正，佐分利和宏，今西良男，他. 唐招提寺金堂の常時微動測定[C]//日本建築学会大会学術講演梗概集. 本州：日本建築学会，2000.

[42] 向坊恭介，大橋好光，清水秀丸，他. 伝統的構法による実大木造建物の振動台実験[J]. 歴史都市防災論文集，2009，3：13—20.

[43] 前野将辉，鈴木祥之，松本慎也. 寺院建築物における伝統木造軸組みの構造力学特性のモデルかによる骨組解析[J]. 京都大学防災研究所年報，2007，50：117—131.

[44] 鈴木祥之. 建築・防災の先端技術と伝統技術の確立を目指して[J]. 京都大学防災研究所年報，2008，51：59—78.

[45] 向坊恭介，鈴木祥之. 伝統構法木造建物の地震応答と耐震性能に関する研究[D]. 东京：京都大学，2008.

[46] 新田祐平，向坊恭介，鈴木祥之，他. 東本願寺御影堂の耐震補強による振動特性の変化[J]. 歴史都市防災論文集，2009，3：51—56.

[47] 須田達，田代靖彦，向坊恭介，他. 柱傾斜復元力を活かした伝統木造軸組の耐震補強[J]. 歴史都市防災論文集，2011，5：185—192.

[48] 吉富信太，栗田駿平，棚橋秀光，他. 東本願寺御影堂門の立体解析モデルによる地震応答解析[J]. 歴史都市防災論文集，2014，8：17—24.

[49] 棚橋秀光，岩本いづみ，鈴木祥之. 伝統構法架構の復元力特性に及ぼす対角線効果[J]. 歴史都市防災論文集，2015，9：101—108.

[50] 蒋博光. 故宫古建筑历经地震状况及防震措施[J]. 故宫博物院院刊，1983，(4)：78—91.

[51] 于倬云. 故宫三大殿形制探源[J]. 故宫博物院院刊，1993，(3)：3—17.

第 2 章　故宫太和殿构造特征研究

本章包括三个部分:①故宫太和殿静力稳定构造研究。基于柱、雀替、斗拱、梁架、檩三件等不同构件的构造特征,分析了竖向静力荷载作用下,各构件对太和殿结构整体稳定性能的影响,探讨了相关静力学机理。②故宫太和殿结构现状数值模拟研究。采用 ANSYS 有限元程序,基于榫卯节点、斗拱连接等构造,建立了太和殿有限元模型。分别对模型进行自重作用、风荷载作用下的静力分析及 8 度常遇地震作用下的时程响应分析,获得了太和殿在不同荷载作用下的内力及变形分布特征,评价了太和殿的结构安全现状。③故宫太和殿抗震构造研究。根据太和殿构造组成特点,从布局、基础、柱子、榫卯节点、斗拱、梁架、屋顶、墙体等部件出发,分析了各部件构造对结构整体抗震性能有利影响。

2.1　故宫太和殿静力稳定构造研究

我国的古建筑以木结构为主,在构造上主要由基础、柱子、斗拱、梁架、屋顶等部分组成,其中梁与柱采用榫卯节点形式连接。千百年来,它们历经各种自然灾害尤其是地震而保持完好,体现了良好的受力性能。不少学者对古建筑的抗震性能也开展了理论和试验研究[1~5]。一般情况下,古建筑主要承受竖向静力为主的荷载,且能保持稳定状态,这与其构造特征必然存在联系,然而相关研究却很少[6,7]。

故宫太和殿立面现状如图 2-1-1 所示。为了更好地保护古建筑,本节以故宫太和殿为例,从静力角度探讨柱、雀替、斗拱、梁架、檩三件(檩、垫板、枋)等构造对结构整体稳定性能的有利影响,其结果可为古建筑保护和维修提供理论参考。

2.1.1　柱

太和殿檐柱柱高为 7.73m,柱径为 0.78m。根据清代大木工艺特征,太和殿外檐周圈柱子的下脚向外侧移 0.054m(檐柱高的 0.7%),使柱子的上端略向内倾斜,以增加建筑物的稳定性能,该做法称为侧脚[8],如图 2-1-2(a)所示。太和殿梁柱体系采用榫卯节点形式连接,外力作用下,由于节点拔榫,榫卯节点由半刚接转化为铰接。不采用侧脚时,结构很容易成为图 2-1-2(b)所示的瞬变体系;采用侧脚后,结构则为图 2-1-2(c)所示的几何不变体系。由此可知,侧脚构造对太和殿结构整体的稳定性有利。

图 2-1-1　故宫太和殿立面现状

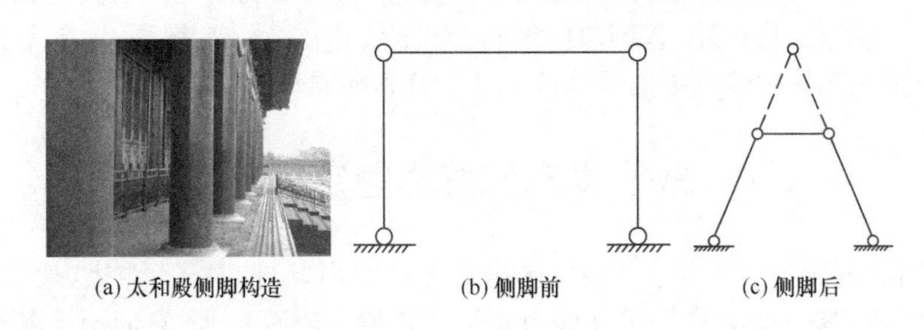

(a) 太和殿侧脚构造　(b) 侧脚前　(c) 侧脚后

图 2-1-2　侧脚构造图

2.1.2　雀替

1. 支撑作用

雀替常用于梁(或额枋)与柱相交处,从柱内伸出以起支托作用。其力学特征主要表现为[6]:①在梁柱节点处伸出雀替后,梁的跨度减小,跨中弯矩减小;②雀替限制了梁端榫头绕柱顶卯口的相对转动,提高了榫卯节点的刚度,减小了梁的挠度,有利于提高木构架的稳定性。有文献认为清代雀替由于与柱顶拉结不牢固,仅为装饰构件[8]。在古建筑实际保护工程中,部分松动的雀替采用铁件等材料与柱顶进行固定。太和殿某雀替如图 2-1-3 所示。

为了研究雀替对梁的支撑作用,假设梁柱节点在外力作用下产生松动,而梁端部的雀替与柱子连接牢固,并支撑梁端,则梁端可考虑为铰接约束,雀替端部可考虑为固接约束,下面分析雀替构造对减小梁弯矩及挠度的影响。如图 2-1-4 所示,梁 AA'尺寸为 $B\times H\times L$(长×宽×高);根据雀替尺寸[8],AC 的长为 $L/4$,截面宽 $B/2$,截面高度变化范围为:$h=(0\sim1)H$。外力作用下,梁产生变形时,与雀替的接触点为 $C(C')$。

图 2-1-3　太和殿某雀替

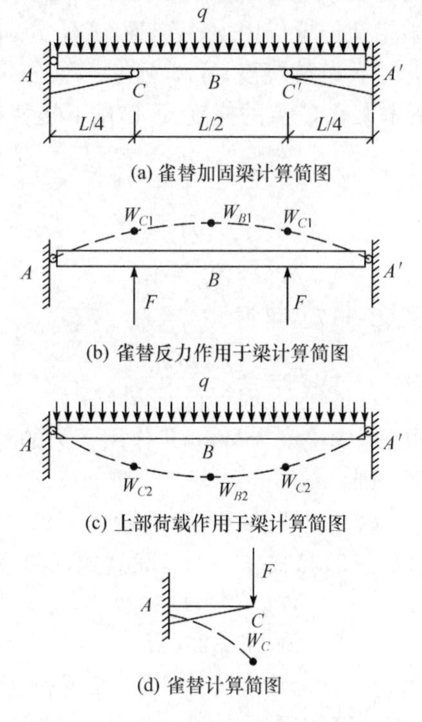

图 2-1-4　雀替加固梁挠度计算简图

根据材料力学知识，图 2-1-4(b)中挠度曲线方程：

AC 段

$$EIW_1 = \frac{Fx^3}{6} - \frac{3FL^2x}{32}, \quad 0 \leqslant x \leqslant \frac{L}{4} \tag{2-1-1}$$

CC'段

$$EIW_1=\frac{FLx^2}{8}-\frac{FL^2x}{8}+\frac{FL^3}{384},\quad \frac{L}{4}\leqslant x\leqslant\frac{3L}{4} \tag{2-1-2}$$

图 2-1-4(c)中挠度曲线方程：

$$EIW_2=\frac{qx(x^3-2Lx^2+L^3)}{24} \tag{2-1-3}$$

图 2-1-4(d)中挠度曲线方程：

$$EI'W_3=\frac{Fx^2[3(L/4)-x]}{6} \tag{2-1-4}$$

将 $x=L/4$ 代入式(2-1-1)、式(2-1-3)、式(2-1-4)，得

$$W_{C1}=-\frac{FL^3}{48EI},\quad W_{C2}=\frac{19qL^4}{2048EI},\quad W_C=\frac{FL^3}{192EI'} \tag{2-1-5}$$

式中，E、I、I'分别为木材弹性模量、梁截面惯性矩、雀替截面惯性矩；q 为木梁承受均布荷载；F 为雀替与梁相交位置作用力；W_1、W_2、W_3 分别为 F 作用下木梁挠度、q 作用下木梁挠度、F 作用下雀替挠度；W_{C1}、W_{C2}、W_C 分别为 F 作用下木梁在 C(C')点的挠度、q 作用下木梁在 C 点的挠度、F 作用下雀替在 C 点的挠度。

又

$$\frac{I'}{I}=\frac{h^3}{2H^3} \tag{2-1-6}$$

$$W_C=W_{C1}+W_{C2} \tag{2-1-7}$$

联立式(2-1-5)～式(2-1-7)，可得

$$F=\frac{57qLh^3}{64(H^3+2h^3)} \tag{2-1-8}$$

设未考虑雀替时梁的跨中挠度为 W_{B2}，F 作用下梁的跨中挠度为 W_{B1}，考虑雀替后梁的跨中挠度为 W_B，则

$$W_B=W_{B1}+W_{B2} \tag{2-1-9}$$

将 $x=L/2$ 代入式(2-1-2)和式(2-1-3)，联立式(2-1-8)和式(2-1-9)，得

$$\lambda_W=\frac{W_{B2}}{W_B}=\frac{1-627h^3}{320(H^3+2h^3)} \tag{2-1-10}$$

另外，设未设置雀替时梁的跨中弯矩为 M_{B2}，设置雀替后梁的跨中弯矩为 M_B，利用材料力学中截面弯矩计算解得

$$\lambda_M=\frac{M_{B2}}{M_B}=\frac{1-57h^3}{32(H^3+2h^3)} \tag{2-1-11}$$

基于式(2-1-10)和式(2-1-11)绘出 h/H-λ_W、h/H-λ_M 关系曲线如图 2-1-5 所示，可以看出梁端增设雀替后，随着雀替厚度 h 增大，梁跨中挠度及弯矩均有不同程度的减小，最大幅度可降至原有挠度的 0.35，原有弯矩的 0.41。

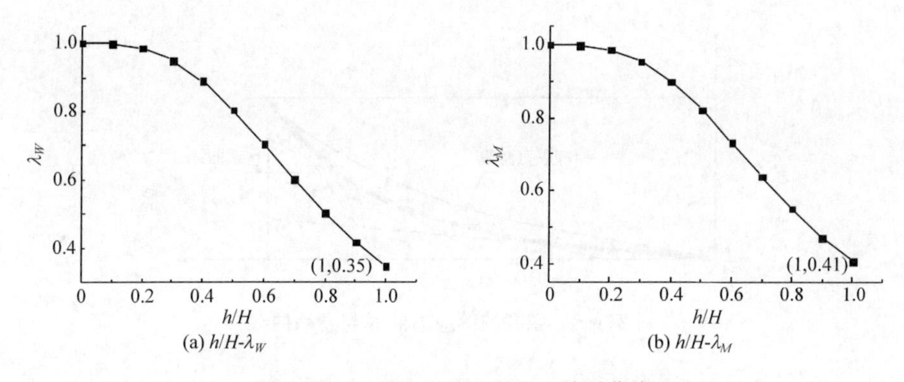

图 2-1-5　h/H-λ_W 和 h/H-λ_M 关系曲线

2. 卷杀

太和殿部分雀替的下侧有卷杀做法，即砍刨去部分尺寸，并刻出连续的花纹。如图 2-1-6 所示，卷杀曲线可表示为[6]

$$h=\frac{105(60-x)}{4(75-x)} \tag{2-1-12}$$

式(2-1-12)中，x 表示曲线上任一点离柱边的距离。下面证明该曲线与雀替的等应力曲线接近。设雀替长 L'，宽 B'，厚度 h，其上任一点的弯矩为

$$M=F(L'-x) \tag{2-1-13}$$

雀替任一截面的弯曲截面系数为

$$W=\frac{B'h^2}{6} \tag{2-1-14}$$

任一截面应力为

$$\sigma=\frac{M}{W} \tag{2-1-15}$$

根据雀替做法[6]，雀替长 $L'=60$ 单位时，h 最大值为 21 单位，此时应力为

$$\sigma=\frac{60F}{21^2\times B'/6} \tag{2-1-16}$$

根据等应力梁定义，式(2-1-15)与式(2-1-16)相等。联立式(2-1-13)～式(2-1-16)，解得

$$h=2.71(60-x)^{1/2} \tag{2-1-17}$$

绘出式(2-1-12)、式(2-1-17)中的曲线如图 2-1-6 所示，可以看出，两条曲线很接近，且卷杀线包含等应力线。由此可知，卷杀对雀替受力影响很小。

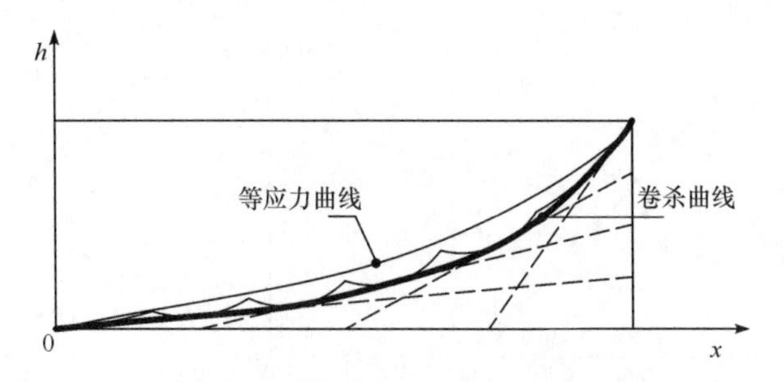

图 2-1-6　雀替的等应力曲线与卷杀曲线

2.1.3　檩三件

1. 工字型截面[9]

檩三件一般是指檩、垫板、枋三种木构件由上至下组成的体系。檩三件在上下方向进行叠合,共同承担屋面传来的作用力,并将该作用力传给所支撑的梁架或柱子。太和殿某檩三件如图 2-1-7 所示。

图 2-1-7　太和殿某檩三件

1. 檩；2. 垫板；3. 枋

檩三件的一个重要特征即采用工字型截面。工字型截面与等高度矩形截面相比,在满足抗弯要求方面,具有更强的科学性。下面以太和殿明间脊檩三件截面为例进行分析。

当脊三件(脊檩、脊垫板、脊枋)组成叠合梁时,有

$$M=M_1+M_2+M_3 \tag{2-1-18}$$

式中,M 为脊三件承受的总弯矩;M_1、M_2、M_3 分别表示脊檩、脊垫板和脊枋承受的弯矩。假设三个构件的曲率半径相等,则

$$\frac{1}{\rho_1}=\frac{M_1}{EI_1}=\frac{1}{\rho_2}=\frac{M_2}{EI_2}=\frac{1}{\rho_3}=\frac{M_3}{EI_3} \tag{2-1-19}$$

式中,ρ_1、ρ_2、ρ_3 分别为檩、垫板、枋的曲率;I_1、I_2、I_3 分别为檩、垫板、枋的截面惯性矩。三个构件的截面惯性矩如下:

檩：

$$I_1 \approx \frac{\pi D^4}{64}$$

垫板：

$$I_2 = \frac{B_2 H_2^3}{12}$$

枋：

$$I_3 = \frac{B_3 H_3^3}{12} \tag{2-1-20}$$

其中，D 为檩径；B_2、H_2 分别为垫板的宽和高；B_3、H_3 分别为枋的宽和高。太和殿脊檩三件相关尺寸为：$D=0.45\text{m}$，$H_2=0.31\text{m}$，$B_2=0.15\text{m}$，$H_3=0.47\text{m}$，$B_3=0.32\text{m}$。

由式(2-1-18)～式(2-1-20)可得叠合梁条件下垫板承受的弯矩为

$$M_2 = \frac{MB_2 H_2^3}{3\pi D^4/16 + B_2 H_2^3 + B_3 H_3^3} \tag{2-1-21}$$

将 D、H_2、H_3、B_3 值代入式(2-1-21)，绘出 $B_2=0.15\sim0.32\text{m}$(檩垫板宽度由原尺寸增大到檩枋宽度时)相对于(M_2/M)的变化曲线如图 2-1-8 所示。可以看出，当 B_2 在上述范围变化时，M_2 承受的弯矩为$(0.05\sim0.1)M$ 呈线性相关，且非常小，也就是说，外力弯矩主要由檩和枋承担，当垫板的截面宽度适当缩小时，对垫板本身受弯承载性能影响不大。因此，上述工字型截面是合理的。

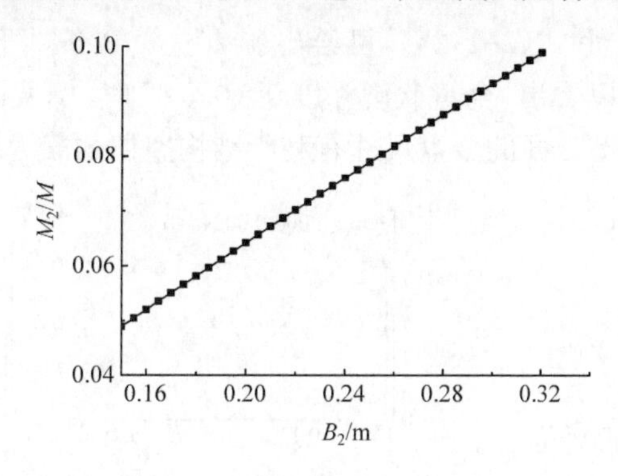

图 2-1-8　工字型截面 B_2-M_2/M 关系曲线

2. 金盘

金盘是指古建筑檩构件的顶部、底部砍刨出的平面[8]，如图 2-1-7(b)、图 2-1-9 所示。金盘可使檩与其他构件上下叠置时保持稳定，且可增大檩弯曲截面系数 W。根据实测资料，太和殿金盘的宽度一般为$(0.15\sim0.3)d$，相应的砍刨深度为

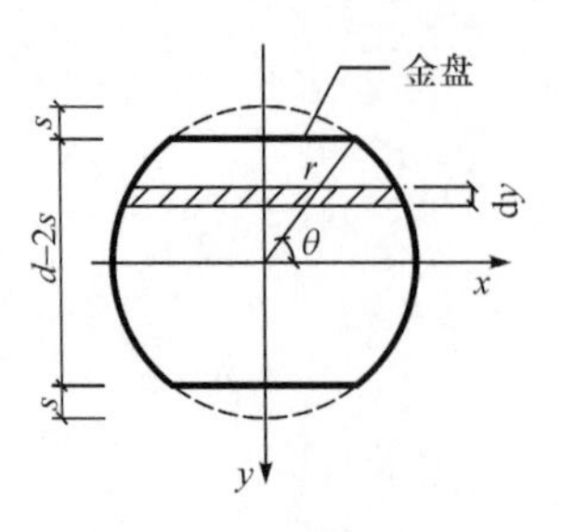

图 2-1-9　檩截面弯曲系数计算示意图

(0.006～0.013)d，均值约为 0.01d，d 为檩径。下面分析该砍刨尺寸对檩截面弯曲系数的影响。

如图 2-1-9 所示的檩截面，假设檩半径为 r，截面面积为 A，砍刨深度为 s，则檩惯性矩 I 的表达式为

$$\begin{aligned} I &= \int y^2 \mathrm{d}A = 4\int_0^{r\sin\theta} y^2 \sqrt{r^2-y^2}\,\mathrm{d}y \\ &= 4\int_0^{r\sin\theta}\left[(y^2-r^2)\sqrt{r^2-y^2}+r^2\sqrt{r^2-y^2}\right] \\ &= \left[\frac{y}{2}(2y^2-r^2)\sqrt{r^2-y^2}+\frac{r^4}{2}\arcsin\left(\frac{y}{r}\right)\right]_0^{r\sin\theta} \\ &= \frac{r^4}{8}(4\theta-\sin 4\theta) \end{aligned} \tag{2-1-22}$$

檩截面弯曲系数为

$$W=\frac{I}{r\sin\theta}=\frac{d^3(4\theta-\sin 4\theta)}{64\sin\theta} \tag{2-1-23}$$

又

$$s=\frac{d(1-\sin\theta)}{2}$$

得

$$\theta=\arcsin\left(1-\frac{2s}{d}\right) \tag{2-1-24}$$

联立式(2-1-23)和式(2-1-24)，可绘出 $s=0\sim d/2$ 条件下 s-W 关系曲线，如图 2-1-10 所示。可以看出，金盘砍刨深度 $s=0.01d$ 时，檩截面弯曲系数最大，使用率最高，即太和殿檩截面的金盘尺寸有利于结构整体的静力承载要求。

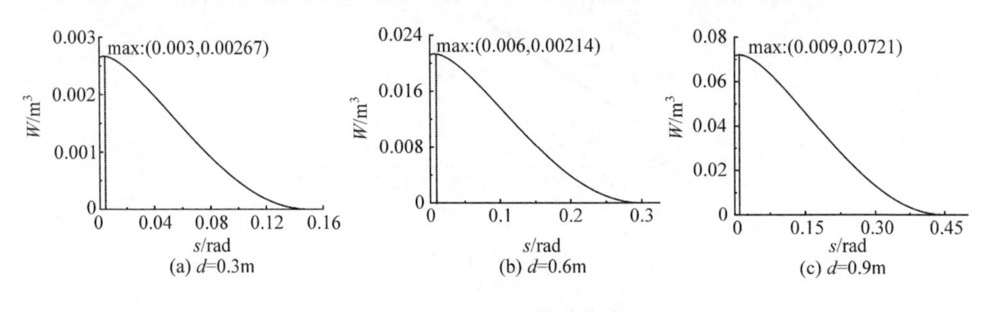

(a) d=0.3m　(b) d=0.6m　(c) d=0.9m

图 2-1-10　s-W 关系曲线

2.1.4　斗拱

斗拱是位于柱顶与屋架之间的过渡部分，由重叠的木构件组成，主要用于将

屋架的荷载传给柱子。太和殿采用的是溜金斗拱做法。这种斗拱的特点为:每层斗拱构件以坐斗所在的竖向轴线为分界线,分界线前侧的每层构件水平叠落,后尾构件沿步架向斜上方延伸,并压在后上方的两根梁(花台枋与承椽枋)之间,如图 2-1-11 所示。

(a) 正立面

(b) 背立面

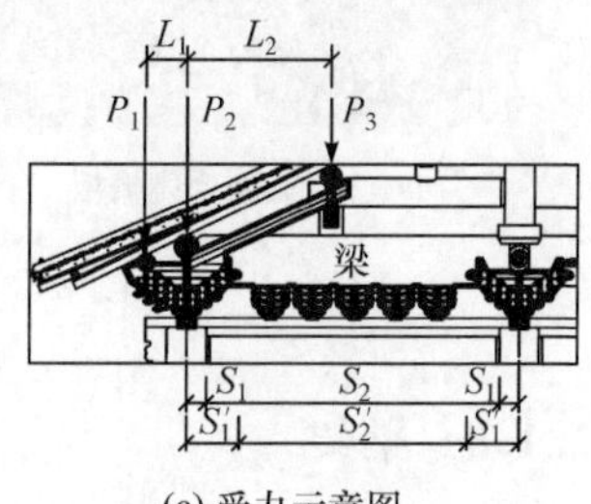

(c) 受力示意图

图 2-1-11 太和殿斗拱

太和殿斗拱的静力稳定构造表现在以下五个方面:

(1) 从传力角度来看,溜金斗拱做法巧妙地利用不等臂杠杆平衡原理,使斗拱支撑前檐屋顶重量并保证斗拱自身稳定性。溜金斗拱的受力方式如图 2-1-11(c)所示,其中,P_1 为前檐屋顶传至挑檐檩的重量,P_2 为前檐屋顶传至正心檩的重量,P_3 为花台枋对斗拱的反作用力,坐斗为杠杆支点。由杠杆平衡原理:

$$P_1L_1 = P_3L_2 \tag{2-1-25}$$

尽管 P_1 较大,由于 $L_2 \gg L_1$,只需较小的 P_3 作用力,斗拱即可保持平衡状态,且满足支撑挑檐屋顶重量要求。另外,P_2 重量通过正心檩直接传给下部构件,对斗拱产生轴压作用,有利于斗拱构件的密实。

(2) 斗拱后尾层层叠合,采用伏莲销拉接上下层斗拱构件,增大了后尾受剪截面,减小了斗拱产生剪切破坏的可能性。

(3) 斗拱的里拽杆件属悬挑结构,弯矩最大值在坐斗处,而坐斗位置的截面尺寸最大,后尾撑杆截面尺寸最小,反映溜金斗拱截面的合理性。

(4) 斗拱构造增大了梁支座截面[10],减小梁的计算跨度。如图 2-1-11(c)所示,不考虑斗拱连接时,梁端部与柱的搭接长度为 $2S_1$,考虑斗拱后则为 $2S_1'$,梁计算跨度 $S_2'<S_2$,有利于减小梁的内力与变形。

(5) 梁下侧设置斗拱后,相当于增加了若干个弹性支座,可改善梁的受力状态。如图 2-1-12(a)所示的太和殿西山挑檐檩,长 11.18m,中间部分由 11 座九踩三昂溜金斗拱支撑,静力荷载作用下,梁的内力及变形分布如图 2-1-12(b)和图 2-1-12(c)所示。可见考虑斗拱构造后,梁的弯矩及变形峰值明显减小。

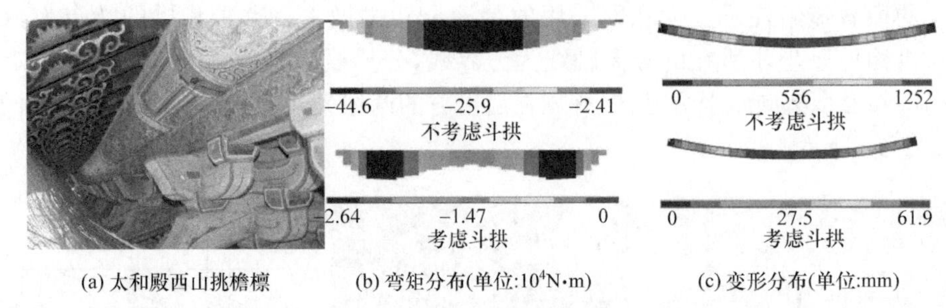

(a) 太和殿西山挑檐檩　(b) 弯矩分布(单位:10^4N·m)　(c) 变形分布(单位:mm)

图 2-1-12　太和殿西山挑檐檩及静力分析结果

2.1.5　梁架

承担不同高度的檩传来荷载的梁的组合,称为梁架[11]。太和殿的梁架为抬梁式构架,主要特点为:在斗拱层上,沿构架进深方向叠加数层梁,梁逐层缩短,层间垫短柱(瓜柱)或木块(柁墩),最上层梁立小柱(脊瓜柱),形成三角形屋架,如图 2-1-13 所示。

(a) 太和殿明间梁架

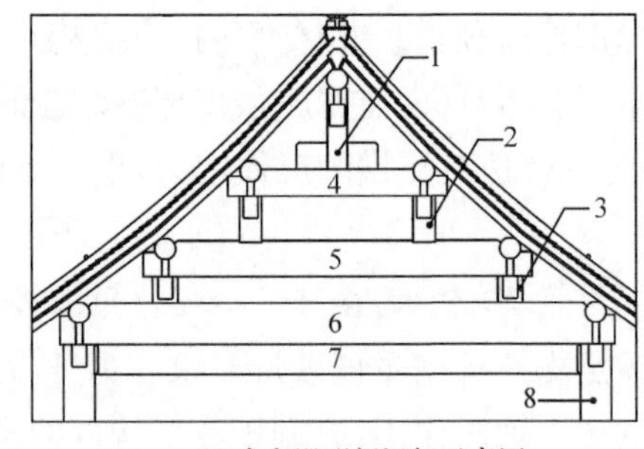

(b) 太和殿明间梁架示意图

图 2-1-13　太和殿明间梁架构造

1. 脊瓜柱；2. 金瓜柱；3. 柁墩；4. 三架梁；5. 五架梁；6. 七架梁；7. 随梁；8. 金柱

从梁的抗弯承载力角度讲,屋顶荷载传递给梁,若梁不做成梁架形式,则所需梁的抗弯截面高度可达 2m[6]。采取梁架构造后,梁的受力方式发生改变,有利于减小所需梁截面尺寸,并增大梁的跨度。图 2-1-14 为太和殿明间梁架抗弯分析的计算简图及弯矩分布图,其中(a)为屋面荷载直接作用在梁上,(b)为屋面荷载通过梁架形式作用在梁上。为简化分析,假设屋架梁柱为铰接连接方式,可以看出:①采用梁架后,传到底部梁的弯矩值几乎减小一半,梁截面可考虑减小,满足较小截面木材建造较大空间房屋的要求;②梁架的静力学机理在于将屋顶荷载的作用位置由梁跨中移至端部,因而降低梁承受弯矩峰值。

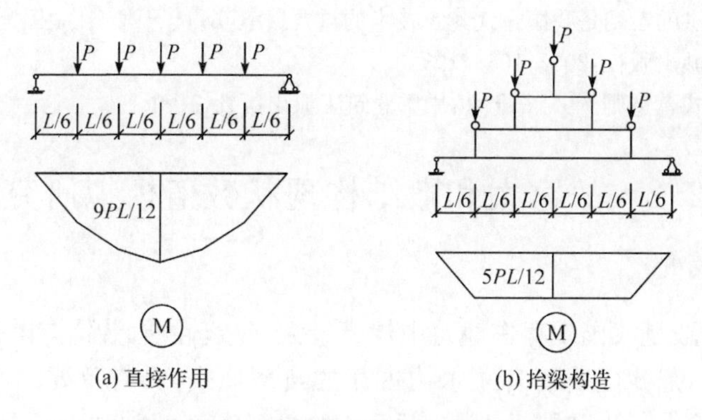

(a) 直接作用　　(b) 抬梁构造

图 2-1-14　梁架受力简图及弯矩分布图

2.1.6　结论

本节对太和殿静力稳定构造进行了分析,得出如下结论:

(1) 柱侧脚构造有利于结构从瞬变体系转化为不变体系。

(2) 雀替构造可减小额枋及梁的弯矩和变形,卷杀做法对雀替受力影响很小。

(3) 檩三件采取工字型截面有利于构件的合理受力,檩的金盘构造有利于檩截面有效使用。

(4) 溜金斗拱构造可减小梁的内力和变形,并有利于斗拱承受上部荷载。

(5) 梁架构造可减小梁承受的弯矩,扩大建筑空间。

参 考 文 献

[1] Fang D P, Iwasaki S, Yu M H. Ancient Chinese timber architecture—Ⅰ: Experimental study[J]. Journal of Structural Engineering, 2001, 127(11): 1348－1357.

[2] Fang D P, Iwasaki S, Yu M H. Ancient Chinese timber architecture—Ⅱ: Dynamic characteristics[J]. Journal of Structural Engineering, 2001, 127(11): 1358－1364.

[3] 谢启芳,赵鸿铁,薛建阳,等. 中国古建筑木结构榫卯节点加固的试验研究[J]. 土木工程学报,2008,41(1):28－34.

[4] 周乾,闫维明,周锡元,等. 中国古建筑动力特性及地震反应[J]. 北京工业大学学报,2010,36(1):13－17.

[5] 周乾,闫维明,周宏宇. 中国古建筑木结构随机地震响应分析[J]. 武汉理工大学学报,2010,32(9):115－118.

[6] 王天. 古代大木作静力初探[M]. 北京:文物出版社,1992.

[7] 杜拱辰,陈明达. 从《营造法式》看北宋的力学成就[J]. 建筑学报,1977,(1):42－46.

[8] 马炳坚. 中国古建筑木作营造技术[M]. 2 版. 北京:科学出版社,2003.

[9] 周乾,闫维明. 古建筑木结构叠合梁和组合梁弯曲受力研究[J]. 建筑结构,2012,42(4):157－161.

[10] 于倬云. 斗拱的运用是我国古代建筑技术的重要贡献[M]//于倬云. 中国宫殿建筑论文集. 北京：紫禁城出版社，2002：165－193.
[11] 梁思成. 清式营造则例[M]. 北京：中国建筑工业出版社，1981.

2.2 故宫太和殿结构现状数值模拟研究

2.2.1 工程简介

故宫太和殿是我国现存古建筑中规模最大，建筑性质、装饰与陈设等级最高的皇家宫殿建筑，是我国明清官式木构古建的典型代表，具有重要的文物和历史价值，保护意义重大。太和殿平、横剖面尺寸如图 2-2-1 和图 2-2-2 所示。

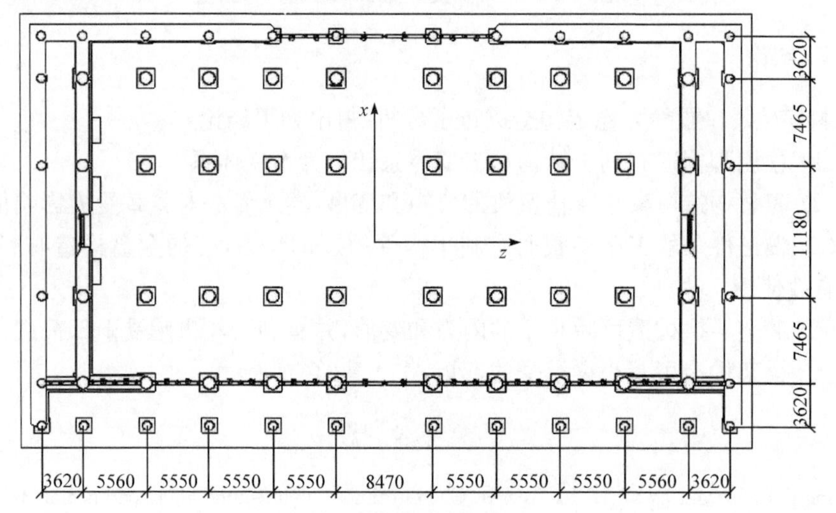

图 2-2-1　太和殿平面图(单位：mm)

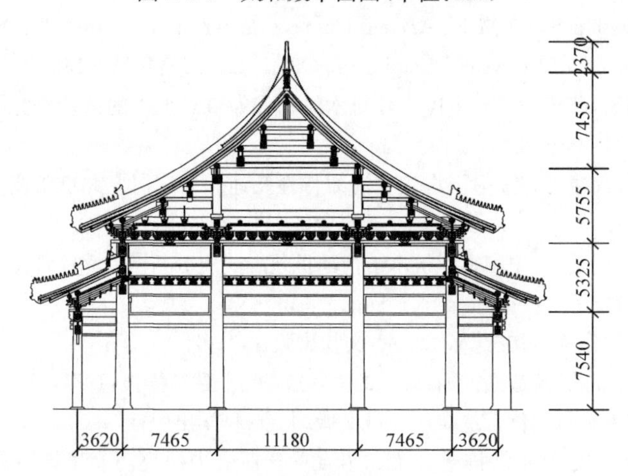

图 2-2-2　太和殿横剖面图(单位：mm)

太和殿为木结构承重体系,受力特征复杂,榫卯节点及斗拱在外力作用下容易产生损坏并影响结构整体安全[1,2],对太和殿进行结构安全评估,是对其进行有效保护的重要前提。

太和殿上部有厚重瓦顶,结构自重产生的竖向荷载对结构整体的受力性能有一定的影响;体型较大,相对于故宫其他古建筑位置较高,水平风荷载作用不可忽略;北京处于8度抗震设防区,太和殿在常遇地震作用下的地震响应可反映太和殿的抗震性能。文献[3]讨论了太和殿部分木构件的力学问题,但不能从结构整体角度评价太和殿的结构现状;文献[4]虽然对太和殿进行了静力分析,但采用的是简化模型,因而分析结果与实际情况有一定偏差;文献[5]、[6]虽然研究了太和殿的抗震性能,但对8度常遇地震作用下太和殿的动力响应情况未作详细论述。基于此,采用数值模拟方法,建立太和殿有限元模型,研究太和殿在自重作用下、风荷载作用下及8度常遇地震作用下的内力与变形特征,以评价太和殿的结构安全现状,并提出可行性建议,结果可为太和殿维修和保养提供理论参考。

2.2.2　有限元模型的建立

太和殿在结构上由梁柱体系组成的木框架承受屋顶传来的竖向荷载及水平地震荷载,并将荷载传至柱础;位于一、二层柱顶上的斗拱主要起传递竖向荷载及抗震作用,而墙体主要起维护作用。本节主要研究太和殿在静力及8度常遇地震作用下的力学性能。在建立太和殿有限元模型时,主要考虑以下三个因素:

(1) 榫卯节点及斗拱恢复力特性确定。由于在静力或8度常遇地震作用下,古建筑木结构处于弹性受力状态[7],因此考虑采用线性弹簧模拟太和殿榫卯节点及斗拱的恢复力特性。基于文献[5]可知,榫卯节点 x,y,z 向的变形刚度 $K_x=K_y=K_z=1.0\times10^9\text{kN/m}$,绕 z,x,y 轴的扭转刚度 $K_{\text{rot}x}=K_{\text{rot}y}=K_{\text{rot}z}=5.755\text{kN}\cdot\text{m}$;斗拱 x,y,z 向的变形刚度 $K'_x=K'_y=K'_z=1550\text{kN/m}$,绕 z、x、y 轴的扭转刚度 $K'_{\text{rot}x}=K'_{\text{rot}y}=K'_{\text{rot}z}=3.1\times10^5\text{kN}\cdot\text{m}$。

(2) 屋顶质量模拟。位于屋面板之上的瓦顶质量作为一个整体作用于上部梁架,并传至下部结构[8]。有限元建模时,可将瓦顶质量简化为质点单元,均匀分布在各檩枋上。

(3) 柱础约束形式。尽管太和殿柱底浮放在柱顶石上,但研究表明[9,10]:8度常遇地震作用下,柱底并不在柱顶石上产生相对滑移,而是产生相对转动。因此,建模时考虑柱础约束形式为铰接。

采用ANSYS有限元程序中的BEAM189梁单元模拟梁柱,MATRIX27单元模拟榫卯节点及斗拱,SHELL181壳单元模拟墙体,MASS21质点单元模拟屋顶质量，建立的太和殿有限元模型如图 2-2-3 所示。其中，有限元模型含梁柱单元 4128 个，榫卯节点单元 120 个，斗拱单元 486 个，墙体单元 1316 个，屋顶质点单元 2537 个。

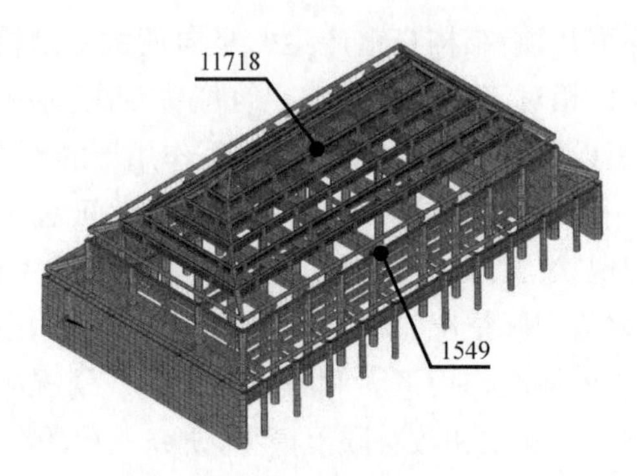

图 2-2-3　太和殿有限元模型

图中标注为节点号

对有限元模型开展模态分析，得到结构的基频为 0.9Hz[5]，与文献[11]提供的经验计算公式计算结果基本吻合，证明了有限元模型的正确性。

在进行结构分析时，木结构强度容许范围为[3]：抗拉强度[f_t]=8.5MPa，抗压强度[f_c]=12MPa；墙体抗拉强度容许值 0.25MPa，抗压强度容许值 1.50MPa[11]。

2.2.3　自重荷载作用分析

太和殿屋顶的灰背及瓦面厚度达 0.2m，其木构架承受的竖向静力荷载值较大，在这种受力情况下，太和殿的内力和变形分布特征不可忽视。通过有限元分析，获得了太和殿在自重荷载作用下的变形分布、von Mises 应力分布及主压应力分布。

图 2-2-4 为自重荷载作用下太和殿变形分布。如图 2-2-4 所示，自重荷载作用下，太和殿的变形分布特点为：上部构架的变形明显大于下部构架，且变形较大值主要分布在两侧面上部，最大值发生在屋脊两端，为 0.025m，变形在《古建筑木结构维护与加固技术规范》(GB 50165—92)[12]容许值（竖向弯曲容许值=$l^2/2100h$，l 为脊由戗长度，l=3.9m；h 为脊由戗厚度，h=0.27m）范围内。这是因为太和殿在该位置有重达 4300kg 的大吻（图 2-2-5），且太和殿上部木构架截面尺寸普遍小于下部木构架，导致太和殿上部木构架变形值较大。上述变形较大部位易产生瓦件松动，是屋面漏雨的隐患部位，在日常维修与保养过程中应予以重视。另外，由图 2-2-4 还可以看出，墙体仅上部与额枋相交部位产生轻微变形，其余部位完好。

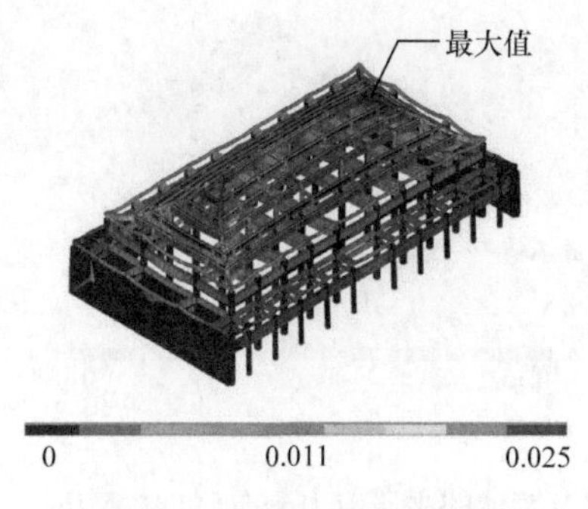

图 2-2-4　自重荷载作用下太和殿变形分布(单位:m)

图 2-2-5　太和殿大吻

图 2-2-6 为自重荷载作用下太和殿结构 von Mises 分布。由图 2-2-6 可知,自重荷载作用下,太和殿木构架的 von Mises 应力最大值发生在山面二层挑檐檩与柱子相交位置附近,为 4.80MPa,小于木材抗拉强度容许值 8.5MPa;墙体 von Mises 应力最大值发生在山面底部正中,为 0.12MPa,小于墙体抗拉强度容许值 0.25MPa。由此可知,在自重荷载作用下,太和殿结构整体能保持完好状态。另外,由图 2-2-6 还可知,木构架 von Mises 应力较大部位多发生在上部构架梁柱榫卯节点附近,在日常维修与保养过程中应予以重视。

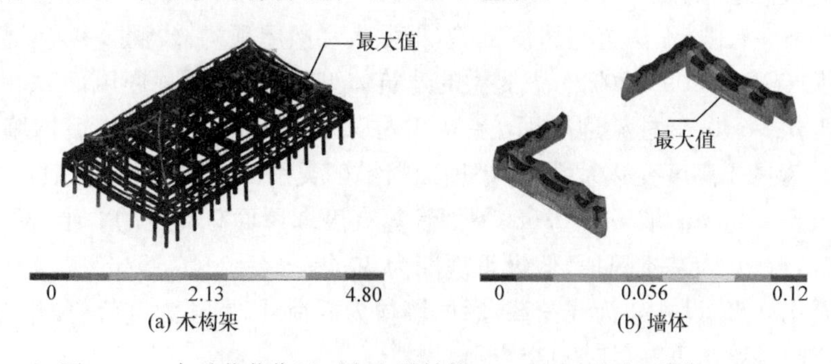

图 2-2-6　自重荷载作用下太和殿结构 von Mises 分布(单位:MPa)

图 2-2-7 为自重荷载作用下太和殿木构架及墙体的主压应力分布。由图 2-2-7 可知,自重荷载作用下,太和殿木构架的主压应力峰值位于两端大吻下三架梁与瓜柱相交位置附近,为 4.71MPa,小于木材抗压强度容许值 8.5MPa;墙体主压应力峰值发生在山面墙体底部,为 0.13MPa,小于墙体抗压强度容许值 1.50MPa,即在自重荷载作用下,太和殿结构整体不会产生受压破坏。另外,由图 2-2-7 还可见,木构架主压应力值较大部位多在上部构架梁柱榫卯节点位置、戗脊以及底层柱的底部,主要原因是榫卯节点连接处强度较低、戗脊截面尺寸相对较小以及底层柱受力较大,所以上述部位尤其是榫卯节点位置易产生受压破坏,应加强维护和保养。

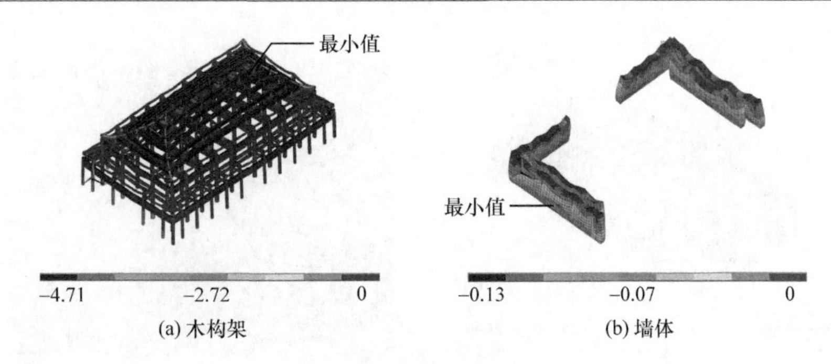

图 2-2-7　自重荷载作用下太和殿木构架及墙体的主压应力分布(单位:MPa)

2.2.4　风荷载作用分析

风荷载分析主要考虑垂直太和殿正立面的风向(x 向风荷载)时,太和殿的内力和变形特征。根据《建筑结构荷载规范》(GB 50009—2012)[13]相关规定,按式(2-2-1)计算风荷载设计值:

$$w=\gamma_Q\beta_z\mu_s\mu_z w_0 \tag{2-2-1}$$

式中,w 为风荷载设计值;γ_Q 为荷载分项系数,$\gamma_Q=1.4$;β_z 为高度 z 处的风振系数,太和殿总高度 $H=26.92\text{m}<30\text{m}$,高宽比 $H/B=26.92/37.2<1.5$,则 $\beta_z=1$;μ_s 为风荷载体型系数。

由于条件有限,无法进行风洞试验,根据太和殿屋顶构造特征,参考《建筑结构荷载规范》(GB 50009—2012)[13]提供的建筑体型,近似取屋顶迎风面 $\mu_s=0.5$,屋顶背风面 $\mu_s=-0.5$,柱架迎风面$\mu_s=0.8$,柱架背风面 $\mu_s=-0.5$,后檐墙体 $\mu_s=-0.6$;μ_z 为风压高度变化系数,考虑地面粗糙度类别为 C 类,且太和殿柱顶、墙体高度为 7.5～12.6m,取 $\mu_z=0.65$;屋面计算高度取屋面总高度的一半,即 20.0m,则 $\mu_z=0.74$;w_0 为基本风压,假设重现期为 50 年,$w_0=0.45\text{kN/m}^2$。

为简化计算,设柱架为线荷载,后檐墙体为面荷载,屋顶为点荷载,并均匀地分布在梁架内各梁与瓜柱(坨墩)交点上。

基于上述假定,得 x 向风荷载作用下太和殿结构侧向变形分布如图 2-2-8 所示,von Mises 应力及主压应力分布如图 2-2-9 和图 2-2-10 所示。需要说明的是,风荷载作用实际是自重及风共同作用的结果。

由图 2-2-8 可知,x 向风荷载作用下,太和殿下部墙体及两山部位梁架侧向变形值较小,跨中梁架位置侧向变形值较大,最大值为 0.016m,在《古建筑木结构维护与加固技术规范》(GB 50165—92)[11]容许值(侧向弯曲容许值 $l/200$,l 为中间跨梁枋长度,$l=8.47\text{m}$)范围内。由此可知,太和殿屋面中部为受风荷载较大且易产生变形的位置;但由于水平风荷载引起的太和殿的侧向扰动较小,太和殿处于安全状态。

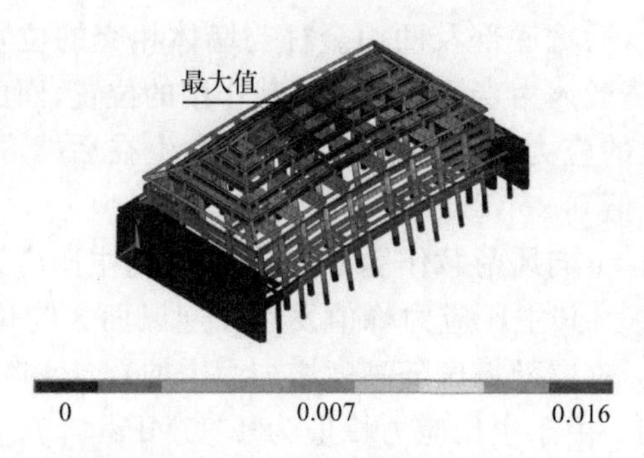

图 2-2-8　风荷载作用下太和殿结构侧向变形分布(单位:m)

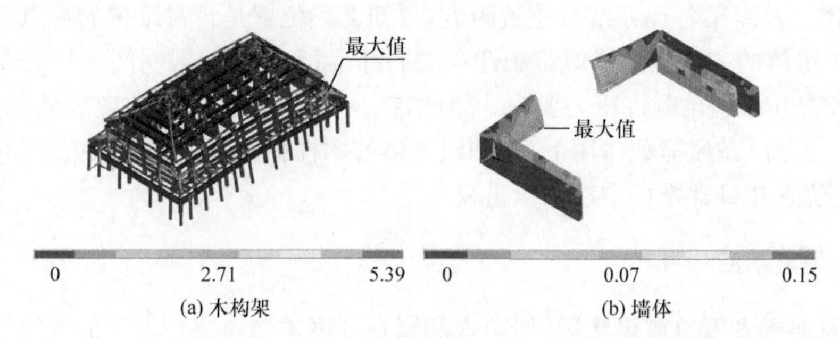

(a) 木构架　　(b) 墙体

图 2-2-9　风荷载作用下太和殿结构 von Mises 应力分布(单位:MPa)

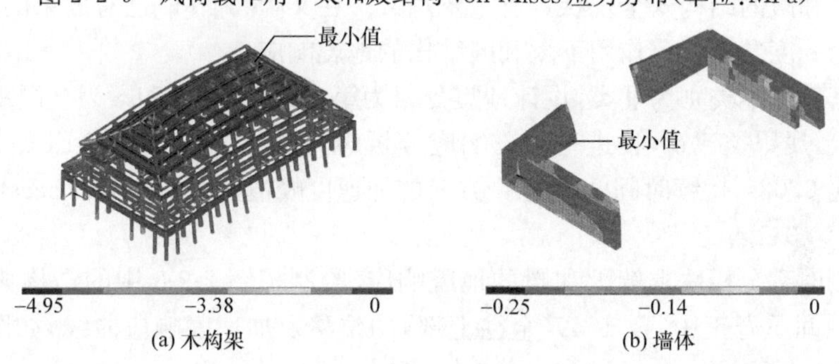

(a) 木构架　　(b) 墙体

图 2-2-10　风荷载作用下太和殿结构主压应力分布(单位:MPa)

由图 2-2-9 可知,x 向风荷载作用下,太和殿结构 von Mises 应力分布特点如下:

(1) 对木构架而言,两山额枋与金柱相交的榫卯节点位置以及前后檐二层斗拱以上的挑檐檩位置产生的 von Mises 应力值较大,最大值发生在角部金柱与额枋的相交的榫卯节点位置,为 5.39MPa,小于木材抗拉强度容许值 8.5MPa,即木构架处于安全状态。值得注意的是,榫卯节点及斗拱的构造特征使得它们成为太和殿结构整体中强度及刚度相对薄弱的部位,加强对它们的日常维护和保养有利于避免或减小风荷载引起的结构破坏隐患。

(2) 对墙体而言,后檐底部及两山金柱与墙体相交的位置 von Mises 应力较大,其主要是因为后檐墙体为直接承受风荷载作用的位置,而山面墙体上部则因柱的侧向挤压产生较大的应力。墙体应力最大值发生在后檐底部,为 0.15MPa,小于墙体抗拉强度容许值 0.25MPa。

由图 2-2-10 可知,x 向风荷载作用下,太和殿结构主压应力分布的特点如下:

(1) 对木构架而言,其主压应力峰值发生在迎风面大吻位置。这主要是因为太和殿屋架为举折构造(屋架坡度随高度增加而增加),且大吻位于屋架端部,该位置易受到风荷载作用。由于主压应力峰值为 4.95MPa$<[f_c]=$12MPa,可以认为太和殿木构架在风荷载作用下是安全的。另外,木构架主压应力较大部位分布在正面挑檐檩及屋架各榫卯节点位置附近,可知上述位置是日常维护的重点部位。

(2) 墙体的主压应力峰值位于迎风面底部,而且与太和殿明间檐柱相交,其峰值为 0.25MPa,满足容许压力要求。因此,在风荷载作用下,太和殿墙体也处于安全状态。另外,在风荷载作用下,太和殿墙体与木柱相交位置的主压应力值普遍较大,上述位置在日常维护中应加以重视。

2.2.5 地震响应

北京属于 8 度抗震设防区,研究太和殿在 8 度常遇地震作用下的抗震性能,对于评价太和殿的结构安全现状具有重要意义。在文献[5]、[6]已有成果的基础上,下面讨论 8 度常遇地震作用下太和殿结构的地震响应。

故宫的场地类别为Ⅱ类,设计地震分组为第一组,由于太和殿为全国重点文物保护建筑,属甲类建筑,在进行地震响应分析时,选取三向 1940 年 El-Centro 波,时间间隔 0.02s,持续时间 30s,各个方向的加速度峰值(peak ground acceleration, PGA)均为 0.1g。

采用时程分析法求解太和殿的地震响应,绘制了图 2-2-3 中的结构典型节点 11718(明间屋脊正中)及 1549(金柱上部)的位移及加速度响应曲线,如图 2-2-11 和图 2-2-12 所示。

由图 2-2-11 可知,相对节点 1549 而言,节点 11718 位移并无明显放大,说明榫卯节点及斗拱在一定程度上可减小屋顶的位移响应。后者在三个方向上的位移峰值分别为 0.093m(x 向)、0.0024m(y 向)、0.056m(z 向),均在容许值范围内[11]。从 2 个节点在各个方向的振动曲线形状来看,各曲线近似表现为以平衡位置为中心的均匀振动,这说明结构在振动过程中保持稳定状态。

由图 2-2-12 可知,相对节点 1549 而言,节点 11718 加速度峰值略小,后者在三个方向的加速度峰值分别为:0.122g(x 向)、0.019g(y 向)、0.120g(z 向),相对输入地面的地震动加速度峰值也无明显放大。这一方面说明屋顶在 8 度常遇地震作用下不会产生严重破坏(通常主要表现为瓦件掉落);另一方面说明榫卯节点及

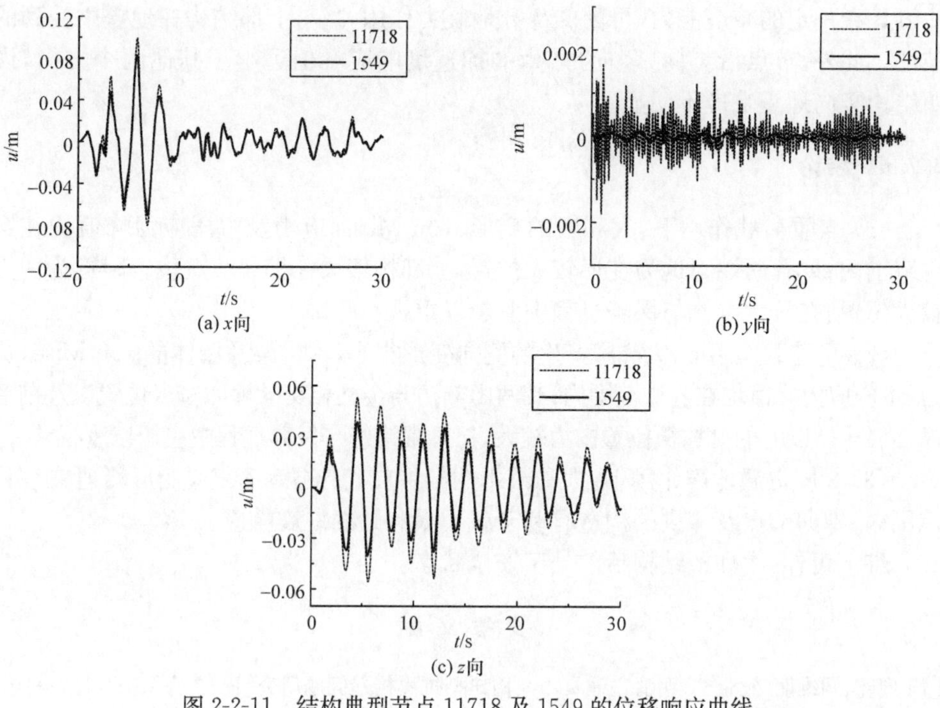

图 2-2-11　结构典型节点 11718 及 1549 的位移响应曲线

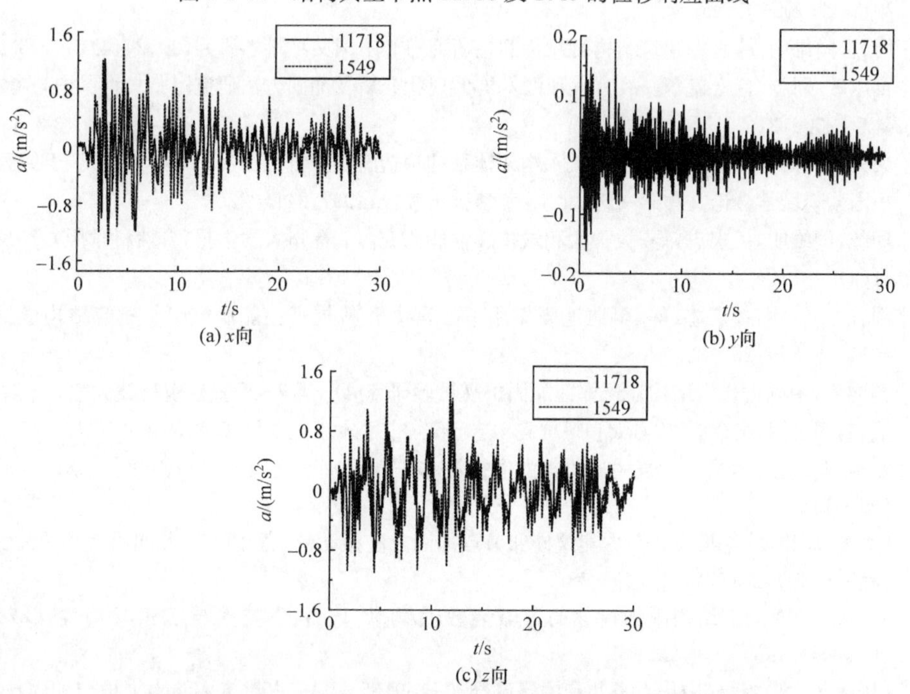

图 2-2-12　结构典型节点 11718 及 1549 的加速度响应曲线

斗拱具有一定的减震能力，可削弱部分地震力作用，减小上部结构在地震中受到的破坏。此外，节点沿 y 向（竖向）产生的加速度响应峰值远小于其他两个方向，说明结构竖向地震响应不明显。

2.2.6 结论

（1）自重荷载作用下，太和殿的变形、von Mises 应力及主压应力峰值均在容许范围内；屋脊两端附近为变形较大位置，上部构架梁柱榫卯节点位置附近为内力较大位置，在日常维修与保养过程中应予以重视。

（2）风荷载作用下，太和殿产生的侧向变形很小，木构架及墙体的 von Mises 应力、主压应力峰值均在容许范围内；其两山额枋与金柱相交的榫卯节点位置以及前后檐二层斗拱以上的挑檐檩位置内力较大，在日常维修与保养过程中应予以重视。

（3）8 度常遇地震作用下，太和殿木构架保持稳定振动状态，变形峰值在容许范围内；榫卯节点及斗拱的构造有利于减小太和殿的地震响应。

综上可知，太和殿结构目前处于安全状态。

参考文献

[1] 周乾，闫维明，纪金豹. 明清古建筑木结构典型抗震构造问题研究[J]. 文物保护与考古科学，2011，23(2)：36－48.

[2] 周乾，闫维明. 故宫古建筑结构可靠性问题研究[J]. 中国文物科学研究，2012，(4)：59－65.

[3] 石志敏，周乾，晋宏逵，等. 故宫太和殿木构件现状分析及加固方法研究[J]. 文物保护与考古科学，2009，21(1)：15－21.

[4] 吴玉敏，陈祖坪. 北京故宫太和殿木构架体系的构造特点及静力分析[C]//单士元，于倬云. 中国紫禁城学会论文集第一辑. 北京：紫禁城出版社，1997：211－220.

[5] 周乾，闫维明，关宏志，等. 故宫太和殿抗震性能研究[J]. 福州大学学报（自然科学版），2013，41(4)：487－494.

[6] 周乾，闫维明，关宏志，等. 罕遇地震作用下故宫太和殿抗震性能研究[J]. 建筑结构学报，2014，35(S1)：25－32.

[7] 葛鸿鹏. 中国古代木结构建筑榫卯加固抗震试验研究[D]. 西安：西安建筑科技大学，2004.

[8] 周乾，闫维明，纪金豹. 故宫太和殿抗震构造研究[J]. 土木工程学报，2013，46(S1)：117－122.

[9] 姚侃，赵鸿铁. 木构古建筑柱与柱础的摩擦滑移隔震机理研究[J]. 工程力学，2006，23(8)：127－131.

[10] 周乾，闫维明，李振宝，等. 古建筑榫卯节点加固方法振动台试验研究[J]. 四川大学学报（工程科学版），2011，43(6)：70－78.

[11] 周乾. 考虑上部结构附加荷载的古城墙数值模拟[J]. 科学技术与工程，2009，9(22)：6891－6895.

[12] 国家技术监督局，中华人民共和国建设部. GB 50165—92 古建筑木结构维护与加固技术规范[S]. 北京：中国建筑工业出版社，1993.

[13] 中华人民共和国住房和城乡建设部. GB 50009—2012　建筑结构荷载规范[S]. 北京：中国建筑工业出版社，2012.

2.3　故宫太和殿抗震构造研究

2008 年 5 月 12 日 14 时 28 分，在我国四川省汶川县发生了里氏 8.0 级特大地震，震中最大烈度达 11 度，影响了包括震中 50km 范围内的县城和 200km 范围内的大中城市，造成了大量建筑破坏及不计其数的人员伤亡。现场勘查结果表明，与现代建筑相比，古建筑破坏情况要轻微得多。大部分古建筑的破坏症状表现为墙体破坏、节点拔榫、瓦件掉落等，而木构架整体完好[1]。新建建筑中(主要指砖土、砖木、砖混、钢混结构)，部分完全倒塌，大部分震后破坏严重且难以修复[2]。图 2-3-1 显示了汶川地震造成不同类型建筑的破坏情况，其中图 2-3-1(a)为震中附近的某砖混结构教学楼，破坏时遭受的地震烈度约为 8 度，地震作用下，该建筑已倒塌成废墟。图 2-3-1(b)为都江堰地区某木结构古建筑，破坏时遭受的烈度约为 10 度，由图可知，虽然该古建筑瓦面掉落、装修破坏，但木构架整体较好，满足了“大震不倒”的要求。由此可以看出，中国古建筑木结构具有良好的抗震性能。

为探讨中国古建筑木结构的抗震机理，本节以故宫太和殿为例进行分析。从构造角度出发，研究太和殿抗震性能，讨论其抗震机理，结果可为我国古建筑保护修缮及现代建筑的减震、隔震技术提供理论参考。

(a) 某教学楼

(b) 某古建筑

图 2-3-1　汶川地震不同类型建筑的破坏

2.3.1　建筑概况

太和殿是明清两代举行盛大典礼的场所，檐角安放 10 个走兽，数量之多为现存古建筑中所仅见。太和殿是我国现存古建筑中规模最大，建筑性质、装饰与陈设等级最高的皇家宫殿建筑。

2.3.2 抗震构造

1. 布局

太和殿平面图如图 2-2-1 所示。由图可以看出，太和殿平面布置的特点为均匀、对称。这种布局形式可使结构的质心与抵抗水平侧力的抗力刚度中心重合，以避免在水平地震作用下结构产生扭矩等不利内力[3]。此外，太和殿檐柱、金柱周圈闭合，柱头之间通过棋枋、花台枋、承椽枋、博脊板、大额枋等构件相联系，内外圈柱子之间通过穿插枋拉接，使得不同高度的构架在同一平面内形成交圈拉接形式，可提高结构整体的刚度和稳定性。

图 2-3-2 为太和殿纵剖面示意图。可以看出，太和殿布局在沿结构高度方向，结构质量与刚度从构件角度来看没有悬殊的变化，而且没有突然削弱的薄弱层，在地震中不会因变形集中而产生破坏。在竖向上，太和殿的抗震性能通过若干个结构层共同完成。首先，柱根与柱顶石、柱头与平板枋、平板枋与斗拱都是叠加放置，水平地震作用下，彼此间通过滑移产生隔震效果；其次，一层和二层周圈都设有斗拱，竖向地震作用下，其强大变形恢复能力可消耗大量地震作用，产生良好减震效果；再次，太和殿立面布置既遵循受力均衡对称的原则，又选择低而宽的稳重造型，与现代建筑抗震构造措施中的控制宽高比类似，竖向构造保证古建筑的总体稳定，防止倾覆；柱高小，保证柱架的抗侧移刚度；竖向分层构件叠合布置，有利于减震。

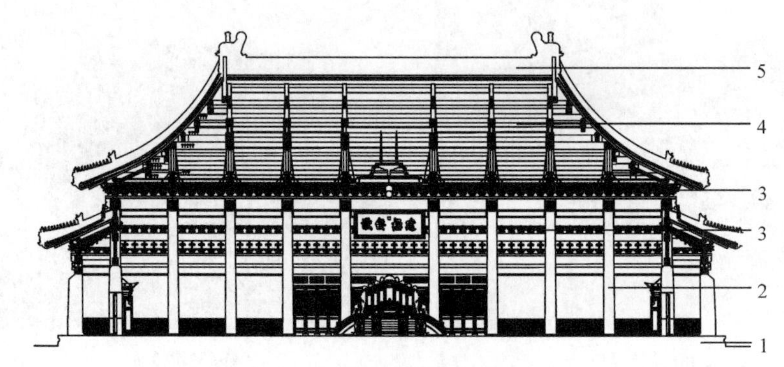

图 2-3-2　太和殿纵剖面示意图

1. 台基及基础；2. 柱子；3. 一层及二层斗拱；4. 梁架；5. 屋顶

太和殿结构布局与英华殿类似，对故宫英华殿的模态分析结果表明[4]，具有均匀对称平面布置形式的木构古建，在立面成低而宽的稳重体型，其模态形式一般以平动为主，在水平正交的两个方向的耦合程度很小，可以避免地震作用下产生扭转振动，因而对结构的抗震性能具有有利的影响。

2. 基础

基础是否预先处理对结构的抗震性能影响明显。如图2-3-3所示的汶川地震二王庙某古建筑被破坏,分析结果表明[1],其震害主要原因在于该古建筑选址在河道或潜在滑坡地带,施工时却又未做好基底处理,导致地震作用下,因基础不均匀沉降或破坏而导致结构产生破坏。

图2-3-3　二王庙某古建筑震害

太和殿基础包括台基和高台两部分。台基基身除了有防潮隔湿作用外,对磉墩也有稳固作用,可保证地震时柱子基础的平稳。高台由三层重叠的须弥座组成,高达8.13m,如图2-3-4(a)所示。图2-3-4(b)为某次施工开挖得到的太和殿台基局部分层照片,可知其分层做法由上至下为:灰土→黄土→碎砖→卵石。

(a)前台基

(b)基础分层

图2-3-4　太和殿台基

1977年故宫中和殿安装避雷针时,经钻探和地质勘查,获得故宫三台(太和殿、中和殿、保和殿)地基的分层构造如图2-3-5所示[5]。可以看出,太和殿台基至少做过如下三个方面加固处理[6]:①木桩层。即对软弱土层采用木桩加固,通过桩基将持力层选择坚硬的土层，可避免上部结构在地震作用下产生不均匀下沉问题。②横木层。横木层一般采用圆形横木，制成木筏形式，作为桩承台。地震作用下，水平横木层可产生滑动并增大上部结构运动周期，从而减轻结构破坏。③灰土分层。即将基础下原有松软层挖出，换填无侵蚀性、低压缩性的灰土材料，分层夯实，作为基础。灰土层除主要含有钙、硅、铝等矿物元素外，还含有“江米汁一层”[7]。该江米(糯米)汁具有一定的柔性，不仅增强了基础灰土的黏结力，而且可产生良好的滑移减震效果。

关于木构古建高台基础对结构整体抗震性能的影响，文献[8]基于对西安东门城楼地震响应分析，认为台基的特征周期比较短，这样与上部木结构建筑较长的振动周期拉开了距离，而且台基可改变传入上部激励波的频谱特性，有利于减小上部木结构的地震响应。由此推断，故宫太和殿高台地基同样可对其上部结构的地震响应起到一定的衰减作用，有利于保持上部结构的稳定。

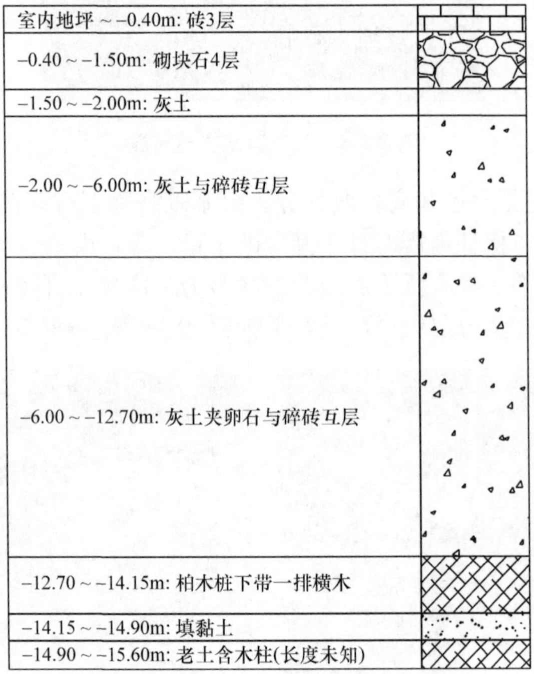

室内地坪～-0.40m: 砖3层
-0.40～-1.50m: 砌块石4层
-1.50～-2.00m: 灰土
-2.00～-6.00m: 灰土与碎砖互层
-6.00～-12.70m: 灰土夹卵石与碎砖互层
-12.70～-14.15m: 柏木桩下带一排横木
-14.15～-14.90m: 填黏土
-14.90～-15.60m: 老土含木柱(长度未知)

图 2-3-5　故宫三台地基分层构造示意图

3. 柱子

太和殿柱子的抗震构造包括柱底平摆浮搁及柱身侧脚两方面。

(1) 柱底平摆浮搁。图 2-3-6 为太和殿前檐柱柱底与柱顶石。可以看出柱根不落入地下，而是浮搁在表面平整的柱顶石上。柱顶石露明不但可以保护柱根的木材不腐朽，更重要的是可将上部的结构和下部基础断离开来，使柱根不会传递弯矩，只能靠摩擦传递部分的剪力和竖向力，这样就限制了结构中可能出现的最大内力。该浮放形式有利于结构减震，主要机理在于[9]：当地震强度增大到一定程度时，柱底与柱顶石之间产生摩擦滑移，一方面可耗散部分地震能量，改变结构自振频率；另一方面可减弱传递到上部结构的加速度、相对速度及相对位移的峰值，使得柱底对地震作用的传递上限为最大静摩擦力。

图 2-3-6　太和殿前檐柱柱底与柱顶石

假设把太和殿看成单质点刚体，则在地震作用下，太和殿柱根不发生滑移的条件为

$$F_{\mathrm{EK}} \leqslant F=\mu(mg+F_{\mathrm{VK}}) \tag{2-3-1}$$

式中，F_{EK}、F_{VK}分别为水平地震力和竖向地震力；μ 为柱底与柱顶石之间的滑动摩擦力，可取值 $\mu=0.4$[9]。

按照《建筑抗震设计规范》(GB 50011—2010)第 5.2.1 条规定，单质点水平地震力的计算可按式(2-3-2)计算：

$$F_{\mathrm{EK}}=\alpha_1 G_{\mathrm{eq}},\quad F_{\mathrm{VK}}=\alpha_2 G_{\mathrm{eq}} \tag{2-3-2}$$

式中，α_1 和 α_2 分别为水平地震影响系数和垂直地震影响系数，当按 9 度多遇地震考虑时，$\alpha_1=0.32$，$\alpha_2=0.2$；G_{eq}为等效重力荷载，取值为上部结构的自身重量。

将式(2-3-2)代入式(2-3-1)，解得式(2-3-1)左边值为 $0.32G_{\mathrm{eq}}$，右边值为 $0.48G_{\mathrm{eq}}$，即太和殿柱底平摆浮搁满足 9 度常遇地震作用下结构抗滑移要求。另外，图 2-3-6 中檐柱柱底直径 $D=0.78\mathrm{m}$，而柱顶石鼓镜平面的直径 $D_1=1.02\mathrm{m}$，即地震作用下，即使柱根在鼓镜平面产生内滑动时，也有 0.12m 的滑移范围。

(2) 柱身侧脚。如图 2-3-7 所示。侧脚使太和殿木构架成轻微内八字状，而且使结构产生的恢复力总是指向结构的平衡位置(结构在地震前的静止位置)，方向总是和柱架振动侧移方向相反，使地震作用下结构整体产生大变形的概率减小，而且在构架变形恢复的过程中可耗散部分地震能量。此外，侧脚可将部分水平地震力转化为轴向压力，使之降低约 13.6%[10]。

图 2-3-7 太和殿柱身侧脚

图 2-3-8 为汶川地震某古建筑变形示意图[11]。现场勘查显示，该古建筑变形严重，但未发生倒塌。由于侧脚构造，地震作用下使建筑物西、北侧柱头向内倾斜增加，而东、南侧方向柱头向内的侧移则逐渐减小，到东、南侧位置时，柱子则在地震力作用下逐渐趋向直立状。由此可知，由于结构本身存在侧脚构造，大幅度缓冲了结构的侧向变形，避免了倒塌等不良后果。对于故宫太和殿而言，侧脚构造同样有利于缓冲地震作用对太和殿结构整体造成的变形。

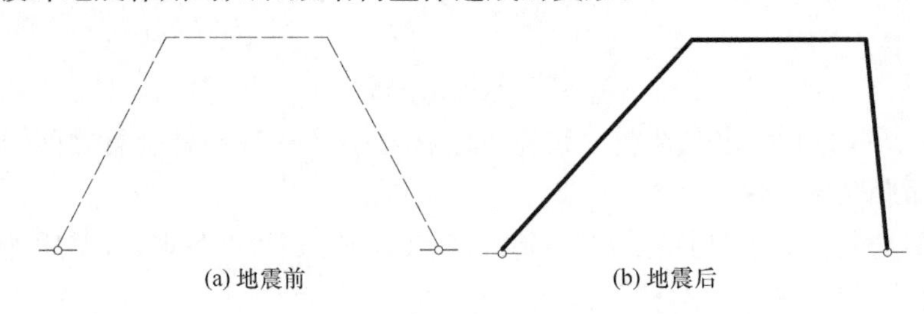

图 2-3-8 汶川地震某古建筑变形示意图

4. 榫卯节点

太和殿梁与柱连接的形式体现了中国古建筑的特色，即榫卯形式连接取法。其中，榫头位于梁端，而卯口位于柱顶。太和殿榫卯节点形式有很多种，但归纳起来可分为燕尾榫和直榫两种，如图 2-3-9 所示。燕尾榫又称大头榫、银锭榫，形状是端部宽、根部窄，与之相应的卯口是里面大、外面小，它常用于拉扯联系构件，如檐枋、额枋、金枋、脊枋等水平构件与垂直构件相交部位。燕尾榫的安装方法通过上起下落进行，安装后与卯口有良好的拉结性能，如图 2-3-10(a)所示。直榫的形状特点是榫头端部和根部一样宽，主要用于需要拉结，但无法用上起下落方法安装的部位，如穿插枋两端、抱头梁与金柱相交处、由戗与雷公柱相交处、瓜柱与梁背相交处等，如图 2-3-10(b)所示。

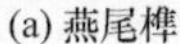

(a) 燕尾榫

(b) 直榫

图 2-3-9　太和殿榫卯节点

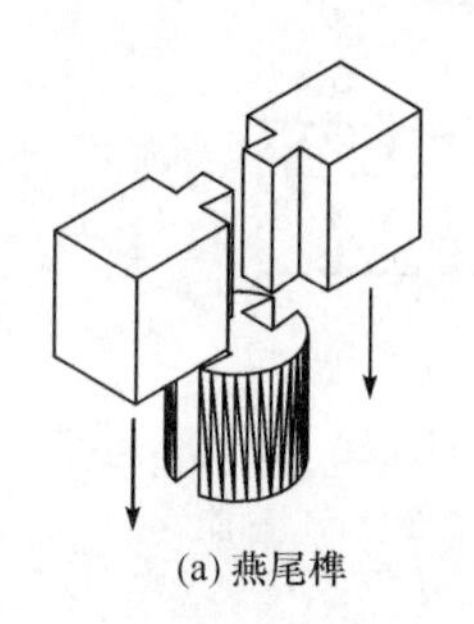

(a) 燕尾榫　　(b) 直榫

图 2-3-10　榫卯节点安装示意图

榫卯节点的耗能机理在于：榫头与卯口形成半刚性连接，这种连接使得榫卯节点在地震作用下有一定的转动能力，并且榫头绕卯口转动过程中，与卯口之间存在摩擦滑移作用，进而耗散部分地震能量。榫卯在拔出的运动中使结构构件产生了很大的变形和相对位移，不仅改变了结构的整体性，也调整了结构的内力分配。在地震反复荷载作用下，梁柱榫卯连接处通过摩擦滑移与挤压变形耗能，相当于在节点处安装了阻尼器，减小了结构的地震响应。

作者以故宫太和殿某开间的实际尺寸及《清式营造则例》相关规定，制作1∶8 缩尺比例的空间框架模型，并进行了低周反复加载试验，绘制了节点 M-θ 滞回曲线，如图 2-3-11 所示，其中榫卯节点为承重构架常采用的燕尾榫形式[12]。可以看出滞回环很小时，曲线形状为反 S 形；随着滞回环增大，曲线形状发展为 Z 形，且端部位置凸鼓现象明显。这说明：一

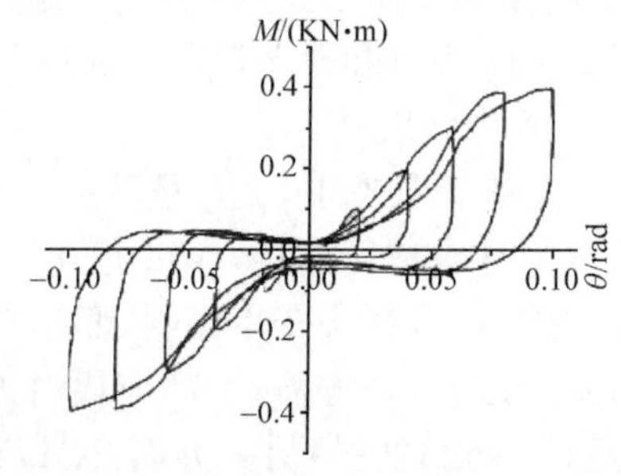

图 2-3-11　榫卯节点 M-θ 滞回曲线

方面榫卯节点在受力过程中有较大的相对摩擦滑移；另一方面，地震作用下，随着节点转角增大，曲线变陡，斜率增大，其耗能能力增加。在榫头拔出卯口之前，榫卯节点具有较好的耗能性能。

地震作用下，榫卯节点耗能在古建筑结构整体耗能中占有一定比例。图 2-3-12为文献[13]提供的西安鼓楼在 1940 年美国加利福尼亚州 El-Centro 波作用下的地震能量-时间曲线。可以看出，地震能量分别由结构阻尼、榫卯连接和动能三部分消耗吸收，而榫卯节点吸收的地震能量大约占总能量的 30%，这种连接方式使古建筑振动得到衰减，遭受震害减轻。故宫太和殿构造与该古建筑相近，因此榫卯节点的耗能能力同样可在故宫太和殿中体现。

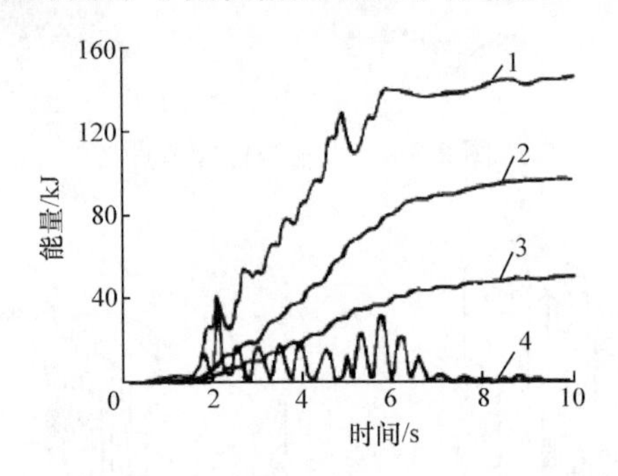

图 2-3-12　地震能量-时间曲线

1. 总能量；2. 阻尼能量；3. 榫卯节点能量；4. 动能

5. 斗拱

太和殿为重檐庑殿屋顶，其斗拱做法是明清斗拱的最高形制[14]，上下两檐均用溜金斗拱，斗口尺寸 90mm。下檐为单翘重昂七踩斗拱，斗拱高度（坐斗底皮至挑檐桁下皮的垂直距离，下同）为 875mm，外檐出挑尺寸为 685mm，内檐做成秤杆形式落在底层花台枋上。上檐为单翘三昂九踩斗拱，斗拱高度为 1050mm，外檐出挑尺寸为 900mm，内檐做成秤杆形式落在上层花台枋上。由于溜金斗拱保留了传统“铺作”中的形制，并在结构上略加改变，使斗拱的秤杆落在花台枋上，更加稳定。图 2-3-13 为太和殿平身科斗拱外立面及剖面示意图。

1）弹性恢复

在静止状态下，太和殿斗拱的坐斗通过暗榫安装在平板枋上，平板枋也通过暗榫与柱头进行连接，斗拱上方传来的荷载 N 通过坐斗中心传给柱头。在水平地震作用下，柱头产生倾斜，而坐斗与平板枋仍保持水平，此时坐斗受力平衡状态发生改变：一方面，上部荷载由 N 变为 N' 并通过平板枋底一侧端部与柱头接触点 O' 传给柱头；另一方面，N' 以柱底端部 O 为支点产生恢复力矩 $N'D$ 用以抵抗水平倾覆力矩 FH，这使得柱子立刻恢复到原来的平衡状态，保证了柱架的稳定

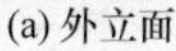
(a) 外立面

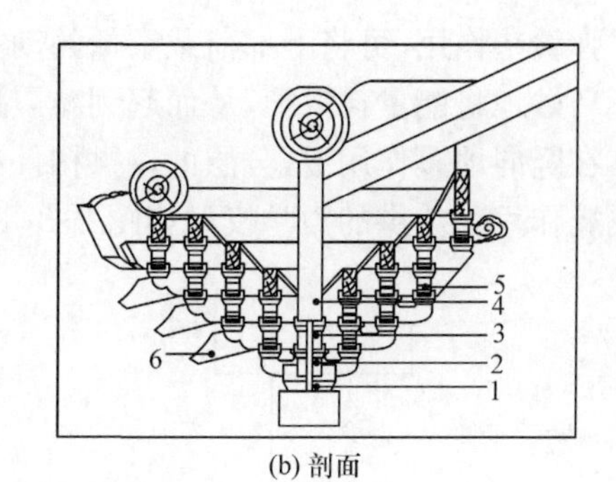

(b) 剖面

图 2-3-13　太和殿平身科斗拱

1. 坐斗；2. 正心瓜拱；3. 正心万拱；4. 正心枋；5. 槽升子；6. 翘

和正常工作(图 2-3-14)。

2）水平减震

太和殿斗拱的水平减震机理可以通过如下两个方面进行说明：一方面坐斗产生倾斜，并带动正心瓜拱产生水平移动，正心万拱和正心枋也因与槽升子相连产生变形位移，并产生挤压和剪切作用，阻止正心瓜拱和坐斗变形；另一方面，坐斗位移时，要带动上面的翘产生位移，而与坐斗正交的翘由于构造上的特殊处理，只与坐斗产生摩擦力，其本身位移很小，因而产生了水平减震效果。

图 2-3-15 为某斗拱缩尺模型试验获得的 P-Δ 滞回曲线[15]。由曲线可知，荷载作用下，斗拱的 P-Δ 滞回曲线形状为平行四边形，这说明斗拱出现水平滑移，即斗拱分层构件通过层间剪切变形和摩擦滑移产生减震耗能效果；Δ 增大时，曲线包络的面积较大，反映了斗拱具有良好的耗能特性。该斗拱的耗能特性同样可在太和殿斗拱中体现。

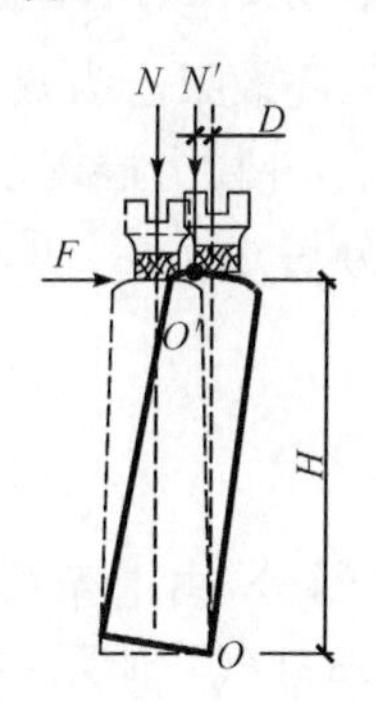

图 2-3-14　斗拱的弹性恢复作用

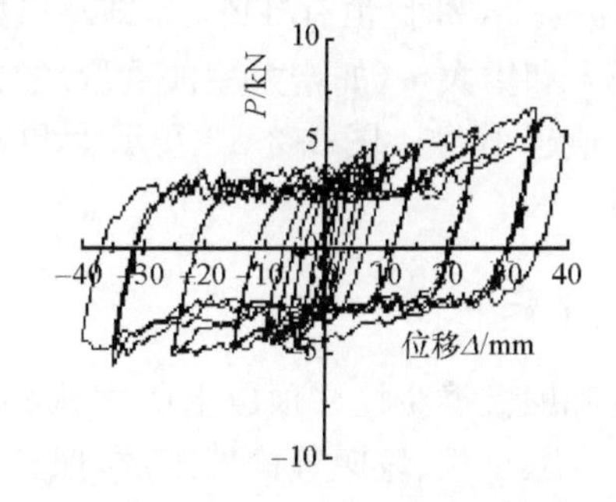

图 2-3-15　斗拱 P-Δ 滞回曲线

3）竖向隔震

太和殿斗拱的竖向隔震机理为：斗拱构件由于在竖向分层叠加，这些木构件充当了弹簧垫作用，可将上部荷载重量的动能转化为重力势能，并通过上下层的压缩变形巧妙地将能量耗散掉，从而起到减震作用。

在竖向地震作用下，分层的斗拱构件犹如一个个串联的弹簧，通过弹性变形发挥隔震作用。斗拱的力学模型如图 2-3-16(a)所示。

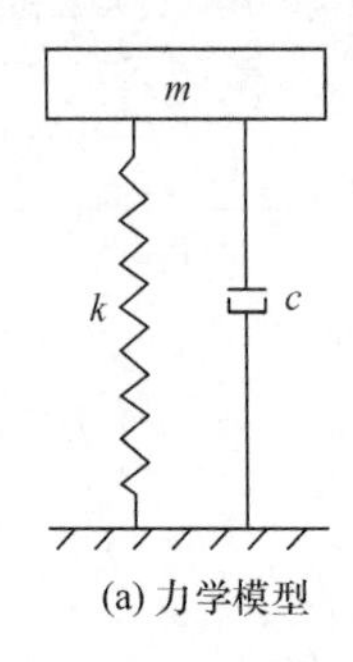

(a) 力学模型

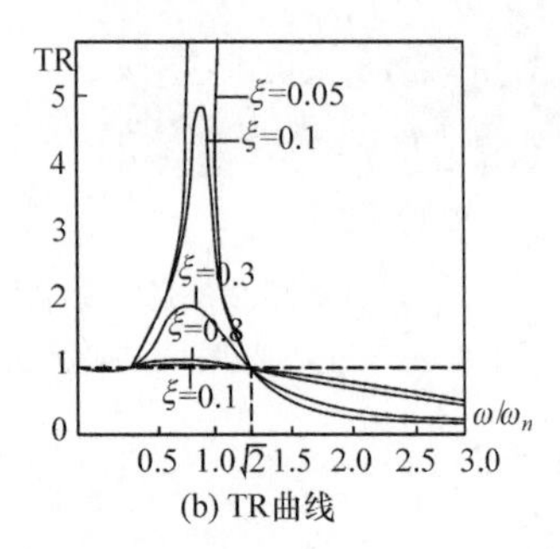

(b) TR曲线

图 2-3-16 斗拱的竖向减震分析

设屋盖的质量为 m，斗拱的竖向刚度为 k，阻尼为 c，在竖向地震作用下屋顶位移和加速度的传递率可用式(2-3-3)表示[16]：

$$\mathrm{TR}=\frac{y}{y_0}=\frac{\ddot{y}}{\ddot{y}_0}=\sqrt{\frac{1+[2\xi(\omega/\omega_n)]^2}{[1-(\omega/\omega_n)^2]+[2\xi(\omega/\omega_n)]^2}} \tag{2-3-3}$$

式中，TR 为传递率，可反映斗拱隔震性能，TR 越小则隔震性能越好；y、$\ddot{y}$ 分别为斗拱及上部屋盖的竖向位移和竖向加速度；y_0、$\ddot{y}_0$ 分别为斗拱下部柱架的竖向位移和竖向加速度；ω 为地震圆频率；ω_n 为斗拱圆频率，$\omega_n=(k/m)^{1/2}$；ξ 为屋盖阻尼比，$\xi=c/(2m\omega_n)=c/2(mk)^{1/2}$。

利用式(2-3-3)可绘出不同频率比时 TR 曲线，如图 2-3-16(b)所示。可以看出，当 $\omega/\omega_n>\sqrt{2}$时，恒有 TR<1，即斗拱始终能起到隔震效果。为减小 ω_n 值，可采用减小 k 和增大 m(如增大屋顶重量)的方法。事实上，斗拱分层越多，其串联后的竖向 k 值越小[17]。图 2-3-13 所示太和殿斗拱竖向分层达 7 层，可起到良好的隔震效果。

6. 梁架

太和殿重檐金柱柱顶以上的木构架可统称梁架部分，由七架梁及随梁、五架梁、三架梁、瓜柱、坨墩等构件组成，照片资料如图 2-3-17(a)所示；各承重梁截面尺寸如图 2-3-17(b)所示。上下层梁主要采用瓜柱、柁墩等构件进行连接固定；进深方向，由于梁底与柱顶之间的静摩擦力作用，梁架不会产生滑移；开间方向，各榀梁架通过檩、垫板、枋子相互拉接，保持了稳定。

(a) 现状资料

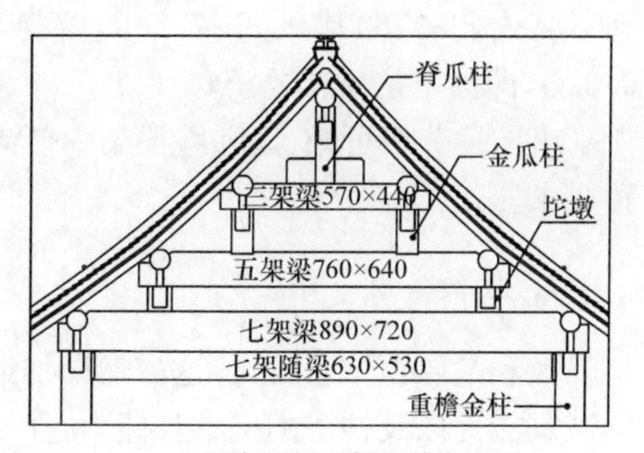

(b) 明间梁架示意图(单位:mm)

图 2-3-17　太和殿明间梁架

在地震作用下，梁架在水平方向受到的外力包括水平地震力 F_{EK}、梁架与柱顶之间的静摩擦力 F 及柱顶暗榫提供的销栓力 F_1，竖向则受到重力 G 及竖向地震力 F_{VK} 作用。将太和殿梁架考虑为单自由度刚体进行分析，其受力简图如图 2-3-18 所示。

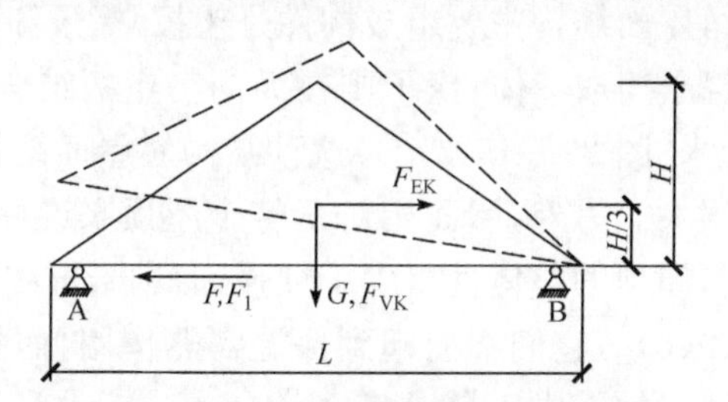

图 2-3-18　太和殿梁架计算简图

梁架抗倾覆条件为

$$(G+F_{VK})\times L/2\geqslant F_{EK}\times H/3 \tag{2-3-4}$$

式中，L 为太和殿梁架长度，$L=11.18\text{m}$；H 为梁架高度，$H=4.94\text{m}$。

梁架抗滑移条件为

$$F+F_1\geqslant F_{EK} \tag{2-3-5}$$

又

$$F_{EK}=\alpha_1 G,\quad F_{VK}=\alpha_2 G,\quad F=\mu(G+F_{VK}),\quad F_1=fA \tag{2-3-6}$$

式中，α_1 和 α_2 分别为水平地震影响系数和垂直地震影响系数，当按 9 度多遇地震考虑时，$\alpha_1=0.32$，$\alpha_2=0.2$；f 为木材横纹抗剪强度；A 为暗榫的截面面积；μ 为梁底与柱顶的静摩擦系数，$\mu=0.33$[18]。

将式(2-3-6)代入式(2-3-4)解得不等式左边值为 $6.708G$，右边值为 $0.527G$，即满足抗滑移要求。

将式(2-3-6)代入式(2-3-5)解得不等式左边值为 $0.396G+fA$，右边值为 $0.32G$，即满足抗倾覆要求。

由上述分析可知，太和殿梁架一般满足 9 度常遇地震作用下的抗滑移及抗倾覆要求。

7. 屋顶

太和殿屋顶重量较大，这虽然增加地震时的惯性力，但同时可以增强斗拱的竖向减震能力以及柱底的抗滑移能力，保证了结构的整体性及稳定性。而且，由于木结构材料的特殊性，其在承受压力之前，有较大的几何可变性，只有在承受一定的压力之后，榫卯相互挤压紧密，榫头挤压产生塑性变形、摩擦耗能，各构架之间的连接趋于密合，从而使构架具备一定的抵抗侧向荷载和侧向变形的能力。因此，大重量、大刚度的屋顶为木构架之间的连接提供足够的摩擦力和阻尼，加强了梁柱结构之间的整体性和稳定性。

按构造组成分析，屋面结构主要组成构件是望板、椽子和瓦面。望板钉在椽子背上，主要从纵向把椽子连成一体；椽子则在纵向与望板结合为一体，横向又把承托椽子的屋檩连接起来[图 2-3-19(a)]。这种结构使屋面结构成为整体性很强的"曲面板"，整体刚性很大。另外，屋面相对于整个屋顶来说好似一个很大的蒙皮，在这个蒙皮的作用下，屋顶的整体性得到了加强，有利于抗震。望板之上是很厚的分层黏性土[图 2-3-19(b)]，它们不但起到保温隔热作用，而且还与瓦面黏结在一起，保证了筒瓦及盖瓦在地震中不易滑落松动。

(a) 椽子及望板

(b) 瓦面施工

(c) 屋顶

图 2-3-19　太和殿屋顶抗震构造

1. 望板；2. 椽子；3. 角梁；4. 望板保护层；5. 黏性土；6. 瓦面；7. 大吻

8. 墙体

太和殿为木构架承重结构，前檐柱子露明，山面及后檐的柱子则被包砌在墙体中，如图 2-3-20 所示。太和殿墙体厚 1.45m，采用低标号灰浆及砖石砌筑而成，仅起维护作用。墙体与柱子结合，可提高地震作用下木构架的抗侧移能力；墙的下段比上段厚，可降低水平地震剪力。

图 2-3-20　太和殿山面与后檐墙体

图 2-3-21 为汶川地震作用下某木构古建墙体破坏照片。基于现场勘查和照片分析,可知墙体虽产生局部倒塌,然而古建筑木构架却保持完好。可以认为,墙体以“牺牲自己”的代价保证了木构架在地震作用下的稳定性。此外,古建筑木结构以木构架承重为主,墙体仅起围护作用,因而可以认为该古建筑能够抵抗汶川地震时其所在场地烈度的破坏,而且墙体对结构整体能发挥一定程度的抗震贡献。对太和殿而言,其围护墙体同样对木构架抗震性能可产生有利影响。

图 2-3-21　汶川地震某古建筑墙体震害

图 2-3-22 为汶川地震某木构古建内典型节点的位移响应曲线,其中 n 表示不考虑嵌固墙体,y 表示考虑嵌固墙体影响[19]。由图可知,考虑墙体影响后,节点的位移响应峰值迅速减小,反映了墙体对木构架变形的约束作用。由于木构架位移得到控制,因而避免了木构架因自身产生过大侧向变形而可能导致的倾覆问题。对于太和殿而言,其宽厚的墙体同样对木结构变形起到有效的约束作用,并弥补了木构架在地震作用下易产生过大变形的缺陷,减轻了结构整体的震害。

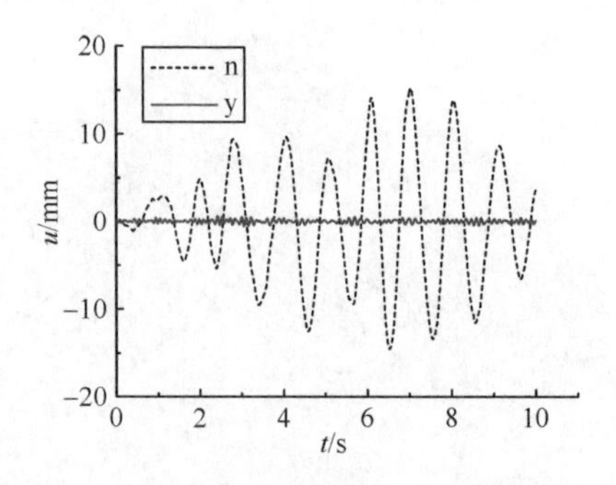

图 2-3-22 汶川地震某古建筑节点位移响应曲线

2.3.3 结论

故宫太和殿具有良好的抗震构造，主要表现在以下几个方面：

(1) 结构布局合理。

(2) 基础黏土材料有利于上部结构减震；基础处理技术及高台有利于缓冲地震波传向上部结构。

(3) 柱底平摆浮搁可产生滑移减震效果；柱身侧角可提高结构整体稳定性。

(4) 榫卯节点及斗拱各构件间的摩擦和挤压可耗散部分地震能量。

(5) 梁架低矮，可满足地震作用下的抗滑移及倾覆要求。

(6) 屋顶厚重，整体性强，有利于提高太和殿结构的稳定性。

(7) 墙体宽厚，可抑制地震作用造成的木构架过大侧向变形。

我国古代劳动人民虽然没有给我们留下很多的关于木结构建筑抗震的文字内容，但是在长期与自然灾害斗争中积累了丰富的经验，把“以柔克刚，耗能减震”等抗震、减震、隔震机理运用于建筑实践中。这些宝贵的经验值得我们今天去学习和应用。

参考文献

[1] 周乾，闫维明，杨小森，等. 汶川地震导致的古建筑震害[J]. 文物保护与考古科学，2010，22(1)：37—45.

[2] 宋二祥，钱稼茹，刘凤阁，等. 汶川地震建筑震害分析[J]. 建筑结构学报，2008，29(4)：1—9.

[3] 张鹏程. 中国古代木构建筑结构及其抗震发展研究[D]. 西安：西安建筑科技大学，2003.

[4] 周乾，闫维明，周锡元，等. 中国古建筑动力特性及地震反应[J]. 北京工业大学学报，2010，36(1)：13—16.

[5] 蒋博光. 中和殿室内及三殿地质勘探实录[C]//于倬云，朱诚如. 中国紫禁城学会论文集(第三辑). 北京：紫禁城出版社，2004：275—278.

[6] 白丽娟. 故宫的基础工程[J]. 古建园林技术，1996，(2)：38—44.

[7] 刘大可.中国古建筑瓦石营法[M].北京:中国建筑工业出版社,1993.
[8] 张宇清.西安东门城楼动力特性及其地震响应分析[D].西安:西安交通大学,1997.
[9] 姚侃,赵鸿铁.木构古建筑柱与柱础的滑移摩擦隔震机理研究[J].工程力学,2006,23(8):127－131.
[10] 王天.古代大木作静力初探[M].北京:文物出版社,1992.
[11] 周乾,闫维明,杨小森,等.汶川地震古建筑震害研究[J].北京工业大学学报,2009,35(3):330－337.
[12] 周乾,闫维明,周锡元,等.古建筑榫卯节点抗震性能试验[J].振动、测试与诊断,2011,31(6):679－684.
[13] 丁磊,王志骞,俞茂宏.西安鼓楼木结构的动力特性及地震反应分析[J].西安交通大学学报,2003:37(9):986－988.
[14] 于倬云.故宫三大殿形制探源[J].故宫博物院院刊,1993,(3):3－17.
[15] 隋龑,薛建阳,赵鸿铁,等.古建木构铺作层侧向刚度的试验研究[J].工程力学,2010,27(3):74－78.
[16] 刘晶波,杜修力.结构动力学[M].北京:机械工业出版社,2005.
[17] 周乾,张学芹.故宫太和殿西山挑檐檩结构现状分析[C]//郑欣淼,晋宏逵.中国紫禁城学会论文集第六辑.北京:紫禁城出版社,2011:692－702.
[18] 王其超.滑动摩擦系数的测定[J].教学仪器与实验,1987,3(2):15－16.
[19] Yuan Y,Cui J Z,Mang H A. Computational Structural Engineering[M]. Berlin:Springer Press,2009.

第3章　故宫太和殿抗震性能研究

本章包括以下四部分内容：①木构古建抗震分析的 ANSYS 仿真方法研究。基于 ANSYS 程序强大的建模及求解功能，对其应用于古建筑梁、柱、榫卯节点、斗拱、屋顶等构造的建模方法进行了分析，对应用于古建筑模态分析、谱分析、时程分析、随机响应分析等抗震分析的仿真技术进行了探讨；基于故宫神武门抗震分析实例，对 ANSYS 运用于古建筑的仿真技术进行了深化论证，并对仿真过程中存在的问题提出了改进建议。②故宫太和殿抗震性能与减震构造研究。基于太和殿的典型构造特征，采用三维弹簧单元模拟榫卯节点及斗拱构造，建立了太和殿有限元模型。通过模态分析，获得太和殿的基频及主振型；通过施加水平双向单点谱，分析了太和殿在 8 度地震作用下的内力和变形，评价了太和殿的抗震性能。在此基础上，讨论了不同构造特征对太和殿自振周期的影响，研究了典型节点的位移、加速度响应峰值的变化特征，定量获得了不同构造对太和殿减震性能的贡献作用。③罕遇地震作用下故宫太和殿抗震性能研究。基于榫卯节点、斗拱、柱础平摆浮搁等构造特征，并考虑柱-填充墙之间的接触关系，建立了太和殿的非线性有限元分析模型。通过响应谱分析，研究 8 度罕遇地震作用下，太和殿内力及变形的总体分布特征；通过时程分析，得到太和殿典型节点的内力及变形响应曲线，进一步评价了太和殿的抗震性能。④古建嵌固墙体对木构架抗震性能的影响分析——以太和殿为例。基于榫卯节点及斗拱的力学特性，建立太和殿的两种有限元模型，即模型不包括嵌固墙体、模型包括嵌固墙体。通过模态分析，研究了嵌固墙体对木构架基频及主振型的影响；通过谱分析，研究了 8 度常遇地震作用下嵌固墙体对典型节点位移及加速度响应影响；通过时程分析，研究了 8 度罕遇地震作用下嵌固墙体对木构架整体变形及内力分布的影响。

3.1　木构古建抗震分析的 ANSYS 仿真方法研究

我国的古建筑以木结构为主，具有悠久的历史，保护意义重大。由于木材具有良好的抗弯、抗压、易于加工和维修等优点，结合浮放柱础、榫卯节点、斗拱、厚重屋顶等抗震构造，使得大部分古建筑能历经各种地震灾害而保持到现在。然而，由于木材又有徐变大、弹性模量低、易老化变形等缺点，以及在长期荷载作用下古建筑容易产生开裂、拔榫、变形等问题，使得其抗震性能受到影响，因而对古建筑进行抗震分析具有重要意义。通过抗震分析，可评价古建筑的健康现状，及时发现并解决潜在的抗震缺陷，以实现有效保护。

对古建筑进行抗震性能理论分析，一般有述评法[1]、手算法[2]、编程法[3]、有限元仿真法[4~6]等。与前三种方法相比，有限元仿真法可建立更为合理的模型，进行更为细致的分析，并提供更为丰富的结果。因此，有限元仿真技术在古建筑抗震性能分析中受到重视并得到推广。

ANSYS程序是20世纪70年代美国ANSYS公司开发的一套功能强大的通用有限元仿真程序，至今已广泛应用于航空、航天、电子、汽车、土木工程等各种领域，能够满足各行业仿真分析的需要。ANSYS集CAD、CAE、CAM等技术于一身，可满足各种分析要求。软件自带的APDL语言可直接为用户提供二次开发，程序简单，易于应用，是用户进行分析研究的强大辅助工具。ANSYS程序包括前处理、求解、后处理3个模块。前处理模块提供了一个强大的实体建模及网格划分工具，用户可以方便地构造仿真模型；求解模块可开展结构分析、热力学分析、流体分析、电磁场分析、耦合场分析等多种形式分析，可模拟多种物理介质的相互作用，具有灵敏度分析及优化分析能力；后处理模块则提供等值线、矢量、曲线、图表、数据等多种结果输出方式，可充分满足用户需要。

为保护古建筑，本节将探讨ANSYS程序应用于我国木构古建抗震分析的仿真方法。基于APDL命令流，研究梁柱构件、榫卯节点、斗拱、屋顶质量等构造的仿真模型建立方法；讨论模态分析、谱分析、时程分析、功率谱分析等反映古建筑动力特性及抗震性能相关的仿真技术；结合故宫神武门仿真分析实例，对ANSYS用于木构古建抗震仿真分析方法进行进一步论证。研究结果将为木构古建抗震评估、震害分析与加固技术提供理论参考。

3.1.1 仿真建模方法

对古建筑进行抗震性能分析前，应建立有限元仿真模型，模型包括梁柱构件、榫卯节点、斗拱、屋顶等，下面将进行具体说明。

1. 梁柱构件

研究表明，木构古建梁柱构件本身没有耗能能力[7]，结构的耗能能力主要体现在榫卯节点、斗拱等构造部位。相应地，在地震作用下，这些部位产生摩擦耗能的同时也容易受到破坏，具体表现为节点拔榫、斗拱歪闪等。对梁柱构件而言，在地震作用下以弹性状态为主。基于上述特点，在用ANSYS程序模拟梁柱构件时，可考虑采用BEAM189单元。BEAM189单元是在铁木辛哥梁分析理论基础上建立的，支持弹性、塑性、蠕变及其他非线性计算模型，其截面可由不同材料组合形成，并考虑剪切变形的影响，适合于分析从细长到粗短的梁柱结构。该单元属于2节点三维空间单元，每个节点默认有6个自由度，即x、y、z向的侧移及转角。当考虑梁的翘曲时,还需提供第 7 个自由度。BEAM189 单元信息如图 3-1-1(a)所示,其中 i、j 分别为梁的两端节点,k 则为反映梁屈曲方向的节点,①~⑤代表外力作用方向。通过计算,该单元可输出各项内力及变形指标。

下面以故宫神武门明间五架梁为例,对 ANSYS 程序用于梁柱构件的建模方法进行说明。该五架梁长 6.64m,截面尺寸为 0.605m×0.72m(宽×高),其建模 APDL 命令流如下:

```
/prep7                          !前处理
k,1,0,0,0                       !定义起点
k,2,6.64,0,0                    !定义终点
k,3,0,,300000                   !定义参考关键点,即梁弯曲方向为 z 向
l,1,2                           !画线
et,1,beam189                    !定义五架梁单元
mp,ex,1,9e9                     !木材弹性模量
mp,prxy,1,0.3                   !木材泊松比
mp,dens,1,500                   !木材密度
sectype,1,beam,rect,wjl,0       !定义五架梁截面
secoffset,cent                  !定义截面偏移中心
secdata,0.605,0.72              !定义截面尺寸
latt,1,,1,,3,,1                 !将木材材料及五架梁截面信息赋给所绘线条
lesize,all,,,20                 !指定仿真模型划分网格的数目
lmesh,all                       !建立仿真模型
```

基于上述命令流,建立五架梁的 ANSYS 仿真模型如图 3-1-1(b)所示。

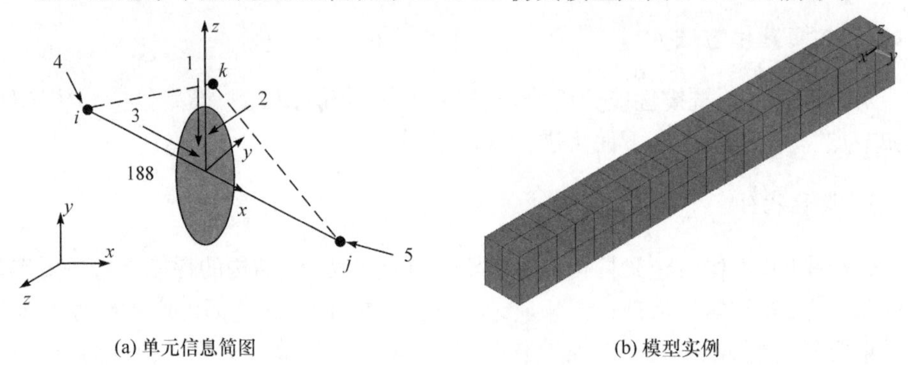

(a) 单元信息简图

(b) 模型实例

图 3-1-1　BEAM189 单元建模方法

2. 榫卯节点

榫卯连接是我国木构古建梁柱连接的一种特有形式,即梁端做成榫头形式,插

入柱头预留的卯口中。与铰接、刚接形式不同，在地震作用下，榫头与卯口之间可产生相对转动，具有半刚性特性，且能够产生摩擦耗能，减小地震的破坏。基于已有研究成果[8]，可利用 1 根空间 2 节点虚拟弹簧单元模拟榫卯节点，此单元由 6 根互不耦合的弹簧组成，如图 3-1-2(a)所示。其中，K_x、K_y、K_z 表示 x、y、z 向的拉压刚度，$K_{\theta x}$、$K_{\theta y}$、$K_{\theta z}$ 表示绕 x、y、z 轴的扭转刚度。在进行有限元分析时，采用 ANSYS 程序中的 MATRIX27 单元模拟榫卯节点。该单元没有定义几何形状，但是可通过两个节点反映单元的刚度矩阵特性，其刚度矩阵输出格式如图 3-1-2(b)所示。

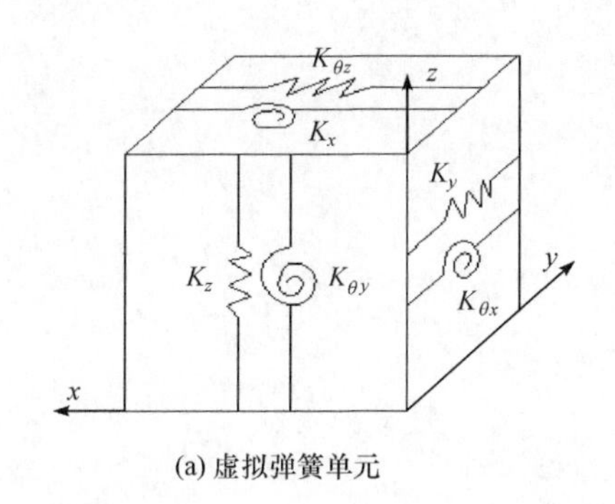

(a) 虚拟弹簧单元

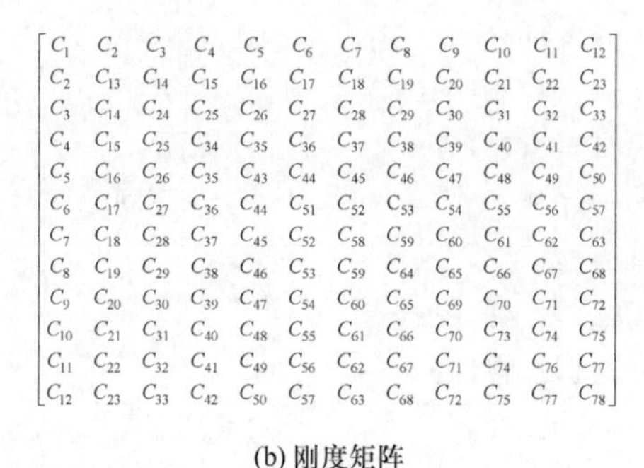

(b) 刚度矩阵

图 3-1-2　榫卯节点模拟

图 3-1-2(b)中，对应 x 方向弹簧刚度 K_x 矩阵元为 C_1、C_7、C_{58}；对应 y 方向弹簧刚度 K_y 矩阵元为 C_{13}、C_{19}、C_{64}；对应 z 方向弹簧刚度 K_z 矩阵元为 C_{24}、C_{30}、C_{69}；对应绕 x 轴转动刚度 $K_{\theta x}$ 的矩阵元为 C_{34}、C_{40}、C_{73}；对应绕 y 轴转动刚度 $K_{\theta y}$ 的矩阵元为 C_{43}、C_{49}、C_{76}；对应绕 z 轴转动刚度 $K_{\theta z}$ 的矩阵元为 C_{51}、C_{57}、C_{78}。

下面以故宫神武门某檐柱榫卯节点为例，对 ANSYS 程序模拟榫卯节点进行说明。该榫卯节点距地面高度为 6.0m，假设在各个方向的刚度值均为常数，即 $K_x=K_y=2.5\times10^4$N/m，$K_z=0$，$K_{\theta x}=K_{\theta y}=K_{\theta z}=5.05\times10^6$N · m。采用 MATRIX27 单元模拟时，相关建模命令流如下：

```
n,1,,,6.0                    !榫卯节点起点
n,2,,,6.0                    !榫卯节点终点，与起点重合
et,1,matrix27,,,4            !刚度矩阵
r,1                          !定义刚度参数
kx=25000                     !Kx，下同
rmodif,1,1,kx
rmodif,1,7,-kx
rmodif,1,58,kx
```

```
ky=25000                    ! Ky,下同
rmodif,1,13,ky
rmodif,1,19,-ky
rmodif,1,64,ky
kz=0                        ! Kz,下同
rmodif,1,24,kz
rmodif,1,30,-kz
rmodif,1,69,kz
krx=5.05e6                  ! Kθx,下同
rmodif,1,34,krx
rmodif,1,40,-krx
rmodif,1,73,krx
kry=5.05e6                  ! Kθy,下同
rmodif,1,43,kry
rmodif,1,49,-kry
rmodif,1,76,kry
krz=5.05e6                  ! Kθz,下同
rmodif,1,51,krz
rmodif,1,57,-krz
rmodif,1,78,krz
type,1                      ! 指定单元类型
real,1                      ! 指定实常数
e,1,2                       ! 建立榫卯节点单元
cp,1,uz,1,2                 ! 由于两个节点在 z 向的刚度为 0,应进行耦合
```

由于在地震作用下,榫卯节点的刚度实际会产生退化,因而并非为常数,此时每根虚拟弹簧可用非线性弹簧单元 COMBIN39 模拟。COMBIN39 单元属 2 节点单向拉压弹簧,没有质量或热容量,可在任何分析中模拟构件或节点的 F-D 关系,F 为力或弯矩,D 为侧移或转角。当用该单元模拟力-侧移关系时,在每个节点仅考虑 x、y、z 向的平动刚度;当模拟弯矩-转角关系时,在每个节点仅考虑绕 x、y、z 轴的转动。COMBIN39 单元信息如图 3-1-3 所示,其中 i、j 分别为弹簧的两端节点,$-3,-2,\cdots,5$ 为 F-D 曲线上的点,一共可允许有 20 个点,-99 及 99 表示荷载点已超出许可范围,超出部分的斜率由有效范围内最后一段曲线斜率代替。COMBIN39 单元可输出单元力及节点位移,但在古建筑分析中,主要用来模拟榫卯节点的刚度。

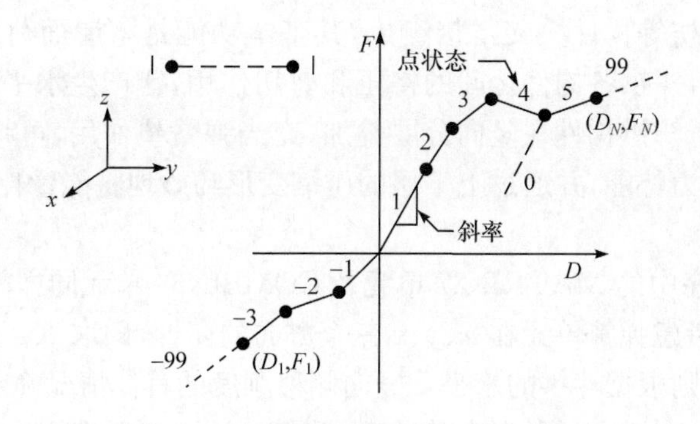

图 3-1-3　COMBIN39 单元信息简图

下面仍以故宫神武门某檐柱榫卯节点为例进行仿真说明。假设节点刚度在不同方向为非线性变化,限于篇幅,仅考虑虚拟弹簧单元在 x 向的拉压刚度发展过程为:0→2.5×10⁴N/m→1.5×10⁴N/m,其他不变。则以上命令流可改为

```
n,1,,,6.0                          !榫卯节点起点
n,2,,,6.0                          !榫卯节点终点,与起点重合
et,1,39,,,1,                       !x 向拉压刚度
et,1,39,,,2,                       !y 向拉压刚度
et,1,39,,,3,                       !z 向拉压刚度
et,1,39,,,4,                       !x 向转动刚度
et,1,39,,,5,                       !y 向转动刚度
et,1,39,,,6,                       !z 向转动刚度
r,1,0,0,0.01,250,0.02,400          !Kx
r,2,0,0,0.01,250                   !Ky
r,3,                               !Kz
r,4,0,0,0.01,50500                 !Kθx
r,5,0,0,0.01,50500                 !Kθy
r,6,0,0,0.01,50500                 !Kθz
type,1  $real,1  $e,1,2            !弹簧 1
type,2  $real,2  $e,1,2            !弹簧 2
type,3  $real,3  $e,1,2            !弹簧 3
type,4  $real,4  $e,1,2            !弹簧 4
type,5  $real,5  $e,1,2            !弹簧 5
type,6  $real,6  $e,1,2            !弹簧 6
cp,1,uz,1,2                        !由于两个节点在 z 向的刚度为 0,应进行耦合
```

3. 斗拱

斗拱是中国木构古建另一种特有的构造形式。斗拱位于屋架与柱头之间,由

坐斗、拱、翘、升、枋等构件叠交搭接组成，其基本功能是将屋面荷载传递给柱子。水平地震作用下，斗拱各构件之间的挤压和剪切作用，能产生水平减震效果；竖向地震作用下，由于斗拱构件在竖向分层叠加，充当弹簧垫作用，可将上部荷载重量的动能转化为重力势能，并通过上下层的压缩变形巧妙地将能量耗散掉，起到减震作用。

ANSYS 程序中的 MATRIX27 单元及 COMBIN39 单元同样能够模拟斗拱的刚度，只不过仅考虑弹簧单元在 x、y、z 三个方向的变形，即取 $K_{\theta x}=K_{\theta y}=K_{\theta z}=0$，$K_x$、$K_y$、$K_z$ 取值则根据斗拱的水平及竖向侧移刚度的具体情况确定。图 3-1-4 为 ANSYS 模拟故宫神武门斗拱的仿真模型，建模方法类似于榫卯节点。

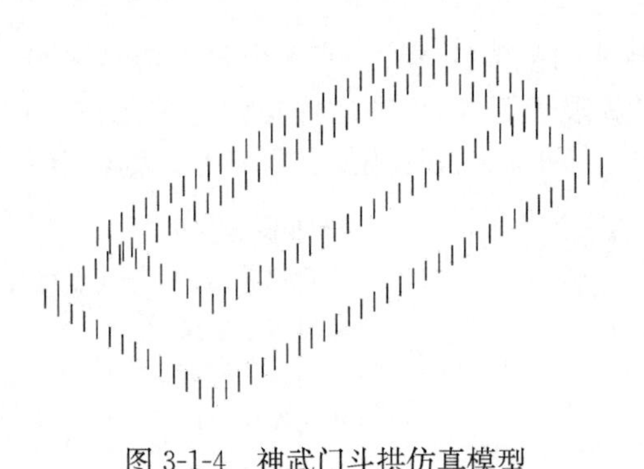

图 3-1-4 神武门斗拱仿真模型

4. 屋顶

中国古建筑的屋顶主要由椽子、望板、泥背、瓦面等部分组成。椽子与望板可增强屋顶的整体性，而厚重的泥背和瓦面为木构架之间的连接提供足够的摩擦力和阻尼，并有利于柱底产生滑移隔震作用。利用 ANSYS 程序模拟屋顶时，可考虑采用均匀分布的质点单元 MASS21 附在屋架部位，既能保证屋顶与屋架的整体性，又能发挥厚重屋顶在抗震中的作用。

MASS21 属点单元，具有 6 个自由度，即 x、y、z 向的侧移及转角。不同质量或转动惯量可分别定义于每个坐标方向。MASS21 单元信息如图 3-1-5(a)所示，其中 M_x、M_y、M_z 代表 x、y、z 向的质量，I_{xx}、I_{yy}、I_{zz} 代表 x、y、z 向的转动惯量。在定义该单元时，仅用 1 个节点即可。在施加地震波加速度的条件下，求解结束后，其结果输出主要为节点位移。

下面以故宫神武门屋顶为例，对 ANSYS 程序模拟屋顶质量的方法进行说明。假设神武门屋架上某金檩单元由 101 个节点组成，而金檩承担屋面传来的质量为 15435kg，则分配到每个节点的质量为 152.8kg，对其中任意节点(设其编号为 11245)，相关 APDL 命令流如下：

```
et,1,21,,,2                  !定义质点单元
r,1,152.8                    !定义实常数
type,1                       !建立屋顶质点单元
real,1
e,11245
```

采用上述方法，对屋顶各质点单元建模，可获得神武门屋顶仿真模型如图 3-1-5(b) 所示。

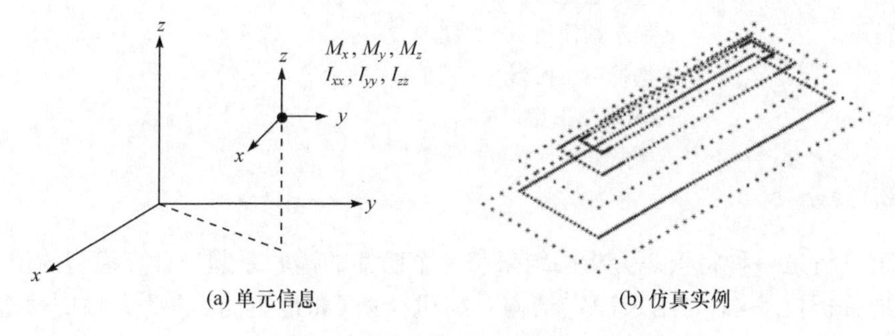

(a) 单元信息　(b) 仿真实例

图 3-1-5　MASS21 单元建模方法

3.1.2　仿真分析方法

对古建筑进行抗震性能分析，主要有模态分析、谱分析、时程分析、随机响应分析等不同方法，下面将进行具体说明。

1. 模态分析

模态分析主要用于确定古建筑的振动特性，即固有频率及振型。模态分析属于线性分析，在静态分析中的非线性内容将被忽略。模态分析可确定古建筑的固有频率与地震波卓越周期及场地土特征周期的关系，同时可确定结构的振型是否有利于抗震。模态分析一般有降阶法、次空间法、非对称法、阻尼法、区块 Lanczos 法、快速动力法等求解方法。

下面以故宫神武门为例，说明 ANSYS 程序对古建筑进行模态分析的方法，相关 APDL 命令流如下：

```
fini               !结束前处理模块
/solu              !进入求解模块
antype,2           !指定分析类型为模态分析
modopt,redu,10     !指定模态分析的方法为降阶法，提取 10 个自由度
total,20           !指定主自由度数目为 20
allsel,all         !选择结构所有节点及单元
```

```
solve            !求解
fini             !完成求解
/solu            !再次进入求解模块
expass,on        !对分析进行扩展
mxpand,10        !指定扩展的模态数量为 10
solve            !再次求解
fini             !完成求解
/post1           !进入后处理阶段
set,list         !显示结构频率,共 10 个
set,,1           !选择第 1 振型
pldisp,1         显示第 1 振型
```

2. 谱分析

谱分析是一种将模态分析的结果与一个已知的谱联系起来计算模型的位移和应力的分析技术,主要用来确定结构对随机荷载(如地震力)的动力响应情况[9]。谱的定义为:结构的力、位移、加速度等响应值与频率的关系曲线,它反映了时间-历程荷载的强度和频率的信息。在古建筑抗震分析中,一般只考虑采用单点响应谱(single-point response spectrum,SPRS),即只考虑在模型的一个点如在所有支撑处定义一条或一族响应谱曲线。单点响应谱的分析结果以 post1 命令的形式写入模态合并文件,通过模态合并方式可获得结构最大模态响应,进而获得古建筑结构的总响应。总响应包括结构的总位移、总速度或总加速度,以及在模态扩展中得到总应力、总应变、总变形、总内力结果。由于古建筑的振型和固有频率是谱分析必须有的数据,因此在对其进行谱分析之前应进行模态分析。

下面以故宫神武门为例,说明 ANSYS 程序对古建筑进行谱分析的方法,其中地震波考虑为 x、y 双向,相关 APDL 命令流如下:

```
(首先进行模态分析,过程略)
/solu                                !进入求解模块
antype,spectr                        !指定分析类型为谱分析
spopt,sprs                           !指定谱类型为单点响应谱
mdamp,1,0.05, , , , , ,              !指定模态阻尼
sed,1,1                              !指定 x、y 双向地震激励谱
svtyp,2,1                            !指定单点响应谱的形式为加速度谱,放大系数为 1
freq,0.17,0.2,0.25,0.33,0.44,
0.5,0.67,1,1.25                      !8 度罕遇地震,Ⅲ类场地,地震分组为
sv,,1.4,1.59,1.76,1.94,2.07,
2.30,2.98,4.30,5.26                  !第一组:tg= 0.45,amax= 0.9,分别输入
```

```
freq,1.67,2,2.22,10,20
sv,,6.81,8.02,8.82,9.8,6.39          !频率及谱值

srss,0.01,disp                       !指定模态合并的平方和方根法
allsel                               !选择结构上所有对象
solve                                !求解
finish                               !结束求解模块
/post1                               !进入后处理模块
/inp,file,mcom                       !导入分析结果
plnsol,u,x                           !显示结构 x 向变形
```

3. 时程分析

时程分析是直接通过动力分析得到结构响应随时间变化关系的分析方法[10]。具体而言,该方法是将建筑物作为振动系统,直接输入地震波,依据结构恢复力特性建立动力方程,用逐步积分法求解,直接计算地震期间结构的位移、速度和加速度时程反应,从而描述地震作用下,结构在弹性和非弹性阶段的内力变化,以及结构构件逐步开裂、屈服、破坏直至倒塌的全过程。

与反应谱法相比,时程分析法可得到古建筑在地震作用下的响应时程,了解结构在整个持时内的地震反应,掌握古建筑动力破坏机理和正确提高其抗震能力的途径,因而是一种比较准确的、有效的动力分析方法。由于古建筑具有重要的历史地位,并且构造复杂,采取时程分析法进行分析有利于全面评价其抗震性能。

ANSYS 程序的瞬态分析法可实现对古建筑抗震性能的时程分析。瞬态分析法包括完全法、缩减法和模态叠加法。完全法是指采用完整的系统矩阵计算结构的瞬态响应;缩减法是指通过采取主自由度及缩减矩阵压缩问题规模。模态叠加法是指振型特征值乘以因子并求和计算结构响应的方法。完全法在三种方法中最强大,允许包含各类非线性特性,如塑性、大变形、大应变等。

下面以故宫神武门为例,说明 ANSYS 程序对古建筑的时程响应仿真分析的方法,相关 APDL 命令流如下:

```
fini                                      !结束上个模块操作
/config,nres,5000                         !配置计算结果的最大数量
* dim,aa,table,1000,1,1, , ,              !定义 1000 行 1 列的表格,名称为 aa
* tread,aa,'ax','txt',' ', ,              !将 ax.txt 文件内的 x 向地震波数据读入
* dim,bb,table,1000,1,1, , ,              !定义 1000 行 1 列的表格,名称为 bb
* tread,bb,'ay','txt',' ', ,              !将 by.txt 文件内的 y 向地震波数据读入
```

```
/solu                                      !进入求解模块
antype,4                                   !选择分析类型为瞬态分析
trnopt,full                                !选择分析方法为完全法
pi= 3.14159
freq1= 1.07*2*pi
freq2= 1.20*2*pi
alphad,2*0.05*freq1*freq2/(freq1+freq2)    !按结构动力学计算质量阻尼
betad,2*0.05/(freq1+freq2)                 !按结构动力学计算刚度阻尼
allsel                                     !选择结构上所有对象
lumpm,0                                    !采取默认的质量矩阵
timint,on                                  !打开瞬态效应
*do,tm,0.02,20,0.02                        !指定输入时间及步长
time,tm                                    !指定荷载结束时间
acel,(aa(tm)),(bb(tm))                     !将x、y双向地震波输入结构
lswrite,tm/0.02                            !将荷载及荷载步写入文件
*enddo
lssolve,1,1000                             !求解所有荷载步
fini                                       !结束模块操作
/post26                                    !进入动力分析后处理模块
nsol,2,18245,u,x,ux18245                   !选取模型上编号为18245的节点,指定该
                                            节点的x向位移为输出目标
deriv,3,2,1                                !对位移求导,获得速度
deriv,4,3,1                                !对速度求导,获得加速度
plvar,2,3,4                                !绘制18245点在x向的位移、速度及
                                           !加速度响应曲线
```

4. 随机响应分析

由于地震动的不确定性,时程分析法及反应谱法往往存在一定的弊端。实际上,地震的发生是随机事件,每一次地震都可以看做是随机过程的所有可能样本函数的一次实现,具有非重复性。在随机干扰作用下的古建筑反应具有随机性,因而较好的方法就是应用随机过程理论进行地震动的描述和古建筑地震反应分析。根据大量强震记录,考虑未来可能发生的地震动,掌握地震动的集合特性,对于古建筑的反应也作为集合的特性从统计概率上评价。与时程分析法相比,时程分析法中输入的为确定的地震记录,而随机振动分析中的地震动输入则具有统计性,并从概率意义上对古建筑反应进行统计分析。随机振动分析法较充分地考虑了地震发

生的统计概率特性，并越来越受到工程领域的重视，因此对古建筑采用随机振动方法进行抗震性能分析更为合理。

ANSYS 程序可通过功率谱密度（power spectral density，PSD）分析反映古建筑的随机响应特性。功率谱密度的定义为：结构在随机动态荷载激励下响应的统计结果[9]。功率谱密度可包括位移功率谱密度、速度功率谱密度、加速度功率谱密度，以及力功率谱密度等。从数学概念上讲，功率谱密度-频率关系曲线下的面积就是方差。与响应谱分析方法类似，功率谱密度分析也可以是单点或多点的，单点分析要求在古建筑的一个点集上指定一个功率谱密度；而多点分析则要求在古建筑的不同点集上指定不同的功率谱密度。功率谱密度分析结果可在 post1 后处理器中获得古建筑的 1σ 位移解、1σ 速度解和 1σ 加速度解，在 post26 后处理器中可获得古建筑的位移、速度及加速度响应 PSD，以及任意两个量的协方差。

下面以故宫神武门为例，通过输入 x 向 Kanai-Tajimi 自功率谱，研究古建筑的随机地震响应。相关 APDL 命令流如下：

（首先进行模态分析，步骤略）

```
fini                                   ！结束上一模块操作
/solu                                  ！进入求解模块
antype,spectr                          ！指定分析类型为谱分析
spopt,psd,10,1                         ！PSD 分析，求解 10 阶模态，计算结构内力
psdunit,1,acel,386.4,                  ！加速度谱
psdfrq,1, ,0.1,0.2,0.3,0.4,0.5         ！输入 kanai-tajimi 自功率谱
psdfrq,1, ,0.6,0.7,0.8,0.9,1
psdfrq,1, ,1.1,1.2,1.3,1.4,1.5
psdfrq,1, ,1.6,1.7,1.8,1.9,2
psdfrq,1, ,2.1,2.2,2.3,2.4,2.5
psdfrq,1, ,2.6,2.7,2.8,2.9,3
psdfrq,1, ,3.1,3.2,3.3,3.4,3.5
psdfrq,1, ,3.6,3.7,3.8,3.9,4
psdfrq,1, ,5,7,9,10,11
psdfrq,1, ,12,14,16,18,20
psdval,1,1.505e-3,1.521e-3,1.547e-3,1.584e-3,1.632e-3
psdval,1,1.689e-3,1.757e-3,1.835e-3,1.921e-3,2.015e-3
psdval,1,2.115e-3,2.218e-3,2.322e-3,2.423e-3,2.517e-3
psdval,1,2.6e-3,2.667e-3,2.715e-3,2.741e-3,2.743e-3
psdval,1,2.721e-3,2.677e-3,2.612e-3,2.53e-3,2.435e-3
psdval,1,2.331e-3,2.22e-3,2.107e-3,1.994e-3,1.882e-3
psdval,1,1.774e-3,1.67e-3,1.571e-3,1.478e-3,1.391e-3
psdval,1,1.309e-3,1.233e-3,1.162e-3,1.096e-3,1.035e-3
```

```
psdval,1,6.171e-4,2.863e-4,1.651e-4,1.318e-4,1.077e-4
psdval,1,8.969e-5,6.508e-5,4.942e-5,3.883e-5,3.132e-5
spto                              !指定谱分析选项显示
stat                              !显示施加的谱-频率数据
nsel,s,loc,y,0                    !选择基础位置节点
d,all,ux,1.0                      !施加x向基础激励
allsel                            !选择所有对象
fini                              !结束模块操作
/solu                             !再次进入求解模块
pfact,1,base                      !计算刚定义的频率-谱表激励缩放系数,考
                                   虑为基础激励
psdres,disp,abs                   !PSD输出结果控制,计算绝对位移
psdres,velo,abs                   !PSD输出结果控制,计算绝对速度
psdres,acel,abs                   !PSD输出结果控制,计算绝对加速度
solve                             !求解
fini                              !结束模块操作
/solu                             !再次进入求解模块
antype,8                          !继续进行谱分析
psdcom,0.005,10,                  !模态合并,有效阈值为0.005,合并
                                  10阶模态
solve                             !求解
fini                              !结束模块操作
/post1                            !进入数据后处理模块
set,3,1                           !读入1σ解
plnsol,s,eqv                      !显示等效应力云图
/post26                           !进入时程后处理模块
store,psd,1                       !存储频率为变量1
nsol,2,6109,u,x                   !定义6109号节点的x向位移为变量2
rpsd,3,2,,1,1                     !计算该点的位移响应
xvar,1                            !指定x轴变量
pltime,0,4                        !指定频率范围
plvar,3                           !绘制位移响应-频率曲线
```

3.1.3 仿真实例

为具体说明ANSYS有限元程序在木构古建工程中的仿真方法,下面以故宫神武门为例,对梁、柱、榫卯节点、斗拱、屋顶等构造的建模方法进行说明,结合模态分析、时程分析、谱分析和随机响应分析,对故宫神武门的抗震性能进行仿真研究。

1. 神武门概况

神武门建成于明永乐十八年(1420 年),通面宽 41.74m,通进深 12.28m,建筑物从室内地面到屋顶正吻上皮总高 21.9m,四边带廊,面宽五间,进深一间,属重檐庑殿屋顶建筑。其平面柱网布置由 4 行 8 列共 32 根直径为 750mm 的柱子组成,柱高 11.99m。神武门下檐为单翘单昂五踩溜金斗拱,上檐单翘重昂七踩溜金斗拱,石须弥座台基,环以汉白玉石栏杆,建筑面积 874.91m^2,如图 3-1-6 所示。

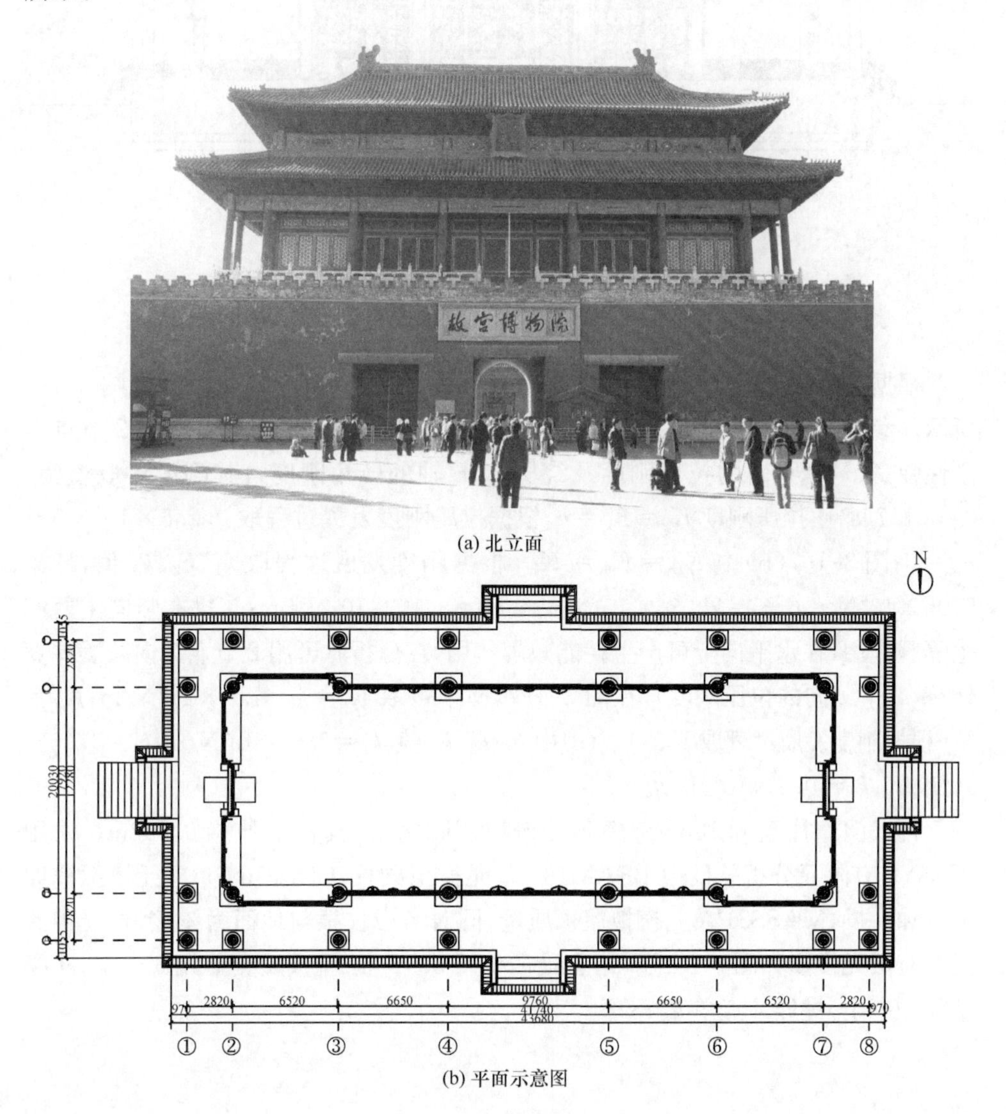

(a) 北立面

(b) 平面示意图

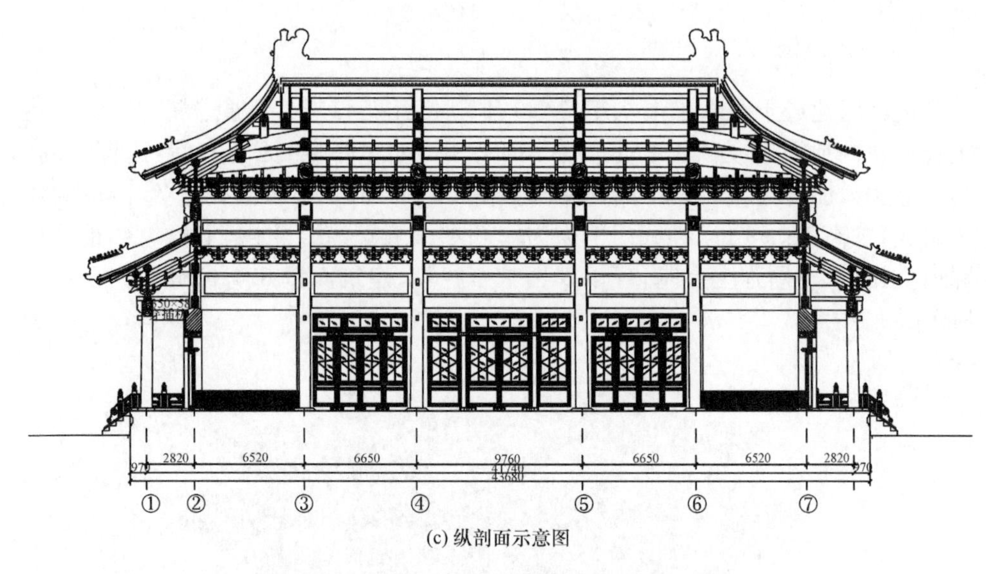

(c) 纵剖面示意图

图 3-1-6　神武门北立面、平面和纵剖面示意图

2. 力学模型

根据试验数据[11~13]，可得榫卯节点及斗拱的 P-Δ(M-θ)简化模型如图 3-1-7 所示。参考 Fang 等的研究成果[14,15]，将榫卯节点简化为 6 个自由度的 2 节点半刚性弹簧(x、y、z 向的拉压刚度及绕 x、y、z 轴的转角刚度)，其刚度可取值为：图 3-1-7(a)中拉压刚度 $K_x=K_y=k$，根据拉压刚度发展过程取 0、2.5×10^4N/m；$K_z=0$；图 3-1-7(b)中 $K_{\theta x}=K_{\theta y}=K_{\theta z}$，根据刚度发展过程取 k_1、k_2、k_3 值，$k_1=5.05\times10^6$N·m、$k_2=7.03\times10^6$N·m、$k_3=3.10\times10^6$N·m；斗拱在竖向主要产生隔震作用，在水平向上可产生耗能减震作用，在分析时可用 2 节点 3 向减震弹簧代替(x、y、z 向的拉压刚度)，在图 3-1-7(c)中可取 $K_z=k=4.5\times10^6$N/m；$K_x=K_y$ 根据刚度发展过程取图 3-1-7(d)中 k_1、k_2、k_3 值，$k_1=2.5\times10^6$N/m，$k_2=1.25\times10^6$N/m，$k_3=0.5\times10^6$N/m。

神武门檐柱高 6.18m，考虑到外檐柱侧脚构造，其柱根外移 0.043m。采用 ANSYS 有限元分析软件中 BEAM189 单元模拟梁柱，COMBIN39 单元模拟榫卯节点和斗拱，MASS21 单元模拟屋顶质量，同时考虑柱根与地面为铰接，建立神武门的有限元模型如图 3-1-8 所示，含梁柱单元 5091 个，屋顶质点单元 671 个，斗拱单元 160 个，榫卯节点单元 48 个。

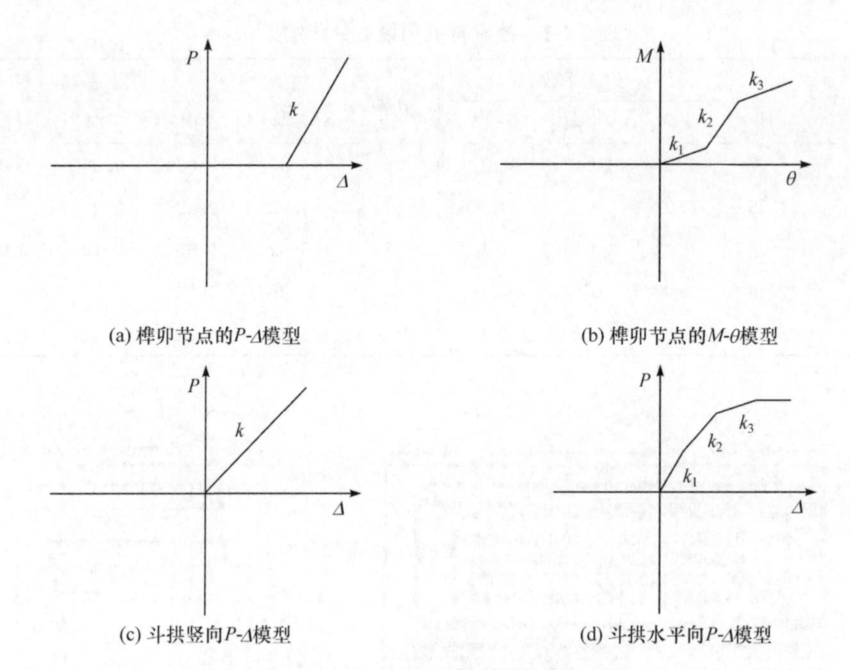

图 3-1-7　榫卯节点及斗拱简化模型

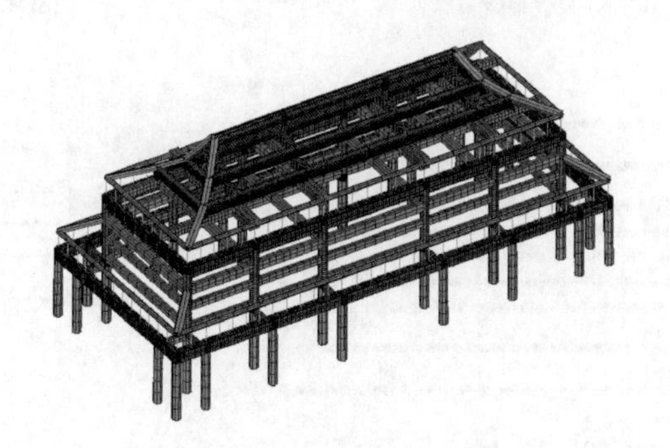

图 3-1-8　神武门有限元模型

3. 模态分析

为研究故宫神武门的振动特性，对其进行模态分析，求得前 10 阶频率及模态系数见表 3-1-1。

本例中，x 为水平横向，y 为竖向，z 为水平纵向。由表 3-1-1 可知，神武门的基频为 1.07Hz，与文献[16]提供的经验计算公式的计算结果基本吻合。同时，结构在 x 向的振动以第 1 阶振型为主，在 y 向以第 9 振型为主，在 z 向则以第 2 振型为主，结构在 x、y、z 三个方向的振型基本没有关联。图 3-1-9 为第 1、2、9 振型的相关图形，可以看出结构第 1、2 振型为水平平动，而第 9 振型为屋顶局部竖向振动。

表 3-1-1　故宫神武门模态分析结果

阶数	频率/Hz	模态系数			阶数	频率/Hz	模态系数		
		x向	y向	z向			x向	y向	z向
1	1.07	1.00	0.01	0	6	3.87	0.02	0.69	0.01
2	1.20	0.02	0.05	1.00	7	4.42	0.12	0.01	0
3	1.33	0.02	0.01	0.01	8	5.09	0.05	0.40	0.01
4	2.40	0.02	0.01	0.04	9	5.29	0.03	1.00	0.01
5	3.36	0.05	0.24	0.01	10	5.43	0.04	0.41	0

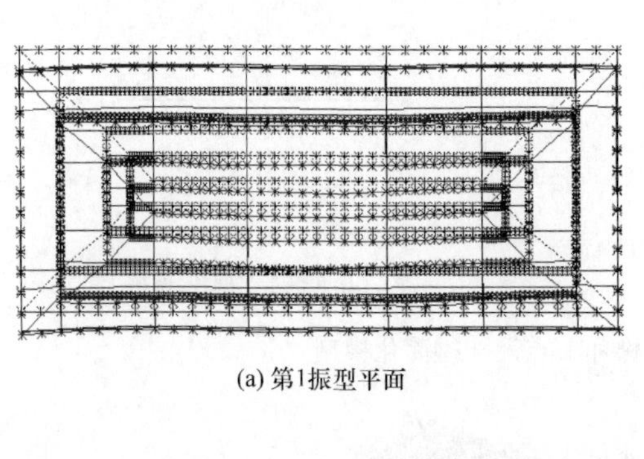

(a) 第1振型平面

(b) 第1振型侧立面

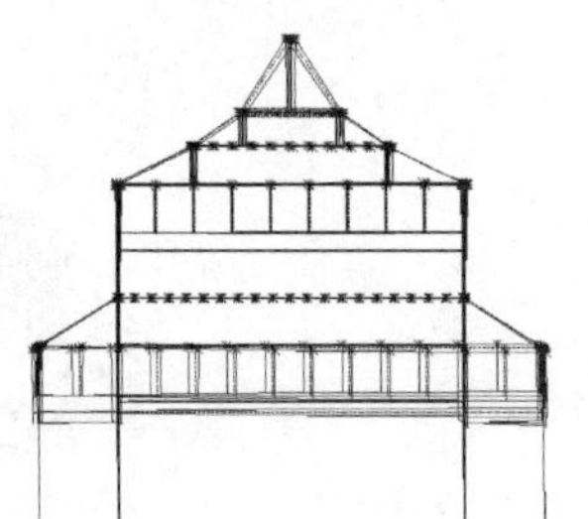

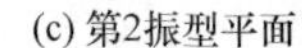

(c) 第2振型平面

(d) 第2振型侧立面

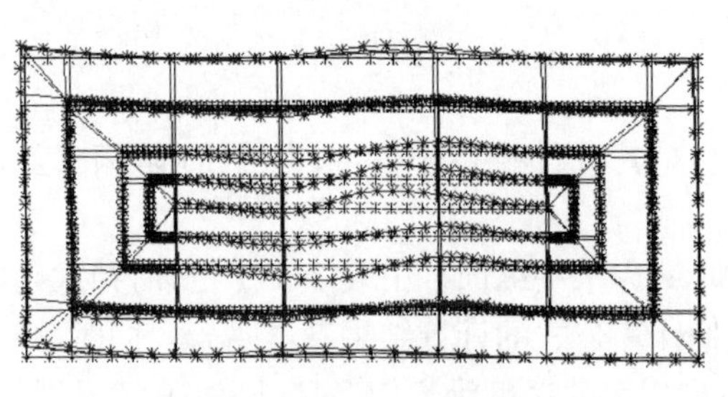

(e) 第9振型正立面

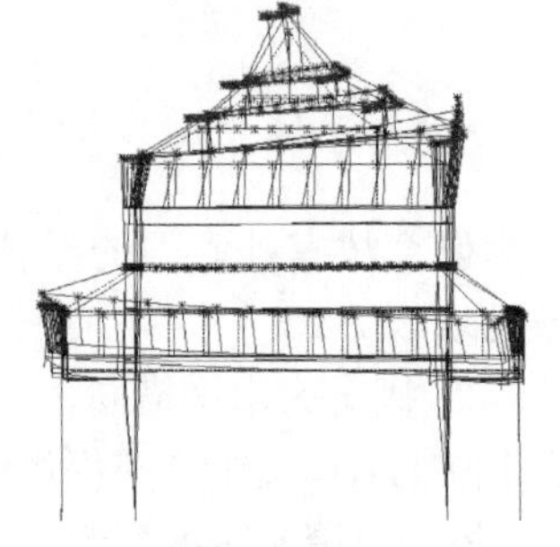

(f) 第9振型侧立面

图 3-1-9　神武门主要振型

4. 时程分析

考虑采用三向El-Centro波作用于结构,加速度峰值为400Gal①(8度罕遇),时间间隔为0.02s,共20s。结构的阻尼比为0.05[17]。为全面了解地震作用下结构的变形及内力响应,选取中间跨代表性的点或单元分析:选取左柱柱底单元(编号7889)及左内柱柱底单元(编号7057),研究轴力响应;选取屋顶节点(编号18245)研究位移及加速度响应;选取七架梁跨中节点(编号4155),研究弯矩响应曲线。取点部位如图3-1-10所示。基于中国林业科学研究院木材工业研究所提供的勘查资料,本节所选的材料参数为:弯曲弹性模量E=9GPa,剪切弹性模量G=0.28GPa,材料密度ρ=450kg/m^3,抗弯强度容许值29.6MPa,抗压强度容许值19.8MPa,抗拉强度容许值37MPa,抗剪强度容许值3.85MPa。

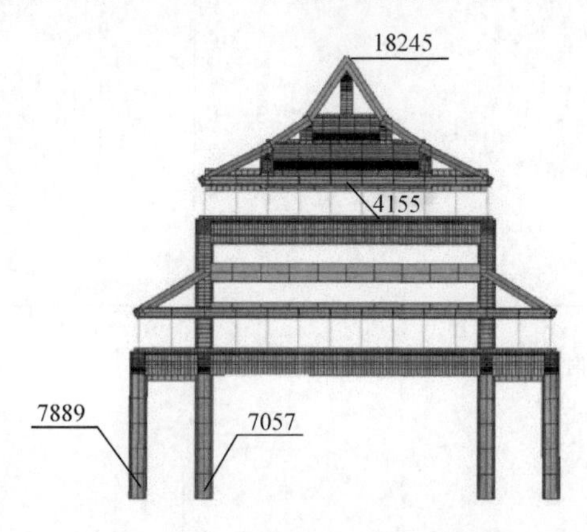

图3-1-10　分析取点(单元)部位

图3-1-11为节点18245的位移及加速度响应曲线。由图可以看出,节点18245在x向的最大位移达0.153m,最大加速度达8.5m/s^2,远超出它在另外两个方向的极值。另外,由节点18245在三个方向的振动曲线可知,节点是以平衡位置为中心振动,因此可以认为其保持稳定振动状态。

图3-1-12为节点4155的弯矩响应曲线。按《建筑抗震设计规范》(GB 50011—2010)进行组合后,可得弯矩最大值为1.1×10^{5}N·m,所在七架梁截面(870mm×920mm)的应力为0.89MPa,满足容许弯应力要求。

图3-1-13为单元7889及7057的轴力响应曲线。由图可以看出,单元7057的轴力响应远大于单元7889的轴力响应,其峰值达286061N,相应截面(直径750mm)的压应力为0.65MPa,满足容许压应力要求。

① 1Gal=1cm/s^2,下同。

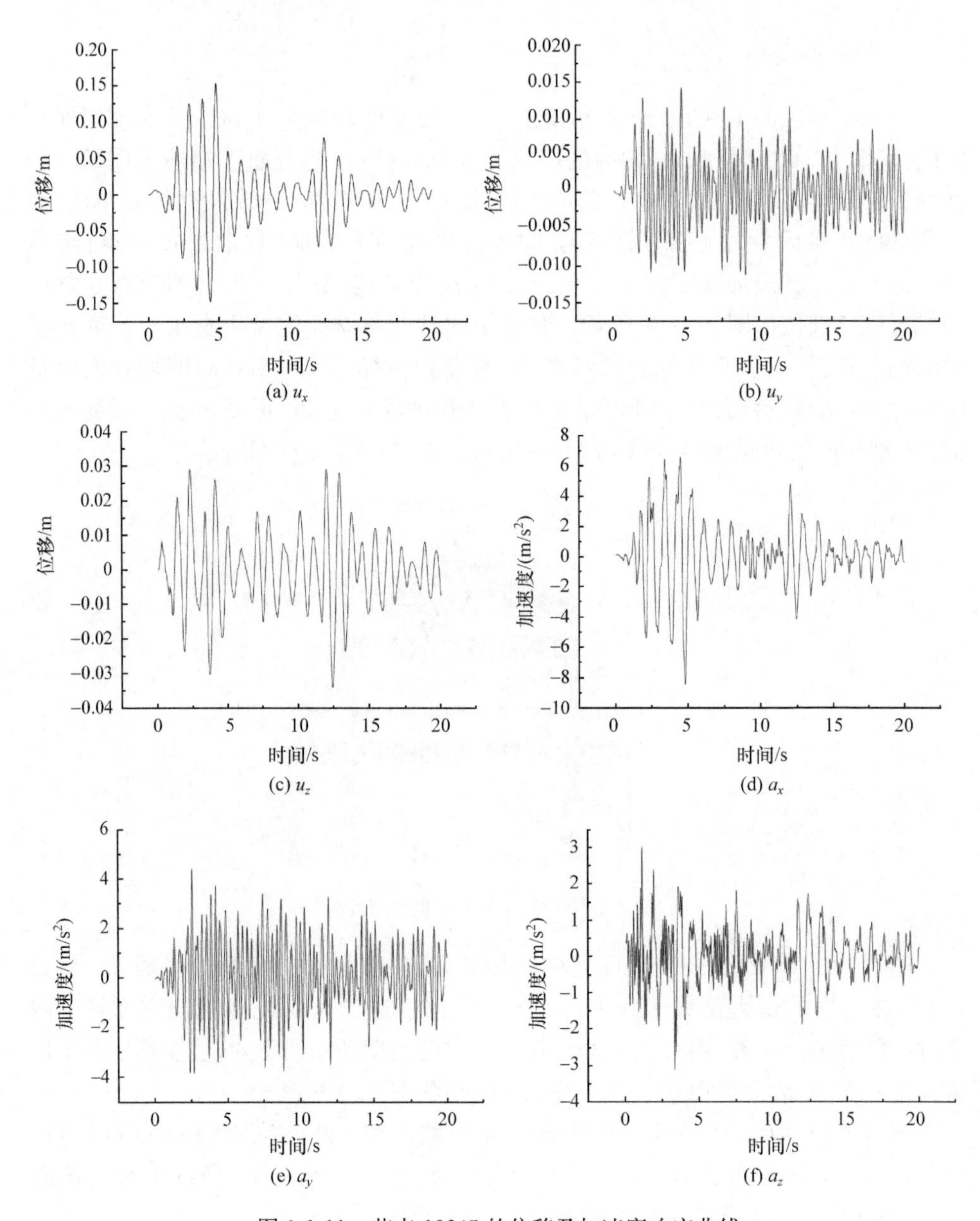

图 3-1-11 节点 18245 的位移及加速度响应曲线

5. 谱分析

假设结构阻尼比取 0.05，按《建筑抗震设计规范》(GB 50011—2010)，$\alpha(\omega,\zeta)$ 可用图 3-1-14 表示[18]。

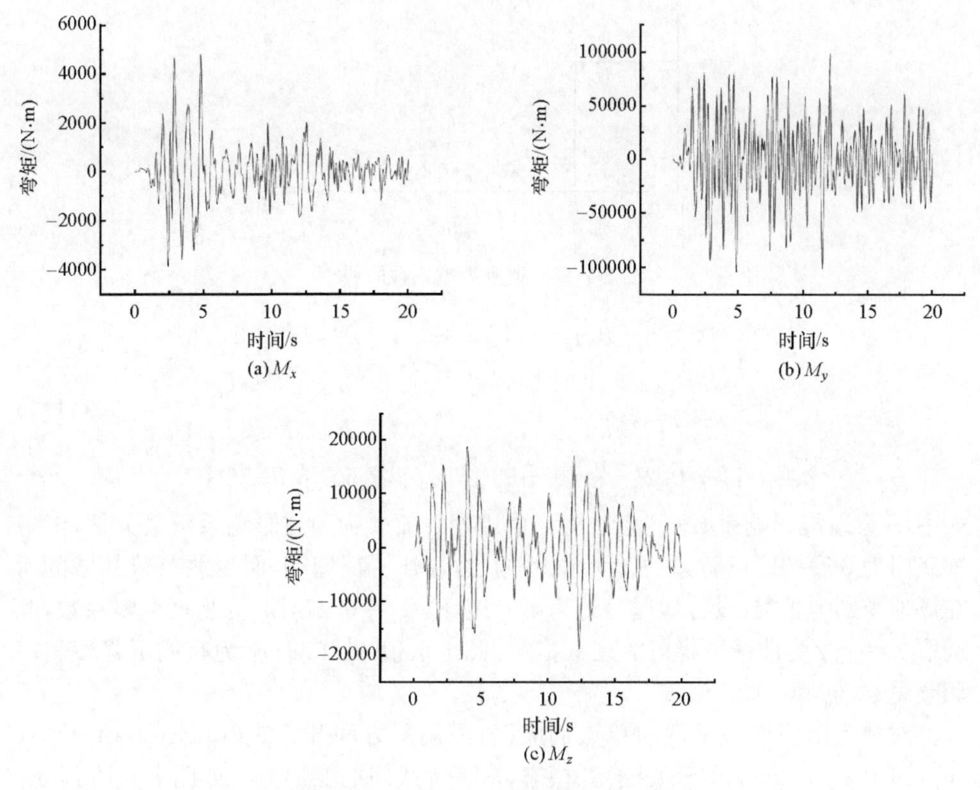

(a) M_x (b) M_y (c) M_z

图 3-1-12　节点 4155 的弯矩响应曲线

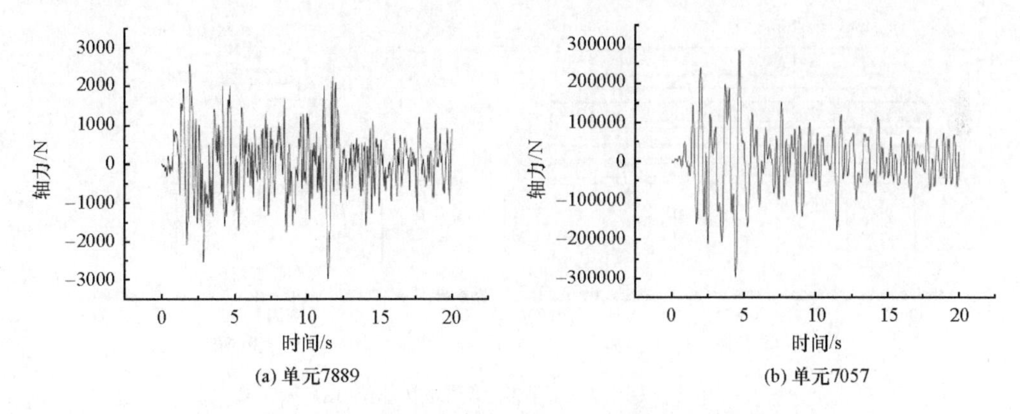

(a) 单元7889 (b) 单元7057

图 3-1-13　单元 7889 和单元 7057 的轴力响应曲线

图 3-1-14 曲线由 4 部分组成，可由式(3-1-1)表示：

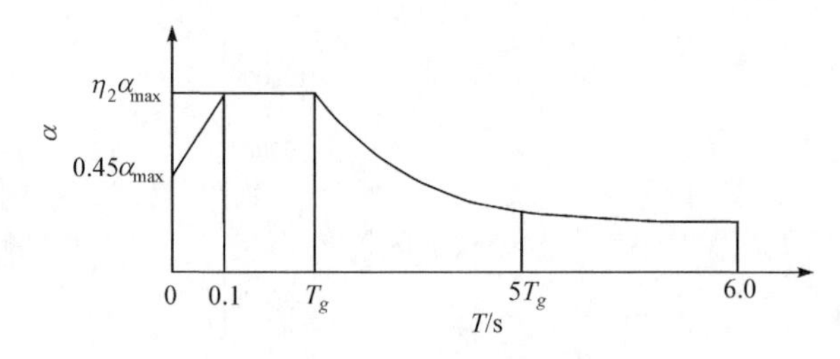

图 3-1-14　地震影响系数曲线

$$\alpha=\begin{cases}[0.45+(10\eta_2-4.5)T]\alpha_{max}, & 0\leqslant T<0.1\\ \eta_2\alpha_{max}, & 0.1\leqslant T\leqslant T_g\\ (T_g/T)^{\gamma}\eta_2\alpha_{max}, & T_g<T\leqslant 5T_g\\ [\eta_2\,0.2^{\gamma}-\eta_1(T-5T_g)]\alpha_{max}, & 5T_g<T\leqslant 6.0\end{cases} \tag{3-1-1}$$

式中，α 为地震影响系数；T 为结构自振周期，s；α_{max} 为地震影响系数最大值，考虑神武门为 8 度抗震设防，取 $\alpha_{max}=0.9$；T_g 为设计特征周期，假设北京紫禁城的所在场地类别为Ⅲ类，设计地震分组为第一组，故 $T_g=0.45$s；η_2 为阻尼调整系数，此地取 $\eta_2=1$；γ 为曲线下降段的衰减指数，此地取值 $\gamma=0.9$；η_1 为直线下降段斜率调整系数，$\eta_1=0.02$。

对神武门施加水平双向单点响应谱，采用平方和开方法(square root of the sum of the squares，SRSS)法合并模态，求得神武门的变形分布如图 3-1-15 所示，内力分布如图 3-1-16～图 3-1-18 所示。

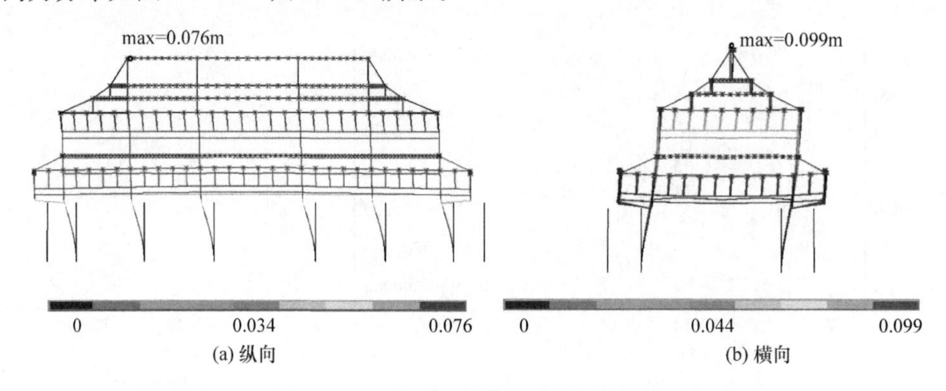

图 3-1-15　神武门结构变形图(单位：m)

由图 3-1-15 可知，在水平双向地震作用下结构产生变形较大，在纵向变形最大值为 0.076m，位置在屋顶的 19225 节点；结构在横向最大变形为 0.099m，位置在屋顶的 19210 节点。上述变形峰值均在《古建筑木结构维护与加固技术规范》(GB 50165—92)允许范围内($H/30=0.206$m)。

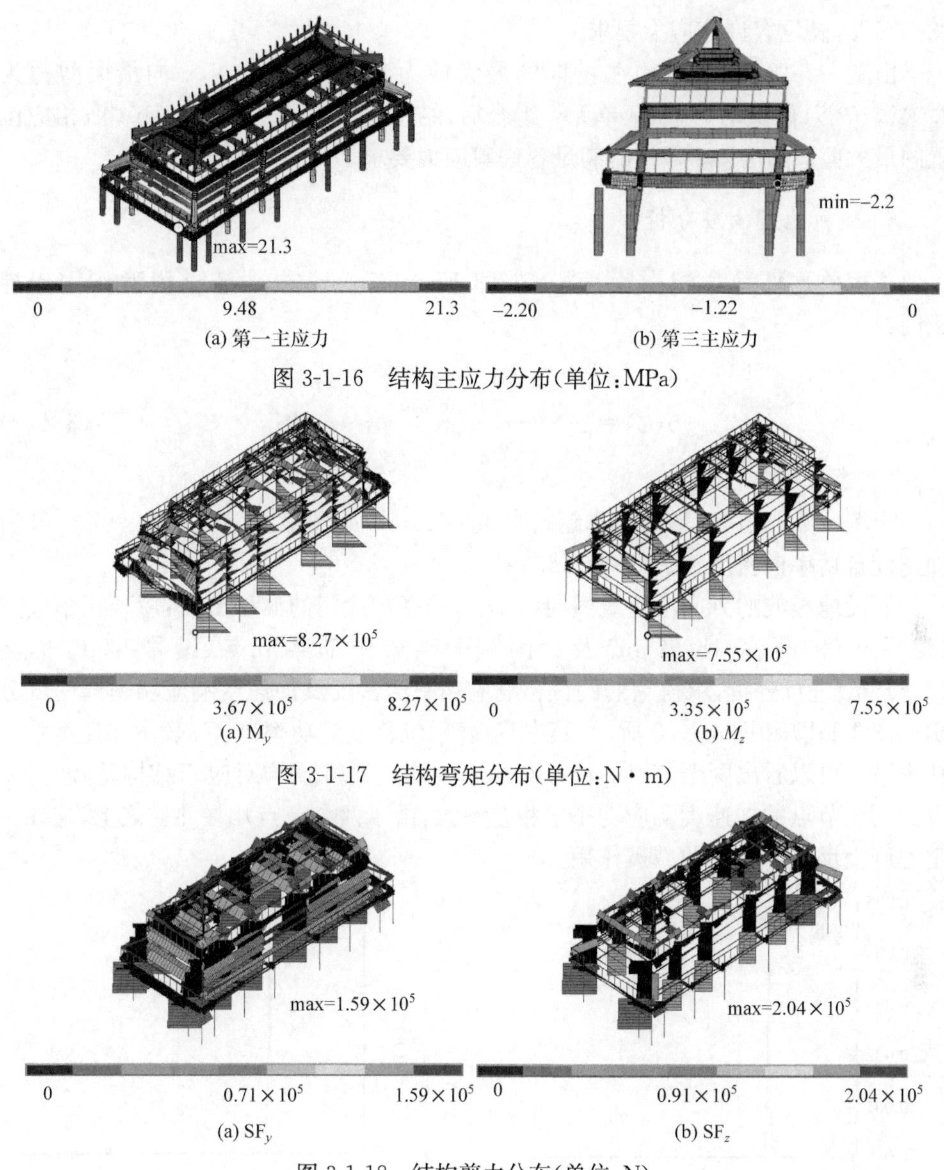

(a) 第一主应力　　(b) 第三主应力

图 3-1-16　结构主应力分布(单位:MPa)

(a) M_y　　(b) M_z

图 3-1-17　结构弯矩分布(单位:N·m)

(a) SF_y　　(b) SF_z

图 3-1-18　结构剪力分布(单位:N)

由图 3-1-16 可知,结构第一主应力最大值为 21.3MPa,发生在 7097 单元,满足容许拉应力要求;结构第三主应力最大值绝对值为 2.2MPa,位置在 3716 单元,满足容许压应力要求。

由图 3-1-17 可知,结构绕 y 轴弯矩最大值为 8.27×10^5N·m,发生在 7097 单元;绕 z 轴弯矩最大值为 7.55×10^5N·m,发生在 7067 单元;进行组合后,可得弯矩最大值为 1.18×10^6N·m,发生在 7097 单元,相应截面的弯曲应力为

28.5MPa，满足容许弯应力要求。

由图 3-1-18 可知，结构在 y 向的最大剪力为 1.59×10^5N，z 向最大剪力为 2.04×10^5N，位置均为 7097 单元。组合后，结构最大剪力为 2.59×10^5N，相应位置的最大剪应力为 0.44MPa，满足容许剪应力要求。

6. 随机地震响应分析

采用单重平稳过滤白噪声模型，即 Kanai-Tajimi 自功率谱模型作用于神武门：

$$S(\omega)=\frac{1+4\xi_g^2\left(\frac{\omega}{\omega_g}\right)^2}{\left[1-\left(\frac{\omega}{\omega_g}\right)^2\right]^2+4\xi_g^2\left(\frac{\omega}{\omega_g}\right)^2}S_0 \tag{3-1-2}$$

土壤参数取值为：场地土卓越频率 $\omega_g=15$rad/s，场地土阻尼比 $\xi_g=0.6$，基岩加速度自功率谱密度 $S_0=0.0015\text{m}^2/\text{s}^3$。

假设地震波的方向沿建筑横向（x 向），选择神武门的典型节点：屋顶正中节点（编号 6109，标高 18.695m）及中间跨七架梁中部某节点（编号 3546，标高 13.615m）进行分析，求得它们的位移响应功率谱密度及加速度响应功率谱密度分别如图 3-1-19 和图 3-1-20 所示，其中 G_s 表示位移响应功率谱，G_a 表示加速度响应功率谱。可以看出两个节点的位移和加速度响应谱峰值均对应于结构基频；另一方面两个节点的加速度响应功率谱相差不大，由于两个节点均在斗拱之上，这在一定程度上反映了斗拱的减震作用。

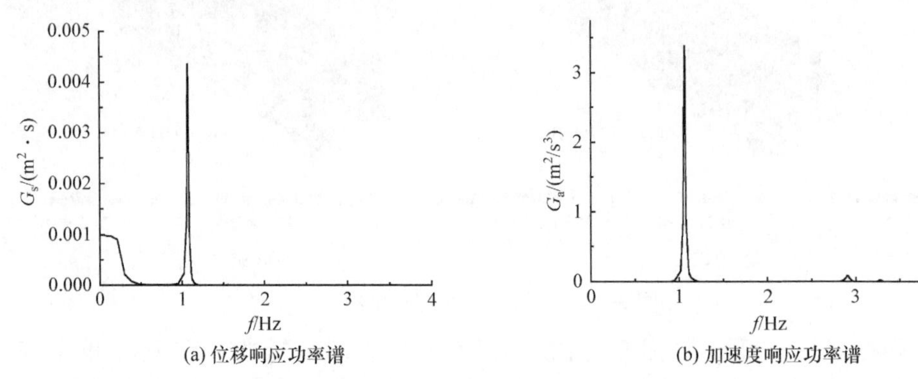

图 3-1-19　节点 6109 的响应功率谱分布

为研究榫卯节点、斗拱、侧脚及柱础浮搁等构造对神武门抗震性能的影响，分别考虑不同构造工况条件下进行均匀一致地面平稳激励作用下的结构随机响应分析，获得节点 6109 的加速度响应功率谱密度峰值见表 3-1-2。由表可以看出，上述构造均有利于神武门发挥抗震作用。

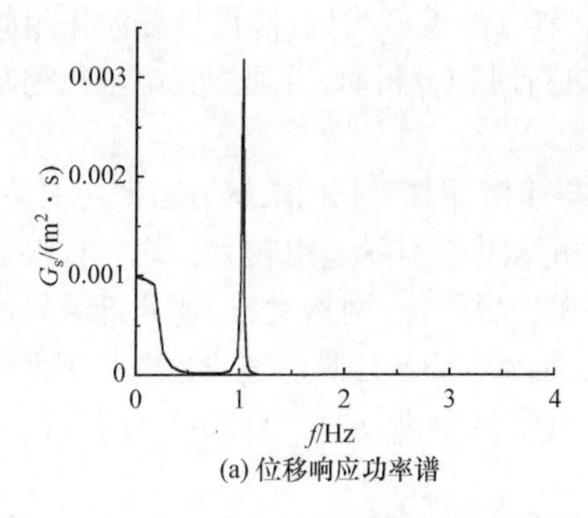

(a) 位移响应功率谱

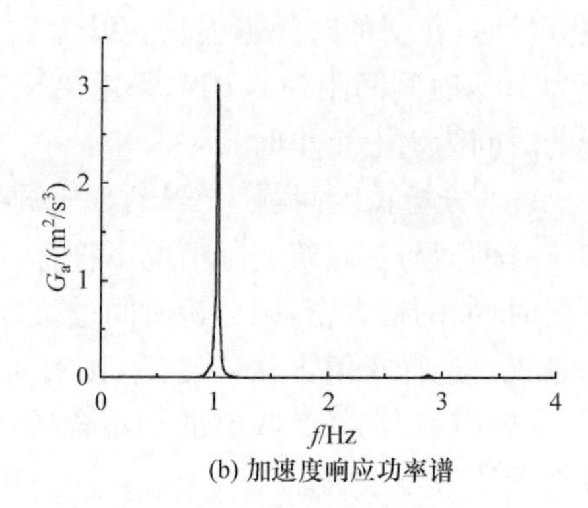

(b) 加速度响应功率谱

图 3-1-20 节点 3546 的响应功率谱分布

表 3-1-2 不同工况条件下节点 6109 的加速度响应功率谱密度峰值

（单位：m^2/s^3）

构造工况	都不考虑	仅榫卯	仅斗拱	仅侧脚	仅柱础	都考虑
响应峰值	7.402	4.247	4.106	5.993	5.371	3.489

3.1.4 讨论与建议

由上述分析可知，ANSYS 程序具有强大的建模、分析及后处理功能，可较好地模拟我国古建筑抗震性能。然而，由于木构古建构造的复杂性及 ANSYS 程序存在的缺陷，ANSYS 模拟古建筑抗震性能时还存在如下问题：

(1) 模型模拟问题。要真实、准确地反映古建筑的抗震性能，建立的模型必须与古建筑实际情况相似。目前 ANSYS 程序建立的古建筑仿真模型与实际情况有一定偏差。这是因为首先木材具有三维各向异性特征，在不同方向的力学强度不可能完全一致，因此梁柱构件在模拟时，很难准确描述其力学特性；其次榫卯节点与斗拱的类型多样，如榫卯节点包括半榫、透榫、馒头榫、管脚榫、燕尾榫、箍头榫等类型，而斗拱按出踩可分为三踩、五踩、七踩、九踩等，按位置可分为平身科、角科、柱头科等，这些构造刚度不可能完全相同，在受力过程中也不可能表现为一致的力学性能，因此简单地用虚拟弹簧节点单元模拟榫卯节点及斗拱的刚度，只能近似地反映其刚度特性，与结构实际情况不完全相同；再者，古建筑由于历经时间长久，本身存在构件开裂、节点拔榫、斗拱歪闪等力学问题，但这些问题在 ANSYS 仿真模型中往往很难准确的反映，因而造成分析结果与实际情况有差距。

(2) 求解过程问题。ANSYS 程序虽然求解功能强大，但对于木构古建这类结构形式而言，仍存在一定的问题。由于木材的非线性材料特性，如采用 ANSYS 程序分析非线性构件或节点时，其求解过程存在不收敛问题，其原因与模型网格密度、求解子步数、收敛准则等设置密切相关。同时，采用 ANSYS 程序进行时程响应分析时，花费的时间也很长。以含 5000 个节点的模型为例，假设地震波作用时间为 10s，时间间距为 0.01s，采用 ANSYS 进行时程分析时，普通配置电脑往往花费的时间为六七个小时。

（3）分析精度问题。ANSYS 分析精度与建模、网格划分、求解方法密切相关。如仿真模型与古建筑实际情况不符合，则分析结果与实际差距较大。划分有限元网格时，如网格太密，则分析时间过长，或者无法后处理；网格太粗，则分析结果误差较大。选择求解方法不合适，则有可能增加 ANSYS 计算时间，或增大计算误差；求解时，若选择的收敛准则不合适，则造成收敛困难，增大 ANSYS 计算误差，甚至无法进行求解。

基于上述问题，在利用 ANSYS 程序对古建筑进行抗震性能模拟时，可采取如下方法：

（1）基于理论分析与模型试验的模拟方法。ANSYS 仿真技术的最大优势在于能全面、完整地提供古建筑任意节点或单元的内力和变形结果，但前提在于需建立准确的分析模型。理论分析结果可为 ANSYS 仿真提供技术参考，而模型试验则可解决古建筑力学特性的参数确定问题。基于试验结果，可获得木材在不同方向上的力学参数，不同类型榫卯节点、斗拱等构造在地震作用下的刚度退化规律，以及构件产生开裂、变形等问题后的参数调整范围，并总结出通用规律。在利用 ANSYS 程序进行古建筑抗震性能仿真时，将试验研究获得的通用规律应用于建立的模型中，将仿真结果与理论分析结果进行对比参考，即可实现古建筑抗震性能的可靠、有效仿真。

（2）基于 ANSYS 求解优势的分析方法。为减小 ANSYS 分析非线性构件或节点不收敛问题，建模时，充分利用 ANSYS MAP 分网和 SWEEP 分网技术，尽可能获得六面体网格，这一方面减小解题规模；另一方面提高计算精度。在求解时，可适当增大子步数，放宽收敛条件（如设置收敛精度为 5%），采取非线性逼近技术，让程序自动激活弧长法，以加快收敛速度。在求解器的选择上，以稀疏矩阵法为宜。为缩短 ANSYS 程序对古建筑进行时程分析的时间，可在建模时适当减少次要的节点及单元，在分析过程中适当调整时间间隔，同时选用高配置计算机进行分析，以提高分析效率。

（3）基于建模、分网、求解合理化的仿真方法。为提高 ANSYS 分析古建筑的精度，首先，在模型上应保证古建筑的材料特性得到真实反映，构件与节点力学模型与实际受力情况相符合，边界条件与结构受力情况一致；其次，模型网格划分要根据实际情况确定，做到先简单后复杂，先粗后精，按照相应的误差准则和网格疏密程度，避免网格的畸形；再次求解时应选择合理的求解器，优化求解单元及节点，确保收敛误差应控制在许可范围内，以提高 ANSYS 的模拟精度，实现对古建筑抗震性能的有效仿真。

3.1.5　结论

本节基于ANSYS程序的强大仿真功能，结合APDL命令流，探讨了木构古建构件及节点的建模方法，以及模态分析、谱分析、时程分析、随机响应分析等抗震性能分析的模拟方法；通过以故宫神武门为例，对ANSYS仿真技术进行了进一步论述，并对其不足之处提出了改进建议。结果表明，ANSYS程序可有效地模拟梁柱、榫卯节点、斗拱、屋顶等构造，较全面评价其抗震性能，是一种切实可行的仿真方法。随着科技发展及研究深入，ANSYS程序用于木构古建抗震性能仿真的内容、方法、精度将不断得到完善及合理改进，分析结果将更加全面和可靠。

参 考 文 献

[1] 李桂荣，郭恩栋，朱敏. 中国古建筑抗震性能分析[J]. 世界地震工程，2004，24(6)：68－72.
[2] 于倬云，周苏琴. 中国古建筑抗震性能初探[J]. 故宫博物院院刊，1999，(2)：1－8.
[3] 李铁英，魏剑伟，张善元，等. 应县木塔实体结构的动态特性试验与分析[J]. 工程力学，2005，22(1)：141－146.
[4] 方东平，俞茂宏，宫本裕. 木结构古建筑结构特性的计算研究[J]. 工程力学，2001，18(1)：137－144.
[5] 周乾，闫维明，周宏宇. 中国古建筑木结构随机地震响应分析[J]. 武汉理工大学学报，2010，32(9)：115－118.
[6] 周乾，闫维明，周锡元，等. 故宫神武门动力特性及地震反应研究[J]. 工程抗震与加固改造，2009，31(2)：90－95.
[7] 葛鸿鹏. 中国古代木结构建筑榫卯加固抗震试验研究[D]. 西安：西安建筑科技大学，2004.
[8] 方东平，俞茂宏，宫本裕. 木结构古建筑结构特性的计算研究[J]. 工程力学，2001，18(1)：137－144.
[9] ANSYS中国. ANSYS动力学分析指南[R]. 北京：ANSYS中国分公司，2000.
[10] 薛素铎，赵均，高向宇. 建筑抗震设计[M]. 2版. 北京：科学出版社，2007.
[11] 姚侃，赵鸿铁，葛鸿鹏. 古建木结构榫卯连接特性的试验研究[J]. 工程力学，2006，23(10)：168－172.
[12] 魏国安. 古建筑木结构斗拱的力学性能及ANSYS分析[D]. 西安：西安建筑科技大学，2007.
[13] 张鹏程. 中国古代木构建筑结构及其抗震发展研究[D]. 西安：西安建筑科技大学，2003.
[14] Fang D P，Iwasaki S，Yu M H. Ancient Chinese timber architecture—Ⅰ：Experimental study[J]. Journal of Structural Engineering，2001，127(11)：1348－1357.
[15] Fang D P，Iwasaki S，Yu M H，et al. Ancient Chinese timber architecture—Ⅱ：Dynamic characteristics[J]. Journal of Structural Engineering，2001，127(11)：1358－1364.
[16] 国家技术监督局，中华人民共和国建设部. GB 50165—92　古建筑木结构维护与加固技术规范[S]. 北京：中国建筑工业出版社，1993.

[17] 赵均海,杨松岩,俞茂宏,等.西安东门城墙有限元动力分析[J].西北建筑工程学院学报(自然科学版),1999,16(4):1—5.

[18] 中华人民共和国住房和城乡建设部,中华人民共和国国家质量监督检验检疫总局. GB 50011—2010 建筑抗震设计规范[S].北京:中国建筑工业出版社,2011.

3.2 故宫太和殿抗震性能与减震构造研究

从构造角度来看,太和殿由基础、柱子、斗拱、梁架、屋顶、墙体等部件组成。太和殿所有柱子均坐落在柱顶石上,檐柱柱高 $h=7.73$m,柱径 $D=0.78$m;金柱柱高 $h=13.07$m,柱径 $D=1.06$m。太和殿梁和柱采用榫卯形式连接,即梁端做成榫头形式,插入柱顶预留的卯口中。柱头之上为斗拱层。太和殿斗拱做法是明清斗拱的最高形制,上下两檐均用溜金斗拱。太和殿在金柱柱顶再设置 $D=0.69$m 的童柱,童柱之上分别为七架梁(截面尺寸 0.72m×0.89m)与随梁(截面尺寸 0.53m×0.63m)组成的叠合梁、五架梁(截面尺寸 0.64m×0.76m)及三架梁(截面尺寸 0.44m×0.57m)。每层梁架在上下向通过瓜柱(截面尺寸 0.44m×0.48m)相连,水平向通过金三件(金檩、金垫板、金枋组成的叠合梁,最大截面尺寸 0.45m×1.28m)相连。太和殿屋顶由望板、椽子和瓦面组成。瓦面通过灰背(厚约 0.15m)黏结在望板上,望板则钉在椽子背上,而椽子固定在檩上。瓦面、望板、椽子及檩形成一个整体,有利于提高结构抗震。太和殿的山面及后檐砌筑厚 1.45m 的外墙,山面砌筑厚 1.25m 的内墙。墙体采用低标号灰浆及砖石砌筑而成,主要起维护作用。

北京处 8 度抗震设防区,对太和殿进行抗震性能评价,有利于对其进行保护和维修。文献[1]、[2]采用试验方法,研究了太和殿某燕尾榫节点的抗震性能与加固方法;文献[3]、[4]采取简化分析方法,对太和殿的部分构件进行了抗震验算。上述成果并不能完整反映太和殿结构整体的动力特性和抗震性能。基于此,本节采用有限元分析方法,考虑太和殿的构造特征,建立有限元模型,开展模态分析及抗震性能分析,结果可为太和殿及故宫其他古建筑的防震保护提供理论参考。

3.2.1 有限元模型

1. 榫卯节点及斗拱

本节采用 ANSYS 有限元程序对太和殿进行抗震性能分析。考虑到榫卯节点具有半刚性性质,并且斗拱在不同方向均有减震作用,因此可利用空间二节点虚拟弹簧单元模拟榫卯节点及斗拱。此单元是由 6 根互不耦合的弹簧组成的弹簧系统,如图 3-1-2(a)所示,其中,K_x、K_y、K_z 表示 x、y、z 向的变形刚度,$K_{\theta x}$、$K_{\theta y}$、$K_{\theta z}$ 表示绕 z、x、y 轴的扭转刚度。在进行有限元分析时,可利用 ANSYS 程序中的

MATRIX27单元模拟榫卯节点及斗拱。该单元没有定义几何形状，但是可通过两个节点反映单元的刚度矩阵特性，其刚度矩阵输出格式与3.1节的榫卯节点刚度矩阵相同。

基于已有研究成果，榫卯节点刚度值可取为[5,6]：$K_x=K_y=K_z=1.0\times10^9\text{kN/m}$，$K_{\theta x}=K_{\theta y}=K_{\theta z}=5.755\text{kN}\cdot\text{m}$。

斗拱刚度可取值为[6~8]：$K_x=K_y=K_z=1550\text{kN/m}$，$K_{\theta x}=K_{\theta y}=K_{\theta z}=3.1\times10^5\text{kN}\cdot\text{m}$。

2. 太和殿有限元模型

太和殿为重檐屋顶，其中下层屋顶的质量由下层正心桁及承椽枋承担，上层屋顶质量由上层正心桁及各檩三件（檩、垫板、枋组成的叠合梁）承担。采用ANSYS程序中的BEAM189梁单元模拟梁柱，MASS21质点单元模拟屋顶质量，SHELL181壳单元模拟嵌固在柱间的墙体。为简化计算，根据各构件分担的屋顶质量大小，将屋顶质量简化为均匀分布的质点形式，附在各层檩上。同时考虑到外檐柱侧脚构造，其柱根外移0.054m。由于太和殿部分檐柱及金柱受墙体嵌固，柱底在地震作用下产生滑移的可能性很小；而且古建木柱柱底与柱顶石之间的摩擦系数约为0.5，在8度多遇地震作用下不会产生滑移[9,10]，因此考虑柱底的约束方式为铰接。基于上述假定，可建立太和殿有限元模型如图3-2-1所示，其中含梁柱单元4128个，屋顶质点单元2537个，榫卯节点单元120个，斗拱单元486个，墙体单元1316个。

图3-2-1　太和殿有限元模型

3.2.2　模态分析

为研究故宫太和殿的振动特性，对其进行模态分析，求得前10阶频率及模态系数见表3-2-1。

表3-2-1　故宫太和殿模态分析结果

阶数	频率/Hz	模态系数			阶数	频率/Hz	模态系数		
		x向	y向	z向			x向	y向	z向
1	0.90	0.23	0.50	1.00	6	3.06	0.04	0.01	0.01
2	1.58	1.00	1.00	0.03	7	3.24	0	0.01	0.02
3	2.04	0.05	0.04	0.38	8	3.45	0.02	0.04	0.05
4	2.39	0.05	0	0.19	9	3.75	0.02	0	0.05
5	2.73	0.07	0.02	0.03	10	3.85	0.06	0.01	0.04

本例中，x为水平横向，y为竖向，z为水平纵向。由表3-2-1可知，太和殿在

纵向以第1振型为主，基频为0.90Hz；在横向及竖向以第2振型为主，基频为1.58Hz。同时，根据模态计算相关数据：太和殿结构在x、y、z向主振型的有效参与质量比例为0.21∶0.01∶1，即参与竖向振动的结构质量几乎为0，这说明太和殿结构振动以水平向为主。此外，上述x、z向基频计算结果与文献[11]提供的经验公式计算结果基本吻合，验证了模型的可靠性。

图3-2-2为太和殿结构的主要振型，其主要特点为：①由振型正立面图可知，结构的第1振型表现为纵向平动；②由振型侧立面图可知，结构的第2振型表现为侧向平动；③由振型平面图可知，结构在纵、横向的平动并无明显关联，且由于结构在山面及背面有墙体嵌固木柱，造成上述位置的木柱并无明显振动；④太和殿的主振型有利于避免太和殿在地震作用下产生扭转变形，并能减小周圈檐柱的侧向变形，因而可增强结构的整体稳定性。

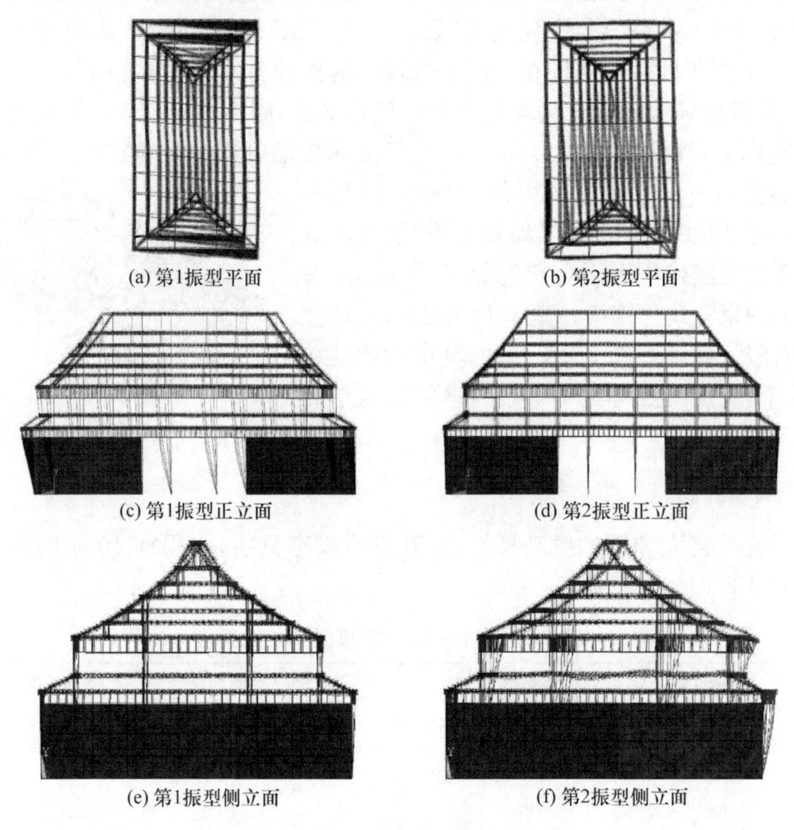

图3-2-2　太和殿结构的主要振型

3.2.3　抗震分析

本节采用反应谱分析方法研究太和殿的抗震性能。反应谱法是目前结构抗震设计中广泛使用的方法，其优点在于只需少数低频振型就可获得较为满意的结果。

地震作用下，结构运动方程为

$$[M]\{\ddot{x}\}+[C]\{\dot{x}\}+[K]\{x\}=-[M]\{I\}\ddot{x}_g(t) \tag{3-2-1}$$

式中，$[M]$、$[C]$、$[K]$分别为结构体系的质量矩阵、阻尼矩阵及刚度矩阵；$\{\ddot{x}\}$、$\{\dot{x}\}$、$\{x\}$分别为质点运动的加速度向量、速度向量及位移向量；$\ddot{x}_g(t)$为地面水平振动加速度；$\{I\}$为单位列向量。

利用振型分解法可得第i振型第j质点的地震运动方程为

$$\ddot{x}_{ji}(t)+2\xi_i\omega_i\dot{x}_{ji}(t)+\omega_i^2x_{ji}(t)=-\gamma_i\phi_{ji}\ddot{x}_g(t) \tag{3-2-2}$$

式中，ξ_i为第i振型阻尼比；ω_i为第i振型自振频率；ϕ_{ji}为质点j的第i振型坐标；γ_i为第i振型的振型参与系数，$\gamma_i=\dfrac{\{\phi\}_i^{\mathrm{T}}\{M\}\{I\}}{\{\phi\}_i^{\mathrm{T}}\{M\}\{\phi\}}$。

利用式(3-2-2)可求得各振型的地震反应，再利用SRSS法可求得不同振型最大反应值的组合：

$$R_{\max}=\sqrt{\sum_{i=1}^{n}R_i^2} \tag{3-2-3}$$

1. 谱分析参数

在工程中常采用与平均反应谱相对应的地震影响系数α谱曲线作为计算地震的依据。假设结构阻尼比$\xi=0.05$，则按《建筑抗震设计规范》(GB 50011—2010)，$\alpha(\omega,\xi)$可用图3-1-14曲线表示。

同时，在进行强度评估时，考虑太和殿木材以硬木松为主，相关强度取值为[12]：抗拉强度$[f_{\mathrm{t}}]=8.5\mathrm{MPa}$，抗压强度$[f_{\mathrm{c}}]=12\mathrm{MPa}$，抗弯强度$[f_{\mathrm{m}}]=13\mathrm{MPa}$，顺纹抗剪强度$[f_{\mathrm{s}}]=1.5\mathrm{MPa}$。

对太和殿施加水平双向单点响应谱，采用SRSS法合并模态，可获得太和殿的结构及内力的相关结果。分析步骤包括：①建立太和殿有限元模型；②计算模态解，以获得结构的固有频率和模态振型；③定义响应谱分析选项，即定义单点响应谱分析、水平双向作用、模态阻尼等参数，再进行求解；④合并模态；⑤观察分析结果。

2. 常遇地震

基于常遇地震作用下的谱分析结果，获得结构变形分布如图3-2-3所示，主要特点为：①在水平x向变形最大值发生在屋脊正中部位(节点编号：11718)，$u_x=0.028\mathrm{m}<[u_x]=\min\{H/150,0.1\}$($H$为木构架总高，$H=24.42\mathrm{m}$)；$z$向变形最大值发生在二层东南角梁中部(节点编号：12089)，$u_z=0.025\mathrm{m}<[u_z]=\min\{H/300,0.05\}$；即太和殿结构变形在容许范围内[11]。②由于墙体的嵌固作用，结构在x向的变形表现为两侧及山面构架变形小，而中间部位的梁架产生变形较大。③地震作用下，结构在z向的变形表现为墙体及木构架均产生变形，且两侧山墙顶

部的变形值达 0.02m，这意味着在地震作用下，山墙顶部可能产生错动、开裂等震害症状。此外，前檐梁架的侧向变形远大于后檐，其主要原因在于后檐墙体对梁架侧向变形的约束作用。

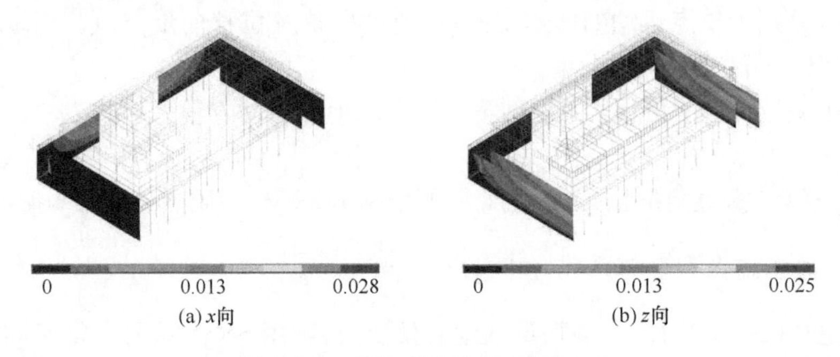

(a) x向　(b) z向

图 3-2-3　结构变形分布(单位：m)

结构主应力分布如图 3-2-4 所示，主要特点为：①木构架主拉应力峰值发生在明间三架梁与脊瓜柱相交位置附近(节点编号：11472)，$f_t=3.00\text{MPa}<[f_t]$；主压应力峰值发生在东南金柱与天花枋相交位置附近(节点编号：6384)，绝对值为$f_c=0.58\text{MPa}<[f_c]$；即太和殿木构架的主应力在容许范围内。②从木构架主拉应力分布图看，木构架主拉应力较大位置一般集中在檐柱、金柱与梁枋相交的榫卯节点位置附近，以及梁架位置的梁与瓜柱相交位置附近，这说明地震作用下上述位置榫卯节点要产生相对运动，并且存在一定的拉应力分布，但峰值在许可范围内。③从木构架主压应力分布图看，木构架主压应力较大值主要分布在梁架部位的瓜柱、屋脊两侧的檩三件部位以及前檐抱头梁位置附近。需要说明的是，瓜柱截面尺寸普遍较小，而太和殿屋顶质量较大，因而瓜柱承受的主压应力相对较大；屋脊两侧均有质量较大的正吻，这对脊三件产生的局部压应力较大；抱头梁为外檐柱与内金柱的主要拉结构件，因而水平地震作用下受到的挤压力相对较大。④墙体的主拉应力峰值为 $f'_t=0.85\text{MPa}$，应力较大位置主要分布在墙体顶部与木构架额枋相交处，可以认为主要是地震作用下墙体与额枋相互挤压的结果；主压应力峰值绝对值为 $f'_c=0.16\text{MPa}$，应力较大位置主要分布在山面后檐下部。由此可知，地震作用下墙体很容易因拉应力不足而产生破坏，破坏程度取决于墙体的施工质量。但由于墙体属维护结构，因而对太和殿结构整体安全性能不构成威胁。

选取图 3-2-4 所示梁架 1、梁架 2 中的部分重要节点为分析对象，研究结构的内力情况，相关节点编号如图 3-2-5 所示。基于分析结果，计算出 8 度常遇地震作用下节点的内力值，见表 3-2-2 和表 3-2-3。需要说明的是，本计算考虑梁柱为榫卯连接，因而在梁端部的计算截面取值为榫头截面尺寸。可以看出：①尽管部分位置弯矩、剪力或轴力很大，但是截面对应的应力很小，其主要原因在于太和殿梁柱构件的截面尺寸很大。如以梁架 1 的 5711 号节点为例，其所在截面属七架梁(截面

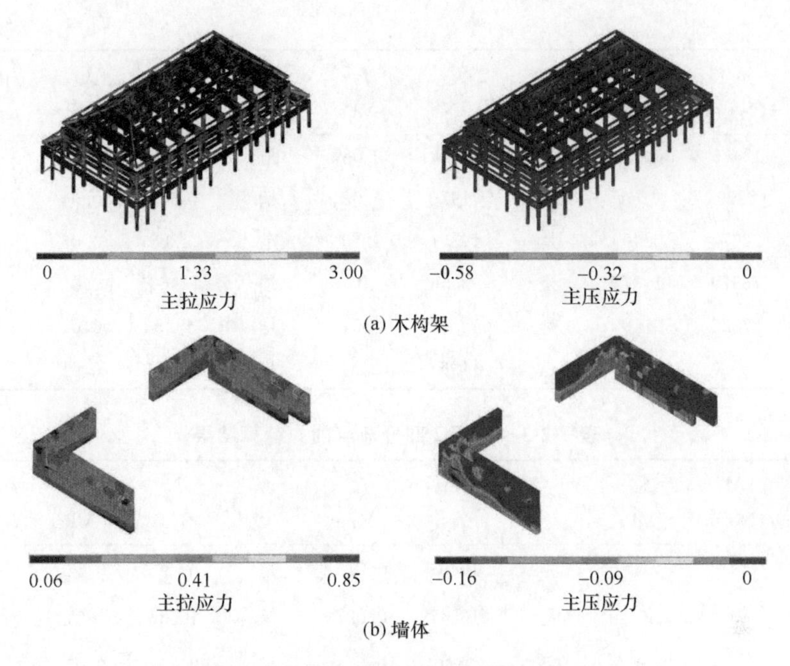

图 3-2-4　结构主应力分布(单位:MPa)

尺寸 0.72m×0.89m)与随梁(截面尺寸 0.53m×0.63m)组成的叠合梁,其有效截面高度几乎达到 1.5m,因此尽管截面弯矩达到 76979N·m,该截面位置的弯应力仍然很小。②梁架 2 的各节点内力普遍小于梁架 1,其主要原因在于梁架 2 距山面墙体较近,受到墙体影响产生的地震响应程度相对较轻。③8 度常遇地震作用下,上述各计算截面的内力均在容许范围内,因而木结构不会产生破坏。

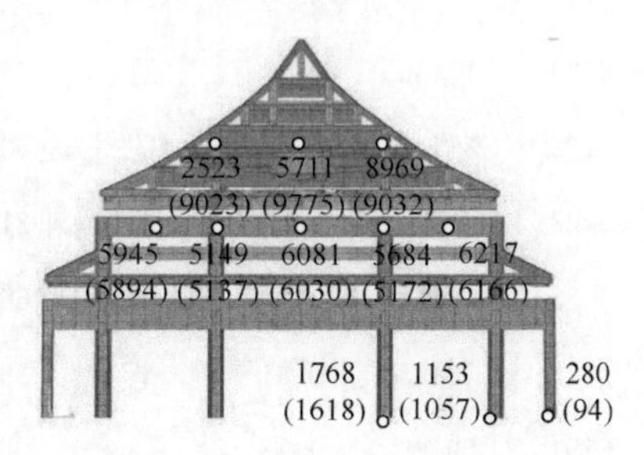

图 3-2-5　梁架 1(2)计算节点分布

表 3-2-2　梁架 1 部分节点内力计算结果

编号	M /(N·m)	f_m /MPa	$f_m<[f_m]$?	V /N	f_s /MPa	$f_s<[f_s]$?	N /N	$f_t(f_c)$ /MPa	$f_t<[f_t]$? $f_c<[f_c]$?
280	0	0	是	12631	0.03	是	14360	0.03	是
1153	0	0	是	18670	0.03	是	15515	0.02	是
1768	0	0	是	11074	0.02	是	12366	0.02	是
5149	61102	2.36	是	13063	0.12	是	40394	0.25	是
6081	15199	0.15	是	9034	0.02	是	5279	0.01	是

续表

编号	M /(N·m)	f_m /MPa	$f_m<[f_m]$?	V /N	f_s /MPa	$f_s<[f_s]$?	N /N	$f_t(f_c)$ /MPa	$f_t<[f_t]$? $f_c<[f_c]$?
5684	18475	0.72	是	9180	0.08	是	54540	0.33	是
2523	2290	0	是	11924	0.02	是	40621	0.04	是
8969	22370	0.40	是	19351	0.13	是	11288	0.05	是
5711	76979	1.37	是	4543	0	是	12466	0.06	是
5945	27322	0.19	是	18291	0.04	是	4543	0.01	是
6217	10030	0.07	是	11963	0.02	是	6059	0.01	是

表 3-2-3 梁架 2 部分节点内力计算结果

编号	M /(N·m)	f_m /MPa	$f_m<[f_m]$?	V /N	f_s /MPa	$f_s<[f_s]$?	N /N	$f_t(f_c)$ /MPa	$f_t<[f_t]$? $f_c<[f_c]$?
94	0	0	是	10498	0.025	是	7084	0.015	是
1057	0	0	是	16547	0.027	是	10586	0.014	是
1618	0	0	是	8660	0.016	是	22637	0.037	是
5137	53577	2.05	是	15881	0.146	是	23418	0.144	是
6030	11435	0.11	是	6613	0.015	是	7724	0.015	是
5172	36440	1.39	是	6276	0.055	是	7901	0.048	是
9023	2137	0	是	2115	0	是	9670	0.010	是
9032	11521	0.20	是	6629	0.044	是	18900	0.084	是
9775	18463	0.31	是	3634	0	是	38737	0.186	是
5894	19169	0.13	是	13224	0.029	是	4560	0.010	是
6166	10405	0.07	是	9778	0.016	是	5823	0.010	是

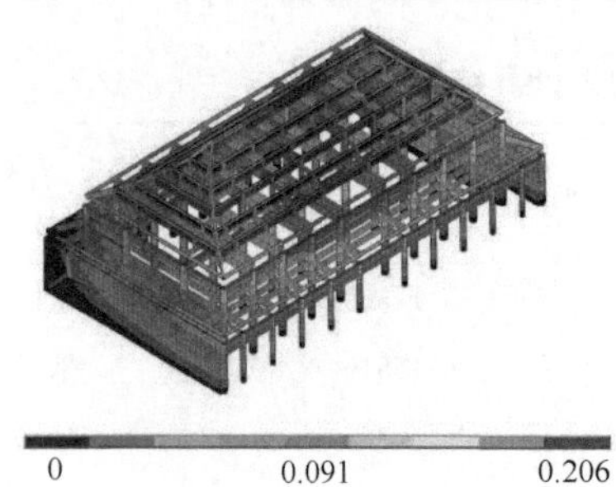

图 3-2-6 8 度罕遇地震作用下太和殿总体变形分布(单位:m)

3. 罕遇地震

对模型施加 8 度水平双向罕遇地震作用，获得太和殿的结构变形分布如图 3-2-6 所示。可以看出:①太和殿变形分布的特点是,中间部分梁架变形大,山面部分梁架变形小;前檐部分梁架变形大,后檐部分梁架变形小。其主要原因在于山面及后檐墙体对梁架的变形起到约束作用。②太和殿最大变形部位在明间梁架脊檩部位，u_p=0.206m，层间位移角 $\theta_p=1/100(u_p/H)$，小于《古建筑木结构维护与加固技术规范》(GB 50165—92)规定的容许值$[\theta_p]=1/30$，满足大震不倒的要求。③太和殿两山即后檐墙体普遍产生较大变形，表明上述墙体在罕遇地震作用下产生倒塌，但对木构架整体安全性不构成威胁。需要说明的是，8 度罕遇地震作用下，太和殿结构已进入弹塑性阶段，榫卯节点及斗拱可发挥耗能能力，柱底与柱顶石之间也会产生摩擦滑移现象，对减小结构整体变形有利，因此本结果偏于保守。

3.2.4　减震分析

为研究不同构造对太和殿结构减震性能的影响，考虑 6 种工况进行分析，见表 3-2-4。相关说明如下：①不考虑侧脚是指有限元模型的外檐柱脚不做侧脚处理，其他构造均考虑；②不考虑榫卯节点是指有限元模型榫卯节点的刚度取值 $k=\infty$，其他构造均考虑；③不考虑斗拱连接是指有限元模型中斗拱刚度取值 $k=\infty$，其他构造均考虑；④不考虑厚重屋顶是指有限元模型中屋顶重量减轻 30%，其他构造均考虑；⑤不考虑填充墙体是指有限元模型中去掉充填墙体部分，其他构造均考虑；⑥全部考虑是指有限元模型考虑上述所有构造特征。

表 3-2-4　工况确定

工况	工况 1	工况 2	工况 3	工况 4	工况 5	工况 6
分析内容	不考虑侧脚	不考虑榫卯节点	不考虑斗拱连接	不考虑厚重屋顶	不考虑填充墙体	全部考虑

1. 自振周期

对上述 6 种工况条件下的有限元模型进行模态分析，获得模型的自振周期变化曲线如图 3-2-7 所示，其中 C_i(i=1～6)表示第 i 种工况。曲线表明，不同工况条件下太和殿模型基本自振周期的大小顺序为：工况 5＞工况 1＞工况 6＞工况 4＞工况 3＞工况 2。这是因为：①墙体的刚度远大于木构架，并且对木构架的振动有限制作用，因而不考虑墙体构造后，模型的自振周期明显增大；②侧脚构造可提高结构整体的稳定性及刚度，因而当不考虑侧脚构造时，模型刚度减小，自振周期增大；③榫卯节点及斗拱均

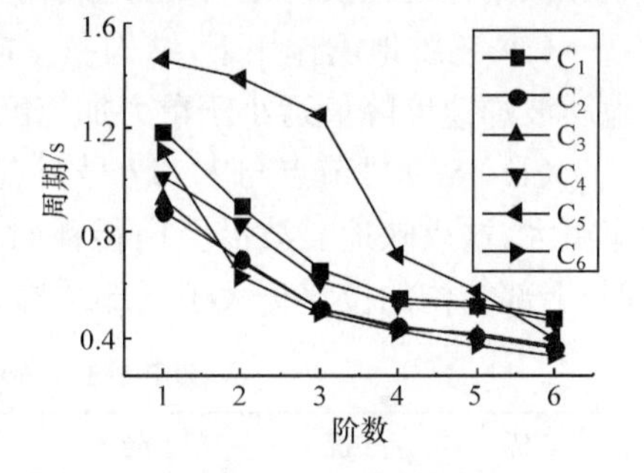

图 3-2-7　不同工况下太和殿模型自振周期曲线

具有一定刚度值，且能发挥减震作用，当其刚度增大时，模型整体的自振周期则下

降;④屋顶质量下降时,模型整体质量减小,因而自振周期减小。

此外,由图 3-2-7 可知,除墙体构造外,太和殿其他构造参数发生变化时,其模型自振周期变化幅度不大,且变化趋势相近。

2. 位移响应

太和殿所在位置的抗震设防烈度为 8 度,设计基本地震加速度值为 0.2g,抗震设计分组为第一组,场地类别可按Ⅱ类考虑。由《建筑抗震设计规范》(GB 50011—2010)可知,该结构在多遇地震作用下的水平地震影响系数的最大值为 0.16,场地特征周期为 0.35s,阻尼比取值 0.05。对太和殿有限元模型施加 3 向单点响应谱,在各个方向均考虑 PGA=0.16g,采用 SRSS 法合并模态,获得太和殿的内力及位移响应。限于篇幅,选取明间金柱上部 1549 号节点及明间脊檩正中 11717 号节点进行分析。节点的位移响应峰值见表 3-2-5 和表 3-2-6,其中 x、z 为水平向,y 为竖向。可以看出:

(1) 对于 1549 号节点及 11717 号节点而言,与前 5 种工况相比,工况 6 条件下节点在 x、y、z 向上的位移响应峰值最小。这说明上述不同构造特征对减小太和殿结构整体的地震位移响应可发挥一定作用。

(2) 对于工况 1～工况 5 而言,节点的位移响应峰值越大,则反映该构造特征对减小太和殿结构位移响应越有利。从表 3-2-5 和表 3-2-6 提供的数据来看,不同构造特征对减小太和殿整体位移的贡献程度大小顺序为:墙体>榫卯节点>斗拱>侧脚>厚重屋顶。其中,墙体对木构架位移的约束作用主要通过墙体对木构架的嵌固力产生;榫头与卯口之间的相对摩擦与转动可耗散部分地震能量,因而减小构架位移;斗拱则由于上下分层,且各层构件之间的挤压与摩擦也可产生减震效果;侧脚可降低太和殿结构整体重心,并提高结构稳定性能;厚重屋顶则可增加太和殿结构的抵抗弯矩,减小地震作用下构架产生的位移。

(3) 三维地震作用下,结构在 y 向(竖向)的位移响应很小,这主要是因为竖向地震波加速度峰值远小于重力加速度,尚不至于引起结构在竖向产生明显振动。

(4) 1549 号节点与 11717 号节点相比,各工况条件下,后者的位移响应峰值普遍更大,这反映地震波沿竖向传播时,即使有上述不同构造对结构位移的限制作用,上部结构的位移仍大于下部结构。

表 3-2-5　1549 号节点位移计算结果　(单位:mm)

工况	工况 1	工况 2	工况 3	工况 4	工况 5	工况 6
x	15.0	16.3	15.8	14.6	17.9	9.8
y	0.03	0.05	0.03	0.03	0.04	0.02
z	18.9	21.8	20.0	18.8	23.9	10.4

表 3-2-6　11717 号节点位移计算结果　（单位：mm）

工况	工况 1	工况 2	工况 3	工况 4	工况 5	工况 6
x	21.2	25.1	23.1	20.2	26.7	15.1
y	0.03	0.08	0.04	0.01	0.05	0.01
z	19.4	22.3	21.2	13.2	24.3	12.9

3. 加速度响应

基于不同工况条件下的谱分析结果，获得 1549 号节点、11717 号节点在不同方向的加速度响应峰值，见表 3-2-7 和表 3-2-8。可以看出：

(1) 工况 6 条件下，两个节点在不同方向的加速度响应峰值要比前面任何工况低。这说明上述不同构造条件对减小结构的加速度响应具有一定作用。

(2) 结构在竖向的加速度响应要远小于水平向，这主要是因为竖向地震波加速度峰值远小于重力加速度，结构在竖向振动不明显。

(3) 当不考虑某一构造时，节点的加速度响应峰值要比考虑构造后的峰值大，且越大越反映该构造对结构抗震性能的影响程度。榫卯节点摩擦滑移作用减小太和殿木构架的加速度响应最明显；其次是嵌固墙体，由于墙体承担部分地震力，因而可减小木构架的加速度响应；斗拱通过构件之间的摩擦和挤压来减小结构的地震响应，但减震能力略低于榫卯节点；厚重屋顶及侧脚构造均能减小结构整体的加速度响应，但减震能力相对较低。因此，太和殿不同构造对减小结构整体加速度响应贡献大小顺序为：榫卯节点＞墙体＞斗拱＞侧脚＞厚重屋顶。

(4) 从 1549 号节点与 11717 号节点的加速度响应峰值对比情况来看，工况 1、工况 4～工况 6 条件下，1549 号节点的加速度响应峰值均大于 11717 节点，这是因为上述工况均考虑榫卯节点及斗拱构造，榫头与卯口之间的摩擦滑移以及斗拱分层之间的摩擦挤压均可耗散部分地震能量，因而地震波沿结构竖向传递时，经过榫卯节点及斗拱层后，其加速度响应反而降低；工况 2 和工况 3 分别不考虑榫卯节点或斗拱构造，因而 11717 号节点的加速度响应比 1549 号节点大。

表 3-2-7　1549 号节点加速度计算结果　（单位：mm/s^2）

工况	工况 1	工况 2	工况 3	工况 4	工况 5	工况 6
x	69.3	586.5	21.6	41.9	481.9	19.6
y	0.28	0.40	0.50	0.36	0.16	0.22
z	50.9	344.2	36.9	110.1	464.3	31.9

表 3-2-8 11717 号节点加速度计算结果 (单位:mm/s^2)

工况	工况 1	工况 2	工况 3	工况 4	工况 5	工况 6
x	21.6	605.8	97.5	34.2	374.3	19.1
y	0.06	0.16	0.57	0.16	1.26	0.04
z	34.5	440.9	39.2	28.9	446.9	25.9

3.2.5 结论

(1) 太和殿基频为 0.9Hz,主振型以水平向平动为主,并且在水平双向的关联性很小。

(2) 8 度常遇地震作用下,太和殿木结构整体的内力和变形满足抗震要求。

(3) 8 度罕遇地震作用下,太和殿的最大位移角在容许范围内。

(4) 太和殿墙体对限制太和殿木构架侧移、减小木构架内力具有一定贡献。

(5) 不同工况条件下,不考虑墙体时太和殿模型的基本自振周期最大,不考虑榫卯连接时太和殿模型的自振周期最小。

(6) 地震作用下,不同构造对减小太和殿结构位移响应的贡献程度大小顺序为:墙体>榫卯节点>斗拱>侧脚>厚重屋顶。

(7) 地震作用下,不同构造对减小太和殿结构加速度响应的贡献大小顺序为:榫卯节点>墙体>斗拱>侧脚>厚重屋顶。

参 考 文 献

[1] 周乾,闫维明,周锡元,等. 古建筑榫卯节点抗震性能试验[J]. 振动、测试与诊断,2011,31(6):679-684.

[2] 周乾,闫维明,李振宝,等. 古建筑榫卯节点加固方法振动台试验研究[J]. 四川大学学报(工程科学版),2011,43(6):70-78.

[3] 吴玉敏,陈祖坪. 北京故宫太和殿木构架体系的构造特点及静力分析[C]//单士元,于倬云. 中国紫禁城学会论文集第一辑. 北京:紫禁城出版社,1997:211-220.

[4] 吴玉敏,张景堂,陈祖坪. 北京故宫太和殿木构架体系的动力分析[C]//单士元,于倬云. 中国紫禁城学会论文集第一辑. 北京:紫禁城出版社,1997:221-226.

[5] Fang D P, Iwasaki S, Yu M H. Ancient Chinese timber architecture—Ⅰ:Experimental study[J]. Journal of Structural Engineering,2001,127(11):1348-1357.

[6] Fang D P, Iwasaki S, Yu M H, et al. Ancient Chinese timber architecture—Ⅱ:Dynamic characteristics[J]. Journal of Structural Engineering,2001,127(11):1358-1364.

[7] 隋龑,赵鸿铁,薛建阳,等. 古建木构斗拱侧向刚度的试验研究[J]. 世界地震工程,2009,25(4):145-147.

[8] 周乾,张学芹. 故宫太和殿西山挑檐檩结构现状分析[C]//郑欣淼,晋宏逵. 中国紫禁城学会论文集第六辑. 北京:紫禁城出版社,2011:692-702.

[9] 姚侃，赵鸿铁. 木构古建筑柱与柱础的摩擦滑移隔震机理研究[J]. 工程力学，2006，23(8)：131.

[10] 周乾. 故宫神武门防震构造研究[J]. 工程抗震与加固改造，2007，29(6)：91－98.

[11] 国家技术监督局，中华人民共和国建设部. GB 50165—92　古建筑木结构维护与加固技术规范[S]. 北京：中国建筑工业出版社，1992.

[12] 石志敏，周乾，晋宏逵，等. 故宫太和殿木构件现状分析及加固方法研究[J]. 文物保护与考古科学，2009，21(1)：15－21.

3.3　罕遇地震作用下故宫太和殿抗震性能研究

北京市属 8 度抗震设防区，研究太和殿在 8 度罕遇地震作用下的抗震、抗倒塌性能，有利于对其进行维修与保养。关于文物建筑在罕遇地震作用下的抗震性能评估，已有的相关成果主要包括：李铁英等[1]基于应县木塔 1/10 比例模型试验成果，分析选择了实际结构恢复力骨架曲线，采用能量等效的方法讨论了 7 度罕遇地震作用下应县木塔的非线性位移响应；王晓东等[2]采用 ANSYS 有限元分析软件，考虑铁件材料的双线性强化随动模型特征，讨论了罕遇地震作用下沧州铁狮子的抗震性能；高大峰等[3]采用 SAP2000 有限元分析软件中摩擦摆隔震单元模拟柱脚平摆浮搁式连接、橡胶隔震单元模拟斗拱层及虚拟弹簧单元模拟榫卯连接构造，研究了西安永宁门箭楼罕遇地震作用下的地震响应特征。本节在上述成果的基础上，采用数值模拟方法，建立太和殿非线性有限元分析模型，研究太和殿在 8 度罕遇地震作用下的内力与变形特征，以评价太和殿的抗震性能，提出可行性建议，为太和殿保护提供理论参考。

3.3.1　有限元模型

1. 恢复力曲线

榫卯节点的耗能能力可通过榫卯与卯口的相对挤压和转动产生。根据周乾等[4]的试验结果，榫卯节点的弯矩-转角(M-θ)恢复力模型曲线如图 3-3-1(a)所示，该曲线反映了榫卯节点在不同受力阶段转角刚度变化特征。相关参数取值为：$\theta=(0\sim0.005)$rad，$k_1=3.602$kN · m/rad；$\theta=(0.005\sim0.070)$rad，$k_2=5.755$kN · m/rad；$\theta=(0.070\sim0.100)$rad，$k_3=1.781$kN · m/rad。

斗拱的耗能能力可通过分层构件之间的摩擦和挤压产生。根据隋龑等[5]的试验结果，斗拱的力-侧移(P-Δ)恢复力模型曲线如图 3-3-1(b)所示，该曲线反映了斗拱在不同受力阶段侧移刚度变化特征。相关参数取值为：$\Delta=(0\sim0.0045)$m 时，$k'_1=1.0\times10^6$N/m；$\Delta=(0.0045\sim0.0353)$m 时，$k'_2=0.05\times10^6$N/m。

太和殿柱底的约束方式为：柱底平摆浮搁于柱顶石上。地震作用下，柱底与柱顶石之间产生相对摩擦滑移，并可耗散部分地震能量。根据木构古建震害特征[6,7]及王焕定等[8]、姚侃等[9]提供的相近研究成果，柱底与柱顶石之间的力-侧移(P-Δ)曲线可由图 3-3-1(c)表示，该曲线反映了柱底摩擦滑移不同阶段柱的受力特征变化情况。相关参数取值为：$P_0=2.01\times10^5$N(P_0为起滑力，即太和殿柱底与柱顶石之间的最大静摩擦力)，其他参数取值为：$\Delta=(0\sim0.005)$m 时，$k''=5.2\times10^4$N/m；$\Delta=(0.005-0.100)$m 时，$k''=0$。

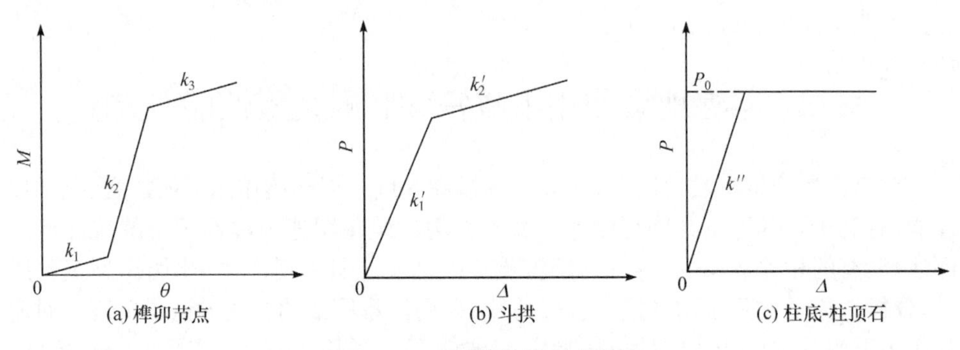

图 3-3-1　不同构件恢复力曲线

建模时，可采用 1 根 2 节点 6 维虚拟弹簧模拟上述榫卯节点、斗拱、柱础的刚度特性[10,11]，此单元是由 6 根互不耦合的弹簧组成的弹簧系统，如图 3-1-2(a)所示。其中，K_x、K_y、K_z 表示 x、y、z 向的变形刚度，$K_{\theta x}$、$K_{\theta y}$、$K_{\theta z}$表示绕 z、x、y 轴的扭转刚度。相关假定如下：

(1) 榫卯节点主要考虑榫头与卯口的相对转动，即建模时仅输入 $K_{\theta x}$、$K_{\theta y}$、$K_{\theta z}$ 值，$K_{\theta x}=K_{\theta y}=K_{\theta z}=k_i(i=1,2,3)$；节点在 x、y、z 向的变形刚度做耦合处理，使榫头与卯口的变形刚度一致。

(2) 斗拱主要考虑不同构件之间的相对平动，即建模时仅输入 K_x、K_y、K_z 值，$K_x=K_y=K_z=k_i'(i=1,2)$；节点在 x、y、z 向的扭转刚度做耦合处理，使斗拱两端的扭转刚度一致。

(3) 柱础主要考虑柱底与柱顶石之间在水平面(本分析中，x、z 向为水平向，y 向为竖向)的相对平动，即：$K_x=K_z=k''$，$K_{\theta x}=K_{\theta y}=K_{\theta z}=K_y=0$。

采用有限元分析程序 ANSYS 中的非线性弹簧单元 COMBIN39 来模拟榫卯节点及斗拱的刚度特性。该单元输入几何参数曲线如图 3-3-2(a)所示，曲线上的各点(Δ_i，P_i)代表力-位移或者弯矩-转角关系。可通过更改 KEYOPT(1)选项来模拟研究对象的滞回功能，更改 KEYOPT(3)选项来确定单元所属自由度类型。

采用弹簧+阻尼单元 COMBIN40 模拟柱底与柱顶石之间的摩擦耗能性能。该单元由 2 个节点、2 个弹簧常数 k_1 和 k_2、1 个阻尼系数 C、1 个质量 M、1 个间隙 GAP(长度)和 1 个界限滑移力 FSLIDE(力)组成，如图 3-3-2(b)所示。其中，FSLIDE 可表示为 1 个摩擦阻尼器，它将产生 1 个矩形滞回，与之串联的弹簧 k_1 可用来

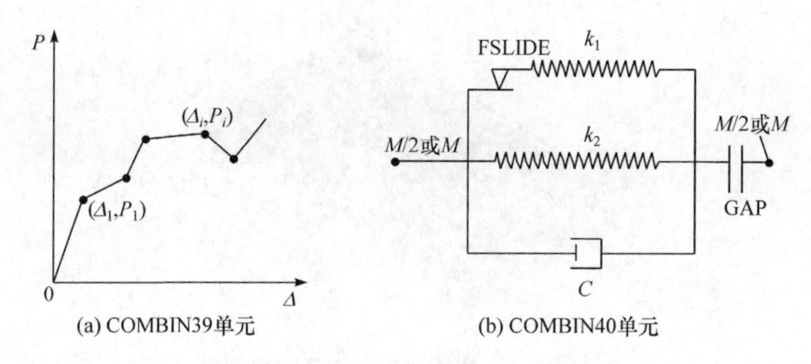

(a) COMBIN39单元　(b) COMBIN40单元

图 3-3-2　不同构件模拟方法

模拟实际摩擦阻尼器的初始刚度。本分析中，仅考虑使用该单元的起滑力 FSLIDE=P_0，以及阻尼器的初始刚度 $k_1=k''$。当水平地震力大于起滑力时，柱底与柱顶石之间产生摩擦滑移，此时 $k_1=0$。

2. 墙体与柱接触关系

按照古建筑木结构施工工序要求，立大木在先，墙体砌筑为后，太和殿墙体与柱的嵌固关系如图 3-3-3 所示。在使用 ANSYS 程序模拟墙体嵌固作用时，可采用线线接触单元，建立墙体-柱接触对。其中，墙体侧边为接触单元，用 CONTA172 单元模拟；柱为目标单元，用 TARGE169 单元模拟。

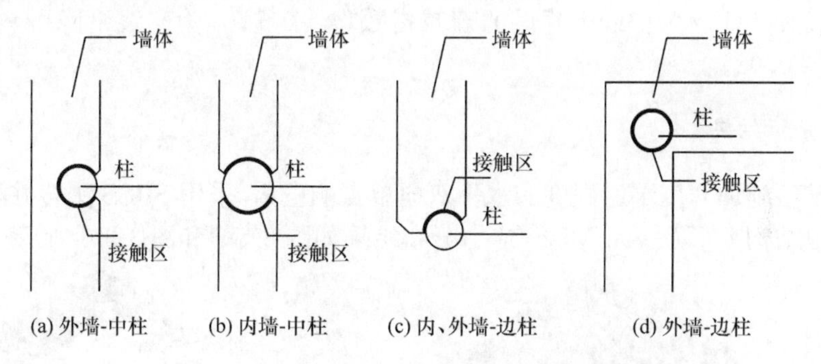

(a) 外墙-中柱　(b) 内墙-中柱　(c) 内、外墙-边柱　(d) 外墙-边柱

图 3-3-3　太和殿墙体与柱嵌固关系平面示意图

3. 有限元分析模型

采用 BEAM189 单元模拟梁柱，COMBIN39 单元模拟榫卯节点及斗拱，COMBIN40 单元模拟柱础，SHELL181 壳单元模拟墙体、MASS21 质点单元模拟屋顶质量，建立太和殿有限元分析模型如图 3-3-4 所示。模型含梁单元 854 个，柱单元 2155 个，柱础单元 72 个，榫卯节点单元 120 个，斗拱单元 486 个，墙体单元 1328 个，屋顶质点单元 2537 个，以及墙体-柱接触对 1327 组。

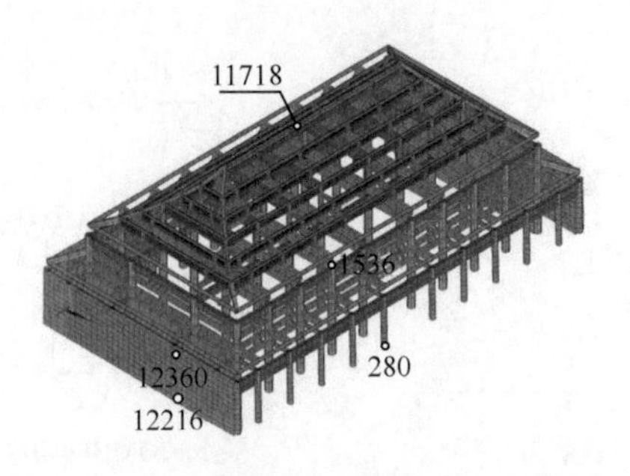

图 3-3-4 太和殿结构有限元分析模型

3.3.2 谱分析

1. 谱分析参数

为研究罕遇地震作用下太和殿结构整体的内力及变形分布情况，对其进行线性响应谱分析。在工程中常采用与平均反应谱相对应的地震影响系数 α 谱曲线作为计算地震的依据。假设结构阻尼比 $\xi=0.05$，按《建筑抗震设计规范》(GB 50011—2010)，$\alpha(\omega,\xi)$曲线如图 3-1-14 所示。

由式(3-1-1)可知，当按 8 度罕遇地震考虑时，$\alpha_{max}=0.9$；T_g 为特征周期，考虑故宫所处场地类别为Ⅱ～Ⅲ类，设计地震分组为第一组，取 $T_g=0.35s$；η_2 为阻尼调整系数，$\eta_2=1$；γ 为曲线下降段的衰减指数，$\gamma=0.9$；η_1 为直线下降段斜率调整系数，$\eta_1=0.02$。

2. 分析结果

对模型施加 8 度罕遇烈度的水平双向单点响应谱，采用 SRSS 法合并模态，获得太和殿结构变形及 von Mises 应力分布结果如图 3-3-5 和图 3-3-6 所示。

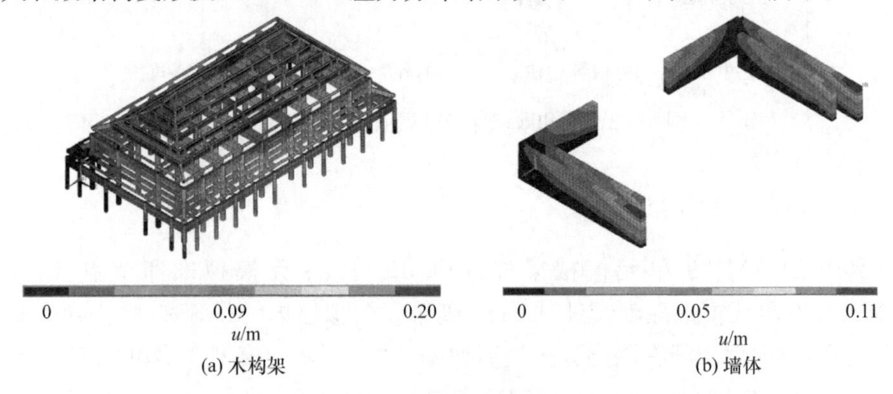

(a) 木构架　(b) 墙体

图 3-3-5 太和殿结构变形分布

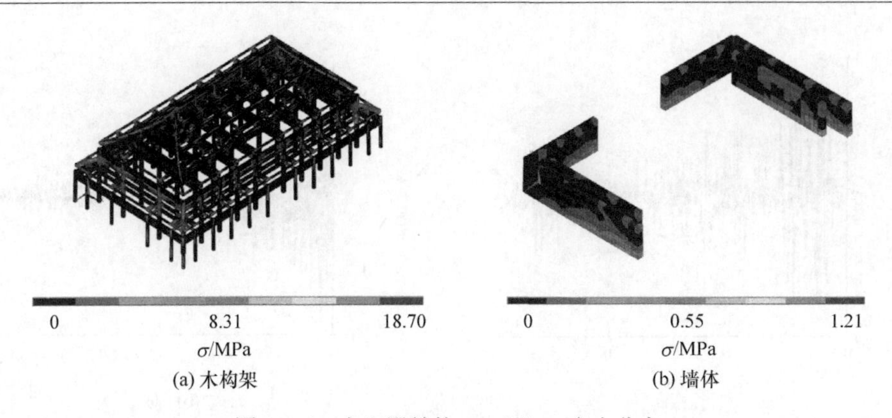

(a) 木构架　(b) 墙体

图 3-3-6　太和殿结构 von Mises 应力分布

由图 3-3-5 可知，罕遇地震作用下，太和殿结构的变形分布特点为：①明间部位的梁架变形普遍大于两山面梁架，前檐梁架变形普遍大于后檐梁架。这主要由于太和殿两山面及后檐有填充墙，对木构架的变形有制约作用，而且可避免屋架整体产生过大变形。②太和殿最大变形部位在明间梁架脊檩部位，$u_p=0.20$m，层间位移角为 $\theta_p=u_p/H\approx1/100$（$H$ 为太和殿木构架高度，$H=24.42$m)，小于《古建筑木结构维护与加固技术规范》[12]（GB 50165—92）规定的容许值$[\theta_p]=1/30$，即满足大震不倒的要求。③太和殿两山即后檐墙体普遍产生较大变形，表明上述墙体在罕遇地震作用下产生倒塌，但对木构架整体安全性不构成威胁。需要说明的是，本节分析结果与文献[13]中罕遇地震作用下太和殿变形结果相近，主要原因在于谱分析不考虑结构的非线性特性。

由图 3-3-6 可知，罕遇地震作用下，太和殿结构的 von Mises 应力分布的主要特点为：①对木构架而言，其应力较大值分布在明间脊瓜柱与三架梁相交部位（该部位有最大值 18.7MPa)，四坡戗脊部位，檐柱、金柱与梁相交的榫卯节点部位。上述部位的 von Mises 应力值普遍大于文献[14]所提供的容许抗拉强度值，因而有产生受拉破坏的危险，具体表现为屋架顶部局部产生松动、瓦件脱落、榫卯连接位置产生拔榫等问题。②对墙体而言，其下侧及与柱子相交位置附近 von Mises 应力值较大，且普遍大于墙体受拉强度容许值 0.25MPa[15]，即上述位置墙体容易产生开裂、倒塌等震害。

3.3.3　时程分析

采取非线性时程分析法研究太和殿在 8 度罕遇地震作用下的响应曲线特征。选取三向 El-Centro 波作用于太和殿，时间间隔 0.02s，持时 30s，x 向加速度峰值为 PGA=0.4g，各个方向的加速度峰值比 $x:z:y=1:0.85:0.65$，如图 3-3-7 所示。其中，x 为横向，z 为纵向，y 为竖向。基于谱分析结果，选取典型节点研究

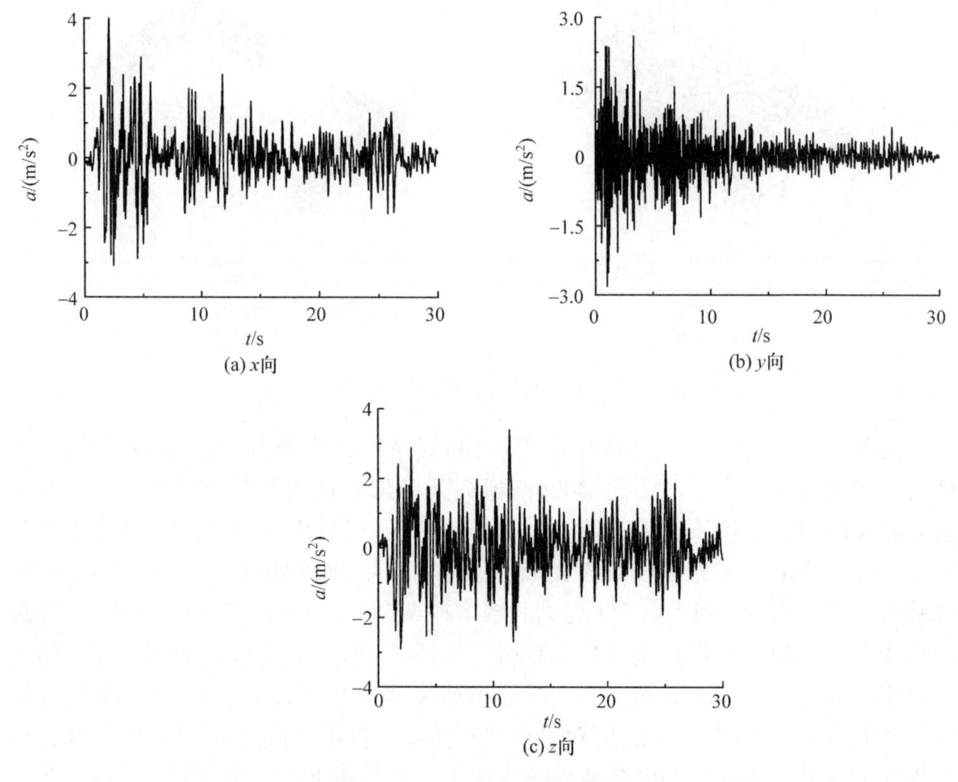

图 3-3-7　El-Centro 波曲线图

结构的内力及变形响应过程，例如，明间屋脊正中节点（11718 号节点）以研究其位移及加速度响应，前檐西侧某金柱柱顶与桃尖梁榫卯节点（1536 号节点）以研究节点位移及加速度响应，前檐明间檐柱柱底节点（280 号节点）以研究柱底滑移响应，西山墙 2 个临近柱侧边节点（12360 号、12216 号节点）以研究墙体内力响应情况。上述节点位置如图 3-3-4 所示。

1. 位移

基于时程分析结果，获得 280 号节点、1536 号节点及 11718 号节点位移响应曲线如图 3-3-8～图 3-3-10 所示。可以看出：①280 号节点所在的柱底相对于柱顶石在 x、z 向均有不同尺寸的滑移，其中 z 向的滑移量峰值可达 0.075m。由于太和殿柱顶石边界离柱侧边的尺寸为 0.12m[16]，因此柱底不会从柱顶石上滑落。②1536号节点在 x、y、z 向的位移响应峰值较 280 号节点均有不同程度的放大；但与前者一致之处在于，两个节点均以平衡位置为中心，保持稳定振动状态，反映了上述位置木构架在地震作用下的稳定性能。③11718 号节点在 x、y、z 三个方向的振动曲线很不稳定，且相对于 280 号节点而言，其在 x 向、z 向位移峰值可达 0.15m>$[u_x]=\min\{H/150, 0.1\}$、0.09m>$[u_z]=\min\{H/300, 0.05\}$[12]，其震害表现形式很可能为屋顶部位瓦件脱落，部分木构件变形、松动。

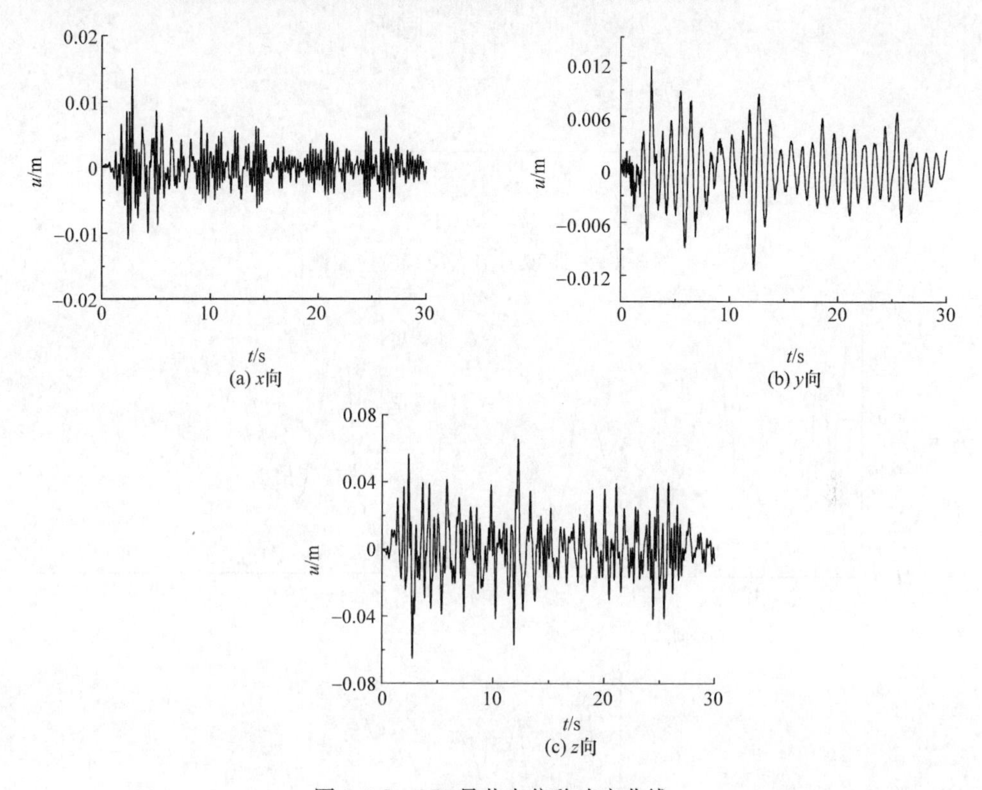

图 3-3-8　280 号节点位移响应曲线

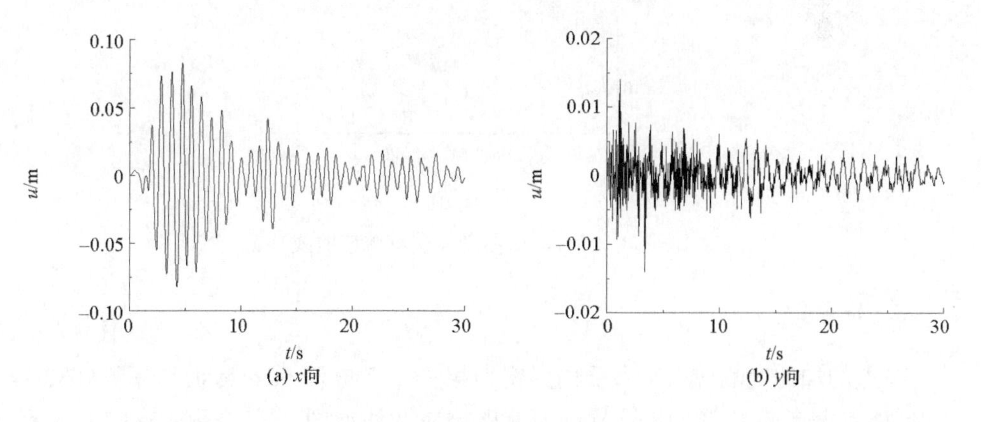

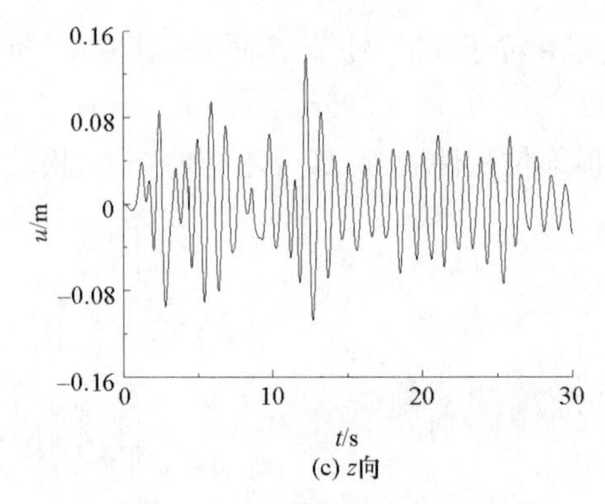

(c) z向

图 3-3-9　1536 号节点位移响应曲线

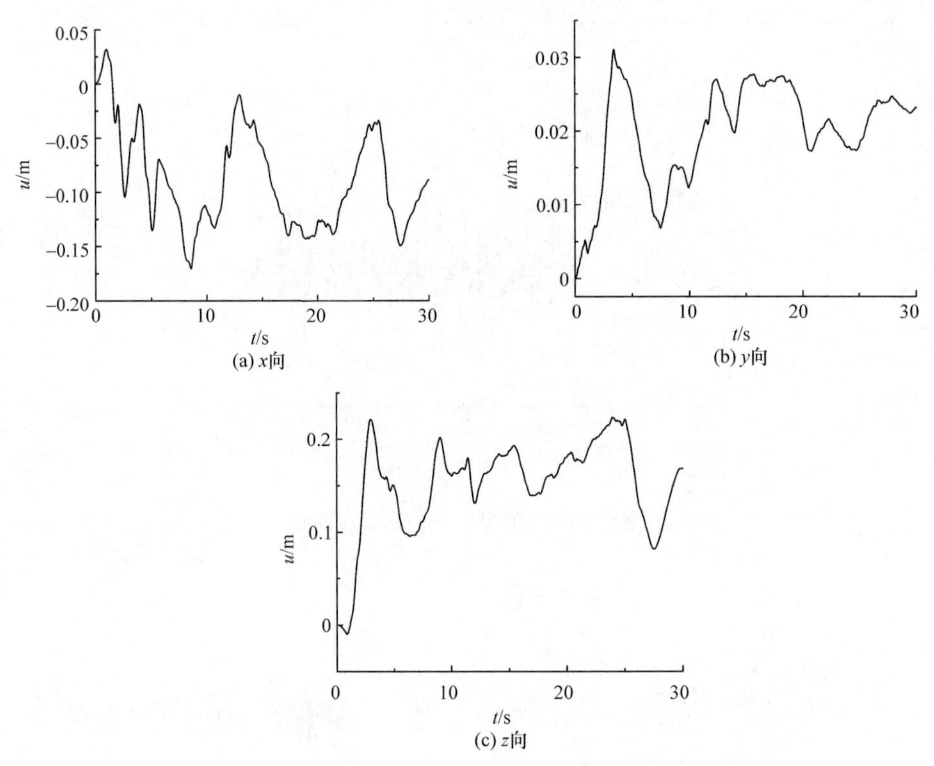

(c) z向

图 3-3-10　11718 号节点位移响应曲线

2. 加速度

节点的加速度响应与其所受内力密切相关。三向 El-Centro 波作用下，280 号节点、1536 号节点及 11718 号节点加速度响应曲线如图 3-3-11～图 3-3-13 所示。可以看出：①280 号节点在 3 个方向的加速度响应峰值相对输入地震波峰值而言略有降低，反映了柱底平摆浮搁构造可发挥一定的摩擦减震作用。②1536 号节点在 3 个方向的加速度响应峰值与 280 号节点相近，而没有明显的放大作用；这反映地震波往上传递时，由于柱顶的榫头与梁端的卯口之间的相对摩擦与挤压产生耗能作用，因而减小了 1536 号节点的加速度响应峰值。③11718 号节点位于屋顶，但其在 3 个方向的加速度响应峰值相对 280 号节点、1536 号没有明显放大，表明斗拱构造可进一步削弱地震作用，减小屋顶产生受力破坏的严重程度。

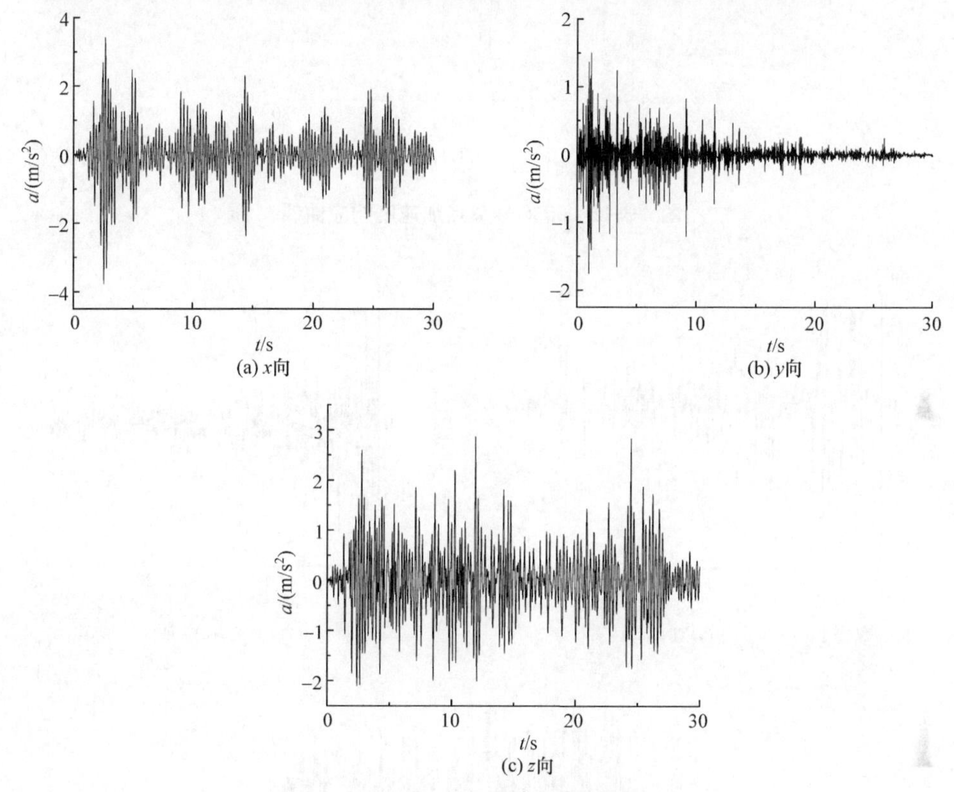

图 3-3-11　280 号节点加速度响应曲线

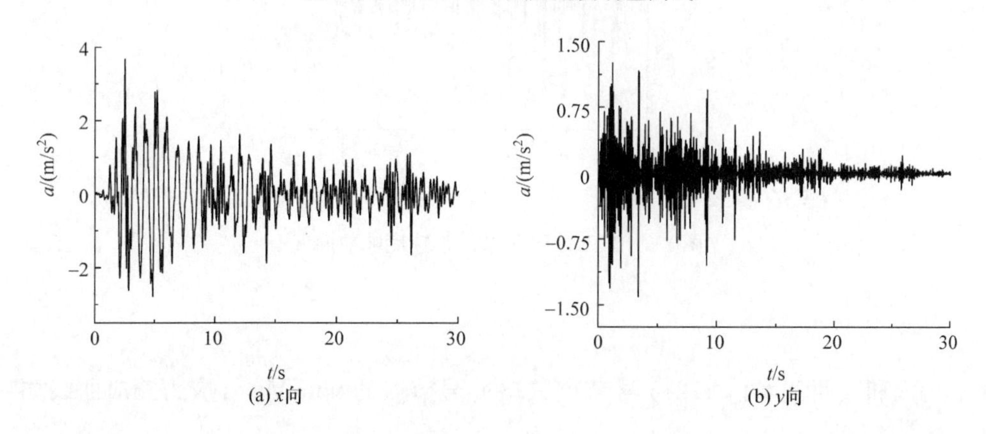

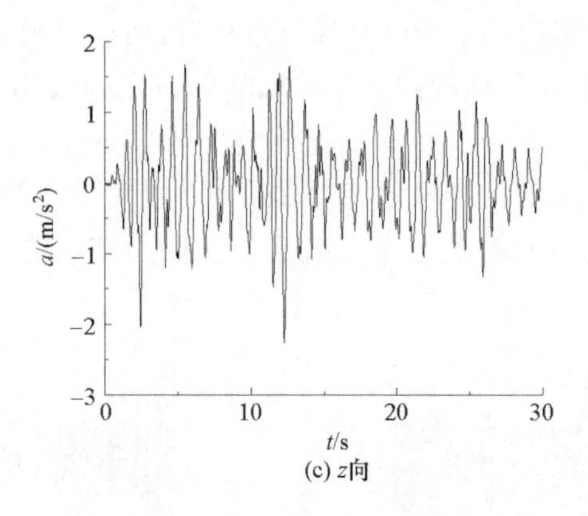

(c) z向

图 3-3-12　1536 号节点加速度响应曲线

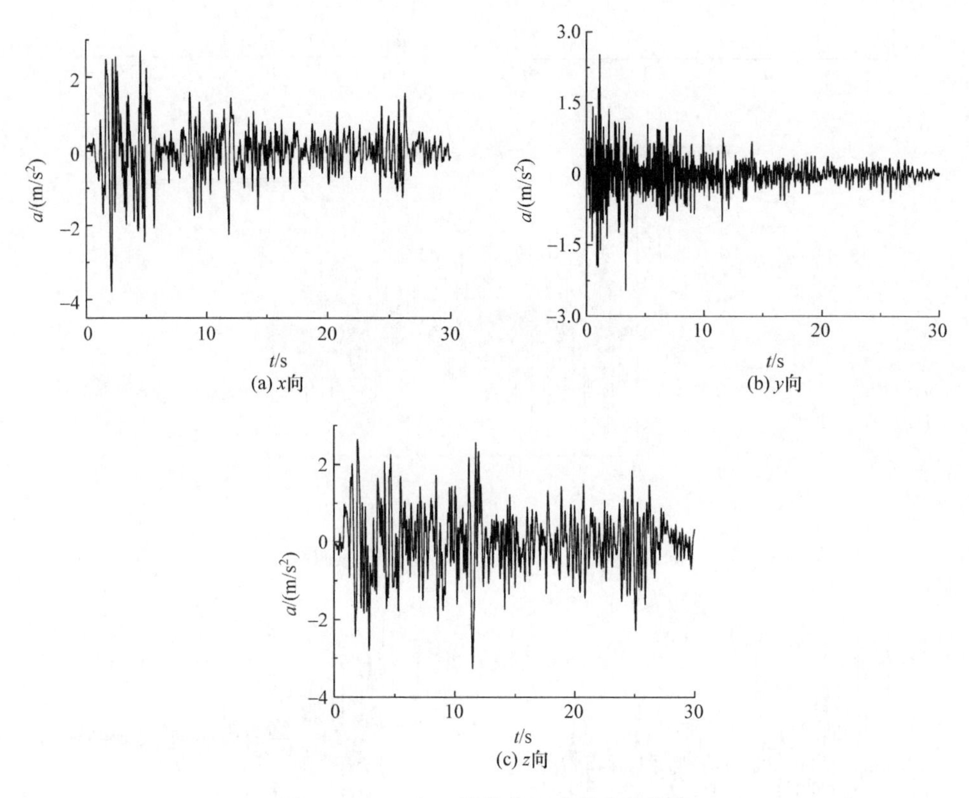

图 3-3-13　11718 号节点加速度响应曲线

3. 墙体内力

太和殿西侧墙体 12216 号节点、12360 号节点的 von Mises 应力响应曲线如

图 3-3-14 所示。可以看出上述两个节点的 von Mises 应力峰值均超出容许值[14]，且位于墙体下侧的 12216 号节点应力峰值明显大于上部 12360 号节点。这反映在 8 度罕遇地震作用下，墙体很容易产生受拉破坏，而且下侧部位破坏更严重，具体震害很可能表现为墙体开裂、倒塌。但由于墙体并非承重构件，因而不影响太和殿结构的整体安全。

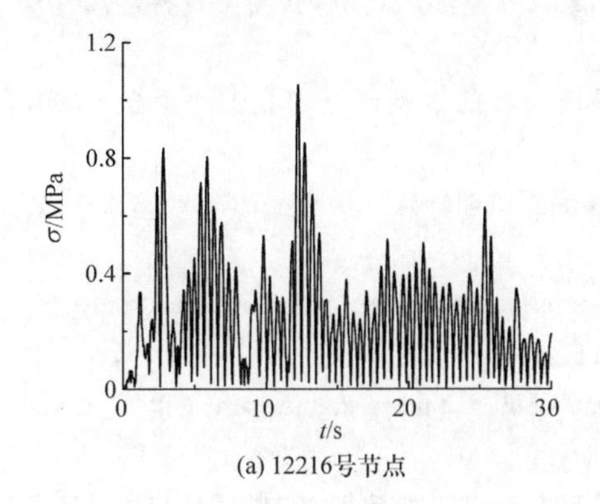

(a) 12216号节点

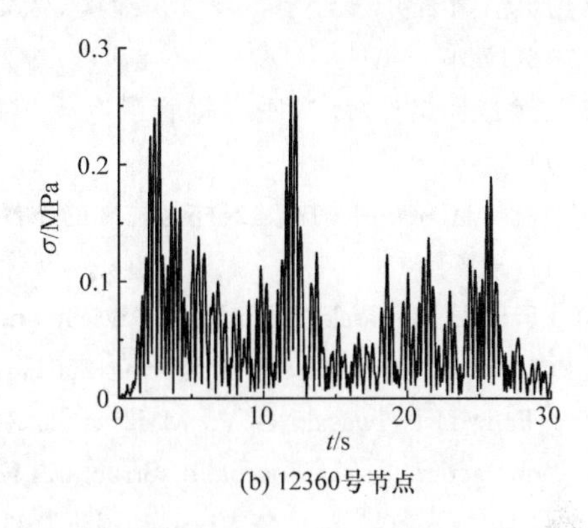

(b) 12360号节点

图 3-3-14　墙体节点 von Mises 应力响应曲线

3.3.4　结论

(1) 罕遇地震作用下，太和殿木构架变形值较大，但在容许范围内，因而不会产生倒塌。

(2) 太和殿明间屋顶部位在地震作用下很可能因变形过大产生松动，并导致瓦件脱落；上部构架的榫卯节点在地震作用下的内力值较大，容易产生拔榫问题；上述隐患在日常维修与保养中应予以重视。

(3) 太和殿柱底平摆浮搁、榫卯节点、斗拱等构造对减小太和殿上部结构的地震响应具有一定作用。

(4) 太和殿墙体在地震作用下产生过大内力及变形，因而容易倒塌，但不威胁结构安全。

参考文献

[1] 李铁英，魏剑伟，张善元，等. 高层古建筑木结构——应县木塔现状结构评价[J]. 土木工程学报，2005，38(2)：51－58.

[2] 王晓东，王伟，王林安，等. 罕遇地震作用下沧州铁狮子结构现状研究[J]. 工程力学，2011，28(12)：238－243.

[3] 高大峰，祝松涛，丁新建. 西安永宁门箭楼结构及抗震性能分析[J]. 山东大学学报(工学版)，2013，42(2)：62－69.

[4] 周乾,闫维明,周锡元,等. 古建筑榫卯节点抗震性能试验[J]. 振动、测试与诊断,2011,31(6):679－684.

[5] 隋龑,赵鸿铁,薛建阳,等. 古建木构铺作层侧向刚度的试验研究[J]. 工程力学,2010,27(3):74－78.

[6] 杨亚弟,杜景林,李桂荣. 古建筑震害特性分析[J]. 世界地震工程,2000,16(3):12－16.

[7] 周乾,闫维明,杨小森,等. 汶川地震导致的古建筑震害[J]. 文物保护与考古科学,2010,22(1):37－45.

[8] 王焕定,赵桂峰. 变刚度钢管混凝土短柱隔震装置的试验研究[J]. 工程力学,2000,17(6):41－46.

[9] 姚侃,赵鸿铁. 木构古建筑柱与柱础的摩擦滑移隔震机理研究[J]. 工程力学,2006,23(8):127－131.

[10] Fang D P, Iwasaki S, Yu M H. Ancient Chinese timber architecture—Ⅰ: Experimental study[J]. Journal of Structural Engineering, 2001, 127(11): 1348－1357.

[11] Fang D P, Iwasaki S, Yu M H, et al. Ancient Chinese timber architecture—Ⅱ: Dynamic characteristics[J]. Journal of Structural Engineering, 2001, 127(11): 1358－1364.

[12] 国家技术监督局,中华人民共和国建设部. GB 50165—92 古建筑木结构维护与加固技术规范[S]. 北京:中国建筑工业出版社,1993.

[13] 周乾,闫维明,关宏志,等. 故宫太和殿抗震性能研究[J]. 福州大学学报,2013,41(4):487－494.

[14] 石志敏,周乾,晋宏逵,等. 故宫太和殿木构件现状分析及加固方法研究[J]. 文物保护与考古科学,2009,21(1):15－21.

[15] 周乾. 考虑上部结构附加荷载的古城墙数值模拟[J]. 科学技术与工程,2009,9(22):6891－6895.

[16] 周乾,闫维明,纪金豹. 故宫太和殿抗震构造研究[J]. 土木工程学报,2013,46(S1):117－122.

3.4 古建筑嵌固墙体对木构架抗震性能的影响分析

我国古建筑构架类型以木结构为主,结构承重主体为榫卯连接的木构架。位于山面及后檐位置的厚重墙体嵌固在木柱两侧,主要起维护作用。千百年来,古建筑历经多次地震灾害而保持完好,体现了一定的抗震性能,不少学者也开展了相关理论及试验研究。然而从研究现状来看,大部分古建筑抗震分析模型侧重于木构架本身,考虑墙体影响的有限元分析较少[1~7]。由于木材材质轻,与厚重的墙体刚度相差较大,因而在地震作用下,墙体对木构架抗震性能的影响不可忽略。图 3-4-1 所示的 2008 年汶川地震中某古建筑的震害,木构架整体受损较轻,与之嵌固的墙体则产生倒塌。除木构架本身因素外,墙体对木构架变形的约束作用可能是木构架震害较轻的主要原因。

图 3-4-1　汶川地震某古建筑震害

为探讨嵌固墙体对古建筑木构架抗震性能的影响，下面以太和殿为例进行分析。太和殿墙体厚 1.25～1.45m，主要分布在两山及后檐位置。

3.4.1　有限元模型

本节采用 ANSYS 有限元分析程序建立太和殿有限元模型，相关说明如下：

(1) 基于已有研究成果，榫卯节点刚度可取为[1,2,8,9]：$K_x = K_y = K_z = 1.0\times 10^9$kN/m，$K_{\theta x} = K_{\theta y} = K_{\theta z} = 5.755$kN · m，斗拱刚度可取值为[10,11]：$K_x = K_y = K_z = 1550$kN/m，$K_{\theta x} = K_{\theta y} = K_{\theta z} = 3.1\times 10^5$kN · m。

(2) 根据屋顶构造特征，屋顶重量由檩三件(檩、垫板、枋)承担，因而采用均匀分布的质点单元模拟屋顶质量。

(3) 柱子受到墙体嵌固，而且柱底与柱顶石之间的摩擦系数约为 0.5，在 8 度多遇地震作用下一般不会产生滑移[12,13]，因而柱础约束条件考虑为铰接。

(4) 根据 3.1.2 节，建立太和殿墙体与柱接触对。需要说明的是，根据古建筑施工工艺，墙体砌筑到梁底时，并不采取与梁拉结措施，仅采用低标号灰浆将其间细缝填实，因而不考虑墙体与梁底之间的接触关系。

采用 MATRIX27 单元模拟榫卯节点及斗拱，其余构件的模拟方法与 3.1.3 节相同。在此基础上，建立太和殿有限元模型，如图 3-4-2 所示。太和殿墙体与柱之间的接触对分布如图 3-4-3 所示，分布图中含接触对 1327 组。

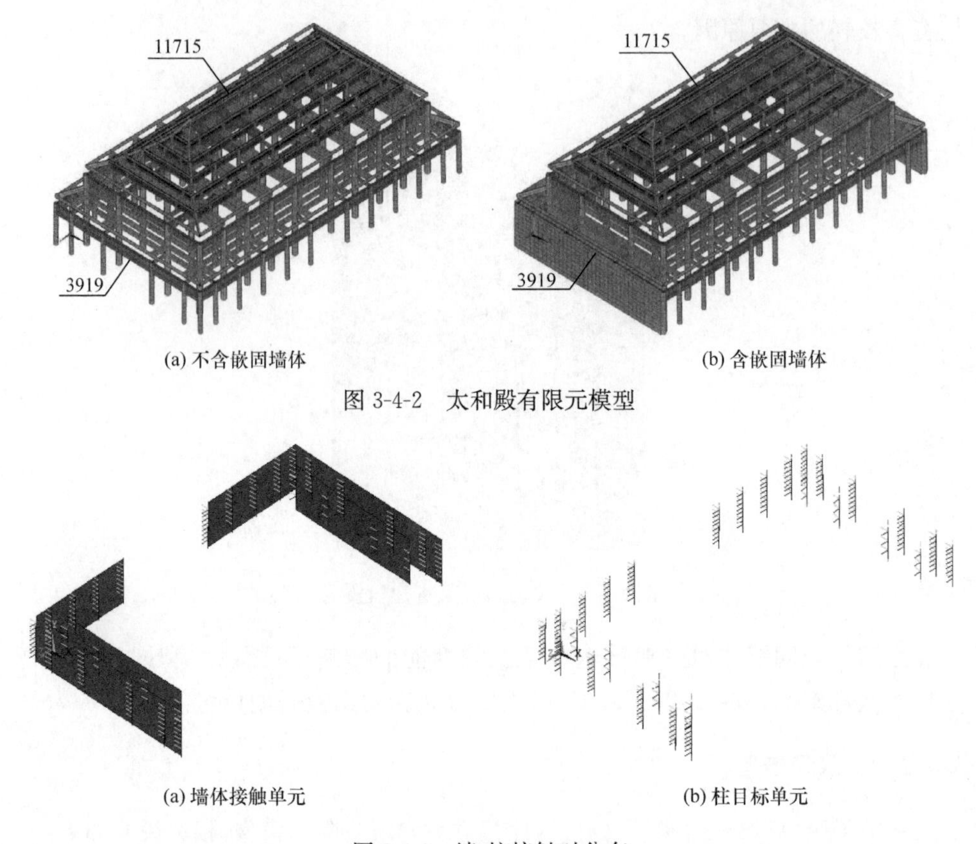

(a) 不含嵌固墙体　　(b) 含嵌固墙体

图 3-4-2　太和殿有限元模型

(a) 墙体接触单元　　(b) 柱目标单元

图 3-4-3　墙-柱接触对分布

3.4.2　模态分析

对太和殿模型进行模态分析，获得不同条件下模型的前 10 阶频率及模态系数见表 3-4-1 和表 3-4-2，主振型如图 3-4-4 所示。本例中，x 为水平横向，y 为竖向，z 为水平纵向。

表 3-4-1　故宫太和殿模态分析结果（不考虑墙体）

阶数	频率/Hz	模态系数			阶数	频率/Hz	模态系数		
		x 向	y 向	z 向			x 向	y 向	z 向
1	0.70	0.18	0	1.00	6	2.50	0.04	0	0.02
2	0.71	1.00	0	0	7	3.38	0	0	0.02
3	0.80	0.60	0	0.03	8	3.56	0	0	0.04
4	1.33	0.16	0	0	9	3.89	0.01	0	0.03
5	1.67	0.01	0	0.01	10	4.31	0.03	0	0

表 3-4-2　故宫太和殿模态分析结果(考虑墙体)

阶数	频率/Hz	模态系数			阶数	频率/Hz	模态系数		
		x 向	y 向	z 向			x 向	y 向	z 向
1	0.90	0.23	0.50	1.00	6	3.06	0.04	0.01	0.01
2	1.58	1.00	1.00	0.03	7	3.24	0	0.01	0.02
3	2.04	0.05	0.04	0.38	8	3.45	0.02	0.04	0.05
4	2.39	0.05	0	0.19	9	3.75	0.02	0	0.05
5	2.73	0.07	0.02	0.03	10	3.85	0.06	0.01	0.04

由表 3-4-1 和表 3-4-2 可知:①考虑嵌固墙体后,太和殿模型基频明显增大,这主要是因为模型刚度增大。②不考虑墙体嵌固作用时,模型在 y 向的模态系数为 0;而考虑嵌固墙体后,模型在 y 向的模态系数为一定值。计算结果显示,考虑嵌固墙体后,太和殿结构在 x、y、z 向主振型的有效参与质量比为 0.21∶0.01∶1,即参与竖向振动的结构质量几乎为 0。但考虑嵌固墙体后模型在竖向的振动相对而言更明显。③无论考虑嵌固墙体与否,模型的主振型集中在前两阶,表现为第 1 振型的纵向振动及第 2 振型的横向振动。

结合表 3-4-1 和表 3-4-2 及图 3-4-4 可知:①无论考虑嵌固墙体与否,模型的主振型表现为平动为主,而且在 x、z 向的关联很小;②未考虑墙体嵌固作用时,模型的主振型表现为木构架的整体侧移;而考虑墙体后,由于模型在山面及背面有墙体嵌固木柱,造成上述位置的木柱并无明显振动,即墙体对木构架振动具有约束作用。

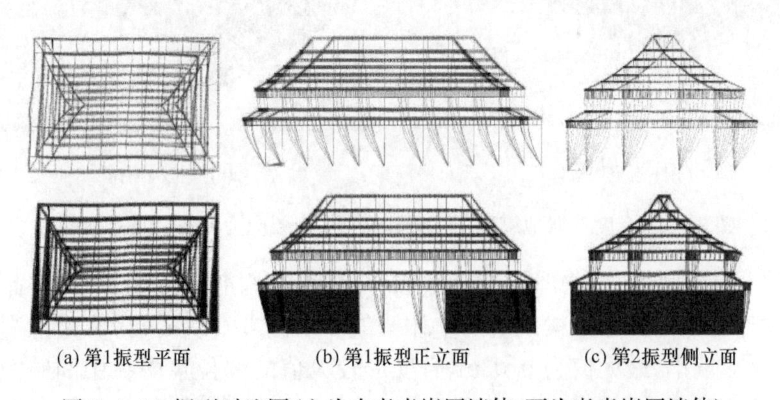

(a) 第1振型平面　(b) 第1振型正立面　(c) 第2振型侧立面

图 3-4-4　振型对比图(上为未考虑嵌固墙体,下为考虑嵌固墙体)

3.4.3　响应谱分析

采用响应谱分析方法研究常遇地震作用下墙体对木构架整体抗震性能的影

响。假设结构阻尼比 $\xi=0.05$，根据《建筑抗震设计规范》(GB 50011—2010)的相关规定计算地震影响系数 $\alpha(\omega,\xi)$。各参数取值为：地震影响系数最大值 $\alpha_{max}=0.16$；考虑故宫所处场地类别为Ⅱ类，设计地震分组为第一组，特征周期 $T_g=0.35s$；阻尼调整系数 $\eta_2=1$；曲线下降段的衰减指数 $\gamma=0.9$；直线下降段斜率调整系数 $\eta_1=0.02$。

对模型施加 8 度常遇烈度的水平双向单点响应谱，采用 SRSS 法合并模态，获得太和殿变形及 von Mises 应力分布结果如图 3-4-5 和图 3-4-6 所示。

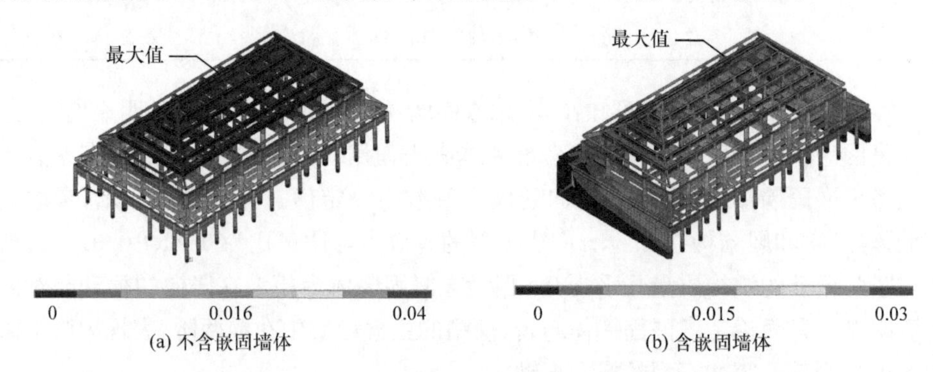

图 3-4-5　8 度常遇地震作用下结构变形分布(单位：m)

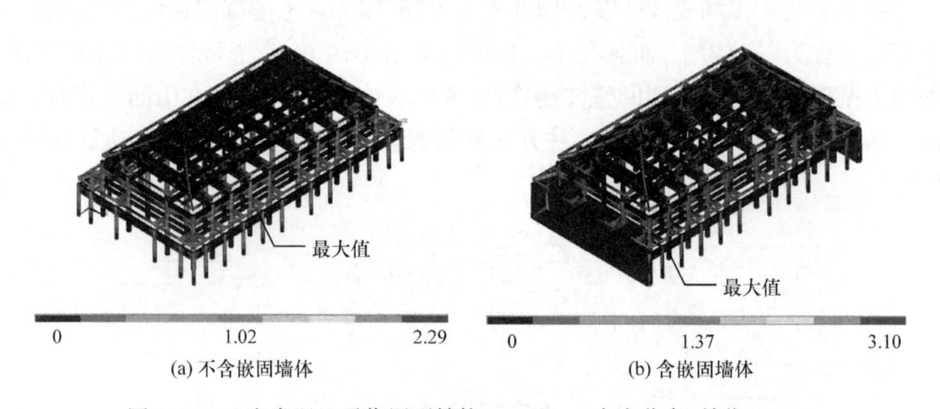

图 3-4-6　8 度常遇地震作用下结构 von Mises 应力分布(单位：MPa)

由图 3-4-5(a)可知，未考虑墙体嵌固作用时，结构变形值为 0.04m，而且产生大变形的部位为结构七架梁以上的整体梁架。由图 3-4-5(b)可知，考虑嵌固墙体时，结构变形偏小，最大值为 0.03m，且变形较大值的部位集中在中间跨的明间梁架位置，该位置不易引起结构侧向失稳。这说明墙体对木构架的侧向变形有一定的约束作用，使得地震作用下，结构变形值相对减小，而且最大变形部位分布区域减小，分布位置对结构稳定有利，因而减小结构倾覆的隐患。

由图 3-4-6 可知，考虑嵌固墙体影响后，结构的 von Mises 应力分布的主要变化特征为：①应力峰值变大，由 2.29MPa 增至 3.10MPa，这使得结构产生受拉破坏的可能性增大。②应力分布发生变化，未考虑墙体时的木构架应力较大值主要分布在一层檐柱上部；考虑墙体作用后，结构应力较大值主要分布在一层檐柱上部、两山墙体与檐柱相交部位和脊瓜柱部位。

综上所述，考虑墙体嵌固作用后，地震作用下，结构因过大变形产生倒塌的风险减小，即结构偏于安全；但结构同时因强度不足产生较大范围开裂、拔榫等残损问题的可能性增大。

3.4.4　时程分析

采取时程分析法研究罕遇地震作用下墙体对太和殿结构整体抗震性能的影响。故宫所在地为8度抗震设防，所处场地类别为Ⅱ类，设计地震分组为第一组，并且太和殿属甲类建筑，综合上述因素，选取水平双向（x、z 向，x 为横向，z 为纵向）天津波作用于太和殿，时间间隔 0.02s，持时 30s，x 向的加速度峰值 PGA＝$0.4g$，x、z 向加速度峰值比为 1∶0.85。在进行弹性地震响应分析时，选取明间屋脊部位某节点（编号：11715）及西山墙某节点（编号：3919），以研究墙体对结构位移及加速度响应的影响。

1. 位移

11715 号节点及 3919 号节点的位移响应曲线如图 3-4-7 所示，其中 N 表示不考虑嵌固墙体，Y 表示考虑嵌固墙体，下同。可以看出：①无论是否考虑嵌固墙体，两个节点位移响应曲线均表现为以平衡位置为中心的振动，反映了结构保持稳定的振动状态。②考虑嵌固墙体作用后，两个节点的位移响应峰值均有所减小，且 3919 号节点在 x 向的位移表现尤为明显。这反映墙体对木构架侧移有限制作用，尤其在木构架与墙体相交位置，位移明显减小。考虑嵌固墙体后，11715 号节点在水平双向的位移响应峰值降低一半以上，减小了木构架产生失稳倾覆的危险。

2. 加速度

节点的加速度响应与其所受内力密切相关。天津波作用下，11715 号节点及 3919 号节点的加速度响应曲线如图 3-4-8 所示。曲线表明：①不考虑嵌固墙体的木构架加速度响应放大不明显，这在一定程度上可反映榫卯节点和斗拱的减震作用。②考虑墙体嵌固作用后，两个节点的加速度响应峰值均增大一倍左右，这反映木构架因墙体作用而造成内力变大。对于屋顶而言，地震作用下屋顶部位产生破坏的可能性较大，具体可表现为瓦件脱落、椽子和望板开裂等症状；对于墙体而言，墙体因内力过大很可能产生开裂或倒塌；但对结构整体而言，由于结构变形明显减小，因而产生倾覆可能性变小，这与古建筑震害的实际情况吻合[14]。

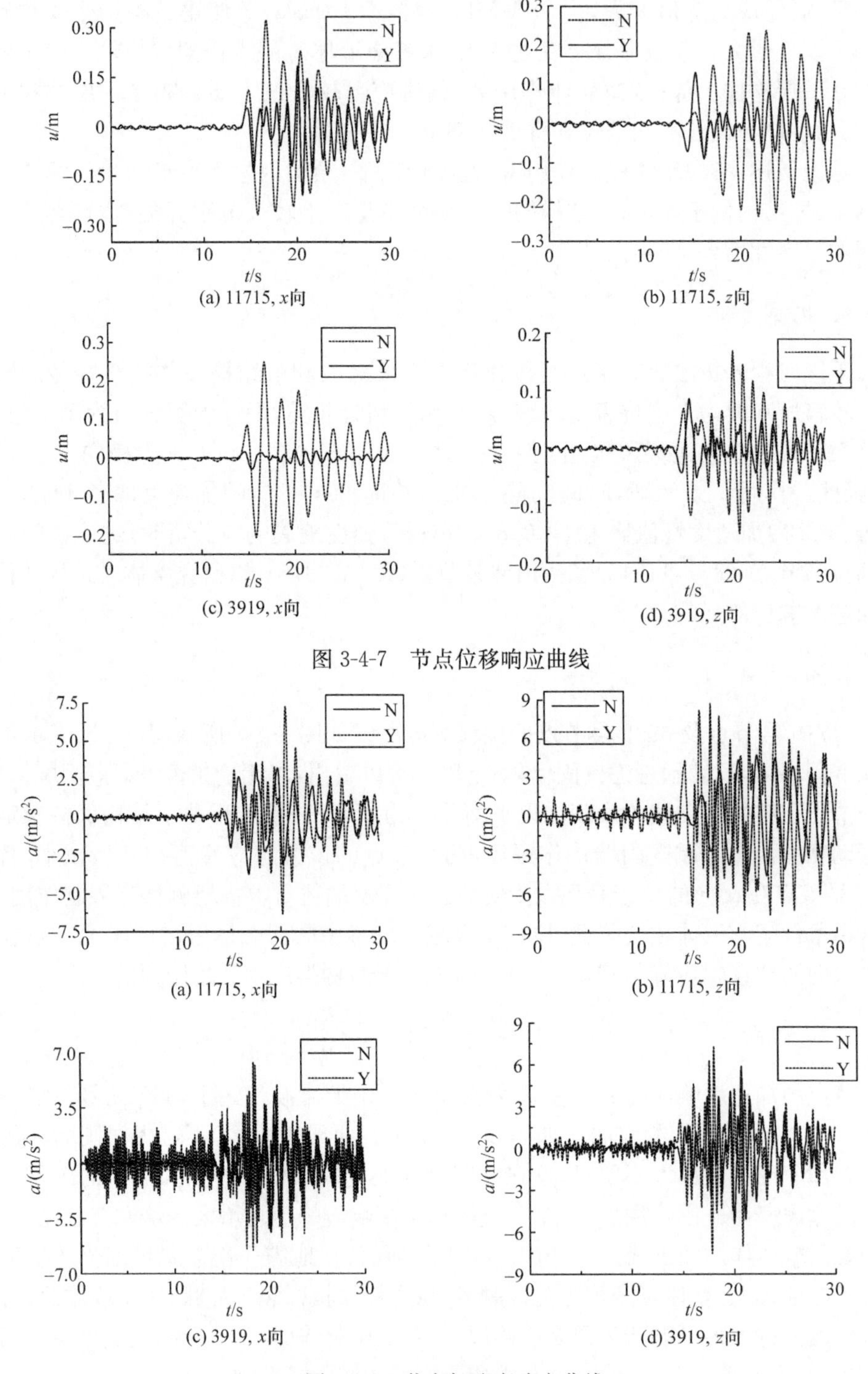

图 3-4-7　节点位移响应曲线

图 3-4-8　节点加速度响应曲线

3.4.5　结论

(1) 考虑嵌固墙体后,太和殿结构基频明显增大,且由于墙体约束作用,模型在墙体位置的振动不明显。

(2) 地震作用下,考虑嵌固墙体的太和殿结构内力偏大,但位移减小,有利于避免木构架在罕遇地震作用下产生倾覆。

参考文献

[1] Fang D P, Iwasaki S, Yu M H. Ancient Chinese timber architecture—Ⅰ: Experimental study [J]. Journal of Structural Engineering, 2001, 127(11): 1348－1357.

[2] Fang D P, Iwasaki S, Yu M H. Ancient Chinese timber architecture—Ⅱ: Dynamic characters [J]. Journal of Structural Engineering, 2001, 127(11): 1358－1364.

[3] 谢启芳,赵鸿铁,薛建阳,等. 中国古建筑木结构榫卯节点加固的试验研究[J]. 土木工程学报, 2008, 41(1): 28－34.

[4] 周乾,闫维明,周锡元,等. 中国古建筑动力特性及地震反应[J]. 北京工业大学学报, 2010, 36(1): 13－17.

[5] 周乾,闫维明,周宏宇. 中国古建筑木结构随机地震响应分析[J]. 武汉理工大学学报, 2010, 32(9): 115－118.

[6] 高大峰,祝松涛,丁新建. 西安永宁门箭楼结构及抗震性能分析[J]. 山东大学学报(工学版), 2013, 42(2): 1－8.

[7] 周乾,闫维明,纪金豹. 含嵌固墙体古建筑木结构震害数值模拟研究[J]. 建筑结构, 2010, 40(1): 100－103.

[8] 周乾,闫维明,周锡元,等. 古建筑榫卯节点抗震性能试验[J]. 振动、测试与诊断, 2011, 31(6): 679－684.

[9] 周乾,闫维明,李振宝,等. 古建筑榫卯节点加固方法振动台试验研究[J]. 四川大学学报(工程科学版), 2011, 43(6): 70－78.

[10] 隋龑,薛建阳,赵鸿铁,等. 古建木构铺作层侧向刚度的试验研究[J]. 工程力学, 2010, 27(3): 74－78.

[11] 周乾,张学芹. 故宫太和殿西山挑檐檩结构现状分析[C]//郑欣淼,晋宏逵. 中国紫禁城学会论文集第六辑. 北京: 紫禁城出版社, 2011: 692－702.

[12] 姚侃,赵鸿铁. 木构古建筑柱与柱础的滑移摩擦隔震机理研究[J]. 工程力学, 2006, 23(8): 127－131.

[13] 周乾. 故宫神武门防震构造研究[J]. 工程抗震与加固改造, 2007, 29(6): 91－98.

[14] 周乾,闫维明,杨小森,等. 汶川地震导致的古建筑震害[J]. 文物保护与考古科学, 2010, 22(1): 37－45.

第4章　故宫太和殿榫卯节点力学性能与加固方法

本章主要包括以下三个方面内容：①古建筑榫卯节点力学性能研究现状。采用归纳统计和典型算例分析相结合的方法，研究我国古建筑木结构榫卯节点的力学性能与加固方法。基于相关文献对国内外已有成果进行了阐述，对研究现状进行了评价，同时对榫卯节点力学性能研究发展趋势进行了展望。②太和殿榫卯节点抗震加固方法拟静力试验研究。以太和殿某榫卯节点为对象，采用扒钉、CFRP布和钢构件3种材料加固古建筑木构架榫卯节点。通过人工加载方式，进行低周反复加载试验，对加载过程中榫卯节点的破坏现象进行观察，分析3种材料加固后榫卯节点力-变形滞回曲线、力-变形均值骨架曲线、耗能能力、刚度退化和延性的变化，对比了3种材料加固榫卯节点的抗震效果，并对3种材料在木构架加固工程中的应用提出了建议。③太和殿榫卯节点加固方法振动台试验研究。基于太和殿某榫卯节点的实际尺寸，制作了1∶8缩尺比例的木结构空间框架模型，其中梁和柱采用燕尾榫形式连接。分别考虑扒钉、钢构件和CFRP布加固榫卯节点，进行了振动台试验。通过白噪声激励，获得了构架加固前后的基频及阻尼比；通过输入不同加速度峰值的El-Centro波，获得了典型节点的位移响应、加速度响应及减震系数等抗震参数。

4.1　榫卯节点力学性能研究现状

我国的古建筑以木结构为主，具有悠久的建筑历史和文化。从构造上讲，我国的古建筑主要由基础、柱子、斗拱、梁架、屋顶等部分组成，如图4-1-1所示。千百年来，它们历经了各种地震灾害而保持完好，体现了一定的抗震能力。

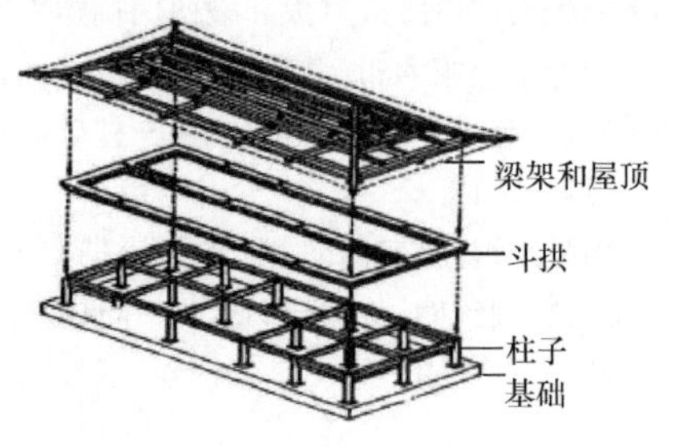

图4-1-1　典型的中国古建筑

我国古建筑的一个重要特征是梁和柱采用榫卯连接形式，即梁端做成榫头形式，插入柱头预留的卯口中，形成一种特殊的连接体系。根据文献[1]提供的资料，古建筑的榫卯连接形式有很多种，如在柱根、童柱、瓜柱或柁墩与梁架相交处使用管脚榫；柱头与梁头相交部位使用馒头榫；大额枋、顺梁、金枋、脊枋、承椽枋、花台枋等梁系构件与柱相交部位使用燕尾榫；山面、檐面额枋处使用箍头榫，以及透榫、半榫、十字卡腰榫、十字刻半榫等。

4.1.1　研究现状

赵鸿铁、薛建阳、高大峰、谢启芳等学者开展了如下研究[2~13]：

(1) 分析了《营造法式》中榫卯连接构造，初步论述了节点受力机理，即节点的抗弯能力与变形发展有关；在梁与柱之间产生一定的相对转角后，榫卯挤紧，节点才有抗弯刚度；榫卯节点不是一般意义上的刚性节点，而是呈弹性性质。

(2) 采取有限元分析方法，研究了燕尾榫节点在弯曲荷载作用下的不同破坏类型，总结出榫卯节点在受弯荷载作用下的几种破坏形式：卯口沿横纹弯、剪破坏；榫头挤压破坏；榫头剪切破坏；榫颈局部纤维弯断；卯口撕裂破坏等。

(3) 对 1∶3.52 缩尺比例的二等材木构架平面框架模型进行了低周水平反复荷载试验，包括 3 组未加固构架试验、2 组扁钢加固构架试验及 2 组 CFRP 加固构架试验，上述构架的榫卯节点类型为燕尾榫。其中，CFRP 加固榫卯节点立面如图 4-1-2(a)所示，具体做法为：在榫卯节点的额枋上下边缘处分别贴一层宽 40mmU 型 CFRP 布，CFRP 布在梁上的锚固长度为 300mm，在梁端和距梁端 150mm 处分别设置宽 40mm 的 CFRP 环形箍一道；扁钢加固榫卯节点立面如图 4-1-2(b)所示，具体做法为：用 U 型扁钢包裹梁柱节点位置，再用木螺丝固定 U 型扁钢。通过试验获得了上述不同条件下的榫卯节点的 M-θ 及构架的 p-Δ 曲线，并推导了相应的经验公式，得出了构架侧移刚度及节点转动刚度的比较值：扁钢加固构架＞CFRP 加固构架＞未加固构架。

(4) 按《营造法式》规定做法，采用 1∶3.52 的缩尺比例制作透榫(直榫)试验模型，通过透榫节点柱架模型的低周反复荷载试验，得出透榫节点的弯矩-转角滞回曲线、骨架曲线、节点恢复力模型；根据试验数据分析了透榫节点的半刚性连接特性和刚度退化规律。

(5) 以西安城永宁门箭楼为研究对象，通过对 3 个带雀替木构架模型在低周水平反复荷载作用下的试验研究，分析了半榫榫卯节点的受力变形特征及其破坏形式，得到了相应的弯矩-转角滞回曲线、骨架曲线、节点特征参数和恢复力模型，确定了半刚性榫卯节点的延性系数范围为 1.58～3.99。

(6) 制作了 7 个缩尺比例为 1∶4.8 的单向直榫榫卯节点模型，包括 1 个完好节点模型、3 个人工模拟榫头真菌腐朽的残损节点模型和 3 个人工模拟榫头虫蛀

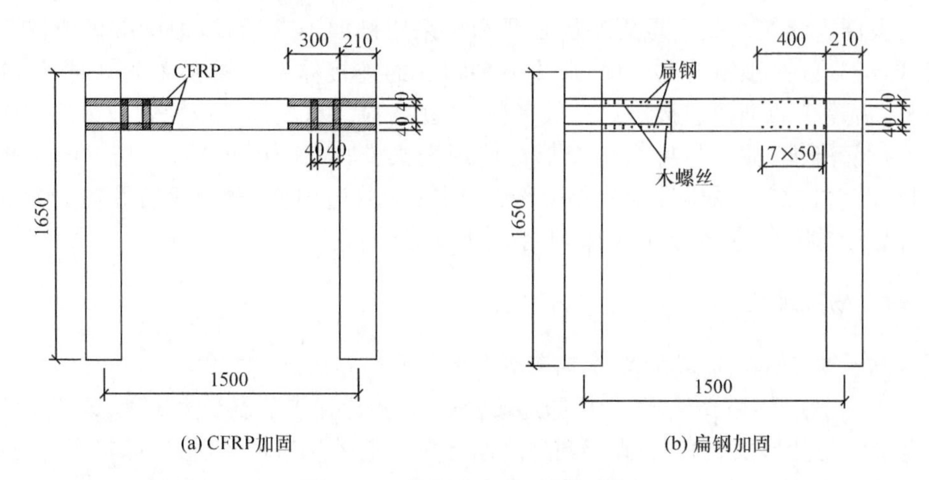

(a) CFRP加固　　(b) 扁钢加固

图 4-1-2　榫卯节点平面框架加固

的残损节点模型。通过低周反复加载试验对单向直榫榫卯节点的抗震性能进行了研究。认为残损节点的转动弯矩、刚度和耗能能力明显低于完好节点，并且随着残损程度增加逐渐降低。

张纹韶、陈启仁等采用试验方法，研究了不同形式榫卯节点的破坏模式，总结出节点 M-θ 回归方程表达式，提出了榫卯节点安全评估方法和加固建议；利用应力波非破坏检测方法，建立一套判别台湾穿斗式古建筑榫卯节点类型的方法；利用72组足尺模型试验针对不同种类的穿斗式柱梁节点进行研究，以了解其在弯矩作用下的行为，研究了不同种类节点的破坏模式、初始滑移现象、初始刚度及 M-θ 曲线等，提出了不同种类节点的初始刚度及 M-θ 曲线预测式[14~17]。

匡磊从仿生学角度出发，对古建筑榫卯节点的减震原理进行了分析。应用有限元法将新型的变刚度单元加入空间杆单元中建立榫卯节点的力学模型；通过编程方法获得变刚度单元系数与杆端内力的关系曲线，依据系数的取值范围对榫卯节点的摩擦减震工作过程进行了详细分析和模拟，并提出了将这种机理应用于现代结构减震的设想[18]。

董益平[19]、竺润祥等[20]采用接触问题的相关理论对古建筑木结构直榫节点进行了分析，在基本假设范围内给出了接触边界条件，并从虚功原理出发推导了接触有限元方程。为实现接触问题的有限元求解，对求解方法进行了理论论证，就接触问题的虚杆全量型有限元解法作了说明，给出了计算框图。通过假设将直榫刚度简化为抗压刚度 k_1 及抗扭刚度 k_2。在理论分析的基础上，以保国寺大殿为例进行了直榫连接计算及结构静力计算，采用接触问题的有限元求解方法，获得了直榫及透榫的 k_1 及 k_2 值，利用相应的计算结果，分析了大殿结构整体北倾的原因，结果表明，某立柱腐蚀失效是导致大殿整体北倾的主要原因。

杨艳华等、王俊鑫等通过对考虑燕尾榫卯连接的十字形模型节点进行单向荷载试验，获得了榫卯节点弯矩与转角之间的关系，并发现试验结果的误差主要表现为榫头、卯口及替木的影响。基于试验结果，建立了考虑替木及卯口影响的燕尾榫 M-θ 四参数幂函数模型，即

$$M=\frac{\gamma E_0(I/l)\theta}{[1+(\theta/\theta_u)^n]^{1/n}} \tag{4-1-1}$$

式中，M 为节点弯矩；γ 为卯口影响系数；E_0 为虚拟初始弹性模量；I 为榫头颈部转动惯性矩；l 为榫头长度；θ 为节点转角；θ_u 为参考塑性转角，$\theta_u=M_u/R_{ki}$，M_u 为节点极限弯矩，R_{ki} 为节点初始刚度；n 为形状系数。

基于矩阵位移法，利用势能原理推导了榫卯节点单元的刚度矩阵。利用 MATLAB 软件编制程序，以云南省村镇民居为例，对平面木构架进行了考虑榫卯半刚性连接的静力分析，并与刚性节点计算结果进行比较，得出了考虑榫卯连接的结构具有更大层间位移值的结论[21,22]。

李鹏和 Yang 等主要采用理论分析的方法，研究了藏式古建筑木结构节点的力学特性：对藏式古建筑梁柱节点与传统古建筑梁柱节点构造进行了对比分析，认为藏式古建筑梁柱节点并非采用较复杂的榫卯连接，而是将不同构件进行层层叠压，并用木销定位连接；以一种广泛应用的藏式节点为研究对象，建立有限元模型进行静力分析，讨论节点的破坏特征，认为当柱顶集中荷载一定，梁上均布荷载较小时，节点各构件中以木销和垫木应力水平最高；当荷载增大时，最易发生的是木销的剪切破坏和垫木的横纹受压破坏；讨论了暗销、弓木及节点偏心对节点受力的影响，认为暗销可提高构件的相对滑移承载极限力，弓木可提高梁的抗弯和抗剪承载力，节点歪闪改变了柱头应力分布，增大了垫木横纹受压破坏的可能性；引入了空间两个节点弹簧单元模拟藏式建筑的梁柱节点，通过对某藏式建筑进行模态分析，讨论了空间弹簧单元转动刚度 k_1 及竖向拉压刚度 k_2 变化对结构自振特性的影响，得出了 k_1 对结构自振特性影响小而 k_2 影响敏感的结论[23,24]。

常婧雅、Sui 等在分析应县木塔残损状况时，探讨了榫卯节点的力学特性，建立了便于分析计算的榫卯有限元模型，利用 MSC 有限元分析软件得到数值计算结果，与十字形试验结果模型相对比，采用响应面方法和优化迭代方法通过 MATLAB 和 C++语言编程，得到了榫卯半刚性单元的参数值，进而对改进的应县木塔模型进行静力学分析[25,26]。

廖伟发对台湾古建筑中直榫的加固方法进行了研究，基于可逆性即所有的加固装置可灵活拆装的加固原则，采用试验手段，分别考虑插销加固法[采用一根插销加固榫卯节点，如图 4-1-3(a)所示]、围箍加固法[采用藤箍和钢索箍住榫卯节点，如图 4-1-3(b)所示]及螺栓加固法[采用螺栓、矩形垫片及铁块加固节点，如图 4-1-3(c)所示]加固榫卯节点。研究表明，采用插销加固法时，用 1 根插销比用

两三根插销更能提高节点抗弯承载力;采用钢索箍加固节点比藤箍效果好;采用螺栓加固法时,一般的垫片和螺帽均能造成木材承压变形,使螺栓无法发挥抗拉能力,而研究中提出的锥形垫片和锥形铁块可改善木材局部沉陷的现象[27]。

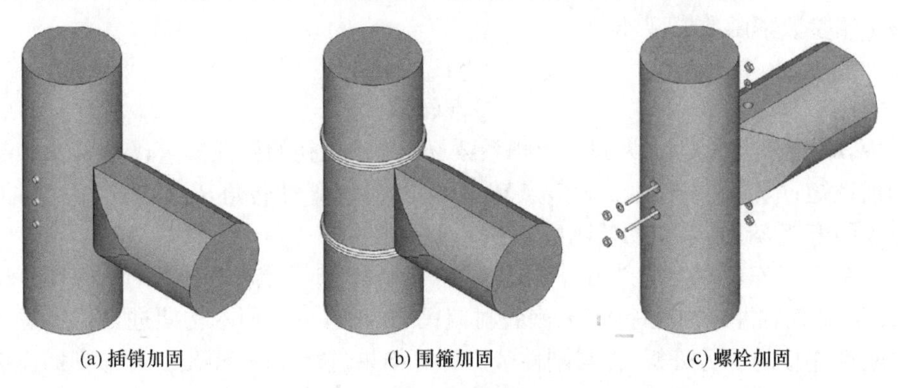

图 4-1-3 直榫的加固方法[27]

李佳韦以半榫、透榫和燕尾榫为对象,研究了榫卯节点的受力机理及榫头形式、榫长、残余强度等对榫卯节点力学性能的影响。通过单侧加载试验和水平低周反复加载试验获得了节点 M-θ 的滞回曲线及骨架曲线,并通过数据分析获得了 M-θ 回归方程;通过对比不同榫卯节点的最大转动刚度及弯矩值,得出如下结论:对于同一种榫卯节点,榫头越长其抗弯承载力越强;节点抗弯强度:透榫>燕尾榫>半榫;节点残余强度顺序为透榫>燕尾榫>半榫[28]。

陈敬文通过试验与 ANSYS 模拟相结合的方法,研究了台湾传统穿斗式木构架榫卯节点的力学特性,详细地分析了榫卯节点的破坏模式和破坏部位,提出了一些建议。他们发现榫卯节点的紧密程度明显影响节点抗弯刚度以及初始滑移状态,但不影响最大外加荷载,并且弹性阶段应力与位移的比值趋向定值;当应力强度在弹性限度内时,节点强度及刚度没有明显损失,应力集中之处是结构破坏位置;节点破坏时,一般先由梁底部与柱相邻位置产生部分压溃,再从梁上端受拉部分开始破坏[29]。

淳庆等对针对江浙地区抬梁和穿斗木构体系中馒头榫、透榫、半榫及瓜柱柱脚直榫四种典型榫卯节点,通过试验研究其在低周反复荷载作用下的破坏模式、滞回曲线、骨架曲线、转角刚度、延性系数及耗能能力[30,31]。

King 采取理论分析与静力试验相结合的方法,讨论了我国古建筑榫卯节点的半刚性特征[32]。

Stephen 等研究了一种内嵌钢棒的木节点抗张拉连接方法,通过破坏试验及理论分析,认为这种木节点连接可以替代螺栓连接并具有良好的耗能性能[33];William 等研究了不同形式榫卯节点的受力性能[34];Sandberg 等基于 72 组双剪破坏试验，研究了木插销插入榫卯节点后的刚度和强度，讨论了不同木材材质对节点力学性能的影响[35]；Parisi 等研究了欧式古建筑木结构梁柱节点的力学性能及影响因素[36]；Church 等讨论了木材暗榫连接的承载力[37]；Smith 等对不同国家的木结构节点设计原则提出统一化的建议[38]；Pang 等采用静力试验方法，研究了韩国古建筑榫卯节点中梁端护块对榫卯节点力学性能的影响[39]；Miller 等提出了木结构榫卯节点插入木销后的破坏模式，并进行了理论验证[40]；Judd 等讨论了榫头与卯口呈不同角度时的受力性能，认为榫头与卯口垂直条件下节点承载性能最好[41]；Ratnasingam 等采取试验方法，研究了不同材料制成家具时采用榫卯连接的节点的抗弯性能及破坏强度[42]；Hong 等采用数值模拟方法，研究了日本传统古建筑榫卯节点采用销钉加固后的承载性能[43]；Mougel 等采取试验方法讨论预装配榫卯节点形式的承载性能，认为这种节点形式具有较好的承载力[44]；Fargette 等研究了榫卯节点的表面应变，并讨论了榫头和卯口接触范围对其承载能力的影响[45]；Ying 等采用理论和试验相结合的方法，讨论了木结构半刚性节点的抗震性能，获得了节点弯矩-转角的恢复力模型参数[46]。

4.1.2　现状分析

1. 研究成果

基于对国内外研究现状的归纳分析，目前关于木结构榫卯节点力学性能研究的主要成果表现在以下几个方面：

(1) 榫卯节点力学性能理论研究。基于理论分析、程序编写、数值模拟等方法，主要对我国古建筑传统直榫和燕尾榫节点的力学性能开展了相关研究，分析了榫卯节点的受力机制、破坏模式、抗震机理等力学行为，建立了典型榫卯节点弯矩-转角的力学参数模型，提出了用于结构分析的榫卯节点刚度矩阵，编写了适用于榫卯节点力学分析的程序，分析了榫头形式、榫长、残余强度等对榫卯节点力学性能的影响。上述研究实现了对榫卯节点力学性能的初步探讨。

(2) 榫卯节点加固方法研究。基于低周反复加载试验及振动台试验手段，对榫卯节点的加固方法进行了研究。通过试验，客观评价了传统铁件加固技术应用于古建筑榫卯节点的优缺点，提出了改进建议；分析了插销加固、围箍加固、螺栓加固等技术应用于古建筑榫卯节点的加固效果；提出了采用新型材料如 CFRP 加固榫卯节点的技术思路并进行了初步论证。上述研究将有利于榫卯节点加固技术的提高。

(3) 榫卯节点力学分析工程应用。基于有限元分析方法，建立了考虑榫卯节点刚度参数的古建筑力学模型，对古建筑的健康状况、震害症状、抗震性能或加固效果进行了分析评估，实现了理论研究与工程应用相结合，提高了古建筑的保护水平。

2. 研究不足

现有的榫卯节点力学性能研究虽然取得了一定成果，但也存在不足之处，表现在以下几个方面：

(1) 理论研究深度有限。榫卯节点受力过程极其复杂，再加上木材材料的各向异性，因而榫头与卯口在不同受力状态时内力和变形都将产生复杂的变化，然而现有的理论成果仅限于对榫卯节点进行基本的理论分析或数值模拟，缺乏详细地分析论证与公式推导；从试验方面看，目前关于榫卯节点加固技术的试验仅限于试验论证而缺乏理论分析；从工程分析看，现有的古建筑榫卯节点刚度矩阵均假设节点在各个方向上力学性能一致，且刚度取值为常数，这与榫卯节点的实际力学状态不一致，分析结果有一定的偏差。

(2) 研究对象范围片面。我国古建筑榫卯节点形式多达十几种，其受力性能不完全相同，采取的加固技术也各异。然而现有的研究主要以典型的直榫和燕尾榫节点为主，在进行理论分析时往往仅研究直榫和燕尾榫的力学行为，采取的加固技术往往以这两种榫卯节点为主，在进行古建筑实际工程分析时，所假设的榫卯节点刚度参数也仅代表上述两种榫卯节点，与实际情况严重不符，因而分析的结果偏差较大，采取的加固技术也无法得到正确评估。

(3) 新材料、新技术应用的局限性。从工程应用看，目前榫卯节点的加固技术仍以传统的铁件加固技术为主，新技术应用少，新型加固材料如 CFRP 也未见广泛应用。由此可知，现有的古建筑榫卯节点加固技术虽然在试验上取得了一定的成果，然而离工程实际推广尚有一定距离，需要不断进行调整和改进。

3. 研究展望

随着科技发展及研究的深入，榫卯节点的力学性能研究发展趋势如下：

(1) 工程分析的有效化。基于理论及试验成果确定不同形式榫卯节点的力学参数，在进行古建筑力学性能分析时，建立的有限元模型将与古建筑实际情况更加接近，分析的结果将更加准确，采取相应的措施将更加合理，从而实现工程分析的有效化。

(2) 研究内容的全面化。研究内容不仅包括传统的直榫和燕尾榫，对其他榫卯节点形式如管脚榫、箍头榫等的力学研究也将深入。对不同榫卯节点的受力机理、破坏形式及加固方法的理论分析将更加深入，且详细的推导论证与榫卯节点的实际状况相结合，理论分析与试验论证相结合，从而实现榫卯节点力学性能研究的全面化。

(3) 新材料、新技术应用的广泛化。随着榫卯节点加固技术的不断深入研究，新型加固材料的出现，使得现有的加固技术不断得到改进和提高。新材料、新技术不仅能有效提高榫卯节点的受力性能，而且对节点本身不产生破坏作用，加固后的榫卯节点在强度、外观、耐用等各方面均能满足要求。在经过广泛的理论和试验基础上，这些新材料、新技术将不断推广，从而实现应用的广泛化。

4.1.3　结论

本节采用归纳统计与算例分析相结合的方法，研究了我国古建筑木结构榫卯节点的力学性能研究现状，分析了研究不足，展望了研究前景。结果表明，我国古建筑榫卯节点力学性能的研究在理论、试验及工程应用方面获得了不断深入和发展。随着研究的进一步深入，我国古建筑榫卯节点力学性能的研究将更加全面及具体化，工程分析将更加合理、可靠化，新型榫卯节点的加固技术及材料不断得到推广，从而实现我国古建筑保护的高效化和科学化。

参考文献

[1] 马炳坚. 中国古建筑木作营造技术[M]. 2 版. 北京：科学出版社，2003.
[2] 高大峰，赵鸿铁，薛建阳，等. 中国古建木构架在水平反复荷载作用下的试验研究[J]. 西安建筑科技大学学报（自然科学版），2002，34(4)：317－324.
[3] 高大峰，赵鸿铁，薛建阳，等. 中国古建木构架在水平反复荷载作用下变形及内力特征[J]. 世界地震工程，2003，19(1)：9－14.
[4] 葛鸿鹏. 中国古代木结构建筑榫卯加固抗震试验研究[D]. 西安：西安建筑科技大学，2004.
[5] 姚侃，赵鸿铁，葛鸿鹏. 古建木结构榫卯连接特性的试验研究[J]. 工程力学，2006，23(10)：168－173.
[6] 罗勇. 古建木结构建筑榫卯及构架力学性能与抗震研究[D]. 西安：西安建筑科技大学，2006.
[7] 高大峰，赵鸿铁，薛建阳. 木结构古建筑中斗拱与榫卯节点的抗震性能[J]. 自然灾害学报，2008，17(2)：58－64.
[8] 谢启芳，赵鸿铁，薛建阳，等. 中国古建筑木结构榫卯节点加固的试验研究[J]. 土木工程学报，2008，41(1)：28－34.
[9] 李琪. 古建筑木结构榫卯及木构架力学性能与抗震研究[D]. 西安：西安建筑科技大学，2008.
[10] 于业栓，薛建阳，赵鸿铁. 碳纤维布及扁钢加固古建筑榫卯节点抗震性能试验研究[J]. 世界地震工程，2008，24(3)：112－117.
[11] 赵鸿铁，张海彦，薛建阳. 古建筑燕尾榫节点刚度分析[J]. 西安建筑科技大学学报，2009，41(4)：450－454.
[12] 高大峰，邓红仙，刘静，等. 明清木结构榫卯节点拟静力试验研究[J]. 世界地震工程，2014，30(4)：8－16.
[13] 谢启芳，郑培君，向伟，等. 残损古建筑木结构单向直榫榫卯节点抗震性能试验研究[J]. 建筑结构学报，2014，35(11)：143－150.

[14] Chang W S, Hsu M F, Komatsu K. Rotational performance of traditional Nuki joints with gap Ⅰ: Theory and verification[J]. Journal of Wood Science, 2006, 52(1): 58－62.

[15] Chang W S, Hsu M F. Rotational performance of traditional Nuki joints with gap Ⅱ: The behavior of butted Nuki joint and its comparison with continuous Nuki joint[J]. Journal of Wood Science, 2007, 53(5): 401－407.

[16] 张纹韶. 台湾传统穿斗式木接点旋转行为之研究[D]. 台南：成功大学，2006.

[17] 陈启仁，张纹韶. 认识现代木建筑[M]. 天津：天津大学出版社，2005.

[18] 匡磊. 中国古建筑木结构卯榫节点减震性能研究[D]. 济南：山东大学，2004.

[19] 董益平. 古建木构静力与梁柱连接计算[D]. 宁波：宁波大学，2001.

[20] 竺润祥，董益平，任茶仙. 榫卯连接的古木静力分析[J]. 工程力学，2003，(s)：435－438.

[21] 杨艳华，王俊鑫，徐彬. 古木建筑榫卯连接 M-θ 相关曲线模型研究. 昆明理工大学学报(理工版)，2009，34(1)：72－76.

[22] 王俊鑫. 榫卯连接木结构的静力与动力分析研究[D]. 昆明：昆明理工大学，2008.

[23] 李鹏. 藏式古建筑木构架梁柱节点力学机理研究[D]. 北京：北京交通大学，2009.

[24] Yang N, Li P, Law S S, et al. Experimental research on mechanical properties of timber in ancient Tibetan building[J]. Journal of Materials in Civil Engineering, 2012, 24(6): 635－643.

[25] 常婧雅. 应县木塔有限元模拟[D]. 北京：北京工业大学，2009.

[26] Sui Y K, Chang J Y, Ye H L. Numerical simulation of semi-rigid element in timber structure based on finite element method[M]//Computational Structural Engineering. New York: Springer, 2009: 643－652.

[27] 廖伟发. 台湾传统建筑直榫木接头补强之力学行为[D]. 台南：台北科技大学，2007.

[28] 李佳韦. 中国传统建筑直榫木接头力学行为研究[D]. 台南：台湾大学，2006.

[29] 陈敬文. 台湾传统穿斗式木构架接点力学行为及数值模拟分析研究[D]. 高雄：高雄大学，2008.

[30] Chun Q, Yue Z, Pan J W. Experimental study on seismic characters of typical mortise-tenon joints of Chinese southern traditional timber frame buildings[J]. Science China Technological Sciences, 2011, 54(9): 2404－2411.

[31] 淳庆，吕伟，王建国，等. 江浙地区抬梁和穿斗木构体系典型榫卯节点受力性能[J]. 东南大学学报(自然科学版)，2015，45(1)：151－158.

[32] King W S. Joint characteristics of traditional Chinese wooden frames[J]. Engineering Structures, 1996, 18(8): 635－644.

[33] Stephen F D, Black R G, Stephen A M. Parameter study of an internal timber tension connection[J]. Journal of Structural Engineering, 1996, 122(4): 446－452.

[34] William M B, Sandberg L B, Drewek M W, et al. Behavior and modeling of wood-pegged timber frames[J]. Journal of Structural Engineering, 1999, 125(1): 3－9.

[35] Sandberg L B, William M B, Elizabeth H R. Strengthened stiffness of oak pegs in traditional timber-frame joints[J]. Journal of Structural Engineering, 2000, 126(6): 717－723.

[36] Parisi M A, Piazza M. Mechanics of plain and retrofitted traditional timber connections[J]. Journal of Structural Engineering, 2000, 126(12): 1395－1403.
[37] Church J R, Tew B W. Characterization of bearing strength factors in pegged timber connections[J]. Journal of Structural Engineering, 1997, 123(3): 326－332.
[38] Smith I, Foliate G. Load and resistance factor design of timber joints: International practice and future direction[J]. Journal of Structural Engineering, 2002, 128(1): 48－59.
[39] Pang S J, Oh J K, Park J S, et al. Moment-carrying capacity of dovetailed mortise and tenon joints with or without beam shoulder[J]. Journal of Structural Engineering, 2011, 137(7): 785－789.
[40] Miller J F, Schmidt R J, Bulleit W M. New yield model for wood dowel connections[J]. Journal of Structural Engineering, 2010, 136(10): 1255－1261.
[41] Judd J P, Fonseca F S, Walker C R, et al. Tensile strength of varied-angle mortise and tenon connections in timber frames[J]. Journal of Structural Engineering, 2012, 138(5): 636－644.
[42] Ratnasingam J, Ioras F. Bending and fatigue strength of mortise and tenon furniture joints made from oil palm lumber[J]. European Journal of Wood and Wood Products, 2010, 69(4): 677－679.
[43] Hong J P, Barrett J D, Lam F. Three-dimensional finite element analysis of the Japanese traditional post-and-beam connection[J]. Journal of Wood Science, 2011, 57(2): 119－125.
[44] Mougel E, Segoviab C, Pizzi A, et al. Shrink-fitting and dowel welding in mortise and tenon structural wood joints[J]. Journal of Adhesion Science and Technology, 2011, 25(1-3): 213－221.
[45] Fargette B, Gilibert Y, Rimlinger L. Comparison between experimental and theoretical analysis of stress distribution in adhesively-bonded joints: Tenon and mortise joints and single-lap joints[J]. The Journal of Adhesion, 1996, 59(1-4): 159－170.
[46] Ying H C, Li Y T. Modeling timber moment connection under reversed cyclic loading[J]. Journal of Structural Engineering, 2005, 13(1): 1757－1763.

4.2　不同材料加固故宫太和殿榫卯节点抗震性能试验

我国的古建筑以木结构为主，其主要特征之一为榫卯节点形式的运用。地震作用下，一方面榫头与卯口相互摩擦挤压，耗散部分地震能量；另一方面榫头绕卯口转动过程中脱离卯口，产生拔榫。拔榫削弱了各构件之间的联系，对木结构整体稳定性带来不利影响，因此需要对榫卯节点进行加固，很多学者[1~8]对榫卯节点的力学性能及加固材料进行了研究。本节在已有研究成果的基础上，基于故宫太和殿某榫卯节点的相关尺寸，制作 1∶8 缩尺比例的榫卯连接空间框架模型，分别采用扒钉、CFRP 布和钢构件三种材料加固榫卯节点。通过人工加载方法，进行低周反复荷载试验，观察加载过程中榫卯节点的破坏现象，从节点和构架角度分析三种材料加固后榫卯节点的力-变形滞回曲线、力-变形均值骨架曲线、耗能能力、刚度退化及变形能力，研究三种材料加固榫卯节点后对其抗震性能的影响，以探讨不同加固材料的适用范围，从而为古建筑木结构抗震加固提供参考。

4.2.1 试验概况

1. 试验模型

参考故宫太和殿某开间实际尺寸及《清式营造则例》相关规定，模型选取抬梁式构架的承重檐柱和额枋制作，材料为东北红松，榫卯节点选定为承重构架常采用的燕尾榫节点形式。一般情况下，木构古建梁柱构件本身耗能能力不明显，木构架耗能能力主要通过梁柱之间节点的转动而产生[9]。太和殿为我国建筑规模最大的殿堂式古建筑，其柱高达12.32m，若模型尺寸过大，将造成模型安装、加载、数据测量等不便。为减小试验误差，采取1∶8缩尺比例模型。

所用木构件及试验模型尺寸如图4-2-1所示。图中，W1～W4，Wa～Wh代表位移计；Z1～Z8代表电阻应变片；节点位置分别标为A、B、C、D。

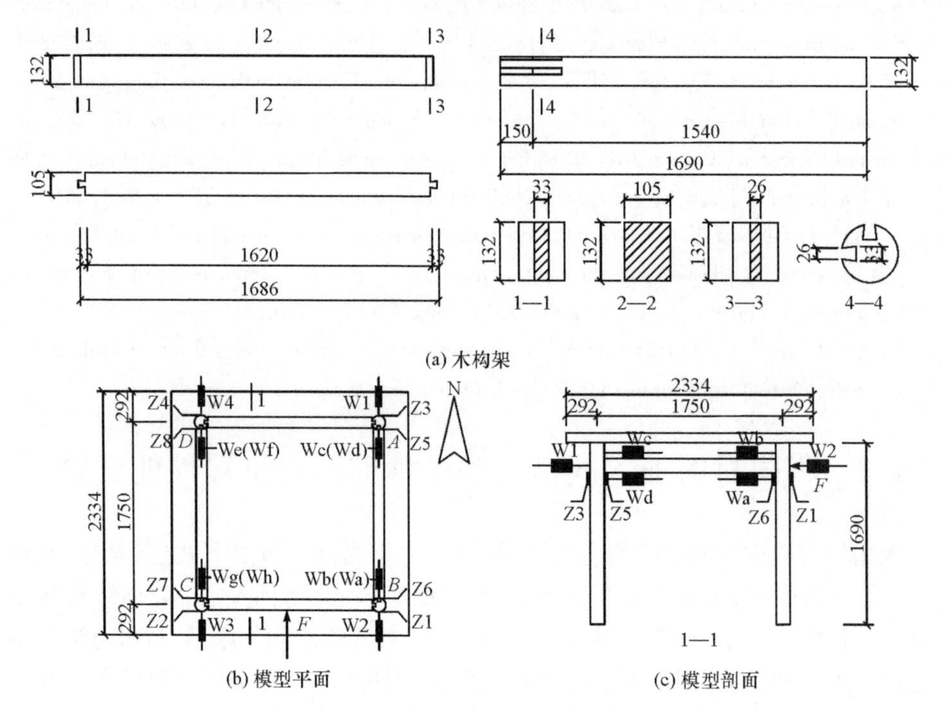

图4-2-1 木构件及试验模型尺寸

本章试验模型尺寸与文献[7]、[8]中缩尺比例的模型尺寸相近。因此，本章采取的缩尺比例可用于普通古建筑木构架榫卯节点抗震性能及加固材料的研究。

试验模型装置如图4-2-2(a)所示，其中屋顶板采用混凝土板模拟。根据对太和殿屋顶分层构造的勘查结果，求出对应部分屋顶的实际质量，按相似比计算得到混凝土板质量为 1.03t。屋顶板浮放在柱顶上。为增加屋顶与柱顶之间的摩擦力，屋顶板底部应尽量粗糙。为防止在试验过程中构架水平侧移过大导致屋顶板发生落架，试验前用吊车上的吊绳将屋顶板轻轻套住以保证试验安全。

以自制的加载装置[图 4-2-2(b)]进行加载。加载装置中的支座为单向铰支座(与加载方向相同)。

(a) 试验模型装置

(b) 加载装置

图 4-2-2　试验模型装置和加载装置

本试验采用三种材料加固榫卯节点：

(1) 扒钉。一般采用 $\phi 6 \sim 16$mm 的钢筋，将其两端做成直钩形式。将扒钉钉入榫卯节点位置，利用钢筋直钩部分的抗弯折力增加节点及木构架的强度和刚度。试验选取的扒钉长 150mm，直径 6mm，端部直钩长度为 50mm[图 4-2-3(a)]。加固位置为与加载方向平行的梁与柱的节点，如图 4-2-3(b)所示。

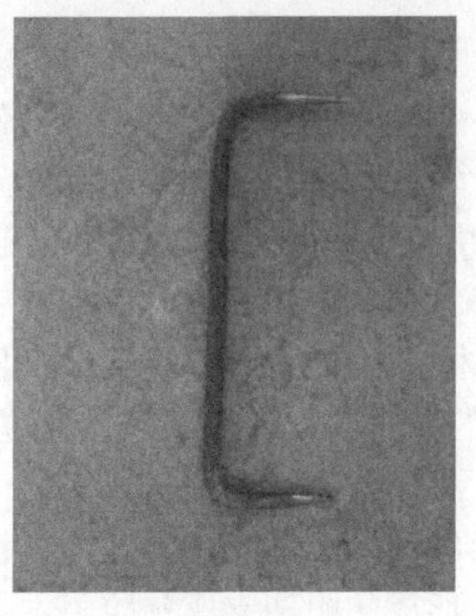

(a) 扒钉

(b) 加固部位

图 4-2-3　扒钉加固

(2) CFRP 布。利用 CFRP 布的良好抗拉性能,将 CFRP 布包裹在榫卯节点区域。当节点产生变形时,对 CFRP 布产生拉力,CFRP 布则对节点产生约束,抑制其变形,同时增加节点抗弯和抗剪承载力,减小其破坏。本试验所选 CFRP 布的厚度为 0.11mm,采取厂家提供的配套碳纤维胶进行粘贴。CFRP 布的弹性模量为 2.35×10^5MPa;抗拉强度为 2100MPa。碳纤维胶的剪切强度为 11MPa,黏结强度为 3.42MPa。

CFRP 布加固榫卯节点时,粘贴层数为 1 层,粘贴方式为:用 2 条宽 80mm 的 CFRP 布条对每个节点的梁部内外两侧进行包裹,包裹长度为从柱边缘外延 250mm;另外,为增强水平向 CFRP 布对节点的黏结约束力并防止 CFRP 布在低应力下产生剥离破坏,采用 6 根宽 50mm 的 CFRP 布条对节点两侧的梁进行竖向包裹,布条间距为 50mm。CFRP 布加固榫卯节点示意图如图 4-2-4 所示。

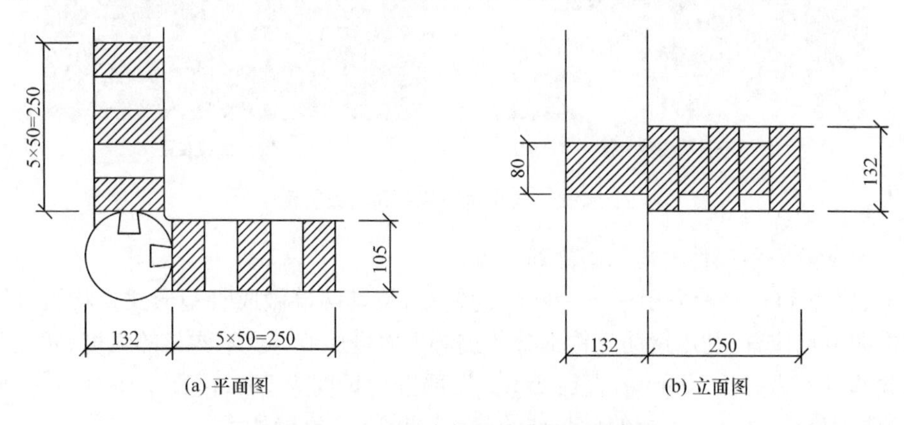

(a) 平面图 (b) 立面图

图 4-2-4 CFRP 布加固榫卯节点示意图

(3) 钢构件。根据我国古建筑木结构榫卯节点的特点,作者所在的课题组研究出一种用于加固榫卯节点的钢构件,如图 4-2-5(a)所示。钢构件所选钢材为 Q235 钢,厚度为 3mm,宽度为 50mm,包括一个用于套住、固定梁的组件 1 和一个用于套住、固定柱的组件 2。组件 1 与组件 2 由连接件固定连接,组件 1 包括钢箍及 1 对能对称扣合锁固在梁表面的扁钢卯与扁钢榫,组件 2 包括钢箍及 1 对能对称扣合锁固在柱表面的扁钢卯与扁钢榫。具体加固方法为:将组件 1 钢箍套在梁端,将组件 2 钢箍套在柱身,然后将 2 个钢箍的伸长部分置于梁端顶部位置,再用螺栓固定[10]。将钢构件榫头与卯口扣住,随后用螺栓穿过加固梁、柱的钢箍并用螺母拧紧,如图 4-2-5(b)所示。这种包裹形式的加固方法实际上利用了钢箍与木材表面的摩擦力抵抗部分拔榫力,同时钢箍梁形成的附加支座预防了木梁因拔榫过大而出现的局部失稳,因而适合于不同破坏程度榫卯节点的加固。该加固件可拆装且可通过调整螺母的拧紧程度控制摩擦力大小,具有拆装方便,保护木材等优点。

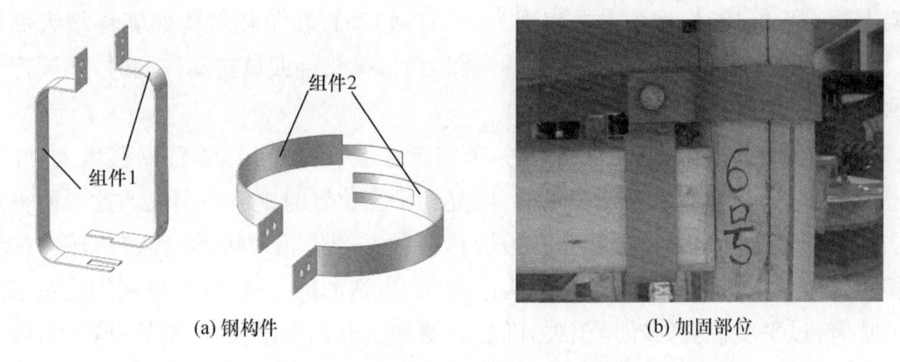

(a) 钢构件　　(b) 加固部位

图 4-2-5　钢构件加固榫卯节点示意图

2. 测量方案

为了获得木构架的水平侧移，在每根柱子的上侧沿受力方向布置了量程为±200mm 的位移计（W1～W4）。为了测定榫卯节点弯矩，在每根柱子的内外侧分别布置了电阻应变片（Z1～Z8），型号为 5×50，电阻值为（120±0.2）Ω，灵敏系数为（2.05±1.00）%。榫卯节点的弯矩计算公式为：$M=\pi R^3 E\varepsilon/4$，其中，R 为柱径；E 为红松纵向弹性模量，根据厂家提供的资料，$E=1.01\times10^{10}$ Pa；ε 为应变片读数。为了测定榫卯节点转角，在沿受力方向的 2 根梁的上下端部布置了 2 个量程为±100mm的位移计（Wa～Wh），通过上下位移计的读数获得节点转角。

3. 加载方案

木材柔性较大，做低周反复加载试验所需的外力较小，因此采用手动加载方式，通过自制的加载装置对木构架加载，而且测量外力所用的力传感器的吨位控制在 1t。为方便加载，柱头截面高出额枋 150mm。参考相关研究结果[9]，采用变幅位移控制的加载方式，加载的位移控制值为 0、±30mm、±60mm、±90mm、±120mm、±150mm，每级位移循环一次。

4.2.2　试验现象

试验一共进行了 9 组，其中未加固节点试验进行了 3 组，不同方法加固节点试验各进行了 2 组，而且加固试验是在未加固试验完成的基础上进行的。以图 4-2-1(b)中的节点 A 为侧重观察点，节点 A 及构架在试验过程中表现的现象如下：

(1) 节点拔榫。在加载过程中，构架被推时节点上端拔榫下端挤紧，被拉时下端拔榫上端挤紧，而且随着构架侧移值的增大，节点拔榫量也增大。由此可知，对构架进行水平推拉时，榫头主要表现为绕卯口转动且转角随着构架侧移增大而增大。当水平拔出力大于卯口对榫头的嵌固力时，榫头绕卯口转动的同时，还要产生拔榫。

（2）节点吱声。构架产生侧移时，节点部位会传来吱声，随着侧移增大，吱声变得很有节奏，且侧移越大吱声越响，恢复到平衡位置时则吱声消失。这说明榫和卯在构架侧移过程中由松弛状态开始滑移挤紧并产生相对转动，其转角随着构架侧移变化而变化。由于施加的荷载为南北向，当施加推力时，首先是南侧柱头节点发出吱声，过平衡位置时吱声消失，随后北侧柱头开始发出吱声，构架受拉时，吱声传播顺序则相反。这反映了构架推拉过程中不同部位节点转角并不完全相同，受推时南侧节点首先产生挤压咬合，受拉时北侧节点则首先产生咬合，在平衡位置时，榫卯节点转角恢复，因此没有吱声。

（3）外力变化。构架在加载初始阶段，所需外力增加迅速；当构架侧移越来越大时，所需外力却增长缓慢，当构架卸载到平衡位置附近时，似乎不用外力构架能自行恢复到平衡位置。这是因为构架侧移增大时，柱头上屋顶板产生的偏心矩逐渐增大，使得构架承载力相对减弱；而构架被恢复到平衡位置时，柱头上荷载产生的偏心矩逐渐减小为0，因而构架恢复力也增大，使得外力减小。

对于采取不同加固方法的节点，其试验现象又有如下不同之处：

（1）扒钉加固榫卯节点后，在加载初期阶段，所需的外力很小，这说明榫卯节点处于松弛阶段，扒钉未发挥对节点的约束作用。当水平侧移增大时，榫与卯之间相互挤紧，所需的外力也逐步增大；随着外力增大到一定值时，榫和卯开始产生转动和拔榫；此时，扒钉开始发挥对节点拔榫的约束作用，但对节点的转动不能起很好的控制作用，结果使得榫头以扒钉位置为轴心绕卯口转动。此外，由于榫头与卯口有一定的搭接长度，榫头以扒钉为轴心绕卯口转动时，榫头与卯口的相对转动受到限制；最后，当水平外力减小并恢复到0时，榫头绕卯口的转动角度减小且恢复到卯口内，造成的结果是加载后的榫卯节点与加载前的状态基本相同，即榫头仍表现为轻微拔榫，扒钉则自身产生轻度变形。

（2）CFRP布加固榫卯节点后，构架在侧移过程中，不仅有吱声，而且有劈裂声。根据判断，吱声为榫头和卯口咬合的声音，而劈裂声则为CFRP布脱胶及破坏的声音。在构架侧移较小时，榫头与卯口之间的转角很小，节点位置劈裂声轻微，反映了CFRP布在加载初期较好的加固作用。随着构架侧移增大，由于榫头与卯口之间的相对滑移作用，节点变形增大，节点劈裂声加剧，部分CFRP布产生脱胶或拉坏，吱声却没有加固前明显。这说明CFRP布已参与承担部分外力，实现了对榫卯节点的有效保护。另一方面，试验为人工加载，在加载过程中明显感觉使用外力增加，当构架侧移增大时，由于 CFRP 布对节点变形的约束作用，使构架产生与加固前相同的位移时，所需的外力急剧增加，甚至在控制位移处，人工加载已经有一定的困难。由此可知，CFRP 布加固榫卯节点后，可约束榫卯节点变形，提高构架承载力。

(3) 钢构件加固榫卯节点后，构架在整个受力过程中发出的吱声不明显。这是因为在加载过程中钢构件参与受力，并且随着构架侧移增大而表现明显，使榫卯节点得到了保护。从加固方式看，钢构件包裹在榫卯节点表面，通过与节点之间的摩擦和挤压作用来加固节点，既约束了节点变形，又不对节点产生破坏作用。从加固材料看，钢材有良好的抗拉、抗压、抗剪性能，在加载过程中加固件没有任何损伤。另外，在人工加载过程中，加载人员明显感觉到所需外力增大，这说明钢构件加固节点后，构架的承载力要明显大于加固前。

节点 A 的部分试验照片如图 4-2-6 所示。

拉120mm(下端)

推150mm(上端)

(a) 未加固

拉120mm(下端)

推150mm(上端)

(b) 扒钉加固

拉120mm(下端)

推150mm(上端)

(c) CFRP布加固

拉120mm(下端)

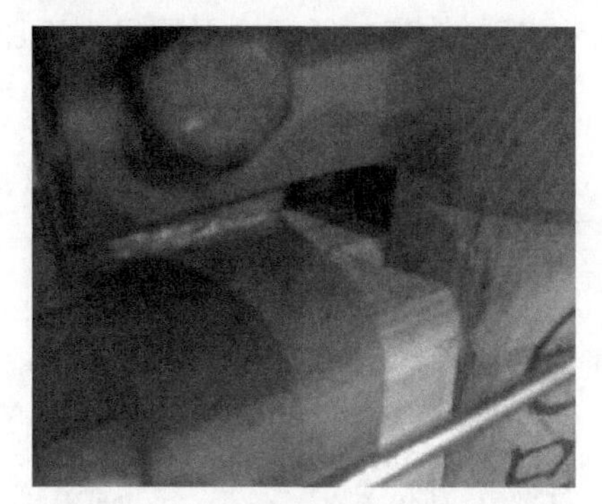

推150mm(上端)

(d) 钢构件加固

图 4-2-6　节点 A 试验照片

4.2.3　榫卯节点试验分析

1. M-θ 滞回曲线

M-θ 滞回曲线反映了节点的抗震性能,M-θ 滞回曲线面积越大,则节点抗震性能越好[11]。对试验采集到的相关数据进行分析处理,可获得各节点的 M-θ 滞回曲线。限于篇幅,以节点 A 为例,绘出 M-θ 滞回曲线如图 4-2-7 所示。图 4-2-7 中个别数据点采用 Origin 软件进行了平滑处理。

由图 4-2-7 可见,对未加固节点(U)而言,其 M-θ 滞回曲线的形状开始为反 S 形,随着节点转角增大,则表现为 Z 形。

木构架受力时,榫卯节点抗弯承载力主要由榫头与卯口之间相对滑移摩擦提供。节点转角较小时,曲线基本与 x 轴重合,滞回环不饱满;当节点转角增大时,滞回环形状外鼓,节点耗能能力增强。榫卯节点的恢复特性较差,木构架达到控制位移时卸载,变形并不能恢复,因而残余变形较大。反向加载使节点变形恢复,在此过程中 M-θ 滞回曲线表现出明显的捏拢特性。

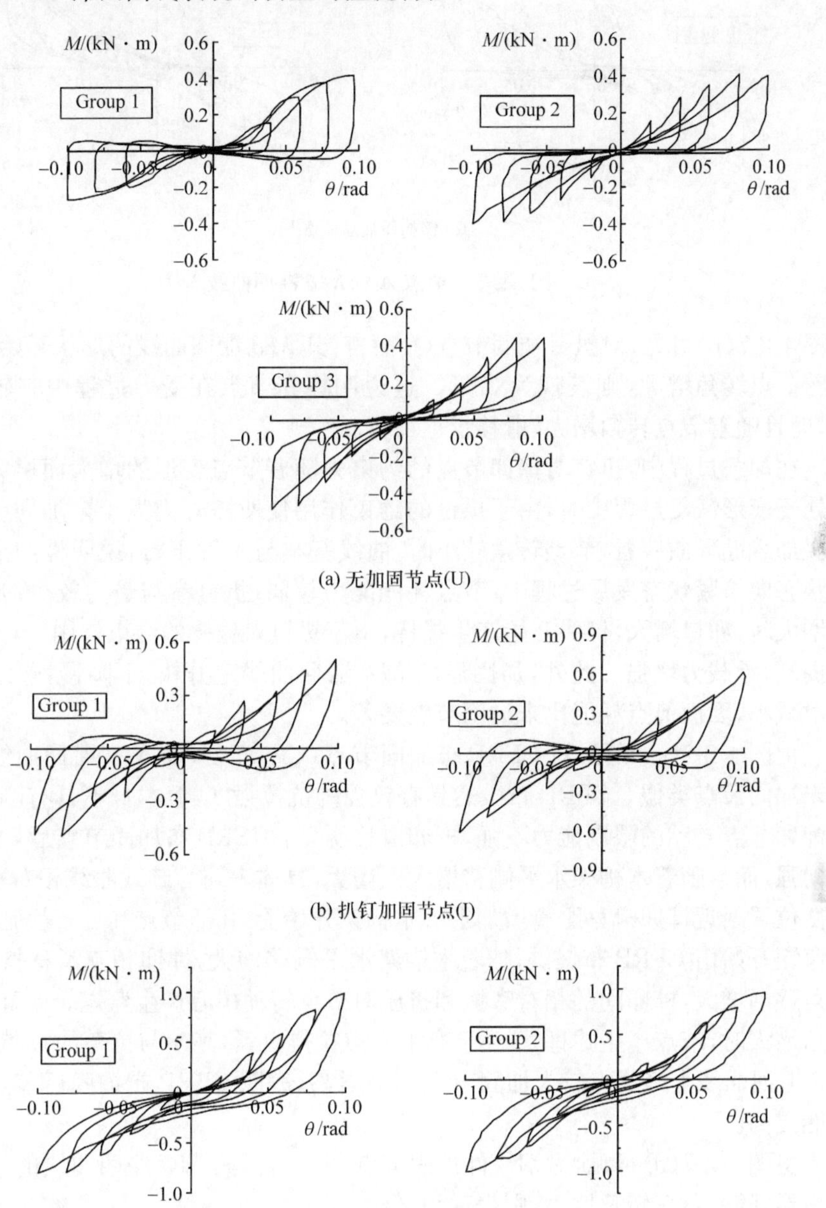

(a) 无加固节点(U)

(b) 扒钉加固节点(I)

(c) CFRP布加固节点(CF)

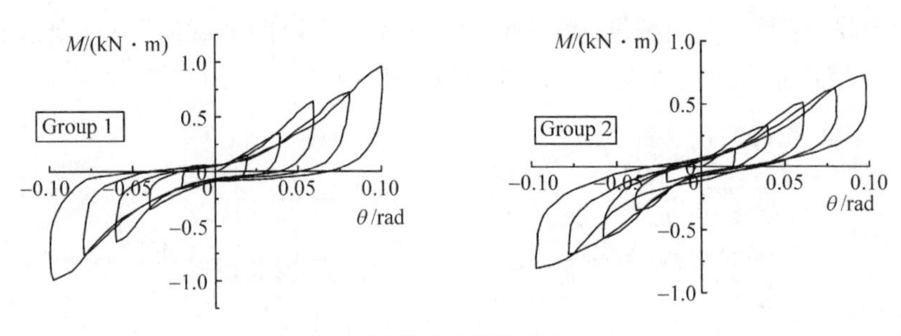

(d) 钢构件加固节点(S)

图 4-2-7　节点 A 的 M-θ 滞回曲线

由图 4-2-7(b)可见,对扒钉加固节点(I)而言,其 M-θ 滞回曲线的形状开始为弓形,随着节点转角增大,则表现为 Z 形。这说明榫卯节点在受力过程中有较大的滑移,而且随着节点转角增大,滑移量也增大。

在加载过程中,扒钉对榫卯节点的约束力随着节点变形的增大而增大。当节点处于变形恢复过程中时,由于扒钉的约束作用使所需外力大于未加固节点。从每次加载循环曲线看,节点转角较小时,曲线基本与 x 轴平行,说明榫卯节点由松弛状态向挤紧状态发展过程中,节点耗能能力较弱,扒钉参与受力较少;当节点转角增大时,卯口增大,榫头开始产生拔榫,由于扒钉对拔榫的约束作用,节点刚度得到提高,承载力增强。此外,加固后的 M-θ 滞回曲线上升快,下降慢,包络的面积相对减小,因而节点耗能比未加固节点要差。

由图 4-2-7(c)可见,对 CFRP 布加固节点(CF)而言,其 M-θ 滞回曲线的形状与未加固节点类似。CFRP 布虽然具有较强的抗拉强度,但本身不具有刚度,因此对榫卯节点转动的限制能力不强,榫卯滑移明显。CFRP 布加固节点后,节点恢复力增强,而且随着木构架水平侧移增大而增大,具体表现为卸载曲线相对平缓及在平衡位置附近榫卯滑移距离增加等。木构架开始受力时,节点尚处于松弛状态,节点弯矩开始由 CFRP 布提供;随着木构架水平侧移增大,榫卯相互滑移挤紧,节点转角逐渐增大,榫卯间的相对摩擦和挤压对节点转动中心产生弯矩。此外,当节点转角增大时,节点产生拔榫,CFRP 布由于被拉得更紧,其参与抗弯的贡献也增大,M-θ 滞回曲线上峰值点较未加固节点明显增高,表明 CFRP 布加固后节点的承载性能提高。

由图 4-2-7(d)可见,对钢构件加固节点(S)而言,其 M-θ 滞回曲线的形状开始为弓形,随着节点转角增大,则表现为 Z 形。

木构架开始受力时,节点抗弯承载力由钢构件提供;随着节点转角增大,节点弯矩由榫卯间的摩擦滑移及钢构件共同提供,并且钢构件贡献程度较大。节点转角较小时,M-θ 滞回曲线面积饱满,反映了节点较强的耗能能力,而随着节点转角增大,榫卯间在转动的同时产生相对滑移及拔榫,M-θ 滞回曲线面积变得狭长,耗能能力降低。钢构件加固节点后，由于钢构件的约束作用，$M\text{-}\theta$ 滞回曲线在平衡位置的捏拢效应不明显，在控制位移处的下降没有未加固节点明显，在滞回环上表现为中间位置比未加固节点饱满而两端比未加固节点捏缩。

另外，图 4-2-7 中各节点 $M\text{-}\theta$ 滞回曲线图形并不完全对称，这有如下几个原因：①木构架及榫卯节点在制作、安装时有一定的尺寸误差；②木质材料的各向异性致使各木构架破坏形式不一定完全相同；③榫卯节点间的干摩擦效应不一致。

2. $M\text{-}\theta$ 均值骨架曲线

把 $M\text{-}\theta$ 滞回曲线上所有循环的峰值点连接起来，就得到了 $M\text{-}\theta$ 骨架曲线。为便于对比分析，将各组木构架所有节点（$A\sim D$）的各 $M\text{-}\theta$ 滞回曲线循环峰值平均化，绘出未加固节点和三种材料加固节点的 $M\text{-}\theta$ 均值骨架曲线，结果如图 4-2-8 所示。

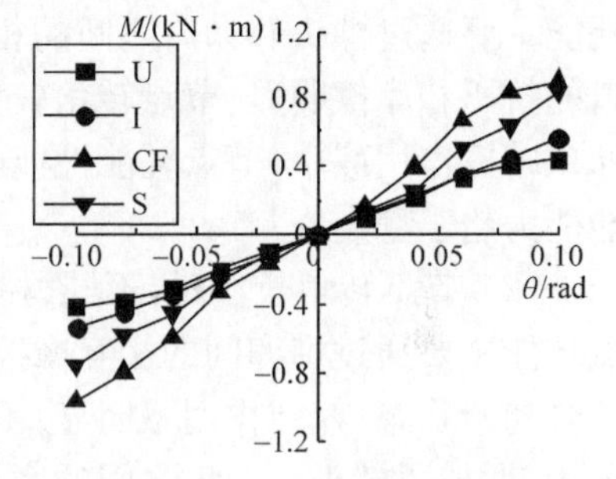

图 4-2-8　$M\text{-}\theta$ 均值骨架曲线

由图 4-2-8 可知，无论节点加固与否，其 $M\text{-}\theta$ 均值骨架曲线均有如下特点：①曲线相对比较平缓，反映了榫卯节点有较好的延性。②曲线具有滑移段、弹性段、强化段和屈服段。开始阶段，榫卯有相对滑移，这主要是因为榫头和卯口之间有空隙，但滑移表现不明显；随后，榫头和卯口开始咬合，节点刚度增大，在节点转角为 0.020rad 时，曲线斜率增大，节点处于弹性段，此时的荷载约为最大值的30%；随后曲线变缓，榫卯节点转角增大，节点承载力增强。随着节点转角增大，柱头上荷载产生的偏心矩增大，当节点转角约为 0.075rad 时，曲线开始出现较为明显的转折，反映节点进入了屈服阶段，此时的荷载约为最大荷载的 80%；当节点转角达到 0.100rad 时，曲线出现了承载力下降趋势，柱头上荷载产生偏心矩过大导致曲线更加平缓，荷载也达到最大值。

对于采用不同材料加固的节点而言，其 $M\text{-}\theta$ 均值骨架曲线又有一定的差异：①加载初期阶段，节点转角较小，钢构件和扒钉加固节点提高刚度不明显，曲线斜率较小，而由于 CFRP 布对榫卯节点起包裹作用，可迅速提高节点刚度，因而曲线斜率较大。②当节点转角增大，榫头从卯口拔出，但受到不同加固材料的约束作用，节点承载力均有所提高。随着节点转角继续增大，由于 CFRP 布脱胶或被撕裂，加固效果降低，曲线变得平缓；而扒钉和钢构件加固节点曲线尚未出现明显屈服点，可进一步发挥加固作用，提高节点承载力。③在加载循环的范围内，CFRP 加固节点承载力＞钢构件加固节点承载力＞扒钉加固节点承载力。

3. 耗能能力

在反复外荷载作用下，榫卯节点每经过一个循环，加载时吸收能量，卸载时释

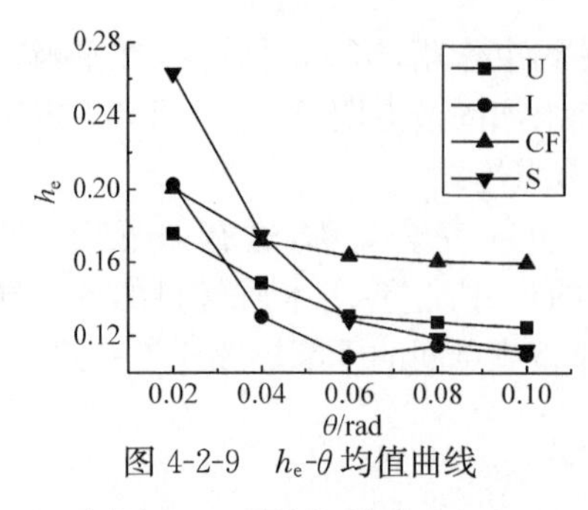

图 4-2-9 h_e-θ 均值曲线

放能量,但两者不相等,它们的差即为在一个加载循环中节点耗散的能量。本节采用等效黏滞阻尼系数 h_e 来表示榫卯节点的耗能能力[12],h_e 值越大表示节点的耗能能力越强。分别求出木构架各节点($A\sim D$)在每个加载循环过程中的 h_e 值,然后对每组木构架取平均值,绘制未加固节点和三种材料加固节点的 h_e-θ 均值曲线,结果如图 4-2-9 所示。

由图 4-2-9 可以看出:

(1) 无论加固与否,h_e 均随着节点转角增大而减小并趋于稳定,这是因为节点耗能主要通过榫头和卯口之间的相对摩擦滑移产生。节点转角较小时,榫头与卯口的挤压和摩擦明显;节点转角较大时,榫头绕卯口转动同时从卯口拔出,榫头与卯口摩擦作用减小,节点耗能性能降低,并且在榫头完全拔出卯口之前,节点的耗能能力趋于稳定。

(2) 节点转角较小时,不同材料加固节点的耗能能力均有所增大,这是因为节点耗能主要通过榫卯间的相互摩擦产生。节点转角较小时,未加固节点榫卯处于咬合初始状态,耗能作用不明显;不同材料加固榫卯节点后,对节点变形产生约束作用,增加了榫头与卯口之间的摩擦能力,因而节点耗能增大。其中,钢构件对节点约束力最强,因而钢构件加固节点的耗能能力最大,而扒钉在榫卯节点转动初期发挥的约束作用很小,因而扒钉加固节点的耗能能力最小。

(3) 榫卯节点转角增大时,榫头开始从卯口拔出,榫卯节点摩擦耗能性能减弱。由于扒钉在节点转角较大时产生屈服,其加固后节点耗能能力最差;钢构件在榫卯节点转角增大时对节点的转动约束仍然较大,其加固后节点耗能能力下降较明显;CFRP 布在节点转角增大时仍能使榫头与卯口之间的摩擦滑移耗能得以充分发挥,加固后节点的耗能性能最好。

(4) 不同材料加固节点耗能能力大小为:CFRP 布加固节点耗能能力>钢构件加固节点耗能能力>扒钉加固节点耗能能力。

4. 刚度退化

在水平荷载作用下,节点刚度随着加载循环周数和控制位移增大而减小,即产生刚度退化。刚度退化反映了榫卯节点的损伤积累。采用式(4-2-1)计算第 i 级荷载作用下节点的刚度 k_i[13]:

$$k_i=\frac{|M_i|+|-M_i|}{|+\theta_i|+|-\theta_i|} \tag{4-2-1}$$

式中,M_i 为第 i 级荷载作用下节点的弯矩峰值;θ_i 为第 i 级荷载作用下节点的转角峰值。

分别求出木构架各节点(A～D)在每个加载循环过程中的 k_i 值,然后取每组木构架各级荷载平均值,绘出未加固节点及不同材料加固节点的 k_i-θ 均值曲线,结果如图 4-2-10 所示。

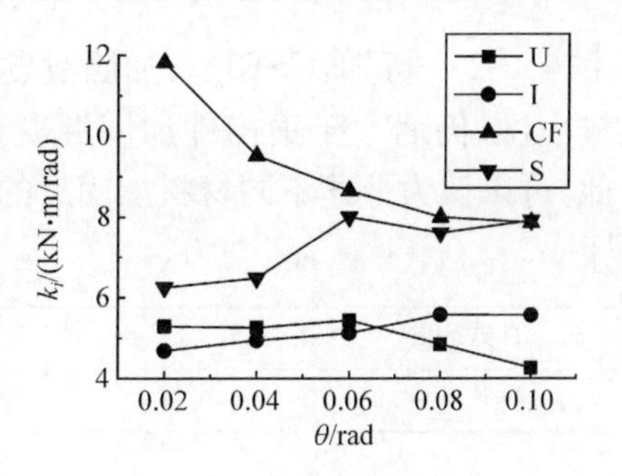

图 4-2-10　k_i-θ 均值曲线

由图 4-2-10 可见:①虽然不同材料加固后节点的刚度值大多有所提高,但是随着节点转角的提高,其刚度均存在不同程度的退化。②当节点转角很小时,由于榫头与卯口之间几乎不发生转动,钢构件和扒钉发挥的加固作用很小,而且加固节点试验是在未加固节点试验完成的基础上进行的,木构架已存在初始拔榫,因而节点转动刚度较小。而 CFRP 布对榫卯节点起包裹作用,一开始就能有效提高节点转动刚度。③随着节点转角增大,由于节点拔榫影响,未加固节点刚度退化现象比较明显。CFRP 布加固节点的转动刚度由榫卯节点转动弯矩及 CFRP 布对节点的约束力共同提供,节点转角增大时,部分 CFRP 布被拉坏而导致其约束能力下降,因而节点刚度明显降低。扒钉加固节点刚度值随着节点增大而增大,并保持稳定趋势。这是因为当节点转角增大时,扒钉加固节点虽然也有拔榫,但是扒钉对节点转动的约束使拔榫受到了限制,并且节点转角越大,扒钉对节点的约束作用越强,因而其节点刚度逐渐增大并趋于稳定。钢构件加固节点的刚度由榫卯节点转动弯矩及钢构件对节点的约束力提供,并且节点变形越大,钢构件对节点表面的压力越大,提供的摩擦力也越大,因而钢构件加固节点刚度退化不明显,并且保持较为稳定的状态。钢构件对节点转动的约束能力远大于扒钉,因而其提高节点刚度值大于扒钉。

不同材料加固节点刚度退化顺序:CFRP 布加固节点刚度退化＞扒钉加固节点刚度退化＞钢构件加固节点刚度退化。

5. 延性

随着节点转角增大,榫卯节点逐渐屈服,但能继续承载,体现了一定的延性,但是这种特殊的受力方式使榫卯节点屈服点不易确定,并使传统方法计算延性系数非常不便。因此,根据文献[8]的建议,无论榫卯节点加固与否,其延性均用节点相对变形值 β_L 来衡量。

$$\beta_L=\frac{\delta_1+\delta_2}{L} \tag{4-2-2}$$

式中,δ_1 为榫头上(下)边缘拔出量;δ_2 为榫头下(上)边缘挤压量;L 为榫头(卯口)的全长,此处为 33mm。节点承载力没有明显下降时,β_L 越大,节点的延性越好。

根据式(4-2-2)计算木构架各节点(A～D)的 β_L 并取均值,结果见表 4-2-1。

由表 4-2-1 可知，CFRP 布加固节点的延性最好；钢构件加固节点的延性虽然相对较小，但仍远大于钢构件加固混凝土结构节点的延性($\beta_L=1/58\sim1/27$)[14]。因此，可以认为上述不同材料加固后的榫卯节点仍有较好的变形能力。

表 4-2-1 β_L 均值

计算参数	U	I	CF	S
计算结果	0.505	0.490	0.507	0.343

通过对上述榫卯节点试验分析，结果表明，在对榫卯节点进行抗震加固时，钢构件的效果最好，CFRP 布较好，而扒钉较差。因此建议扒钉用于小型木构架加固；CFRP 布用于中小型木构架加固；钢构件用于中大型木构架加固。

4.2.4 构架试验分析

1. *F*-*u* 滞回曲线

构架在水平荷载作用下的滞回曲线是其抗震性能的一个综合体现，能反映结构的承载力、抗裂度、变形能力、耗能能力、刚度及破坏机制等。一般来说，滞回环面积越大，说明构架的耗能能力越强。基于试验结果，获得了构架加固前后的 *F*-*u* 曲线如图 4-2-11 所示。

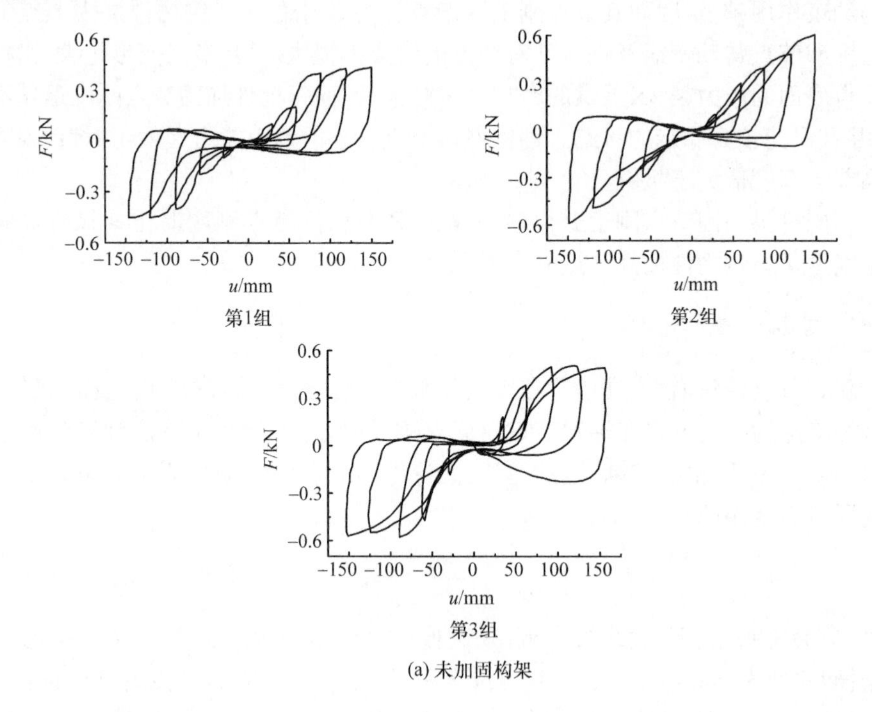

(a) 未加固构架

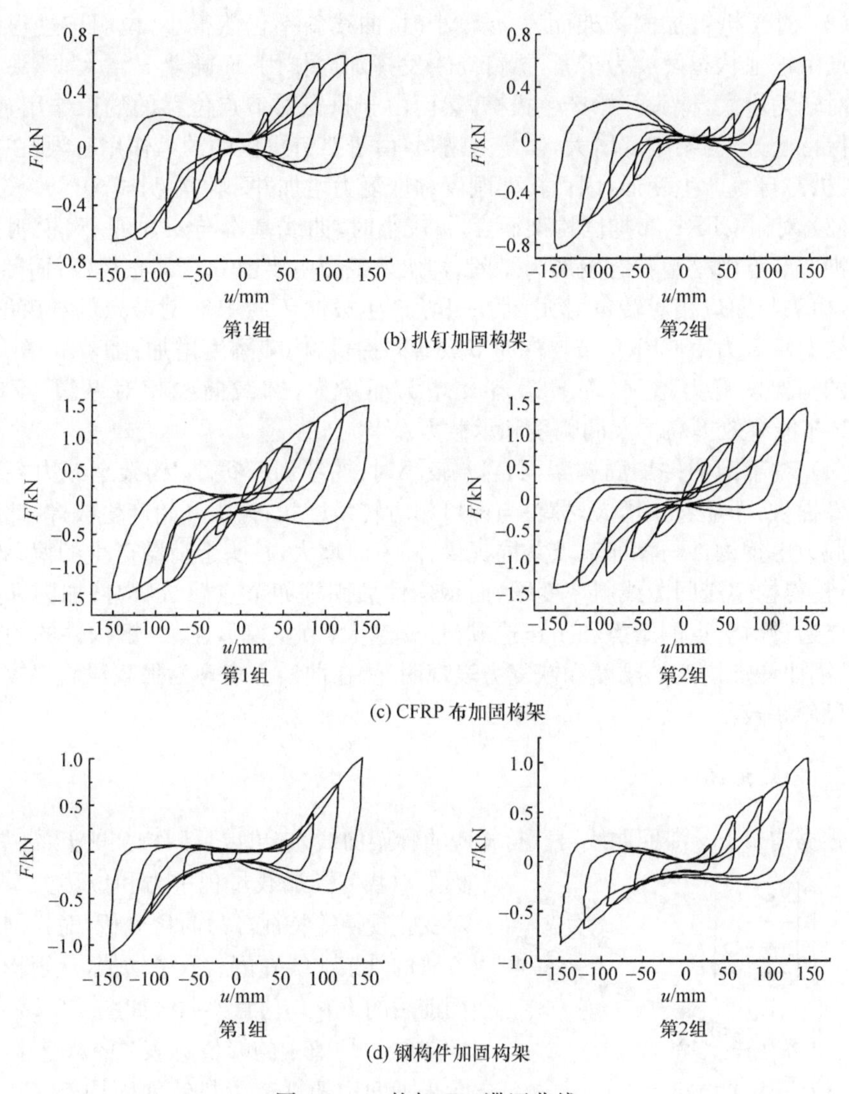

图 4-2-11　构架 F-u 滞回曲线

可以看出构架 F-u 滞回曲线具有如下特点：

(1) 从形状看，未加固构架曲线为 Z 形；扒钉和钢构件加固构架形状开始为 S 形，随着构架侧移增大而发展成 Z 形；CFRP 加固构架滞回曲线的形状开始为弓形，随着构架侧移增大而发展成 Z 形。这说明未加固榫卯节点的初始转角刚度很小，榫头和卯口滑移较明显；而采取不同加固方法后，其初始刚度得到了提高，而且 CFRP 加固构架由于 CFRP 的包裹作用，初始刚度提高更明显；另一方面，不论加固与否，榫卯节点在受力过程中有较大的滑移，而且随着构架侧移增大，榫头与卯口之间的滑移量也增大。

(2) 对于扒钉加固构架而言，u 较小时，曲线斜率仍然很小，说明该过程中榫卯节点由松弛状态发展为挤紧，扒钉尚未发挥加固作用；而随着 u 增大，榫头与卯口相对转角增大，榫头开始产生拔榫，然而由于扒钉对节点位移的约束作用，曲线斜率保持上升，构架刚度增大，恢复力增强；由于扒钉提供的约束作用有限，在 u 较大时，扒钉自身产生变形，因而构架刚度和恢复力增加并不非常明显。

(3) 对于 CFRP 布加固构架而言，u 较小时，曲线基本与 x 轴平行，说明该过程中榫卯节点由松弛状态发展为挤紧，构架承载力主要由 CFRP 布提供；而随着 u 增大，榫头与卯口相对转角增大，榫头开始产生拔榫，CFRP 布对节点的约束增强，此时构架承载力由 CFRP 布与榫卯节点共同提供，构架刚度增加；随着 u 增大，加固后的构架恢复力增强，而且随着 u 增大而增大，卸载曲线相对平缓，反映了 CFRP 布能有效提高构架的刚度和承载力。

(4) 对于钢构件加固构架而言，u 较小时，曲线斜率很小，构架承载力主要由钢构件提供；而随着 u 增大，榫头与卯口相对转角增大，榫头开始产生拔榫，此时构架承载力由钢构件与榫卯节点共同提供；随着 u 增大，柱头上荷载产生的偏心距也增大，使得构架滞回曲线斜率变缓；而钢构件加固榫卯节点后，钢构件加固榫卯节点主要通过对节点的摩擦和挤压造成，且 u 越大，节点变形越大，钢构件的约束力越大，因而增加构架的刚度和恢复力表现明显，在曲线上表现为加载段斜率较大而卸载段斜率较小。

2. 骨架曲线

根据构架 F-u 滞回曲线可获得相应的骨架曲线，它可以反映构架的开裂、屈服、极限承载力及加载过程中力和位移关系的相对变化规律等特征。为简化分析，对不同加固方法的骨架曲线峰值点取平均值，获得构架加固前后的 F-u 均值骨架曲线如图 4-2-12 所示，相应的 F 均值中的峰值见表 4-2-2，其中 U 表示未加固构架，I 表示扒钉加固构架，CF 表示 CFRP 布加固构架，S 表示钢构件加固构架。

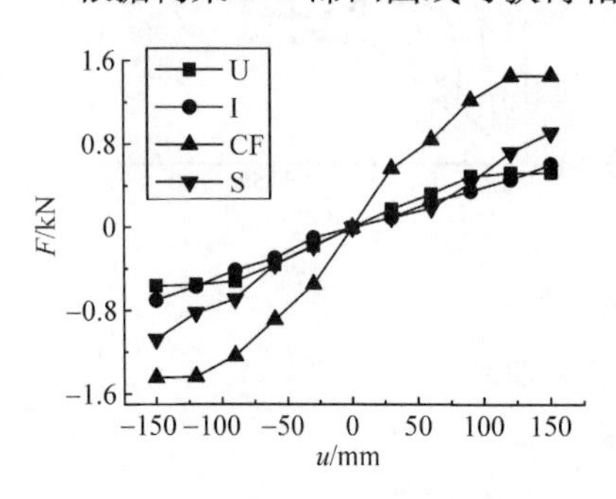

图 4-2-12 F-u 均值骨架曲线

可以看出，无论构架加固与否，构架的 F-u 均值骨架曲线均有如下特点：①构架的骨架曲线相对比较平缓，反映了构架有较好的延性。②构架的骨架曲线具有滑移段($u \leqslant 30$mm)、弹性段(30mm$< u \leqslant$90mm)、强化段(90mm$< u \leqslant$120mm)和屈服段(120mm$< u \leqslant$150mm)的特征。开始阶段，榫卯有相对不明显滑移。弹性及强化阶段，u 增大时，构架侧移刚度及承载力增大。u 继续增大时，由于屋顶重量传来的偏心矩增大，构架承载力增加不明显。屈服阶段，当构架 u=150mm 时，曲线

出现了承载力下降趋势，柱头上荷载产生偏心矩过大导致曲线更加平缓，F 也达到最大值。

对于不同加固方法而言，其 F-u 均值骨架曲线又有一定的区别，具体表现为：①加载初期阶段，u 较小，钢构件和扒钉加固的构架提高构架刚度不明显，骨架曲线斜率较小；而 CFRP 布由于对榫卯节点的包裹作用，可迅速提高构架的侧移刚度，因而曲线斜率较大。②当 u 增大时，榫头从卯口拔出，受到不同加固方法的约束作用，构架承载力均有所提高。构架侧移继续增大，CFRP 布由于脱胶或被撕裂，其加固效果降低，构架骨架曲线变得平缓；而扒钉和钢构件加固构架骨架曲线尚未出现明显屈服点，可进一步发挥加固作用，提高构架承载力。③在加载循环的范围内，构架承载力峰值的大小顺序为：CFRP 布加固构架＞钢构件加固构架＞扒钉加固构架＞未加固构架。

表 4-2-2　*F* 均值中的峰值　（单位：kN）

u/mm	U	I	S	CF
30	0.17	0.10	0.15	0.56
60	0.34	0.27	0.28	0.86
90	0.50	0.38	0.54	1.23
120	0.54	0.56	0.75	1.44
150	0.55	0.71	1.01	1.45
承载力	一般	一般	好	很好

3. 耗能性能

对于古建筑木构架而言，其耗能性能主要通过加载循环中榫头与卯口之间的相对摩擦作用产生，而摩擦耗能的强弱取决于榫头与卯口之间的相对滑移距离及榫头与卯口之间的咬合程度。本节仍采用等效黏滞阻尼系数 h_e 来表示构架的耗能性能，如图 4-2-13 所示，在一个水平加载循环中，面积 S_1 表示节点在一个周期中吸收的能量，面积 S_2 表示节点在卸载过程中吸收的能量，S_1+S_2 则表示水平荷载做的功，则 h_e 的计算公式可表示为[12]：

$$h_e=\frac{1}{2\pi}\frac{S_{ABC}}{S_{\triangle OBD}} \tag{4-2-3}$$

式中，h_e 为构架的耗能参数；S_{ABC} 为图形 ABC 的面积；$S_{\triangle OBD}$ 为三角形 OBD 的面积。

分别求出各构架在每个加载循环过程中的 h_e 值，然后对每组构架取平均值，绘出构架加固前后的 h_e-u 均值曲线如图 4-2-14 所示，相应的 h_e 均值见表 4-2-3。可以看出构架加固前后的耗能性能有如下特点：

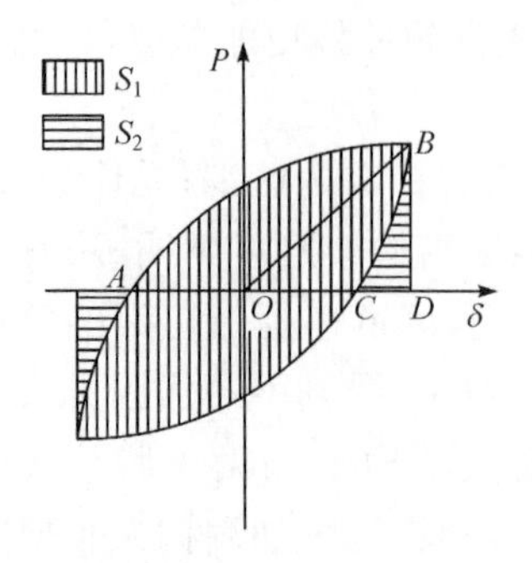

图 4-2-13　h_e 计算方法

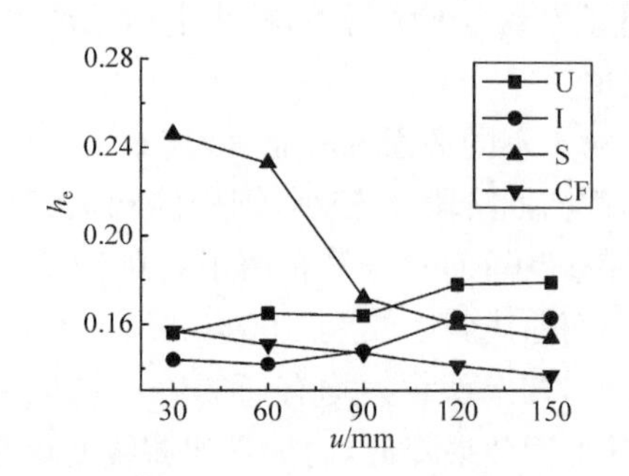

图 4-2-14　h_e-u 均值曲线

表 4-2-3　h_e 均值

u/mm	U	I	S	CF
30	0.156	0.144	0.246	0.157
60	0.165	0.142	0.233	0.151
90	0.164	0.148	0.172	0.147
120	0.178	0.163	0.16	0.141
150	0.179	0.163	0.154	0.137
耗能	很好	好	好	一般

(1) $u \leqslant 60$mm 时，榫卯节点转角很小，榫头与卯口之间的相对滑移距离很小，榫头尚未从卯口拔出，未加固构架的耗能能力较差；扒钉加固构架对节点水平拔榫有限制作用(但不能限制榫卯节点的转动)，榫头与卯口之间的相对摩擦耗能较小，因而耗能能力比未加固构架差；CFRP 布由于对节点的包裹作用略增大了榫头与卯口之间的咬合程度，构架的耗能性能比未加固构架略有下降；而钢构件由于通过初始外力紧固在榫头表面，对榫卯产生较大的约束力，榫头和卯口之间摩擦作用很充分，因而钢构件加固构架受力初期的耗能性能较强。

(2) 当 u 增大时，榫头与卯口之间的相对转角增大，榫头开始从卯口拔出，榫头与卯口之间的滑移距离增大，摩擦作用增强，未加固构架和扒钉加固构架的耗能能力均有所增加，但是由于扒钉对水平拔榫的限制作用，使得榫卯之间的相互摩擦作用减小，因而扒钉加固构架的耗能能力比未加固构架要差；钢构件及 CFRP 布加固构架则因为榫卯节点转角增大，加固件对节点转动变形的约束作用增强，榫头与卯口之间的相对摩擦作用减弱，因而耗能能力下降，并且钢构件加固构架耗能能力下降更明显，但耗能能力优于 CFRP 布。

(3) 当 $u \geqslant 120$mm 时，由于榫头和卯口之间的拔榫尺寸较大，榫头与卯口的相对摩擦和转动能力进一步增强，榫头在卯口内的滑动距离增加，未加固构架和扒钉加固构架的耗能能力进一步增大;CFRP 布及钢构件加固构架的耗能能力则由于加固件对榫卯节点转动及摩擦作用的约束作用进一步减小。在榫头尚未完全拔出卯口之前,上述不同构架的耗能性能逐渐趋于稳定,并且不同方法加固构架的耗能能力大小为:未加固>扒钉>钢构件>CFRP 布。

4. 刚度退化

在水平荷载作用下,构架刚度随着循环周数和控制位移增大也产生退化减小,在进行地震反应分析时,往往用割线刚度代替切线刚度。构架侧移在每次达到控制位移时的侧移刚度可按式(4-2-4)计算[7]:

$$k_i=\frac{|+F_i|+|-F_i|}{|+u_i|+|-u_i|} \tag{4-2-4}$$

式中,k_i 为第 i 级荷载作用下构架的侧移刚度;F_i 为第 i 级荷载峰值;u_i 为第 i 级峰值荷载对应的构架侧移。

分别计算出各组构架在每一级加载循环下的刚度值 k_i,然后对每组构架取平均值,绘出构架加固前后的 k_i-u 均值曲线如图 4-2-15 所示,相应的 k_i 均值见表 4-2-4。可以看出虽然构架加固后的侧移刚度值有所提高,但是加固后的构架有不同程度的刚度退化问题,构架加固前后的刚度退化有如下特点:

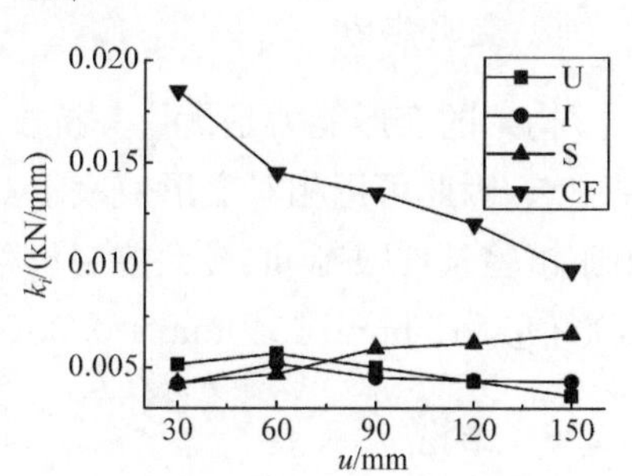

图 4-2-15　k_i-u 均值曲线

表 4-2-4　k_i 均值　(单位:kN/mm)

u/mm	U	I	S	CF
30	0.00517	0.00422	0.00425	0.01850
60	0.00570	0.00520	0.00470	0.01450
90	0.00501	0.00452	0.00595	0.01350
120	0.00434	0.00437	0.00620	0.01200
150	0.00364	0.00433	0.00665	0.00975
退化	严重	轻微	轻微	较严重

(1) 当 u 很小时,钢构件和扒钉而言,由于榫头与卯口之间几乎不发生转动,它们发挥的加固作用很小,而且加固构架试验是在未加固构架试验完成的基础上进行的,构架已存在初始拔榫,因而出现了扒钉和钢构件加固构架的初始侧移刚度反而小于未加固构架的情况。对于 CFRP 布加固构架而言,由于 CFRP 布对榫卯节点的包裹作用,一开始就能有效提高构架的侧移刚度。

（2）当 u 增大时，榫头与卯口之间的相对滑移距离增加，榫卯节点的转角增大，未加固构架和扒钉加固构架的侧移刚度产生退化趋势，由于扒钉对节点拔榫的约束作用，刚度退化没有未加固构架明显；对于 CFRP 布加固构架而言，构架的刚度由榫卯节点转动弯矩及 CFRP 布对节点的约束力共同提供，部分 CFRP 布随着构架侧移增大而拉坏，约束能力下降，使得构架刚度降低明显；对于钢构件加固构架而言，构架的刚度由榫卯节点转动弯矩及钢构件对节点的约束力提供，节点变形越大，钢构件对节点表面的压力越大，提供的摩擦力也越大，因而构架刚度退化不明显，并且保持较为稳定的状态。

（3）从构架刚度退化严重程度看，构架加固前后的刚度退化程度顺序为：CFRP 布加固构架＞未加固构架＞扒钉加固构架＞钢构件加固构架。

5. 变形能力

构架的变形能力是衡量其抗震性能的一个重要指标。由于木构架没有明确的屈服点，因此可用相对变形值表示其变形能力，即极限位移与柱高的比值。另外，由于试验条件限制，取最大控制位移 150mm 作为构架的极限位移，则构架的相对变形值为 150mm/1540mm＝0.097，说明构架加固前后均有良好的变形能力[7]。

4.2.5 结论

对榫卯节点而言，本试验可获得以下结论：

（1）榫卯节点加固前后的 M-θ 滞回曲线均以 Z 形为主，反映了木构架水平侧移过程中榫头与卯口之间具有较强的摩擦性能和滑移性能。

（2）榫卯节点加固前后均具有良好的变形能力。

（3）加固节点承载力：CFRP 布加固节点＞钢构件加固节点＞扒钉加固节点。

（4）加固节点耗能能力：CFRP 布加固节点＞钢构件加固节点＞扒钉加固节点。

（5）加固节点刚度退化：CFRP 布加固节点＞扒钉加固节点＞钢构件加固节点。

对构架整体而言，本试验可获得以下结论：

（1）构架加固前后的 F-u 滞回曲线均以 Z 形为主，反映了构架侧移过程中榫头与卯口之间较强的相对摩擦和滑移性能。

（2）无加固构架虽然有很好的耗能能力和变形能力，但承载力和刚度较小。

（3）扒钉加固构架虽然有较好的耗能能力和变形能力，但提高构架承载力和刚度不明显。

（4）CFRP 布虽然能有效提高构架的承载力和刚度，但加固后构架的耗能性能最差，并且构架刚度退化严重。

(5) 钢构件可以有效提高构架的承载力和刚度，加固后的构架刚度退化不明显，并且加固后的构架有较好的耗能能力和变形能力。

综上所述，对于不同加固方法的适用范围为：扒钉用于小型木构架加固；CFRP布用于中小型木构架加固；钢构件用于中大型木构架加固。

参考文献

[1] Zhou Q, Yan W M, Yang X S. Numerical analysis on the process of tenon pulled from mortise of Chinese wood structures[C]//Proceedings of the 10th International Symposium on Structural Engineering for Young Experts. Beijing: Science Press, 2008: 543-547.

[2] Zhou Q, Yan W M, Zhang B. Aseismic characters of tenon-mortise joints of Chinese ancient wooden construction by numerical analysis[C]//ISISS'2009: Innovation & Sustainability of Structures. Guangzhou: South China University of Technology Press, 2009: 1379-1384.

[3] Fang D P, Iwasaki S, Yu M H. Ancient Chinese timber architecture—Ⅰ: Experimental study[J]. Journal of Structural Engineering, 2001, 127(11): 1348-1357.

[4] Fang D P, Iwasaki S, Yu M H. Ancient Chinese timber architecture—Ⅱ: Dynamic characteristics[J]. Journal of Structural Engineering, 2001, 127(11): 1358-1364.

[5] Chang W S, Hsu M F, Komatsu K. Rotational performance of traditional Nuki joints with gap (Ⅰ): Theory and verification[J]. Journal of Wood Science, 2006, 52(1): 58-62.

[6] Chang W S, Hsu M F. Rotational performance of traditional Nuki joints with gap(Ⅱ): The behavior of butted Nuki joint and its comparison with continuous Nuki joint[J]. Journal of Wood Science, 2007, 53(5): 401-407.

[7] 谢启芳，赵鸿铁，薛建阳. 中国古建筑木结构榫卯节点加固的试验研究[J]. 土木工程学报，2008，41(1)：28-34.

[8] 于业栓，薛建阳，赵鸿铁. 碳纤维布及扁钢加固古建筑榫卯节点抗震性能试验研究[J]. 世界地震工程，2008，24(3)：112-117.

[9] 葛鸿鹏. 中国古代木结构建筑榫卯加固抗震试验研究[D]. 西安：西安建筑科技大学，2004：31-33.

[10] 周乾，闫维明，李振宝，等. 用于古建筑木结构中间跨榫卯节点的加固装置[P]：CN200920108277.0[2010-04-21].

[11] 吴轶，何铭基，郑俊光，等. 耗能腋撑对钢筋混凝土框架抗震加固性能分析[J]. 广西大学学报(自然科学版)，2009，34(6)：725-730.

[12] 李忠献. 工程结构试验理论与技术[M]. 天津：天津大学出版社，2003.

[13] 姚侃，赵鸿铁，葛鸿鹏. 古建木结构榫卯连接特性的试验研究[J]. 工程力学，2006，23(10)：168-172.

[14] 王来，王铁成，陈倩. 低周反复荷载下方钢管混凝土框架抗震性能的试验研究[J]. 地震工程与工程振动，2003，23(3)：113-177.

4.3　故宫太和殿榫卯节点加固方法振动台试验研究

为探讨我国古建筑木结构榫卯节点的有效加固方法，本节在已有研究成果的基础上，基于古建筑工程的相关尺寸，制作考虑榫卯连接的木结构空间框架模型，通过采用振动台试验方法，研究不同方法加固榫卯节点后对构架抗震性能的影响，研究结果可为古建筑抗震加固提供参考。

4.3.1　试验方案

试验模型参考故宫太和殿某开间的实际尺寸及《清式营造则例》相关规定[1]，制作成4梁4柱结构，榫卯节点选定为承重构架常采用的燕尾榫节点形式。考虑模型制作安装、加载等各项误差因素，缩尺比例取1∶8。为了方便加载，柱模型中柱头截面高出额枋150mm[2]。支座采用我国古建筑传统的柱顶石作法，柱础平摆浮搁在柱顶石上。屋顶采用混凝土板模拟，根据对太和殿屋顶分层构造的勘查结果，求出三次间屋顶的实际质量，按相似比计算得混凝土板质量为1.03t，安装方式为浮放在柱顶。构件及模型的具体尺寸如图4-3-1所示。

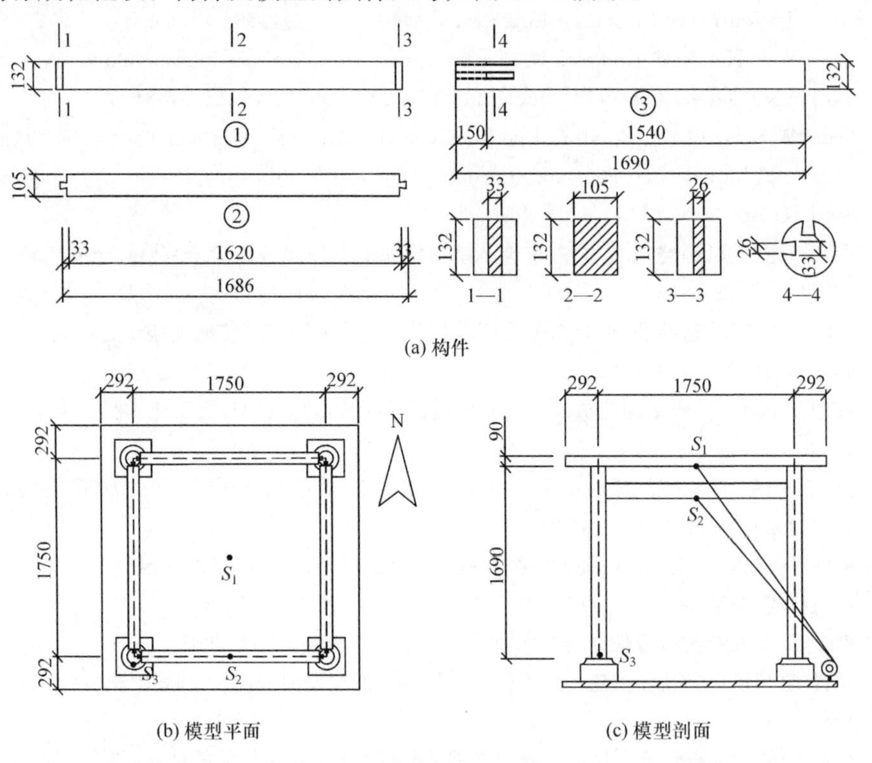

(a) 构件

(b) 模型平面

(c) 模型剖面

图 4-3-1　模型及榫卯节点尺寸

①梁立面；②梁平面；③柱立面

本节采用三种方法加固榫卯节点：扒钉、CFRP布和钢构件，各材料参数同4.2节。

试验在北京工业大学工程抗震与结构诊治北京市重点实验室水平单向电液伺服振动台上进行。为获得地震作用下典型节点的位移及加速度响应情况，选择顶板正中S_1点、南侧横梁正中S_2点及西南侧柱根位置S_3点，分别安装拉线式位移计及加速度传感器，位置如图4-3-1所示。试验时，首先对构架输入$0.05g$白噪声以获得结构基频和阻尼比，然后输入$a_g=0.1g, 0.2g, 0.3g$的El-Centro波，方向为东西向，主要研究上述指定位置的位移和加速度响应情况。

4.3.2　试验现象

对未加固构架而言，当输入地震波加速度峰值$a_g=0.1g$时，顶板晃动幅度不大，榫头从卯口拔出的量很小，榫头与卯口间的挤压和咬合产生吱声，构架表现为东西向的平动，并且保持稳定振动状态；$a_g=0.2g$时，顶板晃动幅度增大，榫头拔出量增大，并且榫卯节点发出的吱声频繁，但构架仍保持稳定的振动状态；$a_g=0.3g$时，构架在振动过程中突然产生局部倒塌，如图4-3-2(a)所示。构架破坏时，顶板一侧与柱顶相接处已悬空，东侧柱子歪闪严重，榫头几乎从卯口完全拔出。从现状看来，结构倒塌的主要原因是榫头从卯口拔出导致构架失稳。

对于扒钉加固构架而言，$a_g=0.1g$时，构架振动情况与加固前类似。$a_g=0.2g$时，一开始构架晃动幅度较大，可以看到顶板与柱顶间夹角；榫卯节点位置有吱声，但是比未加固构架轻微。$a_g=0.3g$时，开始时整个构架像弹簧一样晃动[图4-3-2(b)，由于摄像角度原因，图中构架变形不明显]，顶板与柱顶间夹角明显，榫卯节点位置有明显吱声，但构架未产生倒塌；随着地震波减弱，构架晃动逐渐停止。在整个试验过程中，柱根始终绕柱顶石转动而无明显滑移，这说明木构架的刚度较小，在地震作用下变形相对较大。由此可知，扒钉通过限制节点拔榫，可在一定程度上提高构架的刚度，但加固效果在地震烈度较大时不明显。

对于钢构件加固构架而言，$a_g=0.1g$时，构架顶板轻微晃动，榫头有轻微拔榫现象，结构表现为东西向的平动，并且保持稳定振动状态；$a_g=0.2g$时，一开始顶板晃动幅度相对较大，晃动方向与地震波方向相同，但由于钢构件对拔榫的限制作用，构架晃动立刻趋于平稳，榫卯节点的咬合声不明显；$a_g=0.3g$，顶板晃动幅度增大，但立刻趋于稳定[图4-3-2(c)]，柱根滑移不明显。这是因为钢构件参与受力，榫头从卯口的拔出量受到限制，构架稳定性得到增强。由此可知，钢构件加固榫卯节点后，可提高构架的抗震能力。另外，由于加固方式为钢构件与梁柱挤压来限制节点拔榫，榫头仍然与卯口之间能产生相互摩擦运动，因而加固后的榫卯节点仍有一定的耗能能力。

对于CFRP布加固构架而言，$a_g=0.1g$时，构架晃动幅度轻微，顶板位移不大，柱根未发现明显侧移。$a_g=0.2g$时，一开始构架上部振动明显，但未发现顶板与柱顶有夹角，这说明CFRP布加固节点后的刚度较大，降低了构架的倾斜幅度；

随后构架晃动趋于平稳并逐渐停止，柱根侧移不明显。$a_g=0.3g$ 时，加载开始，构架晃动较小，约 3s 后，构架突然剧烈晃动，东南、西南节点传来巨大的劈裂声，东北角柱根向北突跃，但表现为平动[图 4-3-2(d)]；随着地震波减弱，构架晃动速度减慢并逐渐停止。经检查，发现东北角点向北侧移 55mm[图 4-3-2(e)]，东南节点 CFRP 布下端拉坏[图 4-3-2(f)圆圈部分]，但构架整体完好。这说明 CFRP 布加固榫卯节点后，提高了构架的刚度，使构架在地震作用下产生平动，并且 CFRP 布加固节点后将起主要承载作用，地震作用下首先是 CFRP 布破坏，然后才是节点拔榫。

(a) 未加固　(b) 扒钉　(c) 钢构件　(d) CFRP布　(e) 柱底侧移　(f) CFRP布拉坏

图 4-3-2　构架振动视频截图($t=6$s，$a_g=0.3g$)

4.3.3　试验分析

1. 基频和阻尼比

为求出构架加固前后的基频和阻尼比，对构架进行 0.05g 白噪声扫描，获得 S_1 点的加速度响应曲线，如图 4-3-3 所示。通过对该曲线进行傅里叶变换，获得结构频谱分布如图 4-3-4 所示，其中，A 表示傅里叶谱值。根据结构的基频值，利用半功率法可求得结构的阻尼比。基于上述方法，解得加固前构架基频与阻尼比值见表 4-3-1。可以看出，一方面不同方法加固榫卯节点后构架的基频(J)大小顺序为：J(钢构件)$>J$(CFRP 布)$>J$(扒钉)$>J$(未加固)；另一方面加固后的构架刚度增大，而结构频率与刚度平方成正比，自振频率在加固前后改变不大，因此这种加固方法对古建筑木结构的抗震机理没有根本改变，体现并贯彻古建筑维修与保护时与原结构等刚度的原则[3]。此外，不同方法加固后的构架阻尼比(D)大小顺序为：D(未加固)$>D$(扒钉)$>D$(钢构件)$>D$(CFRP 布)。

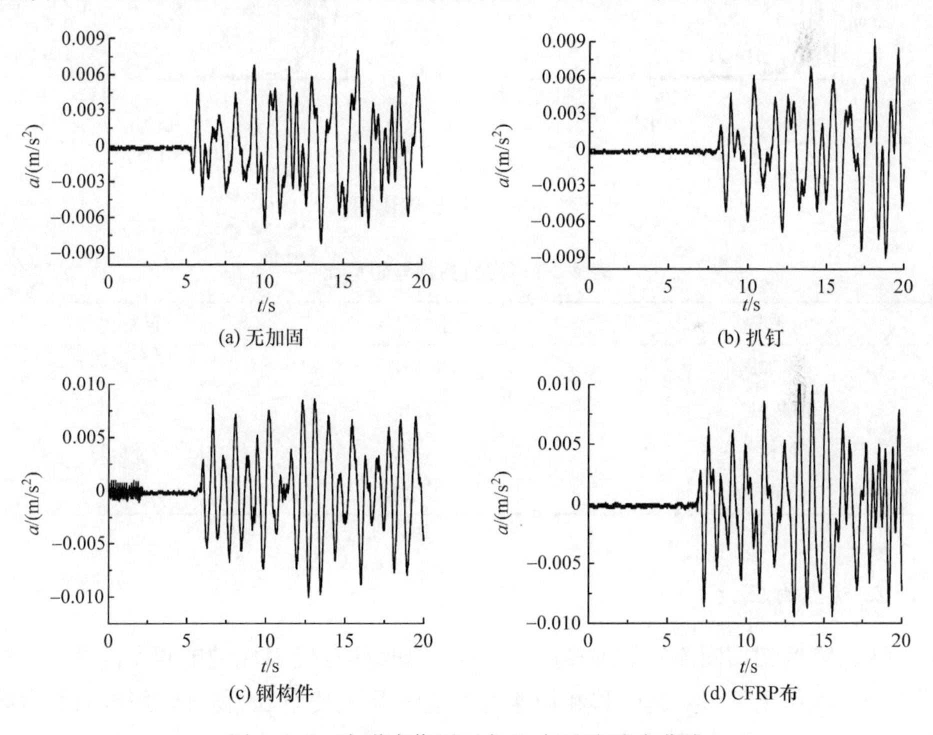

(a) 无加固　(b) 扒钉　(c) 钢构件　(d) CFRP布

图 4-3-3　白噪声作用下点 S_1 加速度响应曲线

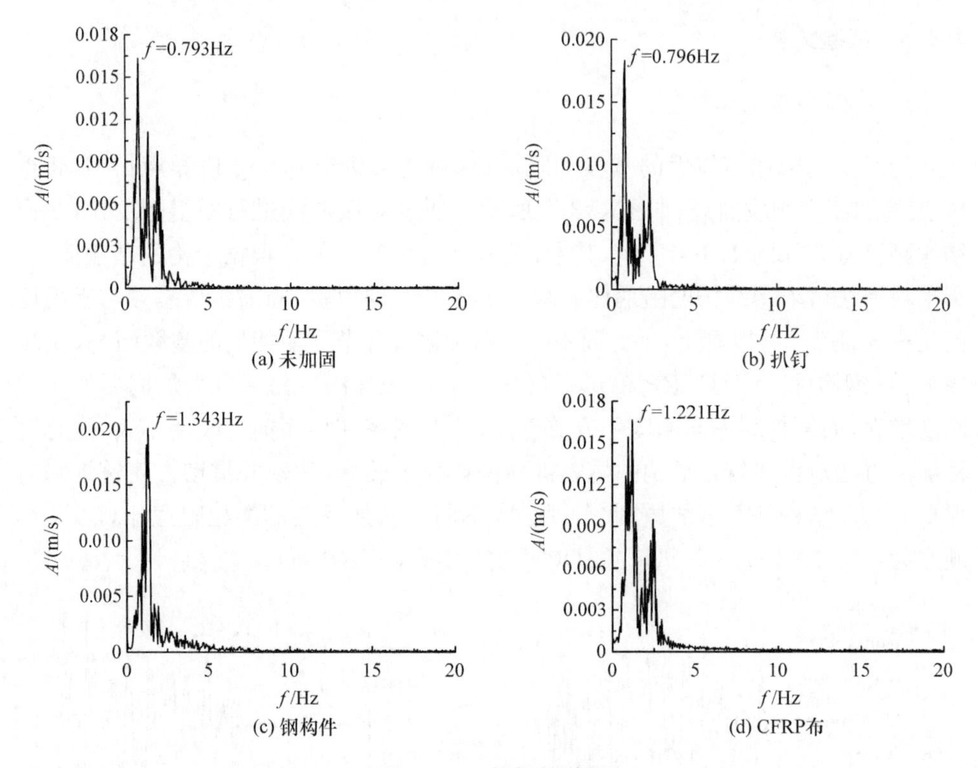

(a) 未加固　(b) 扒钉　(c) 钢构件　(d) CFRP布

图 4-3-4　构架频谱图

表 4-3-1　构架基频与阻尼比

工况	基频/Hz	阻尼比/%
未加固	0.793	8.5
扒钉	0.796	7.4
钢构件	1.343	6.1
CFRP 布	1.221	5.0

2. 动力响应

为研究构架加固前后的地震响应情况，选取具有代表性的节点 S_1，研究不同峰值地震波作用下节点的位移和加速度响应情况。其中，地震波作用时间取含峰值在内的前 20s，时间间隔为 0.001s。

1）位移响应

基于试验数据，获得不同加固方法条件下节点 S_1 的相对位移响应峰值，见表 4-3-2；$a_g=0.3g$ 条件下节点 S_1 的位移响应曲线，如图 4-3-5 所示。

表 4-3-2　节点 S_1 的相对位移响应峰值　（单位：mm）

工况	未加固	扒钉	钢构件	CFRP 布
$0.1g$	12.22	10.96	12.81	10.07
$0.2g$	28.33	36.17	29.36	19.64
$0.3g$	202.78	100.28	64.99	55.10

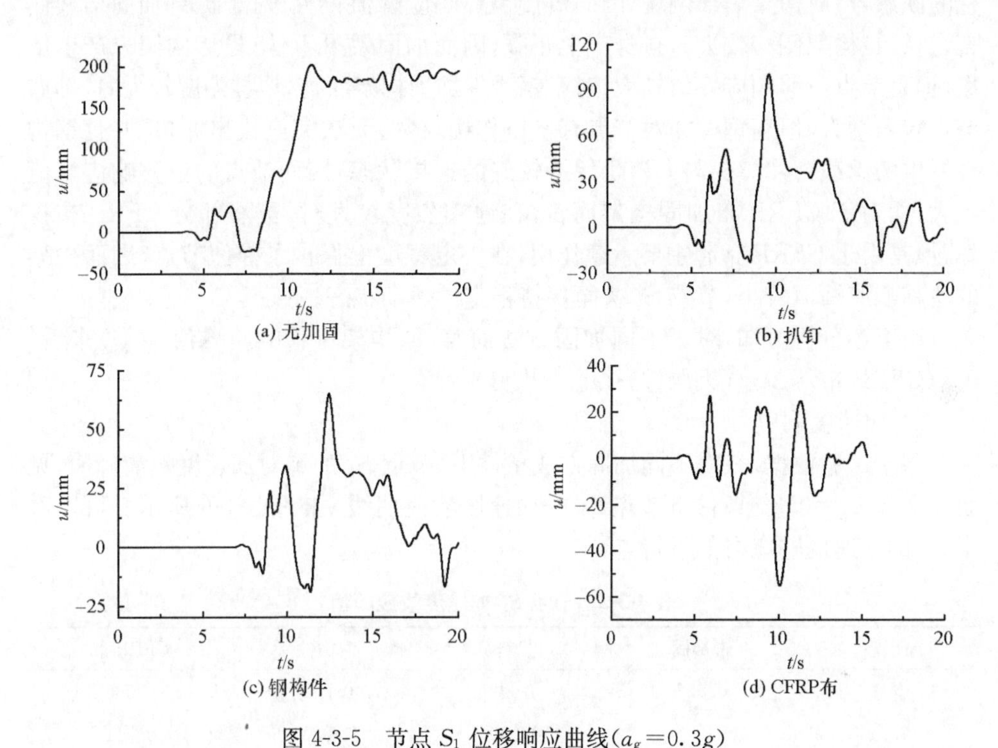

图 4-3-5　节点 S_1 位移响应曲线（$a_g=0.3g$）

可以看出 S_1 的位移响应有如下特点：

(1) $a_g=0.1g$ 时，无论构架加固与否，节点 S_1 的位移响应峰值相差不大，这说明在地震烈度较小时，不同方法对榫卯节点变形的约束作用不明显。

(2) $a_g=0.2g$ 时，扒钉和钢构件加固构架的位移响应峰值反而略大于未加固构架。这是因为在地震烈度较大时，对于未加固构架而言，其榫头和卯口之间有充分的挤压和摩擦作用，在一定程度上可以减小构架的地震响应，在拔榫量尚不至于导致构架失稳时，构架的位移响应不大；对于扒钉加固构架而言，其加固作用主要在于扒钉两端对节点的嵌固作用以限制榫头水平拔出，但对榫头绕卯口的转动影响不大，并且加固试验是在未加固试验完成的基础上进行的，榫卯节点存在初始拔榫，因而会出现节点 S_1 的位移响应峰值大于未加固构架的情况；对于钢构件加固构架而言，其加固作用主要通过扁钢卯和扁钢榫对节点表面的挤压和摩擦力作用来限制节点拔榫，在节点拔榫尺寸不大时，钢构件对节点变形的约束作用尚未充分发挥，因而构架侧移较大；而对于 CFRP 布加固构架而言，其完全利用 CFRP 布的抗拉强度来对节点进行包裹，从而约束节点变形，因而节点转动能力相对较弱，使地震作用下构架变形偏小。

(3) $a_g=0.3g$ 时，对于未加固构架而言，节点拔榫量过大，严重地削弱了梁与柱的联系，造成构架局部倒塌，因而节点位移响应峰值很大；对于扒钉加固构架而言，扒钉在构架侧移较大时自身产生屈服，因而加固效果不佳，虽然构架未产生倒塌，但是节点位移响应峰值较大；对于钢构件加固构架而言，地震烈度较大时，榫卯节点转角增大，但扁钢榫卯对节点有挤压作用，榫头无法完全拔出卯口，并且钢构件提供的承载力使榫头与卯口仍保持较好的连接状态，因而节点的位移响应峰值不大；而对于 CFRP 布加固构架而言，在地震烈度较大时，虽然部分 CFRP 布拉坏，但是由于 CFRP 布起主要承载作用，在一定程度上保护了榫卯节点，因而构架的位移响应峰值较小，节点 S_1 甚至保持稳定的振动状态。

由上述分析可知，对于不同加固方法而言，从构架位移响应峰值(u_{max})来看，u_{max}(CFRP 布)<u_{max}(钢构件)<u_{max}(扒钉)。

2) 加速度响应

基于试验数据，获得不同加固方法条件下，节点 S_1 的绝对加速度响应峰值，见表 4-3-3；$a_g=0.3g$ 条件下节点 S_1 的加速度响应曲线，如图 4-3-6 所示。可以看出 S_1 的加速度响应有如下特点：

表 4-3-3 节点 S_1 加速度响应峰值 (单位：g)

工况	未加固	扒钉	钢构件	CFRP 布
0.1g	0.032	0.029	0.032	0.036
0.2g	0.055	0.030	0.032	0.041
0.3g	0.250	0.173	0.044	0.101

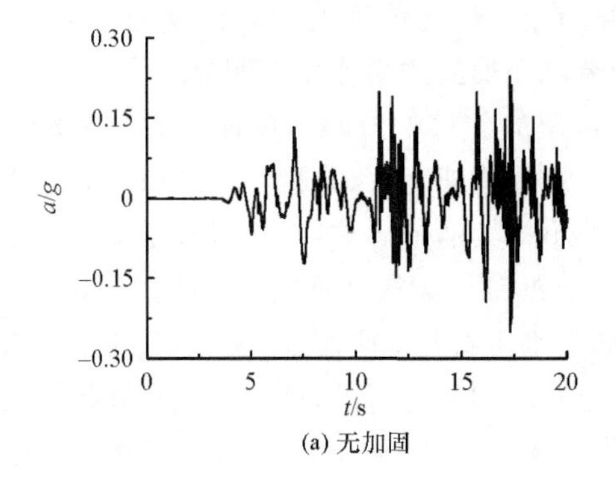

(a) 无加固

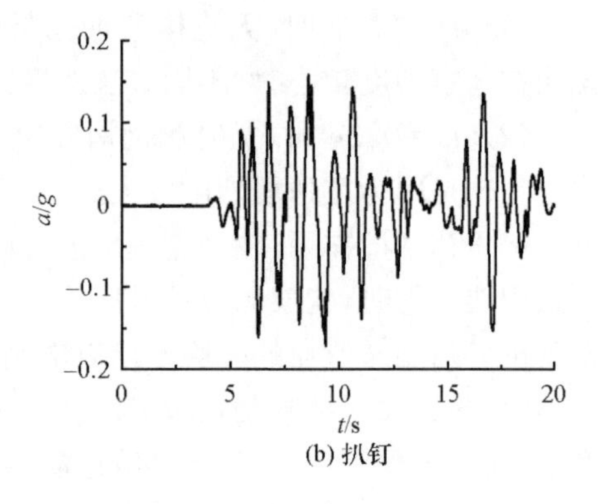

(b) 扒钉

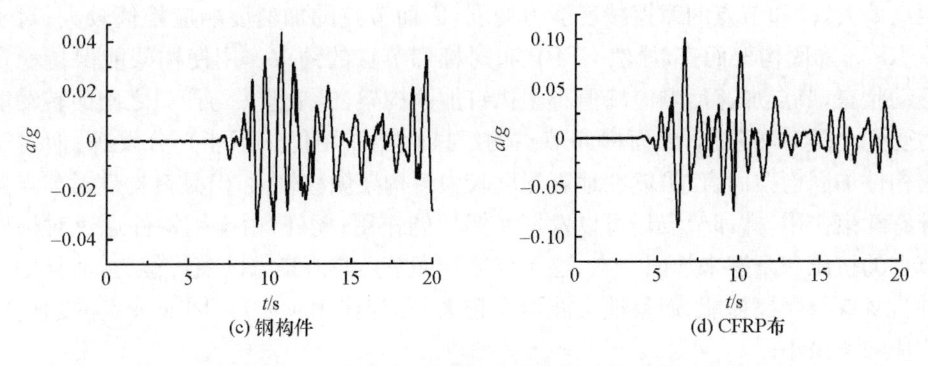

(c) 钢构件　　(d) CFRP布

图 4-3-6　节点 S_1 加速度响应曲线($a_g=0.3g$)

(1) $a_g=0.1g$ 时,对于不同的加固方法而言,节点 S_1 加速度响应峰值(a_{max})的大小顺序为:a_{max}(CFRP 布)$>a_{max}$(钢构件)$\approx a_{max}$(未加固)$>a_{max}$(扒钉)。这是因为在地震烈度较小时,榫卯节点转角较小,扒钉、钢构件尚未发挥加固作用,榫卯节点的转动能力受到影响不大,其耗能能力得以发挥;而 CFRP 布加固构件中,由于 CFRP 布对榫卯节点区域的包裹作用,约束了节点的转动,使得榫头与卯口之间的相对摩擦及滑移能力相对降低,节点耗能能力相对较小,因而出现加速度响应增大的情况。

(2) $a_g=0.2g$ 时,节点 S_1 的加速度响应峰值(a_{max})大小顺序为:a_{max}(未加固)$>a_{max}$(CFRP 布)$>a_{max}$(钢构件)$>a_{max}$(扒钉)。这是因为在地震波烈度增大时,对于未加固构架而言,由于榫卯节点转角增大,榫头开始从卯口拔出,并且当拔榫尺寸较大时,虽然未产生脱榫,但是榫头与卯口间的摩擦变弱,榫卯节点的耗能能力降低。对于 CFRP 布加固构架而言,由于 CFRP 布约束了节点的变形,相应的对节点拔榫产生限制,在一定程度上使榫头与卯口之间的摩擦减震作用比未加固构架略有提高,因而节点的加速度响应峰值相对减小。对于钢构件加固构架而言,当地震烈度增大时,一方面钢构件对节点的约束作用可限制节点过大拔榫。另一方面钢构件与节点间产生的摩擦作用也能耗散部分地震能量,因而节点的加速度响应峰值小于 CFRP 布加固构架。而对于扒钉加固构架而言,一方面扒钉对节点水平拔榫的约束作用有利于榫卯节点的摩擦耗能。另一方面扒钉不能限制榫头绕卯口转动,这导致扒钉在自身屈服前,榫头与卯口能充分发挥摩擦耗能作用,因而节点的加速度响应峰值最小。

(3) $a_g=0.3g$ 时,节点 S_1 的加速度响应峰值(a_{max})大小顺序为:a_{max}(未加固)$>a_{max}$(扒钉)$>a_{max}$(CFRP 布)$>a_{max}$(钢构件)。这是因为在地震烈度较大时,对未加固构架而言,榫头的拔榫量过大,构架产生局部倒塌,此时榫卯节点已产生破坏,几乎无法发挥摩擦耗能作用,因而节点的加速度响应峰值最大;对于扒钉加固构架而言,虽然构架未产生倒塌,但是扒钉自身屈服,而且榫头和卯口之间的相对滑移距离偏大，榫卯节点的摩擦减震能力变弱，因而节点的加速度响应峰值较大；对于CFRP布加固构架而言，虽然CFRP布对榫卯节点的约束作用使构架能保持稳定振动状态，节点加速度响应峰值小于扒钉加固构架，但是榫头与卯口之间的转动能力受到CFRP布限制，因而榫卯节点的摩擦耗能作用仍然不能充分发挥；而对于钢构件加固构架而言，虽然在地震烈度较大时构架侧移较大，但是钢构件对节点拔榫有约束作用，榫卯节点仍可以发挥摩擦耗能作用；此外，由于钢构件通过对榫卯节点的挤压和摩擦来加固节点，这不仅使榫卯节点具有良好的变形能力，而且钢构件自身参与摩擦耗能，而且地震波烈度越大，参与作用越明显，因而节点的加速度响应峰值最小。

由上述分析可知，对于不同加固方法而言，从构架加速度响应峰值(a_{max})来看，a_{max}(钢构件)$<a_{max}$(CFRP布)$<a_{max}$(扒钉)。

3. 减震系数

为便于分析，定义β_1为榫卯节点减震系数，$\beta_1=a_2/a_3$，其中a_2为节点S_2加速度响应峰值，a_3为节点S_3加速度响应峰值；β_2为构架减震系数，$\beta_2=a_1/a_3$，其中，a_1为节点S_1的加速度响应峰值。β_1、β_2值越小，则榫卯节点的耗能性能越好，构架的地震响应越小。基于试验获得的a_1、a_2、a_3数据(a_1数据见表4-3-3，a_2、a_3数据由于篇幅限制，此处未给出)，获得不同加固方法条件下的β_1、β_2值与地震波加速度峰值关系的柱形图，如图4-3-7所示，其中U代表未加固，I代表扒钉加固，S代表钢构件加固，CF代表CFRP布加固。

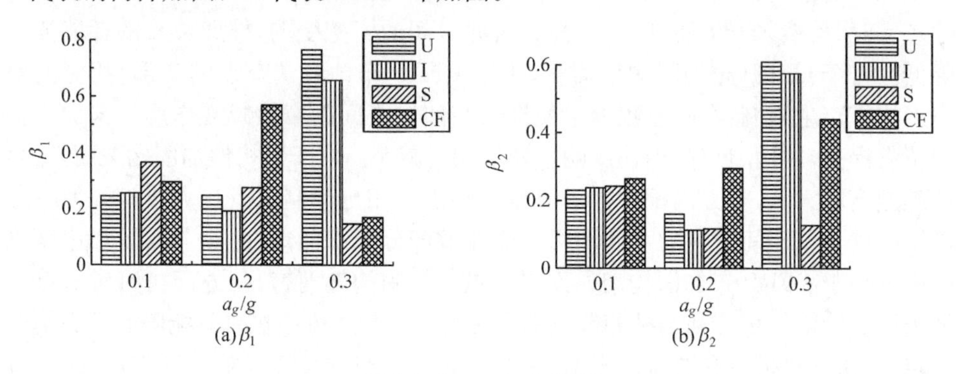

图4-3-7　β_1、β_2柱形图

由图4-3-7可知，虽然在不同地震烈度作用下β_1、β_2值不完全相同，但呈现出大致相同的特点及发展趋势：

(1) 在地震波加速度峰值较小时，未加固构架的榫卯节点具有较好的耗能能力，因而β_1、β_2值较小；不同方法加固榫卯节点的效果尚未发挥，因而β_1、β_2值略大。

(2) 当地震波加速度峰值增大时，未加固构架的榫卯节点由于拔榫影响，耗能能力略有下降，因而 β_1、β_2 值相对扒钉及钢构件加固构架偏大；而扒钉及钢构件由于对榫卯节点的转动能力影响不大，而且限制了节点的过大拔榫，使得榫卯节点的耗能能力得到充分发挥，因而 β_1、β_2 值较小；CFRP 布加固构架则由于 CFRP 布对榫卯节点转动的约束作用，榫卯节点的摩擦耗能能力相对较差，因而 β_1、β_2 值最大。

(3) 当地震波加速度峰值较大时，未加固构架由于节点拔榫量过大导致构架局部倒塌，榫卯节点减震性能最差；扒钉加固构架则由于扒钉自身屈服，对节点拔榫的约束力降低，构架虽然未倒塌，但是节点转角过大，榫头与卯口之间的耗能作用减小，因而 β_1、β_2 值较大；CFRP 布虽然能约束榫卯节点的变形，避免了构架的失稳破坏，但是限制了榫卯节点摩擦耗能作用的发挥，因而减震性能不佳，β_1、β_2 值大于钢构件加固构架；而钢构件由于不仅能约束榫卯节点的过大拔榫，使其充分发挥耗能性能，而且提供部分摩擦耗能作用，因而减震效果最好，β_1、β_2 值最小。

此外，β_1、β_2 值均小于 1，这在一定程度上反映了榫卯节点具有一定的减震作用。

由上述分析可知，不同加固方法的减震系数(β)大小顺序为：β(钢构件)＜β(CFRP 布)＜β(扒钉)。

4.3.4　结论

(1) 构架加固前后的基频(J)大小顺序为：J(钢构件)＞J(CFRP 布)＞J(扒钉)＞J(未加固)。

(2) 从构架位移响应峰值(u_{max})来看，u_{max}(CFRP 布)＜u_{max}(钢构件)＜u_{max}(扒钉)。

(3) 从构架加速度响应峰值(a_{max})来看，a_{max}(钢构件)＜a_{max}(CFRP 布)＜a_{max}(扒钉)。

(4) 不同加固方法的减震系数(β)大小顺序为：β(钢构件)＜β(CFRP 布)＜β(扒钉)。

(5) 对于不同的加固方法而言，扒钉最差，CFRP 布较好，钢构件最佳。

参考文献

[1] 宾慧中，路秉杰. 浅识宋材份制与清斗口制[J]. 安徽建筑，2003，10(3)：1－2.

[2] 于业栓，薛建阳，赵鸿铁. 碳纤维布及扁钢加固古建筑榫卯节点抗震性能试验研究[J]. 世界地震工程，2008，24(3)：112－117.

[3] 葛鸿鹏，周鹏，伍凯，等. 古建木结构榫卯节点减震作用研究[J]. 建筑结构，2010，40(S)：30－36.

第 5 章　故宫太和殿斗拱竖向加载静力试验

本章包括以下两个部分:①古建筑木结构斗拱力学性能研究。基于文献检索方法,研究了古建筑木结构斗拱的力学性能在国内外的研究现状,对已取得的成果及不足之处进行了评价,并展望了未来发展趋势。②故宫太和殿斗拱竖向加载试验。采取静力试验方法,以故宫太和殿一、二层平身科、柱头科、角科斗拱为对象,研究了在竖向荷载作用下明清官式斗拱的受力性能。基于上述三种斗拱构造特征,制作了 1∶2 缩尺比例模型,进行了竖向加载试验,讨论了不同斗拱在荷载作用下的破坏形式、内力及变形特征,归纳了斗拱的竖向刚度计算模型。

5.1　古建筑木结构斗拱力学性能研究

我国古建筑以木结构为主,其典型构造特征之一即在梁架与柱顶之间采用了斗拱层。斗拱(宋代称铺作)是我国古代建筑的特有形制,指安装在古建筑檐下或梁架间的,由斗形构件、拱形构件和枋木组成的结构,主要作用是将屋架荷载传给柱架,从而提高建筑物抗震性能,并具有一定的建筑美学功能[1]。斗拱种类很多,以清式斗拱为例,按其所在建筑物位置,可分为外檐斗拱和内檐斗拱[2]。外檐斗拱位于建筑物外檐部位,包括平身科、柱头科、角科、溜金、平座等类型斗拱;内檐斗拱位于建筑物内檐部位,包括品字科、隔架斗拱等。斗拱内外侧一般都要向外挑出,称为“出踩”。斗拱向外挑出一拽架称为三踩,二拽架称为五踩,三拽架称为七踩,以此类推。图 5-1-1 为故宫太和殿平身科斗拱的构造示意图。

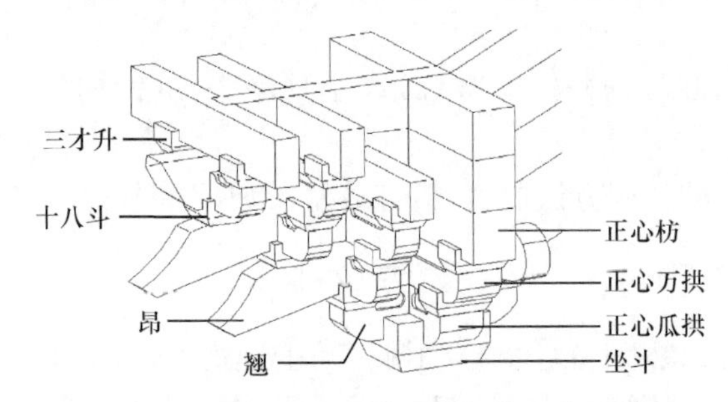

图 5-1-1　故宫太和殿平身科斗拱构造示意图

由于斗拱构造的特殊性及结构作用的重要性,其力学性能对古建筑结构整体的安全性能影响重大。掌握外力作用下斗拱的内力分布形式、变形特征、破坏方式、耗能机理、加固方法等力学机制，有助于对古建筑结构整体的保护和维修。相应的，国内外一些学者对斗拱的力学性能开展了理论和试验等方面研究。

5.1.1　国内研究现状

1. 理论研究

王天[3]采用理论分析方法，对《营造法式》中铺作各构件的力学构造进行了简要分析，研究表明，栌斗（坐斗）是铺作中最大的一只斗，是构架的承重关键；《营造法式》规定栌斗边长为 32 份，满足栌斗受力要求；角檐位置栌斗尺寸虽大，但承载能力小于心间檐柱栌斗；为了防止昂头剪切破坏，下昂设置了昂嘴；每层铺作出挑 30 份，是有一定的力学因素的。

张双寅[4]基于静力学分析手段，研究了斗拱中斗、梧柱（斗拱前身构造）对上部大梁的受力性能影响，认为大梁的荷载通过"斗"传到立柱的头部，用较细的立柱顶起粗大的横梁，减少立柱对大梁的压应力；梧柱置于梁下，柱之上部加斜撑，分担屋顶加于梁上的荷载，使荷载传递更合理。

Fang 等[5,6]定义和引入反映木结构古建筑斗拱特性的半刚性节点单元，利用对西安北门箭楼的现场脉动试验和激测试验获得的结构自振频率的结果，使用 Simplex 方法反演推断西安北门箭楼斗拱半刚性节点单元的参数范围，研制了考虑斗拱刚度影响的有限元动力分析软件 SAFATS，对西安北门箭楼的动力特性进行了深入分析讨论。这是我国第一次对木结构古建筑斗拱的力学性能做定量研究。

张鹏程[7]初步分析了斗拱的力学构造特征，认为斗拱构件之间有的采取暗销作了定位及安装期间的剪力连接件，有的通过静摩擦力来抵抗水平滑移；构件的十字形相交有利于防止斗拱在平面内外产生失稳，构件交叉处所开的豁口不影响作用力传递；明清斗拱较宋代及以前斗拱体量减小，数量增多，更有利于发挥斗拱的抗震性能。

魏国安[8]采用理论分析方法，研究了斗拱各构件的工作机制、破坏形态和抗震性能；采用有限元分析软件 ANSYS 的接触算法，对斗拱模型进行了数值模拟，得到斗拱在竖向荷载作用下的力-变形曲线，以及在水平低周反复荷载作用下的力-侧移滞回曲线；根据理论、试验及数值模拟结果，提出了斗拱在竖向荷载下的理论计算模型，以及水平地震作用下的力学分析模型。

李海娜[9]采用理论分析方法，研究了斗拱层在静力作用下的传力机理及其薄弱环节，认为斗拱受静水平力的破坏分为四个阶段，即各构件无相对位移、构件之间产生微小的相对位移、构件间发生明显的相对位移、构件间发生过大的相对位移；华拱（翘）承受最大的弯矩，斗是传递竖向荷载的连接件，斗耳在维持结构稳定方面有较大的贡献。

李海旺等[10]从斗拱连接的实际构造出发，建立反映接触传力机制的斗拱节点域计算模型，研究了斗拱自身的动力特性，并利用动力特性等效方法将斗拱节点域简化为刚接简化模型和铰接简化模型。

王智华[11]在对应县木塔斗拱进行现场勘查与测绘的基础上，采用有限元分析方法，建立了应县木塔三层明层内槽转角斗拱的实体模型，并且赋予斗拱木材正交各向异性的材料特性，进行了数值模拟研究，获得了木塔三层明层内槽转角斗拱在上部竖向荷载作用下的应力状态以及应力在斗拱中的传递特征。

钟永[12]运用有限元程序建立了应县木塔各科拱的三维非线性有限元模型，并对其进行了竖向荷载作用下和水平荷载作用下的数值模拟，研究了斗拱之间的不同构造特征对其相关力学性能的影响，研究表明，斗拱在竖向荷载作用下力的主要传递方向为华拱(翘)方向；在水平荷载作用下沿华拱方向加载时力学性能表现为脆性，沿泥道拱(正心瓜拱)方向加载时力学性能则表现为延性。

陈韦[13]采用有限元分析方法和三维实体单元，根据牛腿模型各构件的尺寸，建立了斗拱的简化分析模型，即空间牛腿模型，在建模过程中采用在接触面生成接触对的方式来模拟斗拱在外力作用下的摩擦剪切耗能特性；通过对斗拱简化模型进行水平及竖向单调加载分析，从数值计算的角度验证了空间牛腿模型代替斗拱进行木塔整体力学性能分析的可行性。

2. 试验研究

赵均海等[14]利用现代测试仪器，对我国古建平身、柱头、角科三种斗拱进行了动力试验研究，获得了斗拱模型的频响函数曲线，讨论了斗拱模型的固有频率和阻尼比以及边界条件、竖向荷载对上述值的影响，认为随着斗拱支撑边界条件刚度增大，斗拱固有频率及阻尼比增大；随着竖向荷载增大，斗拱固有频率增大，而阻尼比减小。

张鹏程等[7,15]按照《营造法式》殿堂二等材柱头斗拱构造的相关规定，制作了1∶3.52的缩尺比例模型。通过低周反复加载试验，获得了斗拱转角很小情况下的力-侧移滞回曲线，讨论了单榀斗拱的耗能机理，认为斗拱的倒三角形构造使其像倒置的弹性球铰支座，一方面上部荷载集中在柱中心，另一方面斗拱在外力作用下易产生转动，其间部分斗拱构件的侧移动能转化为势能，进而通过竖向振动、侧移自振等方式耗能；通过竖向静力加载试验，获得了斗拱轴心受压破坏各构件的传力方式和破坏形式，讨论了在竖向荷载作用下构件内力的计算方法。

高大峰等[16~18]按照《营造法式》的规制，以殿堂类二等材柱头八铺作计心造为标准，制作了1∶3.52比例的试验模型，进行了水平低周反复加载试验，获得了斗拱的力-侧移滞回曲线，研究了斗拱抗震机理，认为斗拱在外荷载反复作用下产生相当程度的弹塑性变形、整体摆动及滑动位移，耗散掉大量能量，从而在屋顶与柱架结构层之间形成了一个振动缓冲层，明显减弱了地震对木结构古建筑的破坏作用。基于试验结果，引入了量化斗拱耗能减震能力的指标“滞回耗能因子”(f_{hed})[18]，其理论计算公式为

$$f_{hed}=S_1/S_2 \tag{5-1-1}$$

式中，S_1 为斗拱结构恢复力模型 $AFCG$ 的面积；S_2 为以斗拱结构恢复力模型的极值点为对角线的矩形 $ABCD$ 的面积，如图 5-1-2 所示。

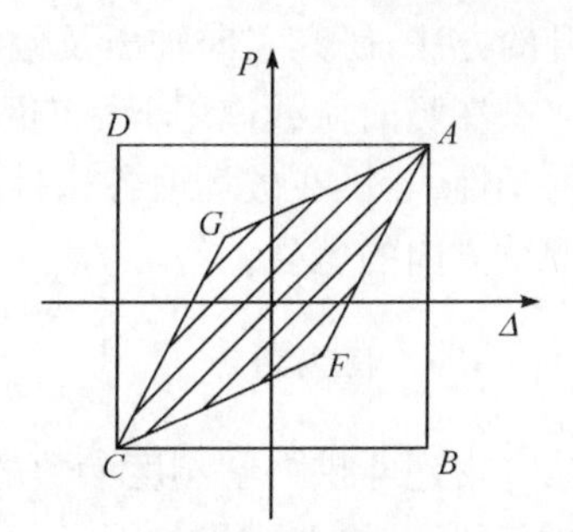

图 5-1-2　斗拱滞回耗能因子计算方法[18]

此外，他们按照《营造法式》的规制，以殿堂类二等材计心造两跳五铺作为标准，制作了 1∶3.52 缩尺比例的试验模型，进行了竖向承载力试验，研究了斗拱在竖向地震作用下的隔震机理及竖向极限承载力，研究表明，在竖向地震作用下，斗拱结构特性可视为变刚度线弹性变化，其运动的竖向传递率很小，并且构件强度裕度很大。

隋䶮等[19~22]通过对按照《营造法式》制作的单铺作、两铺作、四铺作斗拱模型进行低周反复荷载试验，获得了斗拱的力-位移滞回曲线及骨架曲线，分析了斗拱的层间滑移、内力变化、延性、等效黏滞阻尼系数等参数，归纳出斗拱的恢复力模型，研究了斗拱侧向刚度的退化规律，认为水平地震作用下斗拱的变形是以水平滑移为主，摩擦滑移具有良好的耗能特性；与普通结构不同，古建筑木结构斗拱的刚度不仅与木材材料特性和构件尺寸有关，而且与斗拱所受的竖向荷载呈线性关系；斗拱的力学模型属于线性强化弹塑性模型。

此外，他们对按照《营造法式》制作的古代殿堂式木结构建筑心间 1∶3.52 缩尺比例模型进行了模拟振动台试验研究，通过对比分析模型各层滞回耗能曲线，评价了斗拱对结构整体的耗能贡献，建立了基于斗拱耗能减震的殿堂式古建筑木结构的整体动力分析模型。

肖碧勇[23]首次进行了应县木塔二层明层柱头斗拱 1∶1 足尺模型的竖向静力力学性能试验，考察该斗拱在上部结构重力荷载作用下的传力机理和变形特点，认为斗拱前端相对较低承载力和木材横纹承压性能是影响斗拱整体承载能力的重要因素；建立了基于木材正交各向异性和摩擦滑移接触的有限元模型，对试验和数值模拟的结果进行了比较分析，并在此基础上对上述斗拱的传力路径和变形特点进行了分析。

王钰[24]和袁建力等[25]以应县木塔中的代表性斗拱为研究对象，选取三种典型斗拱：柱头铺作、补间铺作和转角铺作，按照 1∶3 的比例制作成模型，通过竖向荷载试验，得到斗拱的竖向荷载-竖向变形曲线和材料开裂前的抗压刚度；进行了

竖向荷载作用下的水平低周反复荷载试验，得到斗拱在竖向荷载和水平低周反复荷载共同作用下的荷载-水平位移曲线和骨架曲线，确定斗拱侧向变形的特征和耗散能量的能力。

吕璇[26]以清代某三踩柱头科斗拱为研究对象，采用数值模拟与静力试验相结合的方法，研究竖向轴压及偏压荷载作用下斗拱破坏形态和传力机理，研究表明，斗拱在竖向荷载作用下呈变刚度的特性，斗拱可以转动并承担一定的弯矩，有较好的延性；斗拱在破坏前各构件均会发生严重塑性变形，而且在不同部位存在横纹和顺纹方向的劈裂。

3. 工程应用

古建斗拱力学刚度参数的确定，有利于对古建筑结构开展基于保护目标的分析与研究，主要成果如下：

基于文献[5]、[6]，周乾等[27~30]采用2节点6自由度的弹簧单元模拟斗拱刚度特性，对故宫神武门、英华殿、太和殿等古建筑的抗震性能进行了评估。

高大峰等[31,32]采用线性弹簧单元及橡胶隔振单元模拟斗拱的刚度特性，对西安城南门箭楼及西安城墙永宁门箭楼的动力特性及抗震性能进行了研究，论证了斗拱构造对古建筑结构整体抗震性能的有利影响。

杜雷鸣等[33]用简化节点域模型代替实际斗拱节点域建立木塔整体刚接和铰接有限元模型，并对这两个计算模型开展动力特性及地震响应分析，评估了应县木塔的抗震性能。

王钰[24]分析了斗拱结构的受力特点，基于斗拱在竖向荷载下的静力试验结果，提出了斗拱的简化模型即空间牛腿模型，利用等刚度原则计算得到了空间牛腿模型的合理尺寸，用空间牛腿模型来代替斗拱模型，建立了应县木塔有限元模型，并对应县木塔残损模型的张拉复位施工进行模拟分析。

陈志勇等[34]认为铺作层主要通过斗拱节点的斗、拱横纹承压和拱枋受弯来传递竖向力，此时斗拱可简化为梁-弹簧组合模型；由柱脚传来的水平荷载则由拱枋受弯和拱枋间的暗销受剪及摩擦力来传递；因而可采用梁-短柱单元组来模拟斗拱，此单元组在各跳华拱与拱枋交点处设置虚拟短柱（两端固结于拱枋的梁单元），以其轴向压缩模拟横纹承压，以其弯曲模拟销连接受剪及摩擦力，从而传递各跳间的竖向和水平荷载。依此建立了应县木塔的理想和现状精细化模型，并研究了木塔的抗震性能。

5.1.2 国外研究现状

由于文化交流原因，我国斗拱做法在日本、朝鲜等国的寺庙、神坛等古建中较为普及。这些国家的部分学者对斗拱开展的力学性能研究主要包括两个方面：

①试验研究，即通过试验手段来获得相应结论；②力学试验与理论分析相结合，即首先通过试验手段获得关于斗拱力学性能的一些基本结论，再通过大量篇幅的理论分析或数值模拟来验证试验结果的可靠性。基于文献检索结果，对国外主要研究成果汇总如下。

1. 试验研究

(1) 藤田香織等[35~38]以某古建斗拱为例，分别选取三种简单构造斗拱(k_1—不出踩且不带槽升子；k_2—不出踩带槽升子；k_3—出三踩)，制作1∶1模型，进行了水平低周反复加载试验及振动台试验，得出如下结论：①水平地震作用下，各斗拱的线性刚度值$k_1>k_2>k_3$，各斗拱最大变形值$k_1<k_2<k_3$；②各斗拱水平振动时，基频大小为$k_1>k_2>k_3$，阻尼比大小为$k_1<k_2<k_3$；③各斗拱竖向振动时，基频大小为$k_1>k_2>k_3$，阻尼比大小为$k_2<k_1<k_3$，刚度值$k_1>k_2>k_3$；此外，还讨论了屋面荷载、垫拱板等参数对斗拱动力特性及抗震性能影响。

在此基础上，研究了构造稍微复杂的斗拱——类似于五踩斗拱的抗震性能。基于水平低周反复加载试验[39,40]，获得了斗拱各构件的力-变形曲线及恢复力模型。结果表明，斗拱的恢复力模型可用3线段刚度参数表示；地震作用下，影响斗拱变形的主要因素为大斗(坐斗)的转动及滑移；在进行数值分析时，斗拱总刚度可由若干串、并联弹簧来模拟。

基于试验结果，建立了斗拱的简化分析模型——单质点弹簧单元模拟斗拱，进行了数值模拟分析，并与试验结果进行对比，表明斗拱各力学参数的有效性[41]。

(2) 楠寿博等[42]对唐招提寺金堂斗拱进行了足尺比例模型试验。该斗拱构造简单，仅一层斗及拱。通过竖向静力加载试验，获得了斗拱的竖向力-竖向变形曲线，认为其力-变形为线性关系，而且卸载后存在残余变形；通过水平低周反复加载试验，获得了大斗弯矩-转角滞回曲线，并归纳出恢复力模型的理论解。

(3) Kenichi[43]基于试验手段，研究了日本传统寺庙建筑的抗震机理，认为日本传统寺庙建筑与现代钢结构、钢筋混凝土的主要区别在于包含三个抗震要素：To-kyou(斗拱)、Nuki(与柱形成榫卯连接的横梁)及柱础，如图5-1-3所示；其中，地震作用下柱子产生近似刚性侧移时，厚重屋顶通过斗拱及横梁产生恢复力，避免柱身产生过大倾斜；地震作用时，斗拱本身具有一定阻尼，可产生耗能减震作用。

(4) 津和佑子等[44~46]采用试验方法，研究了日本古建筑斗拱的力学特性。以某三踩斗拱为研究对象，选取三种尺寸的同类型斗拱，通过微振动及自由振动试验，获得了各斗拱的基频及阻尼系数，认为上述值的大小与施加在斗拱上的荷载密切相关；通过动力加载试验，研究了斗拱力-变形关系，认为不同荷载作用下，各斗拱的力-变形包络线均为双线性特征，但小尺寸斗拱的第二刚度最大；通过水平低周反复加载试验，研究了斗拱的恢复力特性，认为斗拱恢复力与尺寸大小、加载速

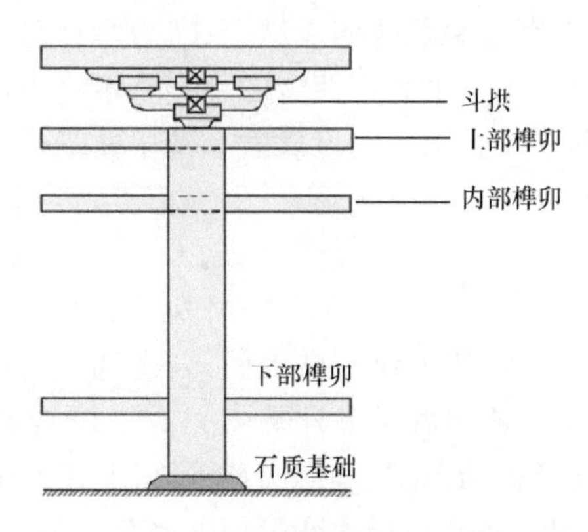

图 5-1-3　日本寺庙建筑抗震三要素示意图

度均相关，各斗拱的第一刚度理论与试验结果基本吻合，而第二刚度值比理论值有偏大趋势。

津和佑子等以法隆寺五重塔底层含斗拱框架[图 5-1-4(a)]为研究对象，制作了 1∶2/3 比例试验模型，进行了振动台试验[47~49]。通过试验获得了斗拱基频和阻尼比，发现当地震波幅值增大时，斗拱阻尼比趋于减小。斗拱及框架整体的力-变形滞回曲线如图 5-1-4(b)所示，其中，A 表示斗拱；B 表示模型整体。图 5-1-4(b)表明，地震作用下，斗拱变形相对于模型整体而言很小，可考虑为刚体。基于试验结果，建立了考虑斗拱的木构架整体有限元分析模型，其中斗拱考虑为线性弹簧。

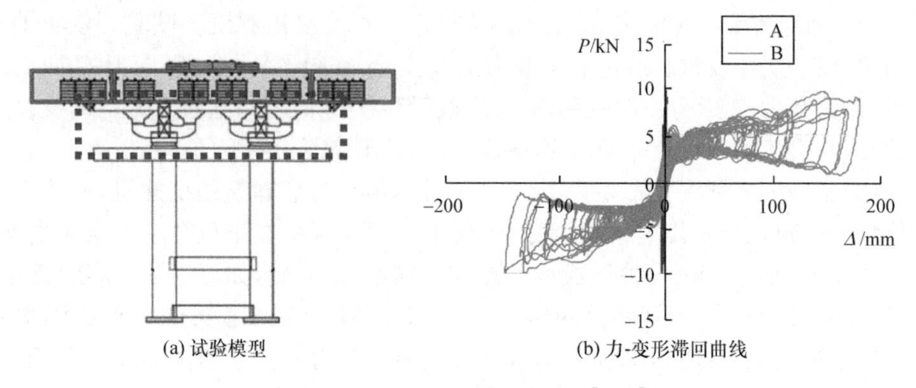

(a) 试验模型　(b) 力-变形滞回曲线

图 5-1-4　文献试验模型及结果[47~49]

(5) Jeong 等[50]为调查韩国古建筑的力学性能，以公元 10 世纪初建的某古建筑为对象，制作了 1∶3 试验模型，采用动力加载手段，进行了一系列结构试验，研究了模型整体的侧移及扭转特性，对比分析了榫卯节点及斗拱的耗能作用。他们认为梁柱节点的摩擦作用可耗散地震能量并减小古建筑结构整体收到的冲击作用,因而是耗能主体,而斗拱在耗能方面的能力远不及榫卯节点。

(6) Kitamor 等[51]考虑柱子与斗拱之间纯浮放关系,且通过屋顶竖向荷载将斗拱叠压在柱顶上,研究了日本某寺庙建筑斗拱[图 5-1-5(a)]在水平外力作用下的力学行为。通过静力加载试验[图 5-1-5(b)],认为由于屋顶自重影响,斗拱各构件具有弹塑性特性;水平剪切力作用下,由于斗拱的弹性变形,斗拱各构件整体应力分布呈降低趋势;当剪切力超过构件之间的静摩擦力时,坐斗 C 与连系梁 D 之间的滑移非常明显;外力作用下,檩 A 与拱 B 之间相对转动很小,而拱 B 与坐斗 C 及坐斗 C 与连系梁 D 之间的转动非常大,且沿竖向成近似对称分布;对于连接斗拱的暗榫而言,由于其对斗拱构件变形的制约作用,提高了斗拱整体的抗剪性能。

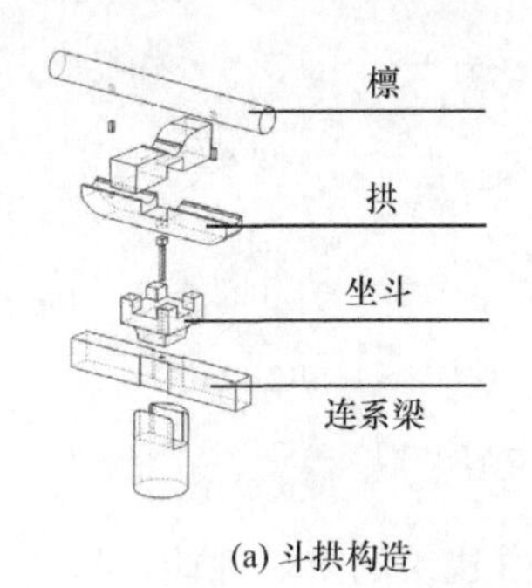

(a) 斗拱构造　　(b) 试验装置

图 5-1-5　斗拱构造及试验装置[51]

2. 试验与理论研究

(1) Fujita 等[52]认为斗拱自公元 6 世纪由中国传入日本后,在日本传统寺庙、圣坛建筑中广泛应用。为验证斗拱是否有抗震耗能作用,对四种不同类型的斗拱进行了试验研究。基于水平侧向加载试验结果,获得了斗拱的力-变形恢复力模型(图 5-1-6),其中斗拱刚度由 4 部分组成:k_1—大斗转动阶段,刚度值较大;k_2—各构件相对滑移阶段,刚度值很小;k_3—Masu(类似十八斗)转动阶段,刚度值较大;k_4—卸载阶段,刚度值介于 k_1 与 k_3 之间。基于振动台试验及理论分析结果,研究了斗拱的抗震性能,认为仅当斗拱刚度和墙体刚度相近时,斗拱可减小结构整体产生的侧向变形。

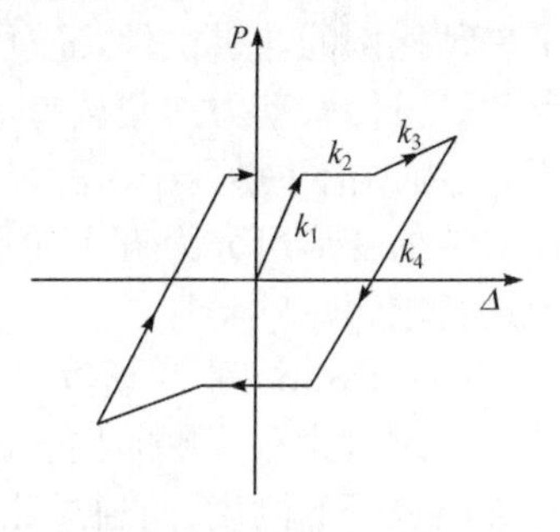

图 5-1-6　斗拱力-变形恢复力模型[52]

(2) 前野将辉等[53,54]研究了日本寺庙建筑的结构特性。他们制作了某古建筑的足尺比例模型,其中屋顶用青石板模拟[图 5-1-7(a)],进行了水平低周反复加载试验及振动台试验,研究了模型的力-变形恢复力曲线特征。基于试验结果,采用弹塑性分析模型(elastic-plastic pasternak model,EPM)

建模方法,建立了榫卯节点、斗拱[分层构造如图 5-1-7(b)所示]、柱子、框架等部分的恢复力模型,通过仿真分析方法对试验结果进行了验证。其中,斗拱的恢复力模型可用双线性刚度参数表示,建立过程考虑了斗拱各构件之间的相对转动、挤压、摩擦等因素。他们认为,斗拱的力学模型可用坐斗+等效柱(用来模拟坐斗以上的部分)来简化。此外,通过试验发现,基于斗拱作用结果,柱子整体的侧向变形值有所减小。

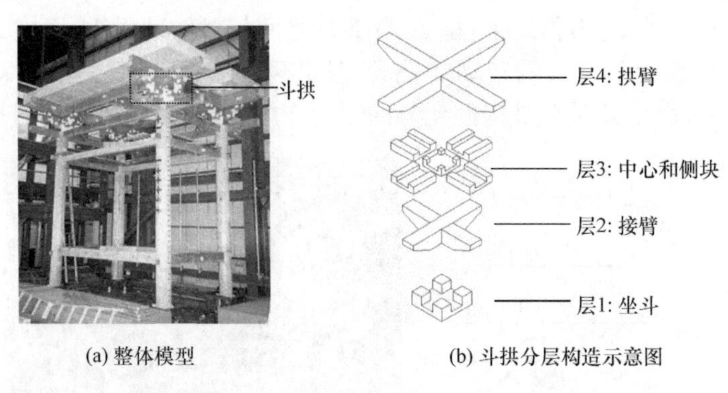

图 5-1-7 振动台试验模型[53,54]

(3) Lee 等[55]研究了考虑斗拱连接的韩国古建筑的抗震性能。以一座始建于公元 10 世纪的寺庙古建筑为对象,建立了 1∶2 缩尺比例模型进行试验。通过对斗拱模型进行低周反复加载试验,获得了斗拱的力-变形曲线,建立了斗拱恢复力模型(双线性刚度参数),认为在结构有限元模拟中可用剪切弹簧单元模拟斗拱力学机制,由此确定了弹簧单元的力学参数;通过对结构整体进行推覆试验,验证了上述力学参数的可靠性。

(4) Tsuwa 等[56]研究了同一斗拱在不同尺寸模数条件下的振动特性。选取了三种比例的斗拱试件,通过微振试验及自由振动试验获得了斗拱的基频和阻尼参数;通过静、动力加载试验,获得了各斗拱的力和变形参数;通过进一步的理论分析,认为不论斗拱处于何种尺寸段,对斗拱整体振动特性影响最大的构件为坐斗,而坐斗的变形可分为五个阶段,各阶段的滞回曲线刚度参数可利用 Merikomi 理论进行求解。

(5) Takino 等[57]研究了考虑斗拱连接(图 5-1-8)的日本某木构古建的结构特性。通过对含有斗拱的柱子进行屈曲分析,认为柱子在达到极限强度前,斗拱构造可提高柱子的刚度;当通过斗拱底部横向联系构件(类似中国古建筑中的抱头梁)施加很小的水平荷载给柱子时,柱子的弯曲变形和拉应力会急速提高。通过平面剪切试验,获得了含斗拱的木构架力-变形曲线,认为荷载作用下木构件的转动响应非常稳定。

图 5-1-8　日本古建筑斗拱[57]

5.1.3　讨论

1. 现状分析

综上所述,可知国内外学者关于斗拱力学性能的研究存在异同点。

(1) 相同点。国内外学者均从试验、理论角度研究了斗拱力学性能(尤其是抗震性能),并取得了一定成果。试验方面,足尺比例试验模型的选用,减小了试验误差,使试验结果与斗拱受力性能的实际情况接近;通过对斗拱的动力测试,获得了斗拱固有频率及阻尼比,并讨论了相关参数的影响;通过水平低周反复加载试验,获得了斗拱力-变形刚度参数及恢复力模型,研究了其抗震耗能机理;通过竖向静力加载试验,研究了斗拱的竖向受力机理、破坏形式及变形特征;基于试验结果,确定了斗拱力学参数的模拟方法。理论方面,通过简化的静力学分析,评价斗拱各构件截面承载力;通过数值模拟方法,研究了在外力作用下斗拱各构件的破坏形式,内力及变形分布特征,验证了斗拱力学试验相关结果的可靠性。上述研究不仅有利于深入挖掘古建筑斗拱的力学机制,而且完善了古建筑结构整体的力学分析模型,对斗拱乃至古建筑整体维修和加固过程中出现的力学问题,提供了科学解决方法和理论参考。

此外,不管是国内还是国外,现有关于斗拱力学性能的研究,均存在不足之处。从研究对象来看,其研究对象极其有限,表现为针对某几种斗拱开展一系列力学性能研究;从研究内容来看,现有研究侧重于单榀斗拱的力-变形特性及抗震耗能机理研究,而对斗拱之间的协同作用研究很少;从研究目标来看,现有研究均侧重于探讨斗拱的受力机理,而关于外力作用下斗拱残损机理及加固方法研究则明显不足。

(2) 不同点。从研究对象、研究方法、研究内容、研究深度、研究应用等方面来看,国内外现有关于斗拱力学性能研究也存在不同之处,各有优缺点。

研究对象方面,国内研究对象主要针对宋、辽代建筑斗拱,构造上由多层斗、拱构件叠加而成,形式较复杂;而国外(主要指日本)研究的斗拱源于中国,但形式上有所区别,大多数斗拱模型构造简单,仅含一至二层斗或拱构件。研究方法方面,国内现有研究主要采用的拟静力试验来获取斗拱的变形特性和抗震性能,对于能较真实反映斗拱抗震性能的振动台试验则研究较少;而国外在进行斗拱力学试验研究时,振动台往往是试验必备,因而研究结果与斗拱实际情况更接近。研究内容方面,国内现有研究侧重于斗拱构件的力-变形特性研究,而国外不仅研究斗拱静力特性,其基频及阻尼比等动力特性研究也比较全面。研究深度方面,国内现有研究获得的斗拱力学模型常基于试验结果归纳而成的经验公式,细化分析较少;而国外研究则通过理论和试验两条线同时开展,理论分析充分考虑木材材料特性及材料强度理论,试验数据不仅包括斗拱整体,而且也充分考虑构件之间的转动、摩擦、滑移等因素,解析解与试验解数据互校,可信度大,研究细致入微。研究应用方面,国内研究通过采用弹簧单元、刚性节点域、梁-短柱组合单元模拟斗拱刚度特性,对部分古建筑的抗震性能进行了研究;国外研究侧重于斗拱本身受力机理研究,对于其刚度参数的实际应用与古建筑抗震性能分析,则相对较少。

2. 研究展望

随着文物保护理念的深入人心,以及科技方法的深入应用,古建筑斗拱的力学性能研究将趋于全面化和细致化,表现在以下方面:①研究对象将更加广泛,如对我国古建筑斗拱而言,不仅限于《营造法式》规定相关斗拱或应县木塔斗拱,而且对于我国现存的占大比例的明清木构古建斗拱的力学性能研究也将增多。②研究内容将丰富多彩,不仅斗拱本身,而且斗拱间的协同合作关系将予以探讨,斗拱的抗震耗能机理、变形特征、残损机制、加固方法等力学性能也将得到深入研究,为古建筑木结构的保护提供更全面可靠的理论基础。③研究方法将多样化,脉动测试、(拟)静力与振动台试验、理论分析、数值模拟等各种方法合理采用,对斗拱的静、动力特性全面开展研究。④研究水平将得以提升,表现为试验模型误差小,试验数据可靠,理论分析深入合理且与试验结果符合较好,斗拱力学模型完善,数值模拟结果可较真实地反映斗拱在外力作用下的力学特性。⑤研究结果也将为古建筑保护提供更全面的科学参考。

5.1.4 结论

本节采取分析汇总的方法,阐述了木构古建斗拱力学性能在国内外的研究现状,并进行了评价,未来研究发展趋势进行了展望。结果表明,古建筑木结构斗拱的静、动力特性在理论和试验方面均得到充分开展,并取得了一定成果,但也存在不足之处。随着科技发展和研究的不断深入,斗拱力学性能的研究将趋于全面化,研究水平将不断提高,其成果也将逐步在实际古建筑保护中得以体现。

参考文献

[1] 王效青. 中国古建筑术语辞典[M]. 太原：山西人民出版社，1996.

[2] 马炳坚. 中国古建筑木作营造技术[M]. 2版. 北京：科学出版社，2003.

[3] 王天. 中国古代大木作静力初探[M]. 北京：文物出版社，1992.

[4] 张双寅. 浅谈中国古建中斗拱的力学问题[C]//李和娣. 固体力学进展及应用——庆贺李敏华院士90华诞文集. 北京：科学出版社，2007.

[5] Fang D P, Iwasaki S, Yu M H. Ancient Chinese timber architecture—Ⅰ: Experimental study[J]. Journal of Structural Engineering, 2001, 127(11): 1348－1357.

[6] Fang D P, Iwasaki S, Yu M H. Ancient Chinese timber architecture—Ⅱ: Dynamic characters[J]. Journal of Structural Engineering, 2001, 127(11): 1358－1364.

[7] 张鹏程. 中国古代木构建筑结构及其抗震发展研究[D]. 西安：西安建筑科技大学，2003.

[8] 魏国安. 古建筑木结构斗拱的力学性能及ANSYS分析[D]. 西安：西安建筑科技大学，2007.

[9] 李海娜. 古建筑木结构铺作层抗震机理分析[D]. 西安：西安建筑科技大学，2008.

[10] 李海旺，薛飞，秦冬祺. 木结构斗拱的动力特性分析和应用[J]. 工业建筑，2006，(S)：1655－1660.

[11] 王智华. 应县木塔斗拱调查与力学性能分析[D]. 西安：西安建筑科技大学，2010.

[12] 钟永. 应县木塔斗拱的力学性能分析研究[D]. 哈尔滨：哈尔滨工业大学，2010.

[13] 陈韦. 应县木塔斗拱力学性能及简化分析模型的研究[D]. 扬州：扬州大学，2010.

[14] 赵均海，俞茂宏，杨松岩，等. 中国古建筑木结构斗拱的动力实验研究[J]. 实验力学，1999，14(1)：106－112.

[15] 张鹏程，赵鸿铁，薛建阳，等. 斗拱结构功能试验研究[J]. 世界地震工程，2003，19(1)：102－106.

[16] 高大峰. 中国木结构古建筑的结构及其抗震性能研究[D]. 西安：西安建筑科技大学，2007.

[17] 高大峰，赵鸿铁，薛建阳，等. 中国古代大木作结构斗拱竖向承载力的试验研究[J]. 世界地震工程，2003，19(3)：56－61.

[18] 高大峰，赵鸿铁，薛建阳. 木构古建筑中斗拱与榫卯节点的抗震性能试验研究[J]. 自然灾害学报，2008，17(2)：58－64.

[19] 隋䶮. 中国古代木构耗能减震机理与动力特性分析[D]. 西安：西安建筑科技大学，2007.

[20] 隋䶮，赵鸿铁，薛建阳，等. 古建木构科拱侧向刚度的试验研究[J]. 世界地震工程，2009，25(4)：145－147.

[21] 隋䶮，赵鸿铁，薛建阳，等. 古建木构铺作层侧向刚度的试验研究[J]. 工程力学，2010，27(3)：74－78.

[22] 隋䶮，赵鸿铁，薛建阳，等. 中国古建筑木结构铺作层与柱架抗震试验研究[J]. 土木工程学报，2011，44(1)：50－57.

[23] 肖碧勇. 应县木塔斗拱解读及二层明层柱头斗拱传力机理研究[D]. 长沙：湖南大学，2010.

[24] 王钰. 应县木塔扭、倾变形张拉复位的数字化模拟和安全性评价[D]. 扬州：扬州大学，2008.

[25] 袁建力，陈韦，王钰，等. 应县木塔斗拱模型试验研究[J]. 建筑结构学报，2011，32(7)：

66－72.
[26] 吕璇. 古建筑木结构斗拱节点力学性能研究[D]. 北京:北京交通大学,2010.
[27] 周乾,闫维明,周锡元,等. 中国古建筑动力特性与地震反应[J]. 北京工业大学学报,2010,36(1):13－17.
[28] 周乾,闫维明,周宏宇. 中国古建筑木结构随机地震响应分析[J]. 武汉理工大学学报,2010,32(9):115－118.
[29] 周乾,闫维明,周锡元,等. 故宫神武门动力特性及地震反应研究[J]. 工程抗震与加固改造,2009,31(2):90－95.
[30] 周乾,闫维明,关宏志,等. 故宫太和殿抗震性能研究[J]. 福州大学学报,2013,41(4):487－494.
[31] 高大峰,曹鹏男,丁新建. 中国古建筑简化分析研究[J]. 世界地震工程,2011,31(2):175－181.
[32] 高大峰,祝松涛,丁新建. 西安永宁门箭楼结构及抗震性能分析[J]. 山东大学学报(工学版),2013,42(2):62－69.
[33] 杜雷鸣,李海旺,薛飞,等. 应县木塔抗震性能研究[J]. 土木工程学报,2010,43(S):363－370.
[34] 陈志勇,祝恩淳,潘景龙. 应县木塔精细化建模及水平受力性能分析[J]. 建筑结构学报,2013,34(9):150－158.
[35] 坂本功,藤田香織,大橋好光,他. 伝統的木造建築の組物振動台実験(その1):実験概要と静加力試験[C]//日本建築学会関東支部研究報告集. 茨城:日本建築学会,1997:37－40.
[36] 木村正彦,藤田香織,坂本功,他. 伝統的木造建築の組物振動台実験(その2):組物の振動特性[C]//日本建築学会関東支部研究報告集. 茨城:日本建築学会,1997:41－44.
[37] 藤田香織,木村正彦,大橋好光,他. 伝統的木造建築の組物振動台実験(その3):地震波加振[C]//日本建築学会大会学術講演梗概集. 福冈:日本建築学会,1998:263－264.
[38] 木村正彦,大橋好光,藤田香織,他. 伝統的木造建築の組物振動台実験(その4):組物の上下振動特性[C]//日本建築学会大会学術講演梗概集. 福冈:日本建築学会,1998:265－266.
[39] 藤田香織,木村正彦,大橋好光,他. 伝統的木造建築の組物振動台実験(その5):出組の静加力試験[C]//日本建築学会大会学術講演梗概集. 鸟取:日本建築学会,1999:159－160.
[40] 藤田香織,木村正彦,大橋好光,他. 伝統的木造建築の組物振動台実験(その6):出組の剛性[C]//日本建築学会大会学術講演梗概集. 秋田:日本建築学会,2000:147－148.
[41] 藤田香織,木村正彦,大橋好光,他. 伝統的木造建築の組物振動台実験(その7):地震応答解析[C]//日本建築学会大会学術講演梗概集. 茨城:日本建築学会,2001:171－172.
[42] 楠寿博,木林長仁,長瀬正,他. 唐招提寺金堂斗組の実大構造実験[C]//日本建築学会大会学術講演梗概集 C-1 分册. 秋田:日本建築学会,2000:149－150.
[43] Kenichi K. Preservation and seismic retrofit of the traditional wooden buildings in Japan[J]. Journal of Temporal Design in Architecture and the Environment,2001,1(1):12－20.
[44] 津和佑子,藤田香織,金惠園,他. 伝統的木造建築の組物の動的載荷試験(その1):微動測定と自由振動試験[C]//日本建築学会大会学術講演梗概集 C-1 分册. 北海道:日本建築

学会,2004:23－24.

[45] 金惠園,藤田香織,津和佑子,他. 伝統的木造建築の組物の動的載荷試験(その2):荷重変形関係と変形の特徴[C]//日本建築学会大会学術講演梗概集 C-1 分册. 北海道:日本建築学会,2004:25－26.

[46] 藤田香織,金惠園,津和佑子,他. 伝統的木造建築の組物の動的載荷試験(その3):復元力特性と剛性の検討[C]//日本建築学会大会学術講演梗概集 C-1 分册. 北海道:日本建築学会,2004:27－28.

[47] 津和佑子,加藤圭,金惠園,他. 組物有する伝統木造軸組の振動台実験[J]. 生産研究,2008,60(2):11－14.

[48] 加藤圭,津和佑子,腰原幹雄. 組物有する伝統木造社寺建築の構面振動台実験(その1):実験概要および結果[C]//日本建築学会大会学術講演梗概集. 鸟取:日本建築学会,2008:43－44.

[49] 津和佑子,加藤圭,腰原幹雄. 組物有する伝統木造社寺建築の構面振動台実験(その2):水平耐力要素のモデル化と考察[C]//日本建築学会大会学術講演梗概集. 鸟取:日本建築学会,2008:45－46.

[50] Jeong S J,Lee Y W,Kim N H,et al. The effect of friction joint and Gongpo(bracket set) as an energy dissipation in Korean traditional wooden structure[C]//Enrico F. Proceedings of the VI International Conference on Structural Analysis of Historic Construction. Bath:CRC Press,2008:861－866.

[51] Kitamor A,Jung K,Hassel I,et al. Mechanical analysis of lateral loading behavior on Japanese traditional frame structure depending on the vertical load[C]//Proceedings of the 11th World Conference on Timber Engineering,Riva del Garda,2010.

[52] Fujita K,Sakamoto I,Ohashi Y,et al. Static and dynamic loading tests of bracket complexes used in traditional timber structures in Japan[C]//Proceedings of the 12th World Conference of Earthquake Engineering,Auckland,2000.

[53] 前野将辉,鈴木祥之,松本慎也. 寺院建築物における伝統木造軸組みの構造力学特性のモデルかによる骨組解析[J]. 京都大学防災研究所年報,2007,50B:117－131.

[54] 棚橋秀光,鈴木祥之. 伝統木造軸組の静的・動的実験のシミュレーション[J]. 歴史都市防災論文集,2010,4:181－188.

[55] Lee Y W,Hong S G,Bae B S,et al. Experiments and analysis of the traditional wood structural frame[C]//Proceedings of the 14th World Conference of Earthquake Engineering,Beijing,2008.

[56] Tsuwa I,Koshihara M,Fujita K,et al. A study on the size effect of bracket complexes used in traditional timber structures on the vibration characteristics[C]//Proceedings of the 10th World Conference on Timber Engineering,Miyazaki,2008.

[57] Takino A,Kunugi A,Miyamoto Y,et al. Analytical and experimental study on structural behavior of traditional wooden frame including Kumimono[C]//Proceedings of the 15th World Conference of Earthquake Engineering,Lisbon,2012.

5.2　故宫太和殿斗拱竖向加载试验

斗拱是我国木构古建特有形制，一般是指在梁檩与立柱之间，采用许多斗形木块，与肘形曲木，层层垫托，向外伸张的木构组件[1]。除具备建筑装饰、建筑等级功能外，斗拱还具有传递屋顶荷载至下部柱子、结构的减震作用[2,3]。位于北京紫禁城(今故宫博物院)内的太和殿斗拱做法是明清斗拱的最高形制[4]。太和殿一层斗拱做法属单翘重昂七踩斗拱，且平身科及角科斗拱为溜金做法。斗口尺寸 90mm，高度(即坐斗底皮至挑檐桁下皮的垂直距离)为 875mm，外檐垂直出挑尺寸为 685mm，内檐则做成秤杆形式落在底层花台枋上。与一般斗拱制作不同，溜金斗拱的翘、昂、刷头、撑头木等进深方向的构件，自正心枋以内不是水平迭置，而是按檐部举架的角度，向斜上方延伸，撑头木及刷头一直延伸至金步位置，可分落金及挑金做法[5]。落金做法是指杆件沿进深方向延伸，落在金枋(或花台枋)上，太和殿一层平身科、角科斗拱即为此构造；挑金做法是指斗拱撑头木及耍头等构件延伸至金步后，后尾并不落在任何构件上，而是附在金檩下，对金檩及其上的构架具有悬挑作用，常用于多角形亭类建筑。太和殿一层平身科、柱头科及角科斗拱照片以及溜金斗拱剖面示意图如图 5-2-1 和图 5-2-2 所示。

(a) 平身科

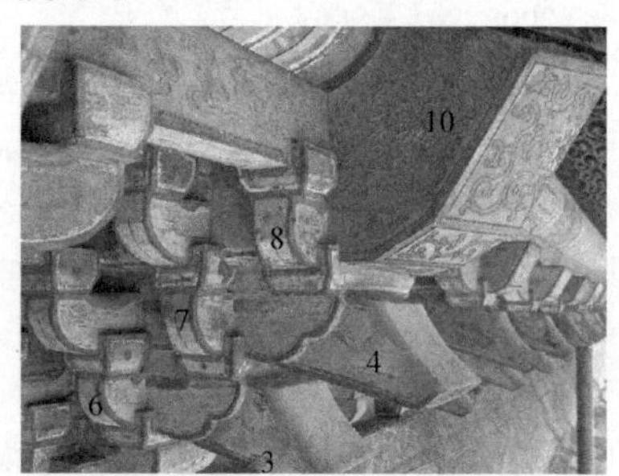

(b) 柱头科

(c) 角科

图 5-2-1　太和殿一层斗拱外立面

1. 坐斗；2. 头翘；3. 头昂；4. 二昂；5. 正心瓜拱；6. 单才瓜拱；7. 外拽瓜拱；8. 外拽厢拱；9. 要头；10. 桃尖梁

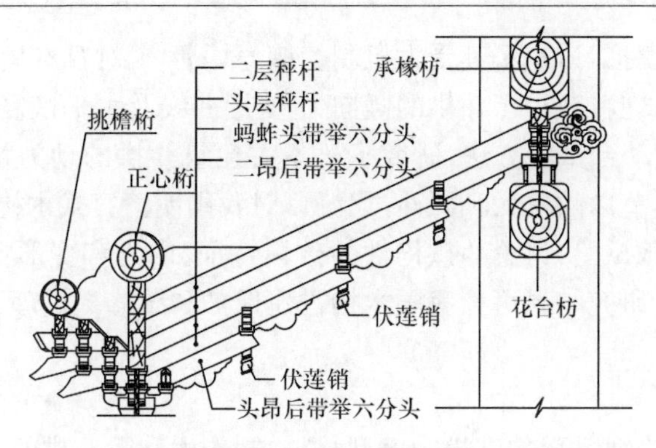

图 5-2-2　太和殿一层平身科溜金斗拱剖面示意图

太和殿二层斗拱构造做法为单翘三昂九踩形式，高度为 1050mm，外檐出挑尺寸为 900mm，二层斗拱外立面如图 5-2-3 所示。

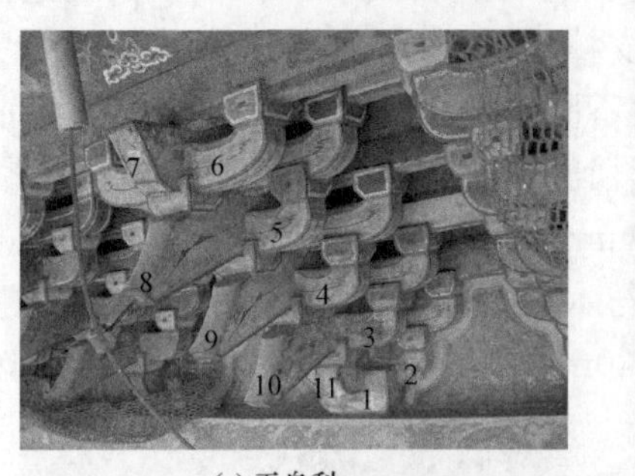

(a) 平身科

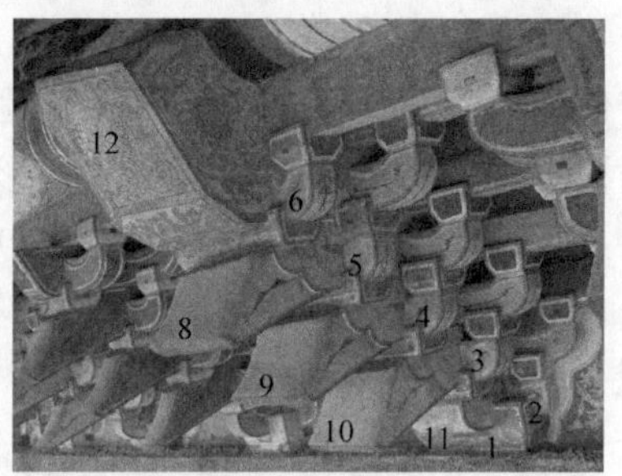

(b) 柱头科

(c) 角科

图 5-2-3　太和殿二层斗拱外立面

1. 坐斗；2. 正心瓜拱；3. 单才瓜拱；4、5. 外拽瓜拱；6. 外拽厢拱；7. 要头；
8. 三昂；9. 二昂；10. 头昂；11. 头翘；12. 桃尖梁头；13. 由昂

一些学者对斗拱的力学性能开展了理论或试验研究。高大峰等[6]、隋龚等[7]、袁建力等[8]分别以《营造法式》规定的斗拱样式及应县木塔斗拱为原型，制作了缩尺比例模型，开展了竖向加载试验及水平低周反复加载试验，获得了斗拱竖向刚度范围及水平抗震参数。钟永[9]、陈志勇等[10]基于有限元分析方法，对斗拱的受力性能进行了数值模拟，讨论了其受力机制。楠寿博等[11]对日本唐招提寺金堂斗拱进行了足尺比例试验，获得了斗拱的竖向力-变形曲线及水平恢复力模型。津和佑子等[12~14]采取振动台试验方法，研究了日本古建筑斗拱的动力特性及影响因素。基于上述研究，本节以故宫太和殿斗拱为例，对我国明清官式木构古建的溜金斗拱开展竖向静力加载试验，讨论斗拱构件的破坏特征、内力和变形情况，获得斗拱竖向刚度计算模型，研究结果可为我国木构古建保护和维修提供理论参考。

5.2.1　试验概况

以故宫古建修缮常用的红松为模型材料，制作太和殿斗拱的 1∶2 缩尺比例模型，含太和殿一、二层平身科，柱头科及角科斗拱，合计 6 个。为便于加载，模型倒置。在安装试件时，为保证试件受压面平整，首先在地面铺一层细砂，细砂上铺厚 10mm 木板，再安放试件。对于一层平身科及角科斗拱而言，由于其构造的特殊性，其斗拱承载部分用混凝土墩及钢筒支撑，溜金秤杆后尾则置于地面，并采取措施固定侧面以防止斗拱产生侧移。上述不同斗拱的试验模型如图 5-2-4 所示。

为研究竖向荷载作用下斗拱的变形情况，分别在木板、三昂昂嘴、二昂昂嘴、头昂昂嘴及顶板上部布置百分表（量程 50mm），则斗拱竖向总变形读数为顶板变形读数－木板上部变形读数，其他百分表与木板上部读数差可反映昂构件的竖向变形情况。另外，在坐斗顶部放置一块厚 20mm 铁板，上部荷载由铁板传至坐斗，再

(a) 一层平身科

(b) 一层柱头科

(c) 一层角科

(d) 二层平身科

(e) 二次柱头科

(f) 二层角科

图 5-2-4　太和殿斗拱试验模型

向下传给各构件。为获得斗拱构件的内力发展情况，分别在正心瓜拱、单才瓜拱、外拽瓜拱、外拽厢拱的下表面正中沿纵向布置电阻应变片；对于一层平身科及角科斗拱，还在秤杆后尾上部沿纵向布置应变片，以研究该位置的受力情况。以平身科斗拱为例，绘出上述百分表及应变片布置位置示意图，如图 5-2-5 所示。

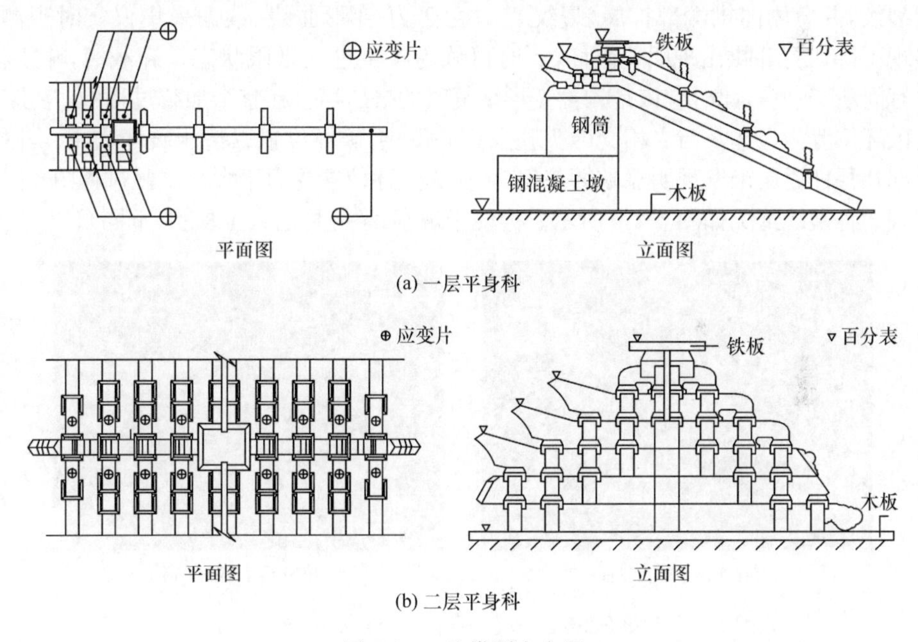

(a) 一层平身科

(b) 二层平身科

图 5-2-5　斗拱测点布置

该试验在北京工业大学工程抗震与结构诊治北京市重点实验室试验大厅进行。试验时，采用液压加载千斤顶(量程：100kN)对模型进行竖向加载。具体加载方式为：正式试验前先进行预压以减少系统误差。试验采用连续均匀加载方式，初始荷载为 4kN，以后每级增量为 3kN/min，试验加载至斗拱出现明显破坏，且数据采集仪中变形-力曲线的斜率降低时，开始卸载。本试验采用江苏东华测试技术股份有限公司生产的DH3815N静态应变测试系统采集数据。通过试验，主要研究竖向荷载作用下斗拱的破坏情况及内力、变形分布特征。

5.2.2 试验现象

(1) 一层平身科溜金斗拱。加载初始阶段，斗拱上部传来轻微噼啪声，反映斗拱各构件相互挤紧过程。竖向荷载 F 增加过程中，顶板百分表读数较快，反映斗拱竖向变形逐渐明显。F 约为15kN时，坐斗顶部(针对斗拱倒放角度而言，下同)与正心瓜拱相交处冒出灰烟，并传来明显噼啪声，正心瓜拱产生局部受压破坏裂缝(裂纹1)。荷载增大，斗拱上部噼啪声明显增强。F 约为30kN时，头翘中下部位置产生2道横向劈裂(裂纹2)。F 约为50kN时，头翘另一侧近坐斗顶部位置产生局部劈裂，而且随荷载增加裂纹迅速扩大(裂纹3)，坐斗随之产生变形。F 约为60kN时，发现正心瓜拱与坐斗顶部相交位置，正心瓜拱产生局部受压爆裂(裂纹4)。荷载增大，坐斗倾斜明显，与之相较的头翘与正心瓜拱不断传来劈裂声，前述裂纹(尤其裂纹2)扩张明显。F 约为85kN时，正心瓜拱与坐斗顶部相交处出现纵向裂纹，并急剧向拱端部扩展(裂纹5)。由于力-变形曲线(数据采集仪实时观测)出现下降段且斗拱出现明显破坏，此时可认为斗拱进入极限状态。卸载时，斗拱构件有间断噼啪声，此时应该是构件变形恢复时的挤压声。在整个加载过程中，斗拱主要破坏位置为坐斗及与之相交的头翘及正心瓜拱，破坏位置以挤压破坏为主。斗拱下部及秤杆后尾未发现明显破坏迹象，可认为上述位置受力不大。试验过程中，斗拱出现的各裂缝情况如图5-2-6所示。为便于观察，裂缝均已人工加粗(下同)。

(a) 斗拱上部正立面

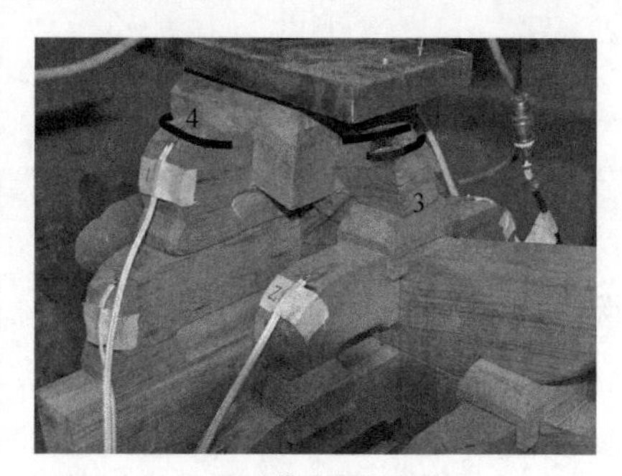

(b) 斗拱上部侧立面

图5-2-6　一层平身科溜金斗拱试验

(2) 一层柱头科斗拱。试验开始，斗拱无明显试验现象，无构件噼啪或挤压声。分析认为可能是小构件数量较少(斗拱下部为截面尺寸较大的桃尖梁)，因而受力初期，构件间的挤压或咬合作用相对较小。随着荷载增大，顶板位置百分表读数变化较快，反映斗拱上层构件变形较明显。荷载 F 约为48kN时，坐斗与正心瓜拱相交位置传来劈裂声，并出现裂缝(裂纹1)，裂缝为斜向，向坐斗底部延伸。荷载继续增大，斗拱上部传来间断轻微劈裂声。F 约为 65kN 时，与坐斗相交的头翘顶部与十八斗相交位置产生 2 条斜向剪切裂纹(裂纹 2)，裂纹沿头翘向上延伸。随后，头翘底部与坐斗相交处产生局部劈裂(裂纹 3)，并向外不断扩展。荷载进一步增大时，与坐斗相交的正心瓜拱开始产生细小纵向裂缝(裂纹 4)。F 约为 75kN 时，发现头翘底部出现一条明显的纵向裂缝(裂纹 5)，裂缝几乎纵向延伸到翘端部，应为受压破坏。随后，上述位置又产生明显爆裂声，并出现 2 条横向裂缝(裂纹 6)。荷载继续增大，斗拱上部爆裂声越来越明显。F 约为 80kN 时，发现头翘底部另一侧出现局部受压裂缝(裂纹 7)，裂缝为斜向。荷载继续增大时，头翘上述裂纹(尤其裂纹 5)继续扩展，并伴有噼啪声，以及开裂时冒出的灰烟。F 约为 86kN 时，坐斗中部出现水平受压破坏裂缝(裂纹 8)，坐斗产生可见变形，裂纹 5 继续明显扩展。F 约为 92kN 时，坐斗出现纵向裂缝(裂纹 9)，并由底部向上贯通。当斗拱出现明显破坏且力-变形曲线开始出现下降时，开始卸载。卸载过程中，斗拱不断传来噼啪声，应该是部分构件变形恢复。整个试验过程中，斗拱上层构件如坐斗、头翘、拱产生剪切或受压破坏，下部构件则基本完好。试验过程中，斗拱出现的各裂缝情况如图 5-2-7 所示(拍照原因，不含裂纹 7)。

(a) 坐斗正立面

(b) 坐斗及下部构件侧立面

图 5-2-7 一层柱头科斗拱试验破坏情况

(3) 一层角科溜金斗拱。试验一开始，斗拱便传来轻微吱吱声，应该是各分层构件的挤压声。当 F 增大时，斗拱上部传来轻微噼啪声，表明部分构件有开裂迹象。F 约为 40kN 时，在坐斗与正心瓜拱相交位置底部产生斜向裂缝(裂纹 1)，裂缝向坐斗上部延伸，应该属于挤压破坏。F 继续增大过程中，斗拱上部传来间断巨响，应该是有构件产生开裂破坏。F 约为 61kN 时，发现坐斗上部出现竖向裂纹(裂纹 2)。F 约为 70kN 时，在坐斗与正心瓜拱相交位置附近产生横向裂缝(裂纹 3)。随后，在头层斜翘与十八斗相交位置发现裂缝(裂纹 4)，裂缝向头翘斜上方延伸。荷载增大时，斗拱声音越来越明显且爆裂声和噼啪声交杂。F 约为 78kN 时，坐斗底部局部压裂，裂缝为水平向(裂纹 5)。随后，发现坐斗有轻微侧移，沿溜金后尾秤杆方向。荷载增大过程中，又发现坐斗压扁，而且斜向受压，与之相交的头翘顶部产生纵向裂纹并局部爆裂(裂纹 6)。同时，坐斗与正心瓜拱相交处，坐斗产生水平裂纹，向坐斗延伸(裂纹 7)。当构件出现明显破坏征兆，并且加载曲线开始有下降段时，停止加载。在卸载过程中，斗拱传来间断吱吱声，应该是构件间变形恢复声音。在整个试验过程中，斗拱上部构件如坐斗、头翘、正心瓜拱产生明显破坏，破坏形式表现为挤压或剪切裂纹，下部构件则无明显破坏，说明竖向力是层层往下传递的，上部构件受力较大，下部构件受力则较小。其主要原因在于斗拱的伞状构造：上部受力构件截面尺寸小，越往下构件受力截面尺寸越大。另外，在竖向荷载作用下，角科斗拱溜金后尾秤杆部分并无明显破坏，可认为其受力不大。试验过程中斗拱出现的各裂纹情况如图 5-2-8 所示。

(a) 坐斗竖向裂缝

(b) 斗拱上部破坏裂缝

图 5-2-8　一层角科斗拱试验

(4) 二层平身科斗拱。F 逐步增大时，斗拱传来吱吱声，而且最开始从头昂部位传出，然后逐渐由下部构件传来，这应该是构件间的挤压声及咬合声。F 约为 19kN 时，斗拱间传来劈裂声。随着 F 继续增加，劈裂声逐渐增大，随后发现坐斗与正心瓜拱相交位置，正心瓜拱上部局部压碎；坐斗与头翘相交位置，头翘产生斜向裂缝。F 继续增加，上述部位裂缝扩展的同时，头翘和正心瓜拱因挤压产生拉伸且两端翘起现象。其余层拱、翘、十八斗、槽升子等构件未见明显破坏痕迹。从破坏形式看，正心瓜拱、头翘与坐斗相交部位为局部压碎破坏及剪压破坏。由于在整个加载过程中，模型的破坏始终发生在坐斗及与之相交的正心瓜拱和头翘部位，而其他构件完好，因此可以认为，二层平身科斗拱在竖向受力作用下，其承载能力是较好的。试验加载过程中二层平身科斗拱的具体破坏部位如图 5-2-9 所示。

卸载时，翘和拱的变形略有恢复。卸载过程中，模型传来隐约啪啪声，且卸载力越大，声音越明显，这应该是构件之间咬合的松动声音。

(5) 二层柱头科斗拱。加载过程中，斗拱有轻微吱吱声，为构件咬合的声音，但出现时间比二层平身科晚，在一定程度上可反映柱头科斗拱的初始刚度大于平身科斗拱。F 约为 20kN 时，构件传来轻微劈裂声。随后，在斗拱中部出现水平裂纹，为坐斗横纹受压破坏。F 约为 60kN 时，坐斗在与正心瓜拱相交处两侧均出现斜向裂纹，并向坐斗底部延伸。拱未发现开裂或变形问题。F 约为 90kN 时，头翘

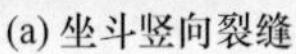
(a) 坐斗竖向裂缝

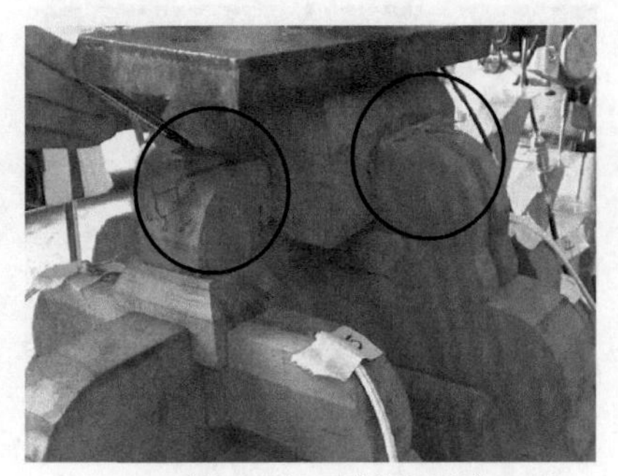
(b) 头翘、正心瓜拱局部压碎

图 5-2-9　二层平身科斗拱试验

出现水平纵向裂纹，从头翘与坐斗相交位置出发，向头翘端部延伸，但不是很明显。同时，头翘与坐斗相交位置，头翘产生竖向轻微翘曲。另外，坐斗自身存在压缩变形。整个试验过程中，仅坐斗和头翘产生破坏。二层柱头科斗拱试验破坏形式如图 5-2-10 圆圈部分所示。

(a) 坐斗中部横向裂纹

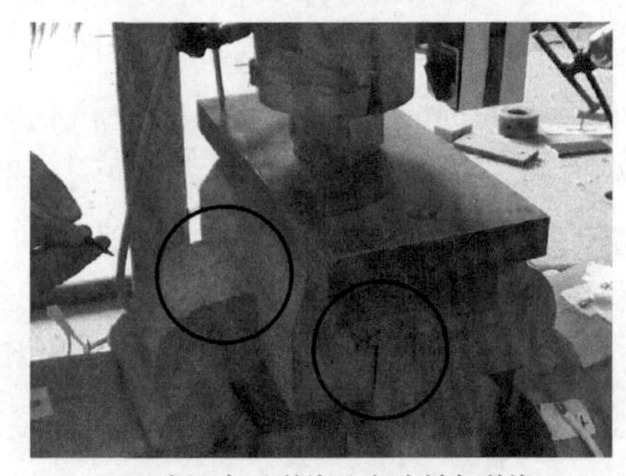
(b) 头翘水平裂纹及坐斗斜向裂纹

图 5-2-10　二层柱头科斗拱试验

卸载过程中，构件无明显声音，可认为构件的变形恢复量较小。这在一定程度上可反映柱头科斗拱的竖向受力性能较好。

(6) 二层角科斗拱。加载过程中，斗拱构件间传来咬合的吱吱声。F 增加时，斗拱构件的吱吱声明显，并伴有啪啪声，这是斗拱构件产生开裂的声音。F 约为 57kN 时，发现坐斗与斜拱相交位置有竖向裂缝，裂缝主要发生在坐斗部位，并向坐斗底部延伸，为竖向剪切破坏[图 5-2-11(a)]。随着 F 增加，裂缝宽度增大，开裂位置产生轻微曲翘。荷载达到约 82kN 时，头翘出现了纵向水平裂纹，裂纹由头翘与坐斗相交位置开始，向头翘端部延伸[图 5-2-11(b)]。此外，坐斗自身有轻微压缩变形，可反映斗拱弹性模量小的特点。在整个加载过程中，仅坐斗和头翘产生轻微破坏，因此可认为斗拱具有较好的竖向承载性能。在卸载过程中，F 约为 17kN 时，构件传来砰声，应该是构件变形恢复时的声音。

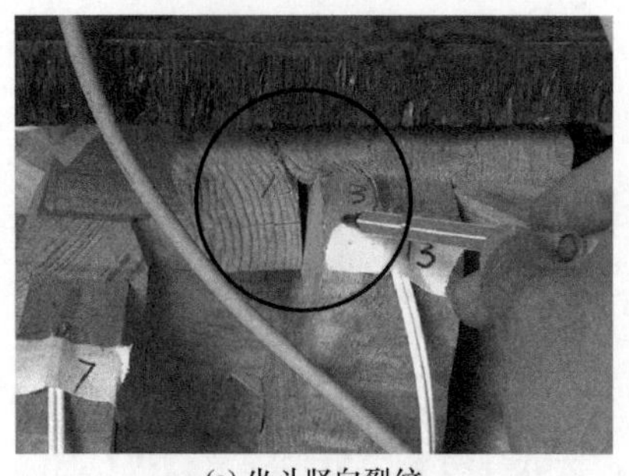

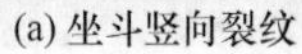

(a) 坐斗竖向裂纹　　(b) 头翘水平纵向裂纹

图 5-2-11　二层角科斗拱试验

5.2.3　试验分析

1. 力-变形曲线

基于试验数据，绘制各斗拱的力-整体压缩变形（F-u）曲线，如图 5-2-12 所示。图中，p 为平身科，z 为柱头科，j 为角科。其中，变形为正值表示压缩，负值表示拉伸，下同。对于各斗拱而言，加载阶段，各斗拱荷载随着变形增大而增大，且表现为缓慢增长趋势；卸载阶段，虽然柱头科初始刚度比其他两种斗拱要大，但逐渐降低至最小，可反映其变形恢复能力最好。到荷载为 0 时，各斗拱还存在残余变形。不同斗拱的残余变形大小顺序为：一层斗拱，平身科（13.5mm）＞角科＞（12.5mm）＞柱头科（3.8mm）；二层斗拱，平身科（22.87mm）＞角科（11.63mm）＞柱头科（6.47mm）。这种变形恢复既包括斗拱构件之间的空隙，也包括斗拱构件自身的竖向变形，反映了平身科斗拱的变形恢复能力最差，而柱头科最好。

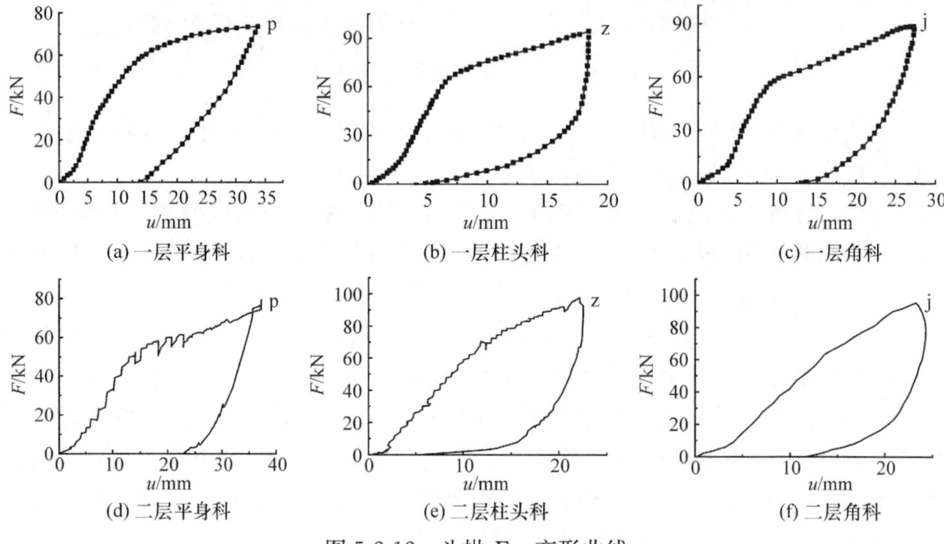

(a) 一层平身科　(b) 一层柱头科　(c) 一层角科

(d) 二层平身科　(e) 二层柱头科　(f) 二层角科

图 5-2-12　斗拱 F-u 变形曲线

竖向荷载作用下，不同斗拱的极限变形值大小顺序为：一层斗拱，平身科(33.78mm)＞角科(27.65mm)＞柱头科(18.75mm)；二层斗拱，平身科(37.25mm)＞角科(24.73mm)＞柱头科(22.59mm)。各斗拱变形峰值与其承载能力及整体承载截面大小密切相关。依据试验现象，本书认为坐斗及与之相交的拱、翘形成明显破坏，且加载曲线开始出现下降段时，意味着斗拱进入极限承载状态。因此，各斗拱极限承载力 F_u 的大小顺序为：一层斗拱，柱头科(F_u=95.64kN)＞角科(F_u=90.07kN)＞平身科(F_u=74.72kN)；二层斗拱，柱头科(F_u=98.47kN)＞角科(F_u=92.85kN)＞平身科(F_u=72.43kN)。由于平身科斗拱极限承载力最低，斗拱竖向分层数量多，且各层有效承载截面尺寸相对较小，因而竖向荷载作用下产生竖向变形最大，且残余变形最大，而柱头科则相反。

为研究斗拱构件的变形发展过程，对比较直观的头昂、二昂、三昂(二层斗拱)昂嘴变形曲线进行分析，绘制三种斗拱的上述曲线如图 5-2-13 所示。其中，负值表示向下方向，正值表示向上方向。各字母含义分别为：p 为平身科，z 为柱头科，j 为角科，a 为头昂，b 为二昂，c 为三昂。可以看出，对于各斗拱而言，昂嘴变形峰值为：头昂＞二昂＞三昂，且三昂出现反向变形情况。这反映了在竖向荷载作用下，离荷载作用点越近，斗拱变形越明显；同时，由于斗拱受力构件在竖向呈伞状分布(即越往下受力构件越多)，导致部分构件为偏心受压，到三昂位置时，不仅昂自身压缩变形很小，而且昂嘴出现了轻微曲翘现象。此外，各头昂昂嘴变形峰值为：柱头科＞平身科＞角科，这主要因为：①柱头科构件分层数最少，致使头昂承受竖向荷载大于其他两种斗拱；②角科斗拱与平身科斗拱层数相同，但前者承压截面更大，因而头昂压缩变形相对较小。

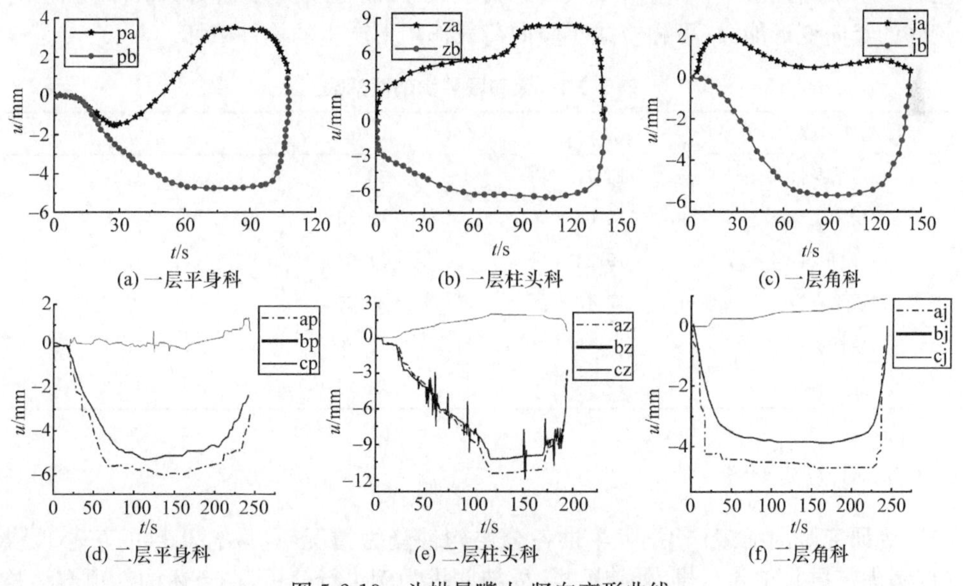

(a) 一层平身科　(b) 一层柱头科　(c) 一层角科

(d) 二层平身科　(e) 二层柱头科　(f) 二层角科

图 5-2-13　斗拱昂嘴力-竖向变形曲线

2. 延性系数

构件的延性是指在初始强度没有明显退化的情况下构件的非弹性变形能力，其量化指标一般为延性系数[15]。斗拱的延性系数可反映其在外力作用下产生屈服后的继续承载能力。斗拱延性系数越大，则承载力越强。斗拱的延性系数可用式(5-2-1)表示：

$$\mu_\Delta = \Delta_u / \Delta_y \tag{5-2-1}$$

式中，μ_Δ 为延性系数；Δ_u 为相对于极限状态时构件在力作用方向的位移；Δ_y 为屈服状态时构件在力作用方向上的位移。当构件屈服点不明显时，可采取图 5-2-14 所示方法取值[16]，即在图 5-2-14 中过力的最大值点 S 作平行于 x 轴的直线；过坐标原点作 F-u 曲线的切线，该切线与以上直线相交于 A 点；过 A 点作垂直于 x 轴的直线，并与 F-u 曲线相交于 B 点；连接 O 点与 B 点，线段 OB 的延长线与 AS 线交于 C 点，过 C 点作垂直于 x 轴的直线，并与 F-u 曲线相交于 Y 点，则 Y 点即为近似屈服点。

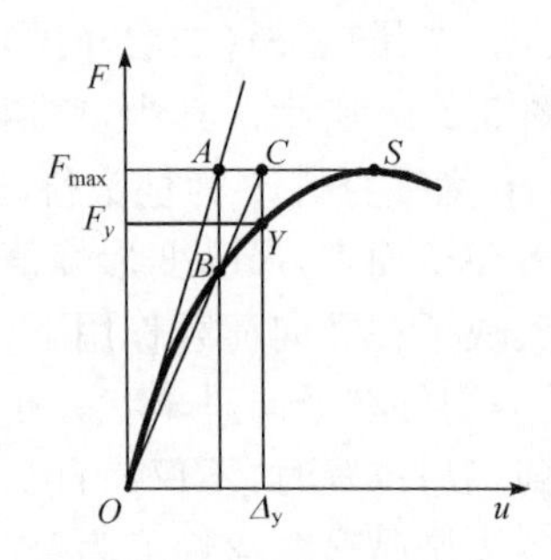

图 5-2-14　屈服点确定方法

根据实测的 F-u 曲线，利用上述方法求得三种斗拱的延性系数见表 5-2-1。可以看出三种斗拱的延性系数相近，且在竖向荷载作用下三种斗拱的非弹性变形能力均较好。对于不同斗拱而言，平身科斗拱延性最好，角科斗拱延性相对较差。太和殿斗拱层中，平身科斗拱占绝大多数，因而可以认为太和殿整个斗拱层有较好的竖向变形能力，可相应减小竖向荷载作用下产生的构件破坏。

表 5-2-1　太和殿斗拱延性系数

构件名称	Δ_y/mm	Δ_u/mm	μ_Δ
一层平身科	19.11	33.78	1.77
一层柱头科	12.06	18.75	1.55
一层角科	19.34	27.65	1.43
二层平身科	17.18	37.25	2.17
二层柱头科	11.49	22.59	1.97
二层角科	13.78	24.73	1.75

3. 力-应变曲线

为研究竖向荷载作用下，斗拱各分层构件受力情况，选取各斗拱的正心瓜拱（仅考虑一层）、单才瓜拱、外拽瓜拱、外拽厢拱为例进行分析，在上述构件顶部沿长身近拱尾方向布置应变片,测定竖向荷载作用下各构件的应变值。对于一层平身科和角科斗拱,还在秤杆后尾上部布置应变片,以了解竖向荷载作用下该位置的受力情况。由此测得各斗拱构件应变读数,并绘制力-应变关系曲线,如图 5-2-15 所示。其中,各字母含义为:一层,c 为正心瓜拱,d 为单才瓜拱,e 为外拽瓜拱,f 为外拽厢拱,g 为秤杆后尾;二层,d 为单才瓜拱,e 为上层外拽瓜拱,f 为下层外拽瓜拱,g 为外拽厢拱;p、z、j 含义同前。由于应变与构件受到的内力成正比,因而应变大小可反映构件受力情况。

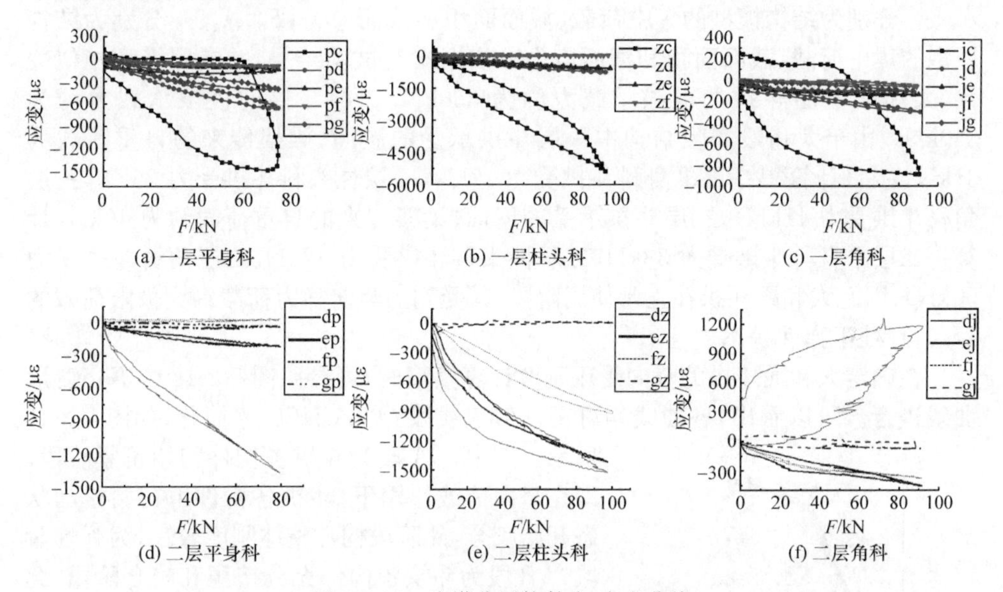

图 5-2-15　斗拱分层构件力-应变曲线

可以看出,对各斗拱而言,其力-应变曲线的共同点包括以下两个方面:①由一层正心瓜拱朝下各层构件中,上部分层构件产生的内力值较大,即易受到破坏,且集中在正心瓜拱(及以上坐斗)层,而下层构件受到的内力较小,这与试验现象基本吻合;②各斗拱在卸载过程中,其上部构件存在拉应变,可反映上述构件因开裂、变形而产生翘曲,而下层构件的拉应变则相对很小,即不易破坏。另外,对于不同斗拱而言,其力-应变曲线的不同之处包括以下三个方面:①柱头科斗拱各层(尤其是一层正心瓜拱)受到的内力大于平身科及角科斗拱,即柱头科斗拱比其他两种斗拱更容易产生受力破坏。这主要与斗拱的构造特征有关,柱头科斗拱沿竖向分层数量少,平身科及角科斗拱分层较多,且溜金斗拱的秤杆后尾受到上部桁檩的支撑作用,这对减小竖向荷载作用下斗拱的内力具有一定作用。②溜金秤杆后尾受到的内力不大,即一般情况下不会产生受力破坏。③平身科斗拱各层的应变普遍大于角科斗拱,这主要由于平身科斗拱各层有效受力截面小于角科斗拱,因而产生内力更大。

4. 计算模型

根据荷载相似比计算方法，在集中荷载作用下，结构模型受到的荷载与原型荷载的相似关系为[17]

$$S_{\mathrm{p}}=\frac{F_{\mathrm{m}}}{F_{\mathrm{p}}}=\left(\frac{A_{\mathrm{m}}}{A_{\mathrm{p}}}\right)^{*}\left(\frac{\sigma_{\mathrm{m}}}{\sigma_{\mathrm{p}}}\right)=S_{\sigma}^{*}S_{\mathrm{l}}^{2} \tag{5-2-2}$$

式中，S_{p}、S_{σ}、S_{l} 分别为集中荷载相似系数、应力相似系数和尺寸相似系数；F_{m}、A_{m}、σ_{m} 分别为结构模型的集中荷载、截面面积和截面应力；F_{p}、A_{p}、σ_{p} 分别为结构原型的集中荷载、截面面积和截面应力。依据本节试验结果，并参照模型相似关系，太和殿一层斗拱的极限承载力约为 350kN，二层斗拱的极限承载力约为 340kN。由于太和殿实际结构中一层斗拱承受的屋面、梁架传来的自重荷载为 31kN 左右（计算得一层平身科斗拱受力 27kN，一层柱头科斗拱受力 26kN，一层角科斗拱受力 41kN），二层斗拱承受的屋面、梁架传来的自重荷载约为 40kN（计算得二层平身科斗拱受力 33kN，二层柱头科斗拱受力 47kN，二层角科斗拱受力 50kN），因此太和殿斗拱在正常使用阶段，其受到的竖向静力荷载约为极限荷载的 1/10，且处于弹性状态。

在确定太和殿斗拱的竖向受压刚度计算模型时，可参照图 5-2-12 中 F-u 变形曲线进行。可以看出，各曲线均可用近似三线段 OA-AB-BC 来简化，如图 5-2-16 所示。其中，OA 段为斗拱各构件初始挤紧阶段，即在竖向荷载作用下，斗拱各构件由初始松动状态开始咬合，此阶段构件整体刚度较小，为弹性阶段；AB 段为斗拱各构件充分挤压和咬合阶段，此阶段刚度较大，为屈服阶段，B 点可认为是斗拱屈服点；BC 段为斗拱构件局部受压破坏阶段，此阶段刚度降低，为极限状态，C 点可认为是斗拱极限破坏点。可以看出，图 5-2-16 中刚度曲线与文献[6]、[7]得到的刚度模型曲线特征基本一致。

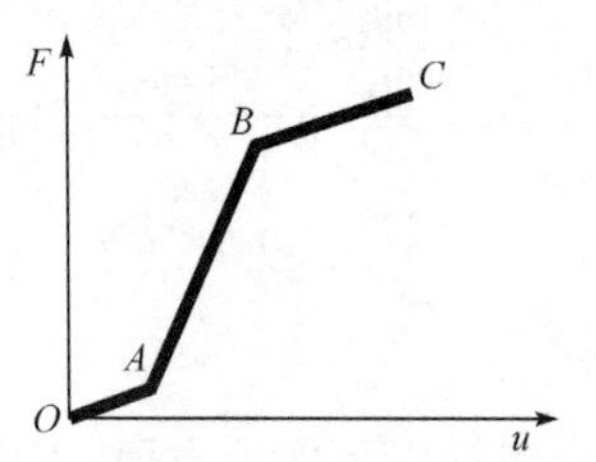

图 5-2-16 斗拱竖向刚度计算模型

基于试验数据，并参考表 5-2-1 提供的各斗拱近似屈服位移及极限位移值进行计算，可得不同阶段各斗拱的竖向抗压刚度值，见表 5-2-2。可以看出各阶段不同斗拱的刚度大小为：柱头科＞角科＞平身科。其主要原因在于，当三种斗拱的高度一致时，平身科及角科斗拱沿竖向的承载构件由拱、翘等众多小构件组成，而柱头科斗拱的主要承重构件则为截面尺寸较大的桃尖梁。

表 5-2-2 太和殿一层斗拱竖向抗压刚度值 （单位：kN/mm）

构件名称	OA 段	AB 段	BC 段
一层平身科	2.73	3.55	0.44
一层柱头科	4.04	6.89	2.19

续表

构件名称	OA段	AB段	BC段
一层角科	2.86	4.23	1.69
二层平身科	1.67	4.50	0.81
二层柱头科	2.03	7.63	3.10
二层角科	2.01	6.22	2.91

5.2.4 结论

(1) 在竖向荷载作用下，太和殿各斗拱的上部构件如坐斗、头翘易产生开裂、变形，头昂则易产生翘曲，而下部构件产生的破坏特征不明显。

(2) 对于三种不同斗拱而言，极限承载力大小顺序为：柱头科>角科>平身科；极限变形及残余变形大小顺序为：平身科>角科>柱头科；延性大小顺序为：平身科>柱头科>角科；易破坏的程度为：柱头科>平身科>角科。

(3) 一层溜金斗拱受到竖向荷载作用时，其秤杆后尾受力不大，且秤杆构造对减小斗拱整体内力具有一定的促进作用。

(4) 太和殿斗拱的竖向刚度计算模型可用三折线段表示。

参考文献

[1] 梁思成. 梁思成全集[M]. 北京：中国建筑工业出版社，2001.
[2] 马炳坚. 中国古建筑木作营造技术[M]. 北京：科学出版社，1991.
[3] 周乾，闫维明，纪金豹. 故宫太和殿抗震构造研究[J]. 土木工程学报，2013，46(S1)：117－122.
[4] 于倬云. 故宫三大殿形制探源[J]. 故宫博物院院刊，1993，(3)：3－17.
[5] 王效青. 中国古建筑术语辞典[M]. 太原：山西人民出版社，1996.
[6] 高大峰，赵鸿铁，薛建阳. 木构古建筑中斗拱与榫卯节点的抗震性能试验研究[J]. 自然灾害学报，2008，17(2)：58－64.
[7] 隋䶮，赵鸿铁，薛建阳，等. 中国古建筑木结构铺作层与柱架抗震试验研究[J]. 土木工程学报，2011，44(1)：50－57.
[8] 袁建力，陈韦，王钰，等. 应县木塔斗拱模型试验研究[J]. 建筑结构学报，2011，32(7)：66－72.
[9] 钟永. 应县木塔斗拱的力学性能分析研究[D]. 哈尔滨：哈尔滨工业大学，2010.
[10] 陈志勇，祝恩淳，潘景龙. 应县木塔精细化建模及水平受力性能分析[J]. 建筑结构学报，2013，34(9)：150－158.
[11] 楠寿博，木林長仁，長瀬正，他. 唐招提寺金堂斗組の実大構造実験[C]//日本建築学会大会学術講演梗概集 C-1 分册. 秋田：日本建築学会，2000.
[12] 津和佑子，藤田香織，金惠園，他. 伝統的木造建築の組物の動的載荷試験(その1)：微動測定と自由振動試験[C]//日本建築学会大会学術講演梗概集 C-1 分册. 北海道：日本建築学会，2004.

[13] 金惠園,藤田香織,津和佑子,等. 伝統的木造建築の組物の動的載荷試験(その2):荷重変形関係と変形の特徴[C]//日本建築学会大会学術講演梗概集 C-1 分册. 北海道:日本建築学会,2004.
[14] 藤田香織,金惠園,津和佑子,等. 伝統的木造建築の組物の動的載荷試験(その3):復元力特性と剛性の検討[C]//日本建築学会大会学術講演梗概集 C-1 分册. 北海道:日本建築学会,2004.
[15] 高大峰,李飞,刘静,等. 木结构古建筑斗拱结构层抗震性能试验研究[J]. 地震工程与工程振动,2014,31(1):131－139.
[16] 范立础,卓卫东. 桥梁延性抗震设计[M]. 北京:人民交通出版社,2001.
[17] 姚谦峰,陈平. 土木工程结构试验[M]. 北京:中国建筑工业出版社,2001.

第6章　故宫太和殿柱根加固方法研究

本章包括以下六个部分:①古建筑木结构加固方法研究。根据古建筑木结构特点,分析了木结构的不同破坏症状,如开裂、糟朽、挠度及拔榫等。在此基础上,主要讨论了木构件的各种加固方法,例如,采用墩接法加固柱根,嵌补法加固开裂构件,铁件加固法加固榫卯节点或裂缝较大构件,支顶加固法改善木梁弯曲受力状况,化学加固法对结构进行防腐加固,纤维增强复合材料(fibre reinforced plastic, FRP)法加固梁柱及榫卯节点等。②铁件加固技术在古建筑木结构中的应用研究。采用归纳分析及力学计算相结合的方法,研究了我国古建筑木结构工程中普遍采用的铁件加固技术。基于对数座古建筑的实际勘查及分析结果,研究了古建筑木结构采用铁件加固技术的分类及特点,客观地评价了加固效果,对不足之处提出了改进建议。③FRP在木结构加固中的应用研究。通过论述FRP在国内外木结构加固中的理论及工程应用现状,提出了FRP加固木结构古建筑的一些建议和思路。④传统铁箍墩接法加固底部糟朽木柱轴压试验。铁箍墩接是古建筑木柱柱根糟朽的一种传统加固方法。为探讨该方法的有效性,以故宫太和殿某柱为例进行了试验研究。制作了1根完好木柱、3根铁箍墩接法加固木柱,开展了轴压试验,获得了木柱加固前后的承载力-变形曲线,以及延性、应变、刚度等参数,讨论了铁箍墩接法的加固机理。⑤CFRP布墩接加固糟朽柱根轴压试验。采用静力加载试验方法,研究了CFRP布墩接加固底部糟朽柱根的承载性能。以故宫太和殿某柱为例,制作了6根缩尺比例试验模型,含1根完好试件,5根CFRP布墩接加固木柱柱根试件,进行了竖向轴压静力加载试验。基于试验结果,获得了木柱墩接加固前后的荷载-变形曲线、延性系数、极限承载力、力-应变曲线、竖向刚度等参数,讨论了CFRP布墩接加固木柱柱根的轴压受力机理,评价了CFRP布加固效果。⑥CFRP布包镶加固底部糟朽木柱试验。提出了采取CFRP布代替铁箍来包镶加固古建筑木柱柱根的方法。以故宫太和殿某柱为例,制作了6个缩尺比例模型,其中部分模型考虑柱根糟朽,并采用CFRP布进行包镶加固。采取静力加载试验方法,研究了CFRP布包镶加固前后木柱的轴压受力性能。基于试验结果,获得了木柱的力-变形曲线、力-应变曲线、极限承载力及延性性能,讨论了CFRP布包镶层数对加固效果的影响。

6.1　古建筑木结构加固方法研究

古建筑保护是一项非常重要的工作。木材具有良好的抗弯、抗压、抗震、易于加工和维修等优点，在我国应用非常广泛，至今仍存有大量的木结构古建筑。故宫作为世界上现存规模最大的木结构古代宫殿建筑群，就是一个很好的例子。然而，由于木材徐变大、弹性模量低、易老化变形等缺点，在人为或自然作用(地震、台风、雨、雪侵蚀或微生物破坏)下容易产生各种破坏，如梁架变形、梁柱开裂、节点拔榫等，因此需要采用各种方法进行加固。本节将对古建筑木结构破坏原因及加固方法进行详细分析。

6.1.1　破坏类型

古建筑木结构由于受荷载时间长久或经受雨雪侵蚀导致材料性能下降，因而产生不同类型的破坏，主要包括如下几个方面：

(1) 开裂(图 6-1-1)。由于一些木材在制作时没有干透，其表层部分比内部干燥，而木纤维的内外收缩不一致，年久后木材本身收缩而产生裂缝；或由于梁柱受荷载时间过长，木材本身材质下降导致抗拉、抗压、抗弯、抗剪性能降低，在外力作用下木材产生开裂现象。

图 6-1-1　木梁开裂

(2) 糟朽(图 6-1-2)。木结构构件如长期处于潮湿环境中，很容易发生糟朽，常见的部位有柱根及屋面角梁等。柱根包砌在墙内，缺乏干燥或通风，天长日久而产生糟朽；角梁在屋面位置，当屋面漏雨时，也常常因为积水而产生糟朽。糟朽使得梁柱构件截面面积减小，承载力降低，对整个木结构非常不利。

(3) 挠度(图 6-1-3)。古建筑木梁在长期荷载作用下，由于材料性能老化造成木材弹性模量降低以及抗弯能力下降，导致跨中挠度大大超过规范允许值。例如，故宫太和殿西山挑檐檩直径 0.35m，长度为 11.2m，跨中挠度达 0.13m，远远超出《木结构设计规范》(GB 50005—2017)(允许值 0.06m)，如图 6-1-3 所示。挠度不仅影响古建筑的外观，而且长期发展容易使木梁产生受弯破坏。

图 6-1-2　柱根糟朽

图 6-1-3　木梁挠度

(4) 拔榫(图 6-1-4)。榫卯连接是古建筑木结构连接的主要形式,主要用于柱与柱、梁与梁、梁与柱之间的连接。在长时间外力作用或木材收缩等因素的影响

图 6-1-4　节点拔榫

下，梁柱节点位置很容易发生拔榫现象。拔榫使得梁柱构件有效受力截面减小，产生拉、压、弯、剪破坏，对木结构整体性也造成一定影响。

6.1.2　加固方法

1. 整体加固

对于梁架整体而言，加固措施有如下三种[1]：

(1) 落架大修。全部或部分拆落木构架，对残损构件和残损点逐个进行修整，更换残损的构件，再重新安装，并在安装时进行整体加固。该方法是在梁架构件拔榫、弯曲、腐朽、劈裂非常严重，必须更换构件或使榫卯归位的情况下采用的加固措施。

(2) 支顶拔正。在不拆落木构架的情况下，首先对整体梁架支顶，使倾斜、扭转、拔榫的构件复位，再进行整体加固，对个别残损严重的梁枋、斗拱等应同时更换或采取其他修补加固措施。该方法是在建筑物歪闪严重，但大木构件尚完好，不需换件或仅需换个别件的情况下采取的加固措施。

(3) 修整加固。在不揭除瓦顶和不拆动构架的情况下，直接对木构架进行整体加固。该方法仅适用于木构架变形小，构件位移不大的维修工程。

2. 构件加固

古建筑木结构构件加固的方法有多种，而且常常几种方法结合使用。常用的加固方法有以下几种：

(1) 墩接加固法(图 6-1-5)。将柱子糟朽部分截掉，换上新料，通常用于柱根的加固。常见的做法是做刻半榫墩接，具体方法是：将接在一起的柱料各剔去直径的 1/2 作为搭接部分，搭接长度一般为柱径的 1～1.5 倍，端头做半榫，以防搭接部分移位。

(a) 墩接

1~1.5D

(b) 墩接做法示意图

图 6-1-5　墩接加固法

(2) 嵌补加固法(图 6-1-6)。当梁柱裂缝不大或梁柱轻微糟朽时可采用嵌补加固法。对于梁的干缩裂缝,当构件的水平裂缝深度小于梁宽或梁直径的 1/4 时,可先用木条和耐水性胶黏剂,将缝隙嵌补黏结严实,再用两道以上的铁箍或玻璃钢箍箍紧。对于木柱的干缩裂缝,当其深度不超过柱径(或该方向截面尺寸)1/3,且裂缝宽度小于 30mm 时,可用木条嵌补,并用耐水性胶黏剂粘牢[1]。对于柱子糟朽,当仅为表层腐朽,且经过验算剩余截面尚能满足受力要求时,可将腐朽部分剔除干净,经防腐处理后,用干燥木材按照原样和原尺寸修补整齐,并用耐水胶黏剂黏结。嵌补加固法的目的是恢复木构件的受力截面,但经过嵌补后的木构件实际上由两部分组成,因此其受力性能不如原木。

图 6-1-6　嵌补加固法

(3) 铁件加固法(图 6-1-7)。铁件加固法通常是用扁铁将梁柱构件箍牢或者用扁铁将梁柱节点进行连接,通过采用扁铁承担构件的部分拉、压、弯、剪力,有效地提高了梁柱构件的力学性能。当梁柱裂缝较大时,对其进行嵌补的同时还需要进行铁件加固;当柱根糟朽范围较大时,在对其进行墩接的同时还需对墩接部位进行铁件加固;梁柱节点拔榫时也可采用铁件加固法。

(4) 支顶加固法(图 6-1-8)。通过对梁架进行支顶来减小其挠度的方法。支顶加固通常有两种形式:当木梁下有梁枋时,可在梁枋上设置木柱作为附加支座;当木梁下没有梁枋时,可在木梁侧方设置铁钩拉接,铁钩一端钉入木梁内,另一端钉入附近梁架内,该铁钩同样起到附加支座作用。支顶加固法可有效改善木梁内力重分布,降低木梁跨中挠度和弯矩,提高木梁的受荷性能。

图 6-1-7　铁件加固法

(a) 木柱支顶

(b) 铁钩支顶

图 6-1-8　支顶加固法

(5) 化学加固法。化学加固法是通过化学药剂的处理，使已遭受菌、虫和机械损害的木材性质稳定的一种方法。古建筑维修中常用的化学加固所用的材料每100g 质量配比如下[2]：304 号不饱和聚酯树脂 100g；1 号固化剂（过氧化环己酮苯）4g；1 号促进剂（环烷酸钴-苯乙酸液）2～3g；石英粉 100g。使用时，先加固化剂，搅拌均匀，再加促进剂，搅拌均匀后加石英粉。化学加固法除了能增加木材的强度外，还能增加木材的尺寸稳定性和防腐、抗虫能力。

(6) FRP 加固法（图 6-1-9）。采用 FRP 材料对木结构构架进行加固的方法。FRP 是一种新型复合材料，主要由高性能纤维、聚酯基、乙烯基或环氧树脂组成，具有比强度和比模量高、自重轻、施工方便、耐腐蚀性能良好等优点。一般来说，FRP 在木结构中的加固方法主要有：抗弯加固，利用 FRP 抗拉强度高的特性，将其粘贴在木梁受拉区，使之与木梁共同承受荷载，以提高木梁的受弯承载力，从而达到加固补强的作用；抗剪加固，把 FRP 粘贴于构件的剪跨区，起到与箍筋类似的作用，提高构件的抗剪承载力；抗压加固，对木柱用 FRP 包裹适当区域，约束木柱径向变形，提高木柱受压承载力。

图 6-1-9　FRP 加固木梁

6.1.3　结论

本节分析了古建筑木结构的不同破坏类型，列举了几种常用的加固措施并进行了理论分析。结果表明，根据木结构不同的破坏症状，采取合适的加固方法可有效提高古建筑木结构的力学性能。随着对古建筑木结构保护研究的进一步深入，其加固方法将更加安全、经济和高效。

参考文献

[1] 国家技术监督局，中华人民共和国建设部. GB 50165—92　古建筑木结构维护与加固技术规范[S]. 北京：中国建筑工业出版社，1993.

[2] 文化部文物保护科研所. 中国古建筑修缮技术[M]. 北京：中国建筑工业出版社，2003.

6.2　铁件加固技术在古建筑木结构中的应用研究

木材有徐变大、弹性模量低、易老化变形等缺点，在外力作用下，古建筑容易产生各种破坏，如梁架变形、梁柱开裂、节点拔榫等，因此需要进行加固。铁件材料具有体积小、强度高等优点，因而自古以来便成为古建筑木结构加固的主要技术手段。

研究人员对铁件加固古建筑木结构的技术进行了探讨。文献[1]对故宫太和殿某梁架榫头下沉的原因进行了分析，提出了采用铁件＋木支撑进行支顶的方案；文献[2]以四川省某古建筑为例，研究了汶川地震作用下该古建筑采用马口铁加固后的抗震性能；文献[3]对扁铁加固榫卯节点技术进行了试验论证并肯定了加固效果；文献[4]对应县木塔普柏枋和梁栿节点残损机理进行了分析，提出用插筋法增强古建筑木构件的横纹局压承载力。然而，关于铁件加固技术在古建筑木结构的具体分类，以及技术存在的优缺点，相关研究甚少。基于此，本节将对铁件加固技术在古建筑木结构中的应用进行归纳分析，并提出相关建议，研究结果为古建筑保护提供理论参考。

6.2.1 加固技术分类

基于工程勘查经验及相关文献成果，古建筑木结构采用的铁件加固技术大致可分为如下四类。

1. 铁箍加固

主要用于梁柱构件加固。对于柱而言，埋设在墙体内的柱子缺乏通风，或外露的柱根经常受雨水侵蚀时，将产生糟朽；柱子长期承受上部荷载时，将产生过大裂缝。对此采取的加固技术有：对于开裂的柱子直接用扁铁包裹，再用铆钉固定；对于糟朽的柱子，将糟朽部位截除，换上相同尺寸的新料，再用扁铁进行包裹，用铆钉固定，古建工艺称之为墩接，如图 6-2-1 所示（虚线为加固位置）。对于梁而言，当梁身产生开裂时，也采用铁箍对梁身进行包裹，然后用铆钉进行固定的加固方法，如图 6-2-2 所示（虚线为加固位置）。关于铁箍尺寸，《工程做法》规定：凡铁箍以木料外围尺寸定长厚宽尺寸，如外围凑长三尺，即箍长三尺[5]。铁箍加固法主要通过铁箍核心约束作用来提高构件强度和刚度。

图 6-2-1 柱加固

图 6-2-2　梁加固

2. 铁片加固

铁片加固主要用于榫卯节点加固。在外力作用下，一方面榫头从卯口中拔出可耗散外部能量，减小结构破坏；另一方面，拔榫削弱了构件间的联系，使结构稳定性降低，因而需要加固。对于图 6-2-3 所示用于梁柱连接的燕尾榫节点，通常采用厚 5～15mm 的铁片连接，然后用铆钉固定。而对于图 6-2-4 所示的半榫节点，由于柱的卯口完全被贯穿，并且插入的榫头为容易拔榫的直榫形式，因而采取的加固方法是用厚 5～20mm 的铁片从卯口上下端分别拉结榫头，然后用铆钉固定的做法（虚线为加固位置），古建工艺也称为过河拉扯。《工程做法》规定[5]：凡过河拉扯按柱径加二份定长；每长一尺，用平面钉五个。上述做法中，节点的部分承载力主要由固定铁片的铆钉承担。

图 6-2-3　燕尾榫节点加固

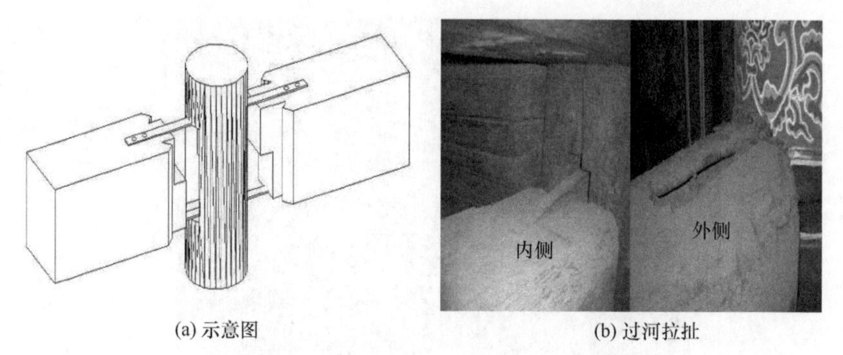

(a) 示意图 (b) 过河拉扯

图 6-2-4 半榫节点过河拉扯做法

对于图 6-2-5 所示的檩头节点，由于榫头和卯口所属构件均为水平向，通常采用的加固方法是将铁片两端削尖并做成弯钩形式，钉入檩头内，通过铁片的弯钩部分对木构件的约束作用限制檩头的水平拔榫。

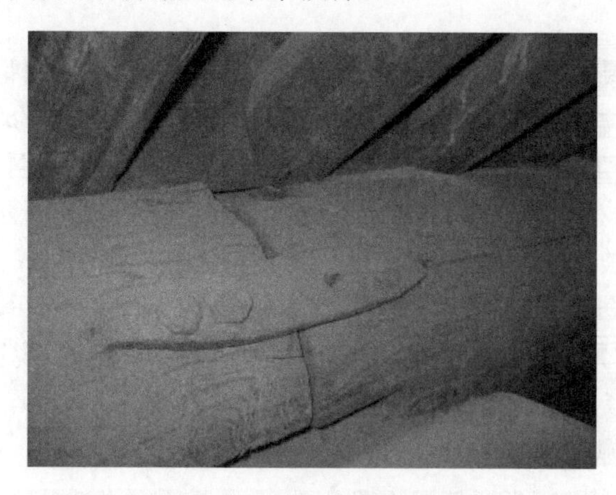

图 6-2-5 檩头节点铁片加固

3. 铁钩加固

铁钩加固主要用于顶棚及藻井爬梁加固。以顶棚为例，古建筑顶棚通常由帽儿梁(大龙骨)、小龙骨及天花板组成，其中帽儿梁为顶棚主要承重构件，帽儿梁两端搭接在构架承重梁(如五架梁、七架梁)的侧面，搭接长度通常很难满足抗剪要求。一般在帽儿梁的两端采用铁钩加固。《工程做法》规定：凡帽儿梁每根用挺钩八根，其长径临期拟定[5]。铁钩的一端固定在帽儿梁上，另一端固定在与帽儿梁连接的承重梁上，如图 6-2-6 所示。铁钩固定的方式为：铁钩端头削尖直接钉入构件内，或端头用铆钉固定在构件上。这种加固方式实际是通过铁钩端头或铆钉约束力来提供部分抗剪承载力。

图 6-2-6 顶棚加固

4. 铁钉加固

铁钉主要包括固定角梁的穿钉，固定山花板的蘑菇钉，固定连檐、椽子的镊头钉，用于墙板拼接的两尖钉等[6]，主要用于小型构件的拉结。实际工程中的加固做法为：用铁钉将这些小型构件进行拉结，铁钉承担部分拉、压、弯、剪力。

6.2.2 加固算例

为详细说明铁件加固技术在古建筑木结构工程中的应用，下面通过两个算例进行分析。

算例 1 天安门城楼角檐柱墩接加固计算[7]。根据中国林业科学院对天安门城楼柱子的勘查分析，天安门城楼东北角外檐柱局部出现腐朽并呈空洞状，该柱子直径 0.65m，在柱高 0.5m 处径向深度 0.11m 内局部重腐，柱高 1.0m 处自表面到内部深处有局部重腐。经研究采用墩接方案进行加固，用新料代替腐朽部分，将墩接部分沿柱子截面分成两个部分，每个部分各为半个圆柱，错缝搭接 0.5m，分两次墩接加固。经过计算，屋面传到角柱的压力为 27t，而墩接的半个圆柱的受压能力为 62t，满足抗压要求。此外，为了使墩接柱根新旧料形成受力整体，在墩接柱部位上下端各加一根直径为 20mm 的螺栓，在墩接部位自下由上设置 3 道铁箍（下部为 100mm×5mm，上面 2 道为 150mm×5mm），铁箍卧入柱内，以便于柱子油饰施工，铁箍中部每 200mm 钉一根直径为 10mm、长为 120mm 的铁钉，铁箍搭接长度为 150mm，如图 6-2-7 所

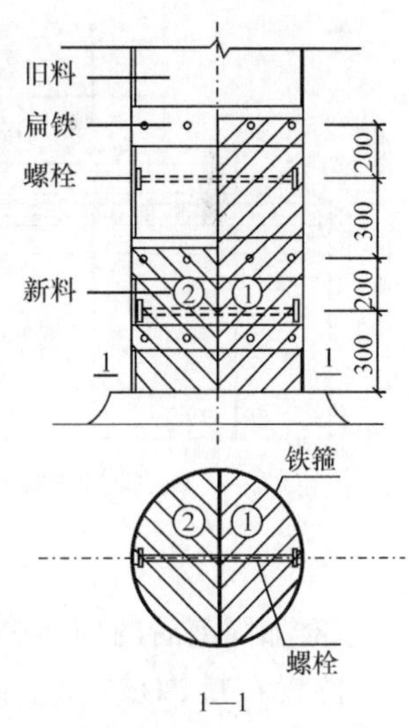

图 6-2-7 天安门城楼角柱墩接示意图
（单位：mm）

示。该墩接方案于 1999 年施工，至今未发现任何问题。

算例 2　四川省广元市大雄宝殿榫卯节点抗震加固计算。2008 年汶川地震中，该古建筑前后檐双步梁与金柱相交处柱头严重倾斜，最大值达到 0.18m，如图 6-2-8(a)所示。计算结果表明[8]，柱头大尺寸侧移的主要原因是上述位置所在榫卯节点的拔榫。因此，基于结构变形现状，确定加固前后檐拔榫的双步梁，加固方案如图 6-2-8(b)所示，具体做法为：①雀替下拱原有通榫插入金柱，首先对双步梁进行支顶，将小拱拆除；②加固铁件一端固定在双步梁底皮，另一端用垫片、螺栓与金柱卯口卡住拧紧固定；③将拱榫上部刻槽埋入 ϕ12mm 铁筋，并将拱内侧放置垫片和螺栓处局部剔除；④铁件安装完毕后将拱归位；⑤加固铁件涂刷两道无色防锈漆。

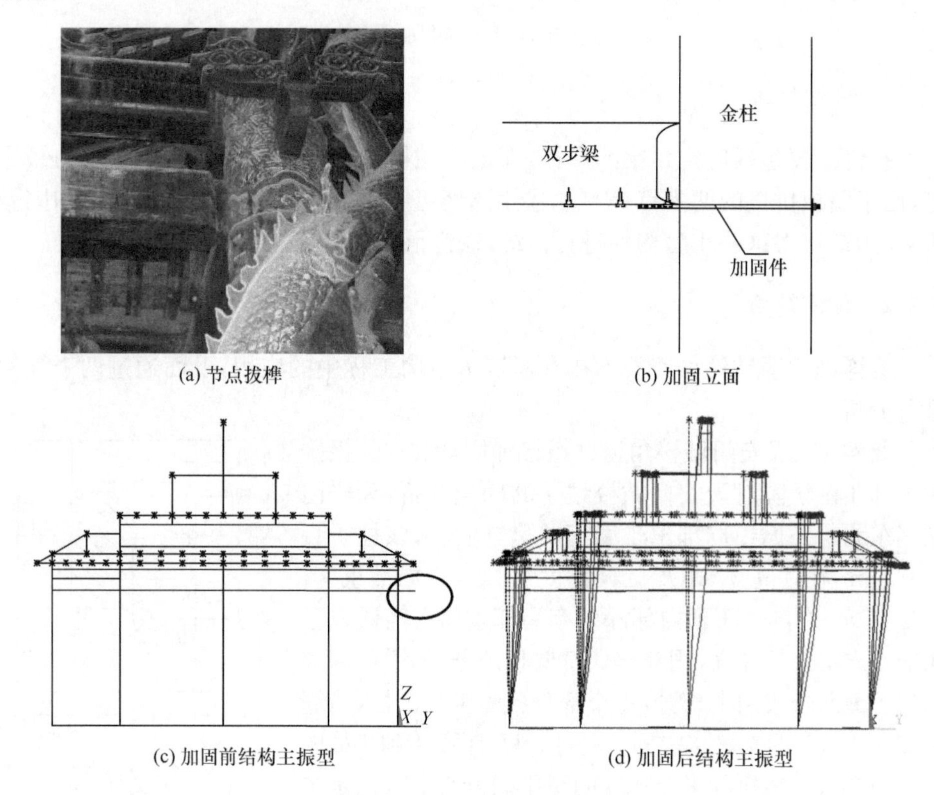

(a) 节点拔榫　(b) 加固立面

(c) 加固前结构主振型　(d) 加固后结构主振型

图 6-2-8　榫卯节点加固方案

对加固前后的构架进行模态对比分析，发现加固前构架的振动形式以扭转为主，位置在挑檐檩，而上部梁架几乎保持不动，与震害勘查的结果基本吻合，如图 6-2-8(c)所示；而加固后的构架振动形式以 x 或 y 单向平动为主，体现了较好的抗震性能，如图 6-2-8(d)所示。同时，通过时程对比分析，发现加固后的构架在地震作用下位移响应及加速度响应远小于加固前[9]。由此可知，上述加固方法可减小构架的地震响应并提高其抗震性能。

6.2.3　讨论与建议

1. 存在问题

铁件加固技术虽然在一定程度上可提高古建筑结构的强度和刚度,但也存在如下问题。

(1) 锈蚀。铁件长期暴露在潮湿的空气中,会生成氧化铁并产生锈蚀,结果造成铁件本身松动或者断裂,降低加固部位的强度和刚度,甚至有可能威胁结构整体安全。如图6-2-9所示加固柱子的铁箍,在长时间氧化作用下已产生锈蚀,加固件已完全松动、脱落,失去了对柱子的保护作用。由此可知,铁件锈蚀是铁件加固技术所需解决的一个重要问题。

图6-2-9　铁件锈蚀

(2) 破坏木构件。传统的铁件加固技术一般是采用铁箍包裹木构件,然后用铆钉嵌入木构件内进行固定;或者是将铁件直接钉入木构件内,通过对构件拉接来提高节点强度。上述加固方式对木构件往往会产生破坏作用。如图6-2-10所示拉结檩头节点的扒锔子,在提高节点强度的同时,也造成了檩头开裂,形成新的结构安全隐患。

(3) 不可逆性。如上所述,铁件加固木结构往往通过嵌入或固定的方式达到加固的目的,这种不可逆加固技术不仅不利于加固件的检修或更换,也不利于木结构的保护。在古建筑实际工程中,当加固件老化锈蚀或者加固位置产生新的破坏时,原有的加固件由于无法拆除更换,通常只能再次选用铁件进行二次或多次加固,结果造成了某些构件“遍身补丁”(图6-2-11),影响了加固效果。

图 6-2-10　破坏木构件

图 6-2-11　不可逆加固法造成的二次加固

2. 加固建议

基于上述问题，对铁件加固技术在古建筑木结构工程的应用有如下建议：

(1) 合理的加固方式。铁件不仅能满足加固要求，而且不会破坏木结构，可灵活装拆更换。例如，故宫博物院与北京工业大学联合开发的一种适用于古建筑木结构榫卯节点的加固装置[10]，装置构造详见 4.2 节试验模型的钢构件部分。图 6-2-12 为采取这种加固技术对某古建筑木结构框架模型进行低周反复加载试验的 M-θ 骨架曲线，其中，B 代表加固前，A 代表加固后，可以看出采取这种加固方法有效地提高了节点的承载力和刚度。

(2) 材料替代。针对铁件容易锈蚀的问题，可考虑采用其他材料加固来进行替代。例如，环氧树脂具有黏附力强、固化方便、化学性能稳定等优点，对开裂的木

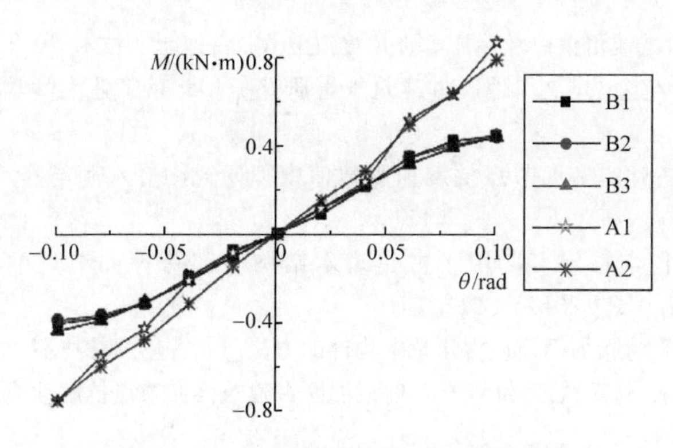

图 6-2-12　加固前后节点 M-θ 骨架曲线

构件具有较好的加固作用[11]；CFRP 作为一种新型加固材料，具有抗拉强度大、韧性好、施工方便、抗腐蚀性强等优点，当用它包裹在梁、柱、节点表面时，通过对加固部位的约束作用来达到加固目的，试验已证明这种材料对古建筑木结构具有良好的加固效果[12~14]。

6.2.4　结论

本节对铁件加固技术在我国古建筑木结构中的应用进行了分类汇总，对加固效果进行了算例分析，对技术的优缺点进行了评价。结果表明，铁件加固技术在一定程度上可提高古建筑木结构的强度和刚度，是我国古代劳动人民的智慧总结。但从长远角度看，该技术存在铁件易锈蚀、破坏木构件、不可逆性等问题。随着科技的发展以及新型加固材料的运用，铁件加固技术将趋于更加合理化，古建筑的保护将不断趋于完善。

参考文献

[1] 石志敏，周乾，晋宏逵，等. 故宫太和殿木构件现状分析及加固方法研究[J]. 文物保护与考古科学，2009，21(1)：15－21.

[2] 周乾，闫维明，杨小森. 汶川地震古建筑轻度震害研究[J]. 工程抗震与加固改造，2009，31(5)：101－107.

[3] 谢启芳，赵鸿铁，薛建阳. 中国古建筑木结构榫卯节点加固的试验研究[J]. 土木工程学报，2008，41(1)：28－34.

[4] 王林安，樊承谋，付清远. 应县木塔普柏枋和梁袱节点残损机理分析[J]. 古建园林技术，2008，(2)：46－49.

[5] 王璞子. 工程做法注释[M]. 北京：中国建筑工业出版社，1995.

[6] 白丽娟，王景福. 古建清代木构造[M]. 北京：中国建材工业出版社，2007.

[7] 张峰亮. 天安门城楼角檐柱墩接技术研究及施工[J]. 古建园林技术,2004,2:51—53.
[8] 周乾,闫维明,纪金豹. 汶川地震古建筑震害研究[J]. 北京工业大学学报,2009,35(3):330—337.
[9] 周乾,闫维明. 古建筑榫卯节点抗震加固数值模拟研究[J]. 水利与建筑工程学报,2010,8(3):23—27.
[10] 周乾,闫维明,李振宝,等. 用于古建筑木结构中间跨榫卯节点的加固装置:中国,200920108277.0[P]. 2010-04-21.
[11] 薛玉宝. 用环氧树脂加固处理古建筑木构件的方法[J]. 古建园林技术,2009,(4):56—57.
[12] 于业栓,薛建阳,赵鸿铁. 碳纤维布及扁钢加固古建筑榫卯节点抗震性能试验研究[J]. 世界地震工程,2008,24(3):112—117.
[13] 许清风,朱雷. CFRP 维修加固局部受损木柱的试验研究[J]. 土木工程学报,2007,40(8):41—46.
[14] 许清风,朱雷. 内嵌 CFRP 筋维修加固老化损伤旧木梁的试验研究[J]. 土木工程学报,2009,42(3):23—28.

6.3 FRP 在木结构加固中的应用研究

我国木结构的加固材料,传统做法为铁件,其优缺点均很明显[1]。FRP 材料具有强度高,剪裁方便,抗腐蚀等优点,可弥补传统铁件材料的不足。本节主要讨论 FRP 材料在木结构中的加固应用现状。常见的 FRP 包括玻璃纤维增强塑料(glass fiber reinforced plastics,GFRP)、CFRP 和芳纶纤维增强塑料(aramid fiber reinforced plastic,AFRP)等。FRP 材料有如下优点:比强度和比模量高,有利于提高加固结构的强度和刚度;自重轻,施工方便,可降低劳动力费用,当用于旧有结构的维修加固时效果更为明显;良好的耐腐蚀性能,可以在各种化学环境或潮湿环境中抵抗腐蚀;良好的弹性性能,应力-应变曲线接近线弹性,在发生较大变形后还能恢复原状,塑性变形小;可设计性强,通过调整纤维的含量和铺设不同方向的纤维可设计出各种强度和弹性模量的 CFRP 产品;产品成型方便。然而,FRP 材料也有一些缺点,如各向异性严重、横向抗拉强度和层间剪切强度较低、材料强度有较大的离散性、防火性能差等,在设计应用时应加以避免。

一般来说,FRP 在木结构中的加固思路主要有:抗弯加固,利用 FRP 抗拉强度高的特性,将其粘贴在木梁受拉区,使之与木梁共同承受荷载,以提高木梁的受弯承载力,从而达到加固补强的作用;抗剪加固,把 FRP 粘贴于构件的剪跨区,起到与箍筋类似的作用,提高构件的抗剪承载力;抗压加固,对木柱用 FRP 包裹适当区域,约束木柱径向变形,提高木柱的受压承载力。

6.3.1　研究现状

1. 国外研究现状

FRP 用于木结构加固的研究始于 20 世纪 90 年代，至今已全面开展，工程应用也非常广泛，下面就其研究现状进行论述。

1) FRP 加固木梁

(1) FRP 木梁性能研究。Dempsey 等[2]将 FRP 条粘贴在松木上，通过试验得出了 FRP 材料能够增强松木的破坏弯矩、初始刚度，使其产生塑性破坏，并使延性得到改善的结论。此外，他们发现碳-玻璃混合纤维材料(HFRP)加固木梁的效果要强于 GFRP。Jia 等采用人工神经网络方法研究了玻璃/石碳酸 FRP 材料粘贴在红枫木的表面后，加固结构的截面疲劳与荷载比率的关系，通过对 1 根特定轮廓双层悬臂梁进行试验，获得了裂缝传播速度，并有效地预测了 FRP 木梁的疲劳反应[3,4]。Kim 等研究了 FRP 层合木梁的分层弯曲性能，推导了 FRP 层合梁在四点弯曲荷载作用下的变形公式，建立了应变能释放率的形式[5]。Triantafillou 利用 21 根木梁进行剪力破坏试验，考虑不同的 FRP 配置区域及长度，得出当 FRP 条纵向布置，且厚度稍微超出试验允许值时，具有很好抗剪性能的结论[6]。

(2) FRP 修复破旧木梁研究。Borri 等研究了使用 FRP 对老旧木梁的加固性能[7]，推导了 CFRP 加固木梁的理论计算公式，设置了 CFRP 的不同加固形式。试验选取 20 根长 4m 的木梁，分别进行了粘贴 CFRP 条、埋设 CFRP 棒的试验。试验结果表明，粘贴三层 CFRP 条加固效果最佳，而埋设 CFRP 棒加固效果不是很好，而且还必须植入木梁内，对木梁结构产生一定影响。Micelli 等研究了用 CFRP 棒修复破旧层合木梁节点的效果[8]，分析了 CFRP 棒修复层合木梁的可行性，设计了层合木梁节点连接件以传递弹性弯矩。CFRP 棒加固木梁示意图如图 6-3-1 所示。研究表明，CFRP 棒的设置非常有效，CFRP 加固节点的梁与单一梁的承载能力基本相同。并且随着 CFRP 棒长度的增加，加固结构承受荷载能力增强，该法可替代利用钢螺钉及钢板加固木节点的传统方法。

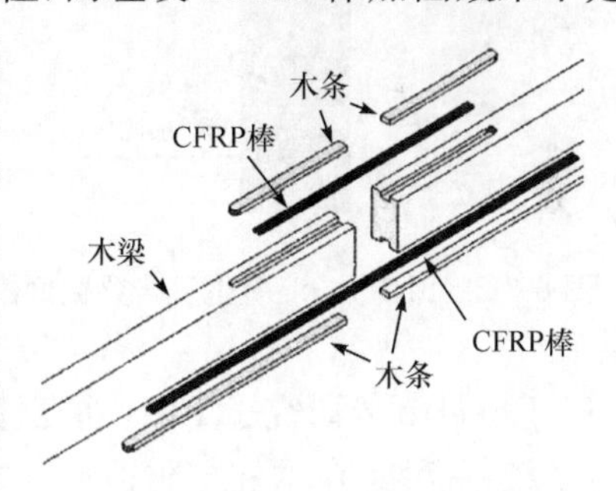

图 6-3-1　CFRP 棒修复木梁节点

(3) FRP 加固桥梁层合木梁的力学性能研究。Davids 等研究了桥梁结构中附加 FRP 后层合木梁的弯曲疲劳性能及残余应力[9]。他们采用 9 根层合木梁附加 FRP 试件，3 个试件粘贴在木梁的整个张拉端，另外 6 个试件粘贴在梁底部分长度范围，FRP 与层合木梁采用胶粘贴或螺栓固定的方式。研究表明，在梁受拉端有效范围内粘贴 FRP 并进行充分约束可有效抵抗桥梁木梁的疲劳破坏；在 FRP 两端安装螺栓固定其与木梁的黏结时，徐变和湿度影响会造成螺栓应力损失，故不可取。Dagher 等研究了 CFRP 与 GFRP 加固桥梁木梁的性能对比，得出 CFRP 虽然比 GFRP 更能增加木梁的抗弯强度和弹性模量，但经济成本较高的结论[10]。Tingley 等研究了 FRP 加固的桥梁层合木梁的力学性能，通过试验分析了 FRP 的张拉和徐变性能，并讨论了保证试验效果的可行措施[11]。Roberto 等研究了不同起始方向布置 FRP 布的层合梁加固桥梁的力学性能，得出斜向放置 GFRP 没有单向放置 GFRP 加固效果明显的结论[12]。Brody 等研究了桥梁中所用的 FRP-木-混凝土结构[13]，采用理论与试验相结合的方法对 1 根 FRP 加固的木-混凝土复合梁进行研究，该梁在受拉区粘贴了 GFRP 加固材料。在梁的受压面，预埋了螺栓作为剪力连接件，使混凝土板与木梁结合在一起，其横截面如图 6-3-2 所示。试验结果表明，该复合结构的刚度和抗弯强度比普通混凝土桥梁显著增强。

2）FRP 加固木柱

Jonathan 提出了木柱的 FRP 修复思路，如图 6-3-3 所示[14]。通过用 27 根木柱进行加固试验并取得了很好的效果，给出了 FRP 修复木柱的相关计算公式，同时利用 ANSYS 进行仿真分析，与试验结果基本符合。

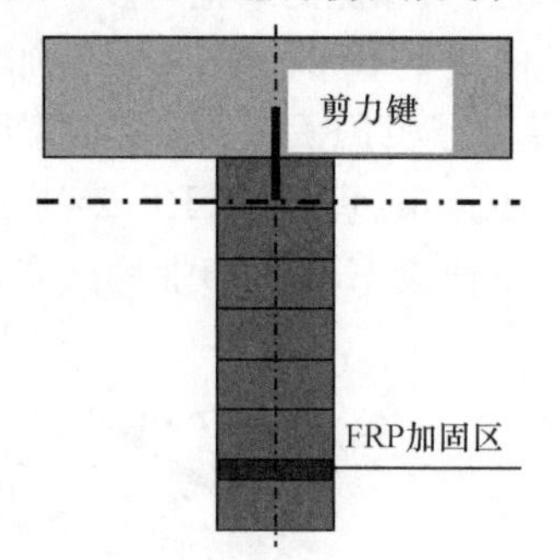

图 6-3-2 FRP-木-混凝土复合梁截面图

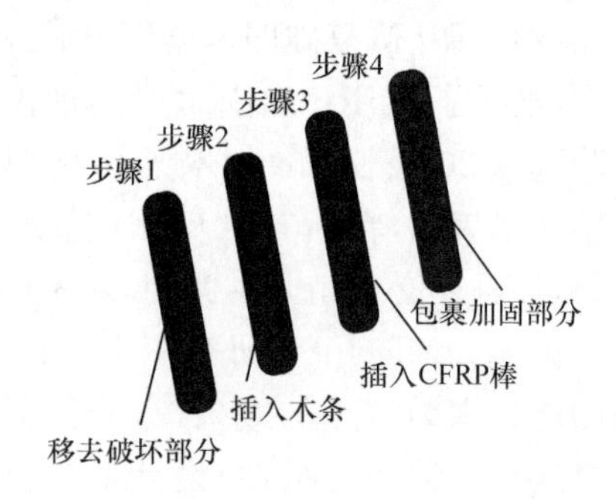

图 6-3-3 FRP 修复木柱的步骤

Roberto 等研究了 FRP 外壳修复码头木桩的效果[15,16]。他们研制了两种修复系统：一种是在木柱与防护装置之间设置填充水泥浆的 FRP 防护装置；另一种是在防护装置与木桩之间设置剪力连接件的 FRP 防护装置，如图 6-3-4 所示。通过三点弯曲荷载试验，分析了荷载-位移反应、变形形状特性、纵向位移、应力分布、极限弯矩等各种参数。研究表明，填充水泥浆的 FRP 防护装置修复弯曲木桩具有良好效果，而带有钢制剪力连接件及黏结剂的 FRP 修复装置不能完全修复木桩，但可用作海底钻头的保护。

3）FRP 加固木墙、板

Davids 等研究了用 FRP 加固定向刨花板（oriented strand board，OSB）以提

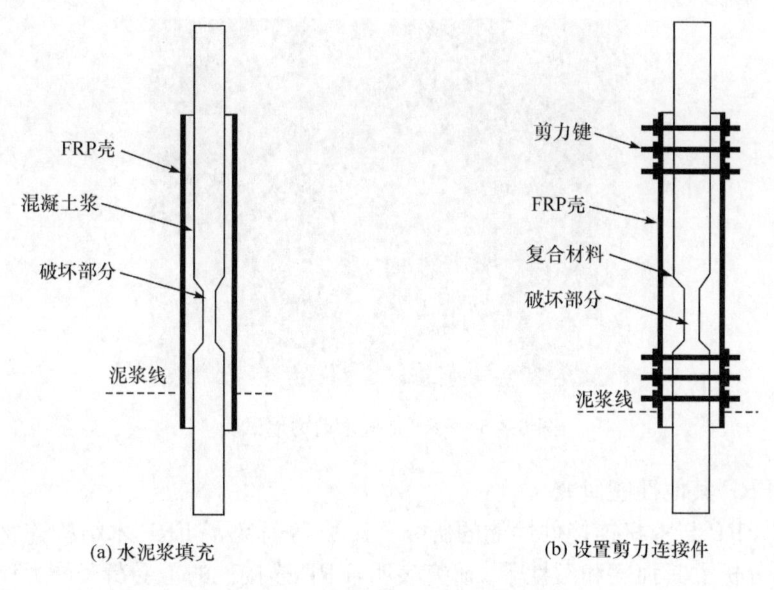

(a) 水泥浆填充　　(b) 设置剪力连接件

图 6-3-4　FRP 壳与木桩连接方案

高木剪力墙的抗侧力性能,研究表明,这些加固的 AOSB 板可有效抵抗地震和风荷载作用,增强能量耗散[17]。Tingley 等介绍了 FRP 加固层合木板的性能检测方法[18]。他们首先介绍了不同的试验标准,如 ASTM 标准、SACMA 标准、BOEING 标准等;随后开展了 FRP 胶合木板的物理与力学试验,如 FRP 板力学性能试验、修复效果试验、FRP 使用量试验、密度试验、材料用量试验、FRP 张拉试验、压缩试验、延性试验、徐变试验、剪切试验、疲劳试验等。Cassidy 等研究了基于 FRP 材料的 OSB 加固木剪力墙的力学性能[19],如图 6-3-5 所示。试验研究表明,基于 FRP 的 OSB 外层面板剪力墙峰值能力和能量耗散能力分别提高了 27%及 73%,因此 FRP 加固的 OSB 可以增强能量耗散能力和抗侧力能力。Corradi 等通过试验和理论分析研究了 FRP 地板的剪力特性[20]。结果表明,地板上层分别为砖块和木板时,采用 GFRP 材料粘贴在上表面可显著提高地板的剪力和刚度,而且对木地板来说,与传统加固方法(混凝土板加固)相比,采用 GFRP 加固后剪力和刚度显著增加。Premrov 等对木框架墙体外包 CFRP 纤维石膏板(fibre-plaster board, FPB)进行加固试验研究[21]。FPB 的抗拉强度低于木材结构,通过高强度材料加强可以使它们获得更高的承载力。研究表明,粘贴 CFRP 斜向布条于 FPB 的受拉区域上可有效提高其承载力,而且适当增加 CFRP 条的宽度加固效果更好。Judd 等对 FRP 加固木框架屋面板进行了理论与试验研究[22],他们建立了木框架屋面板与 FRP 外壳板连接的有限元模型,用标准单元代表外壳及框架,用户单元代表框架与外壳的连接件。研究结果表明,FRP 外壳加固木框架屋顶可使强度提高 37%～144%,刚度提高两倍。

图 6-3-5 FRP 加固木剪力墙试验

4) FRP 其他性能研究

(1) FRP 与木材连接件性能的研究。Judd 等研究了 FRP 木结构连接件的力学性能,分析了其强度和延性[23],研究表明,FRP 连接件的承受荷载能力比夹板连接件的承受荷载能力增强了 150%,同时在循环作用下 FRP 木结构刚度保持不变,延性仅仅下降 10%。Weaver 等研究了 FRP-层合木-混凝土桥梁设置剪力连接件的加固效果[24],通过剪力连接件将胶合木桥梁与混凝土面板连接起来,剪力连接件的抗剪试验表明其极限荷载不受疲劳影响,但在循环荷载作用下,剪力连接件与层合木的间距拉大。试验利用 2 根 10.7m 的层合木梁在受拉区附加 FRP 加固,通过循环加载至破坏。结果表明,与未设置剪力连接件结构相比,刚度增加了 200%,强度增加了 60%。

(2) FRP 与木材界面性能的研究。Wang 等研究了Ⅱ类荷载(剪力荷载)作用下木-木表面及木-FRP 表面的黏结性能[25],建立了一个弹性锥形梁(tapered beam on elastic foundation,TBEF)模型,介绍了单一线性锥形槽尾屈曲(tapered end-notched flexure,TENF)样本,该样本可有效评估Ⅱ类荷载作用下木-FRP 界面的开裂强度,并能预测界面的弯曲强度及裂缝发展情况。Lyons 等研究了影响 FRP 与木材黏结强度和耐久性的因素[26],将 7 根不同的木材表面粘贴两张 FRP 材料,考虑胶结材料,以及木材表面条件、湿度、环境暴露等情况对黏结强度的影响后,分别置入淡水、海水、高温环境中。研究表明,将 FRP 粘贴于坚固的表面可提高黏结强度,采用 HMR 树脂粘贴可提高复合材料在湿度较大环境下的强度。Battles 等研究了 FRP 层合木梁的耐久性能[27],选取了两种 FRP 材料粘贴在胶合木梁上,将试件分别置入淡水、海水、碳酸水中 1000～3000h。研究表明,1000h 暴露在海水里使 FRP 层合木梁的张力和弹性模量降低 10%,应变不发生变化,而将 FRP 层合木梁置入其他液体中耐久性降低 20%。Plevris 等研究了粘贴 FRP 环氧树脂在木材张拉面的蠕变行为[28],首先提出了一种分析横截面变形的方法,考虑不同的温度和湿度变化，复合材料横截面应力和应变的公式，通过将近10个月的试验表明，增加FRP的粘贴区域降低了木材的开裂荷载，蠕变也产生下降。试验还表明CFRP比GFRP在改善木材性能方面效果更好。Roberto等通过试验研究了FRP木材的界面性能[29]，研究表明基于水泥砂浆和聚合混凝土填充，在FRP与木材之间提供了最有效的剪应力-滑移反应。

(3) FRP棒的性能研究。由于FRP棒改善了胶合木的延性，加固效果又快又好，因此很容易取代钢棒。Lorenzis等进行了用FRP棒加固层合木结构的拔出试验[30]，通过一系列试验研究了FRP棒加固层合木后的性能，如改变FRP棒的长度、位置及拔出方向，得出了FRP棒的长度与破坏荷载成正比的结论。同时，研究表明FRP棒平行于试件放置时比垂直于试件放置时更容易产生破坏。

5) FRP工程应用现状

美国缅因州的Fairfield桥、Medway桥和Milbridge桥都采用FRP加固[24~31]。Fairfield桥修建于2003年，跨度为21.3m，属于FRP-层合木-混凝土桥梁，采用FRP材料及剪力连接件，增强了桥面的承受荷载能力。Medway大桥如图6-3-6所示。该桥长16.5m，采用FRP层合木梁及层合木面板，承受荷载25HS(肖氏硬度)。其中FRP层合木梁高51in①，宽5.125in，长54ft②。GFRP片材贴在桥底部，宽4.75in，厚0.5in，长54ft。在FRP下面还有一层保护板以防船只碰撞。Milbridge桥如图6-3-7所示，采用FRP层合木面板，长59m，宽4.3m，承受荷载为20HS。其总长由8块单独的桥板组成，每一块桥板由4块FRP层合木面板组成，其尺寸为宽4ft，长21.5ft，厚10.5in。每块面板在受拉端用厚0.1inGFRP粘贴。

图6-3-6　Medway大桥

另外，瑞士Sins木桥也采用CFRP加固。该桥建于1807年，双跨双拱2m×31m，加固目的是提高桥梁的使用承载力，加固方法是在交叉梁的上、下表面粘贴厚度为1mm、总宽度为200～300mm的CFRP片材，黏结剂为环氧树脂。瑞士

① 1in=2.54cm，下同。

② 1ft=0.3048m，下同。

图 6-3-7 Milbridge 桥

Murgental-Fulenbach 地区的一座公路桥梁，由于部分受拉短弦杆受昆虫破坏而采用 CFRP 加固。加固方法是：在受损的受拉弦杆的受拉面粘贴宽 50mm 的 CFRP 片材，黏结剂为环氧树脂[32]。其他工程实例有：美国加利福尼亚州 Anaheim 市的迪斯尼溜冰场，整个溜冰中心的面积为 60m×88m，约 5280m²；美国俄勒冈州波特兰市的矿产储运库，长 450m、宽 49m、高 26m，建筑面积达 21925m²；日本广岛的胶合木桁架公路桥、美国科罗拉多州双车道公路桥等[33]。

2. 国内研究现状

与国外相比，我国 FRP 加固木结构研究起步较晚，很多工作尚需开展。FRP 加固木结构在国内的理论研究及工程应用如下：

马建勋等对 CFRP 加固木梁、柱进行了试验研究[34~37]。通过对木梁进行破坏试验，得出 FRP 可有效提高 20％木梁极限承载力、木梁刚度，减小挠度的结论；通过对木柱(短柱)构件进行环向粘贴 CFRP 布加固试验，得出经过 CFRP 包裹后，木柱的顺纹抗压强度以及极限抗压承载力有了明显的提高，并且在不同的加固方式下，提高的比例介于 18％～33％的结论；通过对不同损伤程度木梁加固后以及不同加固方式试验，得出木梁受压区损伤处填充木屑与环氧树脂混合物，能有效补充木梁受压区不足，使其承载力能达到未损伤木梁承载力的 80％左右的结论。

周钟宏等等研究了 FRP 增强胶合木梁、柱的抗弯性能[38~41]，推导了 FRP 加固木梁、柱计算公式，得出了相关应力和变形的解析解，通过 CFRP 加固木梁试验，得出 CFRP 加固杨木胶合木梁效果良好；提供了 15 根 FRP 环向加固木柱的轴心抗压性能试验数据，详细探讨了承受荷载后试件的工作机理和破坏模式，试件的设计参数为 FRP 的层数和 FRP 的类型，分析了各设计参数对加固木柱承载力和峰值应变的影响；提出一种新型的 CFRP 板条嵌固胶合木梁，对其进行受弯性能试验研究，认为相比普通胶合木梁，增强后试件受弯承载力提高了 34.2％～52.3％，刚度提高了 8％～28.5％。

许清风等[42,43]通过对试件横截面切开来模拟局部糟朽柱子，研究了包裹一层

CFRP 布后柱子受压承载力的恢复情况，认为柱子的受压承载力和延性性能均可恢复。朱雷等[44]侧重研究了 CFRP 布的包裹方式(满布、螺旋和条带)对提高短木柱受压承载力的影响。李向民等[45]研究了 CFRP 布加固旧方木柱的受压承载力，认为包裹 CFRP 布后，旧木柱的受压承载力可提高 26.6%，延性系数可提高 60.5%。欧阳煜等[46]研究了 CFRP 布加固偏心受压方木柱的承载性能，认为在木柱侧向缠绕 CFRP 布，并且在受拉边纵向粘贴 CFRP 布时，可有效提高偏压荷载作用下木柱的极限承载力。淳庆等[47]研究了嵌入式 CFRP 筋加固圆木柱的轴心抗压性能，认为木柱的轴心抗压强度可提高 47.1%。

隋龚等[48,49]根据《营造法式》相关规定制作了基于燕尾榫连接的木构架模型，并考虑采用 CFRP 布加固榫卯节点，开展了低周反复加载试验和振动台试验，认为燕尾榫节点经 CFRP 加固后的构架刚度比未加固燕尾榫构架大，但强度较未加固燕尾榫构架小；地震作用下，CFRP 布加固榫卯节点后的构架可满足大震不倒的要求。周乾等[50,51]基于故宫太和殿某燕尾榫节点，制作了 1∶8 比例模型，采用 CFRP 布加固榫卯节点，进行了低周反复加载试验和振动台试验，认为 CFRP 布加固榫卯节点后，可提高节点的刚度和承载能力，地震作用下，节点因拔榫而产生破坏的可能性大幅度降低。代庭苇等[52]通过 5 根 CFRP 布加固榫卯接长木梁的受弯静力试验，研究 CFRP 布层数对加固榫卯接长木梁抗弯性能的影响，认为榫卯接长木梁在粘贴 1～3 层平行于梁轴方向的 CFRP 布后抗弯承载力提高 29.1～30.9 倍。

工程应用方面，许云松等[53]利用 CFRP 板对某老式砖木结构屋架下弦进行加固。根据分析计算，他们在屋架下弦杆粘贴厚 1.1mm，宽 150mm 的 CFRP 薄板补强，并沿下弦长度方向间距 800mm 布置 2 层宽 100mm 的 CFRP 布箍条并在端部加密，以增强 CFRP 板与木材之间的黏结性能。吴志雄[54]利用 CFRP 加固某江南古民居的梁柱榫卯节点。该加固方案具体步骤为：先将腐朽部分剔除，露出原材，经防腐处理后，用新制硬木榫头嵌入卯口，用胶粘牢，采用双向布对整个节点进行包裹加固。该方案缺乏对 CFRP 加固梁柱节点的理论分析。同济大学与上海同吉预应力工程有限公司采用 CFRP 片加固上海财经大学 24m 跨度的木结构，取得良好效果。李大华等[55]提出了对山西应县木塔采用 FRP 加固的建议，但没有资料表明该技术已经用于应县木塔加固。师亚军[56]研究了采用 FRP 材料对木结构进行加固的设计方法，并将该方法应用于北京前门新潮胡同某近代木结构建筑的实际加固，取得了理想的效果。

6.3.2　分析与探讨

1. 国内外研究现状对比

国外开展 FRP 加固木结构研究较早，研究的 FRP 材料有 CFRP、GFRP、

HFRP、AFRP 等，FRP 材料形式有片材、板材、棒材以及各种型材等；研究的内容有 FRP 木结构力学性能、FRP 与木结构界面黏结性能、FRP 木结构耐久性能、防腐性能、疲劳性能等；研究对象有梁、柱、板、剪力连接件等多种构件形式；工程应用涉及房屋、桥梁、场馆、港口、码头等各种建筑形式。

国内 FRP 加固木结构研究起步较晚，研究范围仅限于木梁、木柱的加固，而且以试验为主；研究的 FRP 材料主要以 CFRP 为主，材料形式单一，仅限于 FRP 片材；对用 FRP 与木材的黏结性能、FRP 加固后结构的疲劳性能、长期受力性能、耐久性以及各种恶劣气候环境条件下的性能研究尚少；理论方面的研究仍局限于承载力极限状态，对可靠性、适用性等问题研究得还不多；在工程应用方面，仅仅见于少量的老式建筑，应用的工程领域非常有限。

2. FRP 与传统加固木结构方法对比

对于我国古建筑木结构而言，传统的加固形式主要有以下几个方面：①支顶加固。对于挠度过大的梁架，通常在其中部加设木柱或铁钩支顶，用于增加梁架的支点，改善其内力重分布。②扁铁加固。对于拔榫或开裂的木构架，通常在破坏区包扁铁对梁柱进行拉接，通过扁铁来增强其受力性能。③化学灌浆加固。对于开裂的木构架，也可采用化学药剂处理，使遭受菌、虫或机械损害的木构件性质稳定，增加了木材的强度和抗虫、防腐能力。

根据 FRP 材料的特点，将其用于古建筑加固具有一定的优越性，主要体现在如下几个方面：

(1) 解决挠度问题。采用传统的支顶方法会改变整体梁架的传力体系；更换构件则需要进行局部或全部落架，对构件可能造成损伤；在梁枋内埋设型钢或其他加固件虽然可以解决构件挠度过大的问题，但是从结构和建筑文化的传承角度来说，这种加固方法对整体结构的损伤是不可弥补的。采用 FRP 材料粘贴于梁架受拉区，可以增强抗弯、抗剪性能，减小梁架挠度的发展，保证了不对古建筑落架和调整复位，而且达到了良好的加固效果。

(2) 梁柱拔榫加固。采用拔正复位、铁件拉锚等传统的方式进行加固，容易造成整体结构内力重分布。而 FRP 加固不需要对构件材料进行置换，可以最大程度减小木构架内力重分布。

(3) 裂缝修补。采用传统化学药剂方法，从表面上可以对裂缝进行修补，但是无法解决内部微小裂缝的问题，采用外包铁箍或玻璃钢条会影响古建筑外观。采用 FRP 材料进行裂缝修补，则不仅弥补了木结构内部微小裂缝，增强了结构的整体受力性能，还保证了结构整体外观不受影响。

6.3.3 结论

国内外木结构FRP应用研究现状表明,FRP是一种性能优越的材料,可用于各种木结构的加固与修复,具有广泛的应用前景。随着我国对FRP加固木结构研究和应用的进一步深入,FRP在我国木构古建的保护领域中将起到重要作用。

参考文献

[1] 周乾,闫维明. 铁件加固技术在古建筑木结构中应用研究[J]. 水利与建筑工程学报,2011,9(1):1-6.

[2] Dempsey D D, Scott D W. Wood members strengthened with mechanically fastened FRP strips[J]. Journal of Composites for Construction,2006,10(5):392—398.

[3] Jia J H,Davalos J F. An artificial neural network for the fatigue study of bonded FRP-wood interfaces[J]. Composites Structures,2006,74(1):106—114.

[4] Jia J H,Davalos J F. Loading variable effects on mode-I fatigue of wood-FRP composite bonded interface[J]. Composites Science and Technology,2004,64(1):99—107.

[5] Kim Y C,Davalos J F,Barbero E J. Delamination buckling of FRP layer in laminated wood beams[J]. Composite Structures,1997,37(3/4):311—320.

[6] Triantafillou T C. Shear reinforcement of wood using FRP materials[J]. Journal of Materials in Civil Engineering,1997,9(2):65—69.

[7] Borri A,Corradi M,Grazini A. A method for flexural reinforcement of old wood beams with CFRP materials[J]. Composites(PartB),2005,36(2):143—153.

[8] Micelli F,Scialpi V,Tegola A L. Flexural reinforcement of glulam timber beams and joints with carbon fiber-reinforced polymer rods[J]. Journal of Composites for Construction,2005,9(4):337—347.

[9] Davids W G,Richie M,Gamache C. Flexural fatigue of glulam beams with fiber-reinforced polymer tension reinforcing[C]//Proceedings of the 14th ASCE Conference,Miami,2004,137:48—57.

[10] Dagher H J,Lindyberg R. FRP-wood hybrids for bridges:A comparison of e-glass and carbon reinforcements[C]//Proceedings of the 10th ASCE Conference,Miami,2000,103:191—199.

[11] Tingley D A,Dandu R. FRP properties on performance of FRP reinforced bridge girders [C]//Proceedings of the 15th Structures Congress,1997,Part 1(of 2):575—579.

[12] Roberto L A,Xu H. Structural characterization of hybrid fiber-reinforced polymer-glulam panels for bridge decks[J]. Journal of Composites for Construction,2002,6(3):194—203.

[13] Brody J,Richard A,Sebesta K,et al. FRP-wood-concrete composite bridge girders[C]//Proceedings of the 10th ASCE Conference,Miami,2000,103:189—199.

[14] Jonathan A K. Repair of wooden utility poles using fiber-reinforced polymers[D]. Winnipeg:University of Manitoba,2001.

[15] Roberto L A,Michael A P,Sandford T C,et al. Repair of wood piles using prefabricated fi-

ber-reinforced polymer composite shells[J]. Journal of Performance of Constructed Facilities,2005,19(1):78—87.

[16] Roberto L A,Michael A P,Sandford T C. Experimental characterization of FRP composite-wood pile structural response by bending tests[J]. Marine Structures,2003,16(4):257—274.

[17] Davids W G,Dagher H J,Cassidy E D,et al. FRP-reinforced oriented strand board panels for disaster-resistant construction[C]//Proceedings of the 2003 ASCE/SEI Structures Congress and Exposition:Engineering Smarter,2003:137—144.

[18] Tingley D A,Gai C X,Giltner E E. Testing methods to determine properties of fiber reinforced plastic panels used for reinforcing glulams[J]. Journal of Composites for Construction,1997,1(4):160—167.

[19] Cassidy E D,Davids W G,Dagher H J,et al. Performance of wood shear walls sheathed with FRP-reinforced OSB Panels[J]. Journal of Structural Engineering,2006,132:153—163.

[20] Corradi M,Speranzini E,Borri A,et al. In-plane shear reinforcement of wood beam floors with FRP[J]. Composites(Part B:Engineering),2006,37:310—319.

[21] Premrov M,Dobrila P,Bedenik B S. Analysis of timber-framed walls coated with CFRP strips strengthened fiber—plaster boards[J]. International Journal of Solids and Structures,2004,41:7035-7048.

[22] Judd J P,Fonseca F S. FRP strengthened wood-frame roofs[C]//Advancing Materials in the Global Economy—Applications,Emerging Markets and Evolving Technologies,Long Beach,2003:2129—2135.

[23] Judd J P,Fonseca F S. FRP—wood nailed joint behavior[C]//Proceedings of International SAMPE Symposium and Exhibition,Long Beach,2000:895—901.

[24] Weaver C A,Davids W G,Dagher H J. Testing and analysis of partially composite fiber-reinforced polymer-glulam-concrete bridge girders[J]. Journal of Bridge Engineering,2004,9(4):316—325.

[25] Wang J L,Qiao P Z. Fracture toughness of wood-wood and wood-FRP bonded interfaces under mode-Ⅱ loading[J]. Journal of Composite Materials,2003,37(10):875—897.

[26] Lyons J S,Ahmed M R. Factors affecting the bond between polymer composites and wood [J]. Journal of Reinforced Plastics and Composites,2005,24(4):405—412.

[27] Battles E P,Dagher H J,Magid B A. Durability of wood-FRP composite bridges[C]//Proceedings of the 10th ASCE Conference,Miami,103,2000:190—199.

[28] Plevris N,Triantafillou T C. Creep behavior of FRP—reinforced wood members[J]. Journal of Structural Engineering,1995,121(2):174—186.

[29] Roberto L A,Michael A P,Sandford T C. Fiber reinforced polymer composite-wood pile interface characterization by push out tests[J]. Journal of Composites for Construction,2004,8(4):360—368.

[30] Lorenzis L D,Scialpi V,Tegola A L. Analytical and experimental study on bonded-in CFRP bars in glulam timber[J]. Composites(PartB),2005,36(4):279—289.

[31] Dagher H J,Bragdon M. Advanced FRP－Wood Composites in Bridge Applications[C]// Proceedings of the 11th ASCE Conference,Miami,2001:35－42.

[32] 祝金标. 碳纤维布修复加固破损木梁的试验研究[D]. 杭州:浙江大学,2005.

[33] 熊陈福,申世杰,彭玉成. 木材-FRP工程复合材料的发展与展望[J]. 中国人造板,2006,(6):4－7.

[34] 马建勋,胡明. 碳纤维加固局部受压区损伤木梁试验研究[J]. 工业建筑,2006,(S):304－308.

[35] 蒋湘闽,胡平,马建勋. 碳纤维布加固木梁受弯承载力理论分析[C]//FRP与结构补强——2005全国FRP与结构加固学术会议,西安,2005:27－36.

[36] 马建勋,胡平,蒋湘闽,等. 碳纤维布加固木柱轴心抗压性能试验研究[J]. 工业建筑,2005,35(8):40－44.

[37] 马建勋,蒋湘闽,胡平,等. 碳纤维布加固木梁抗弯性能的试验研究[J]. 工业建筑,2005,35(8):35－39.

[38] 周钟宏,刘伟庆. 碳纤维布加固木柱的轴心受压试验研究[J]. 工程抗震与加固改造,2006,28(3):44－48.

[39] 邵劲松,薛伟辰,刘伟庆,等. FRP加固木梁受弯承载力计算[J]. 建筑材料学报,2012,15(4):533－537.

[40] 邵劲松,刘伟庆,王国民,等. FRP环向加固木柱轴心受压性能试验研究[J]. 玻璃钢/复合材料,2012,(2):52－55.

[41] 陆伟东,刘伟庆,耿启凡,等. 竖嵌CFRP板条层板增强的胶合木梁受弯性能研究[J]. 建筑结构学报,2014,35(8):151－157.

[42] 许清风,朱雷. CFRP维修加固局部受损木柱的试验研究[J]. 土木工程学报,2007,40(8):41－46.

[43] 朱雷,许清风,戴广海,等. CFRP加固开裂短木柱性能的试验研究[J]. 建筑结构,2009,39(11):101－103.

[44] 朱雷,许清风. CFRP加固木柱性能的试验研究[J]. 工业建筑,2008,38(12):113－116.

[45] 李向民,许清风,朱雷,等. CFRP加固旧木柱性能的试验研究[J]. 工程抗震与加固改造,2009,31(4):55－59.

[46] 欧阳煜,王伟,龚勇,等. 纤维增强复合材料加固偏压木柱的极限承载力研究[J]. 工业建筑,2012,42(10):146－149.

[47] 淳庆,张洋,潘建伍. 嵌入式CFRP筋加固圆木柱轴心抗压性能试验[J]. 建筑科学与工程学报,2013,30(3):20－24.

[48] 隋龑,赵鸿铁,薛建阳,等. 中国古建筑木结构铺作层与柱架抗震试验研究[J]. 土木工程学报,2011,44(1):50－57.

[49] 薛建阳,张风亮,赵鸿铁,等. 碳纤维布加固古建筑木结构模型振动台试验研究[J]. 土木工程学报,2012,45(11):95－104.

[50] 周乾,闫维明,纪金豹. 3种材料加固古建筑木构架榫卯节点的抗震性能[J]. 建筑材料学报,2013,16(4):649－656.

[51] 周乾,闫维明,李振宝,等. 古建筑榫卯节点加固方法振动台试验研究[J]. 四川大学学报(工程科学版),2011,43(6):70－78.

[52] 代庭苇,季韬,张鹰,等.碳纤维布层数对榫卯接长木梁抗弯性能影响的试验研究[J].福州大学学报(自然科学版),2015,43(2):225－230.
[53] 许云松,龚永智,李龙.某砖木结构的CFRP板加固改造设计与施工[J].工业建筑,2006,S:273－277.
[54] 吴志雄.某木结构古民居的加固[J].福建建设科技,2006,(5):18－19.
[55] 李大华,徐扬,郑鹄.对山西应县木塔采用纳米复合纤维加固的建议[J].山西地震,2004,(4):24－25.
[56] 师亚军.FRP加固木结构的计算研析与实际工程应用[J].特种结构,2012,29(3):108－111.

6.4　传统铁箍墩接法加固底部糟朽木柱轴压试验

我国木构古建的构造特征有利于承受各种外力。然而,由于木材材料特性存在一定的缺陷,古建筑不可避免地会出现残损问题,典型问题之一即柱根糟朽。古建木柱有的为露明做法,有的则包砌在墙内。露明的柱子由于通风性能良好,不容易产生糟朽;而包砌在墙内的柱子由于空气密闭而容易糟朽,如图6-4-1(a)所示。木柱糟朽一般从柱根和外表皮开始,然后逐渐由外向内,由下向上蔓延[1]。柱根糟朽减小了柱子的有效受压截面,使柱子处于偏心受压状态,很容易使周边木构架产生倾斜或不均匀沉降,不利于木结构整体受力,并相应造成上部结构开裂、变形等力学问题,因而需采取加固措施。

墩接柱根是古建筑木柱修缮时常用的一种方法,主要是针对柱根糟朽采取的加固措施。这种加固方法的基本思路是用同尺寸、同材料的新料替换旧料,再用铁箍包裹加固区,如图6-4-1(b)所示。墩接加固法适用的柱根糟朽尺寸范围为:柱根糟朽面积占柱截面1/2,或有柱心糟朽现象,糟朽的高度在柱高的1/5～1/3;加固做法包括刻半榫墩接法和抄手榫墩接法[2]。刻半榫墩接法的主要特点是新旧料采用半榫形式连接;抄手榫墩接法将柱子截面按十字线锯作四瓣,各剔除对角两瓣,然后把对角插在一起。

(a) 加固前

(b) 加固后

图6-4-1　木柱墩接加固

与完整木柱相比，铁箍墩接后的木柱在材料组成和整体性能方面有着较明显的差别，其承载性能也不一定完全相同。从结构安全角度考虑，掌握墩接木柱的承载力与变形能力的恢复程度极其重要。然而从已有研究结果来看，传统铁箍墩接加固木柱柱根的承载性能研究很少。相关的主要研究结果包括：文献[3]～[5]讨论了传统墩接加固的工艺，并从工程实践角度论证了古建木柱墩接加固的可行性；文献[6]研究了CFRP布加固底部开裂、腐朽木柱的轴压受力性能，并认为CFRP布具有较好的加固效果；文献[7]研究了改进巴掌榫和抄手榫加固局部残损木柱后的承载性能，认为CFRP布材料适合于两种榫连接形式的加固，而铁箍则仅适合于巴掌榫加固木柱；文献[8]研究了CFRP布加固开裂木柱的偏压受力性能，认为CFRP布的铺贴方向对改善偏压木柱的承载力起重要作用。本节基于以上研究结果，采用静力加载试验方法，研究传统铁箍墩接加固木柱的轴压受力性能，探讨其加固机理，研究结果可为古建筑木结构的保护与维修提供理论参考。

6.4.1　试验概况

试验选用故宫大修常用的红松材料制作圆形木柱模型。根据中国林业科学院木材工业研究所提供的参数，木材顺纹抗压强度为34.6MPa，弹性模量为9316MPa，密度为460kg/m^3，含水率约为13.2%。以太和殿某柱为对象，制作缩尺模型。木柱模型截面直径d=180mm，长L=1500mm，数量共4个，包括完好木柱1根，取编号为C_0，铁箍墩接木柱3根，取编号为C_1、C_2、C_3。墩接加固木柱所用的铁箍厚度为3mm，宽度为35mm，数量为2条，分别包裹墩接位置的上下端，铁箍中心间距250mm，采用铆钉固定。

采取刻半榫墩接法制作加固后的木柱模型。其制作工艺为[9,10]：取一根完整木柱作为旧料，如图6-4-2(a)所示；假设木柱底部糟朽，根据墩接工艺做法，截除木柱底部高600mm部分，其中最底部高300mm的部分全部截除，上部高300mm部分仅截除一半截面，如图6-4-2(b)所示；加工新料，尺寸同截除的旧料，如图6-4-2(c)所示；将旧料与新料拼合在一起，拼合部分的上下端分别用的铁箍包裹，如图6-4-2(d)所示。

为获得木柱在轴压受力过程中的变形情况，采用SZ120-100AA型号的应变片对称粘贴在加固区中部，其中水平向、竖向各布置1个，合计4个；为获得木柱的竖向变形，在木柱底部两侧各布置百分表(量程50mm)1个，合计2个。将木柱固定在2000kN万能试验机上进行加载，如图6-4-3所示。正式进行试验前对木柱进行预压，以减少试验产生的系统误差。试验时，采用DH3815静态数据采集仪进行数据采集。试验采取连续加载方式，加载速度控制在0.04mm/s左右，加载至木柱破坏，然后卸载至极限荷载的80%左右，试验结束。

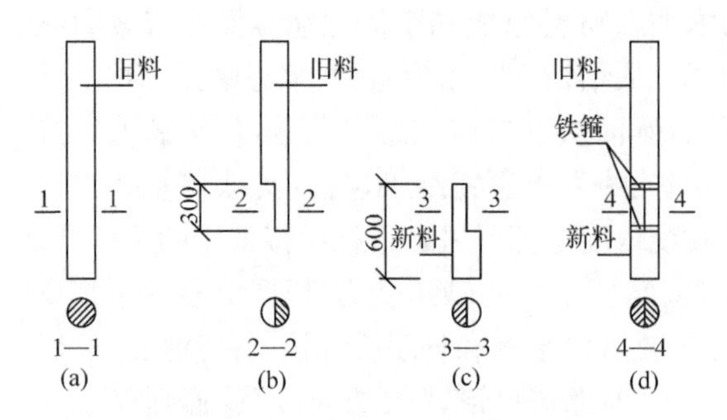

图 6-4-2　木柱墩接工艺(单位:mm)

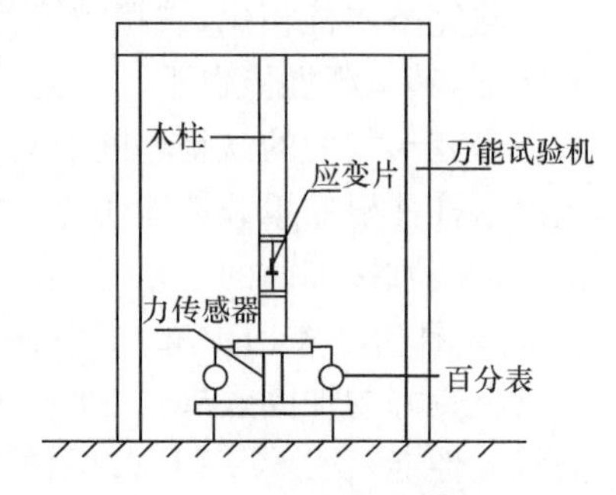

图 6-4-3　木柱墩接加固的试验装置示意图

6.4.2　试验现象

1. 完好木柱

C_0 柱。刚加载时木柱嘭的响了一声,应该是木柱底面与加载装置挤紧时发出的声音。荷载 F 增大,初始阶段无明显试验现象。F 增加到 20% F_u 左右时,木柱上部传来零星劈裂声。随后在加载过程中,发现百分表读数加快,说明柱竖向变形开始加速。加载继续进行,木柱中上部劈裂声变得明显,柱头位置开始产生局部倾斜。F 进一步增加,劈裂声越来越明显并带有噼啪声,且集中在木柱上部。F 增加到 70% F_u 左右时,劈裂声开始由上向下传递,但仍在木柱中上部位置,且次数比以前增多,声音明显、清脆,上部变形也明显,但木柱承载力尚好。随后,木柱上部劈裂声越来越明显,但木柱表面未见明显裂缝。F 接近 F_u 时,木柱上部传来巨大的啪声,并冒出白烟,可认为木柱接近破坏,此时劈裂声变频繁,但尚能加载。F 增加到极限荷载 F_u 时,木柱上部的倾斜突然变大,柱头产生弯折,并产生持续噼啪声,荷载无法继续增大,预示木柱产生破坏。木柱破坏前无明显征兆,可认为是脆性破坏。经观察,木柱破坏主要出现在中上部,表现为开裂并折断,其他位置完好,初始裂缝未产生扩展。木柱试验前、后照片如图 6-4-4 所示,其中破坏位置如圆圈标记所示,虚线为破坏裂缝。

2. 铁箍加固木柱

C_1 柱。一开始顶部传来挤压声,这是木柱被挤紧的声音。随后木柱无明显试验现象。F 增加到约 30% F_u 时,木柱上部传来劈裂声,但不明显。随后,上部声音变频繁、明显,木柱上部有局部开裂迹象。F 增大,劈裂声开始由上向下传递。F 增加到 80% F_u 时,木柱上部突然产生较大的崩裂声,可反映上部产生开裂,预示木柱进入破坏状态。F 增加到 F_u 时,上部劈裂声不断进行,即使 F 没有增加也会持续这种状态,可反映力不增加时,木柱的变形仍然不断增大的过程。至此时,

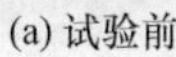

(a) 试验前

(b) 试验后

图 6-4-4　完好木柱试验现象

木柱加固区已出现鼓裂。随后，F 开始下降，木柱变形及爆裂声持续进行，此时发现下部加固区的下层铁箍包裹位置的木柱出现鼓裂(上层铁箍加固位置良好)，分析认为木柱进入破坏阶段，外力即使不增加，裂缝也一直由上向下延续，至加固区时，使加固区原有的开裂位置重新破坏，并伴有原有墩接区水平接缝的扩展，同时发现墩接区产生折断式变形。当荷载降到 75% F_u 左右时，试验结束。木柱试验照片如图 6-4-5 所示，其中破坏位置如圆圈标记所示，虚线为破坏裂缝，下同。

(a) 试验前

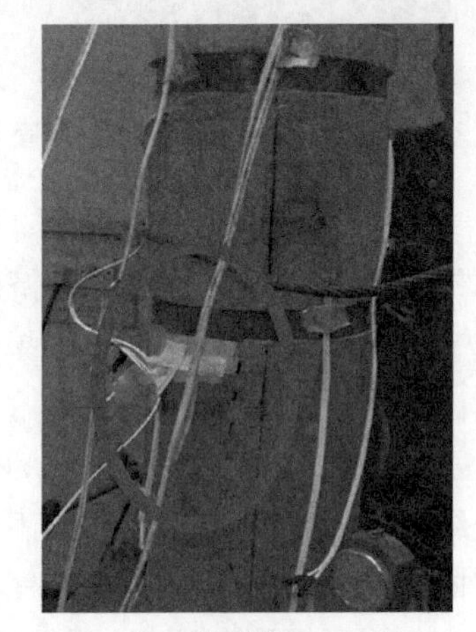

(b) 试验后

图 6-4-5　加固木柱 1 试验现象

C_2 柱。初始加载阶段，木柱无明显试验现象。F 增加到 20% F_u 左右时，木柱上部开始传来吱声，可反映木柱产生明显挤压。随后，木柱加固位置传来轻微劈裂声，可反映该位置逐渐受到竖向传来的荷载。F 增加到 40% F_u 左右时，木柱中上部开始传来轻微劈裂声。随后，木柱加固位置传来劈裂声，声音逐渐频繁，但不太大，可反映加固区受到的挤压力逐渐增大并开始有局部破坏迹象。F 增大，加固区（主要指下层铁箍位置）开始产生爆裂声，声音变大，并逐渐产生扭曲。F 继续增大，加固区爆裂声持续进行，此时尽管未加载，但加固区的变形及爆裂声也持续增大。当 F 达到 F_u 左右时，爆裂及变形增大，此时荷载已不能施加，并开始逐渐下降，下降过程中加固区扭曲明显，随后原有加固区新旧木柱接缝位置的裂缝产生扩展，导致加固区折断。此时 F 降至为 80% F_u 左右。木柱上部在整个加载过程中始终完好。木柱试验照片如图 6-4-6 所示。

(a) 试验前

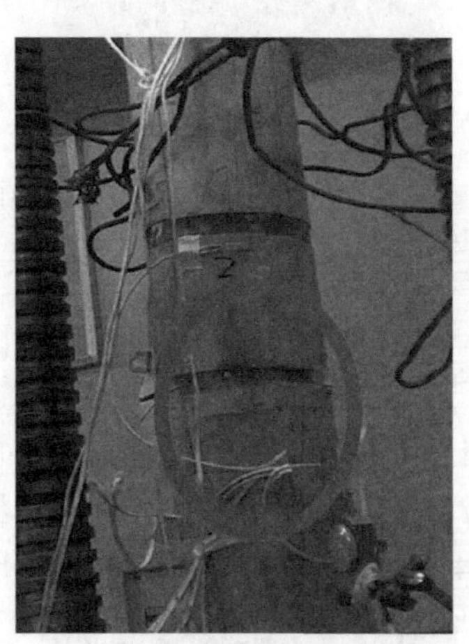

(b) 试验后

图 6-4-6 加固木柱 2 试验现象

C_3 柱。木柱有细小纵向初始裂纹。加载初始阶段，木柱有轻微的爆裂声，分析可能是木柱上部局部不平整造成的挤压所致。F 增大，木柱无明显试验现象。F 为 25% F_u 左右时，木柱上部传来零星噼啪声，可反映上部局部产生轻微开裂，但木柱整体尚完好。F 增大，下层铁箍位置变形开始明显。F 为 F_u 的 75%左右时，加固区位置开始传来噼啪声。随后，木柱加固区之间的噼啪声逐渐明显，可反映该位置裂纹有扩展。F 继续增大，加固区噼啪声不断产生，上层铁箍位置有折断趋势。但加固区产生破坏后木柱仍有一定的承载能力，可反映其较好的延性。F 增大到 F_u 时，加固区爆裂声明显，可反映木柱进入破坏阶段。随后，荷载开始逐步下降（不是急剧下降），木柱在加固区爆裂声明显、急促，木柱加固区折断变形增大，底部铁箍加固区出现明显外鼓纵向裂纹，反映木柱已破坏。F 降至 80% F_u 时，停止加载，但木柱噼啪声不断进行，声音响亮。紧接着一声响亮的劈裂声，原有外鼓纵向裂纹迅速扩展到柱底，木柱在加固区明显折断。经仔细观察，木柱上部完好，原有裂纹未产生明显扩展。木柱破坏主要产生在加固区，表现为纵向鼓裂。木柱试验照片如图 6-4-7 所示。

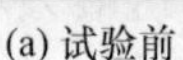

(a) 试验前

(b) 试验后

图 6-4-7　加固木柱 3 试验现象

6.4.3　试验分析

1. 荷载-竖向位移(F-u)曲线

基于试验相关数据，获得木柱加固前后荷载-竖向位移(F-u)曲线，如图 6-4-8 所示。可以看出曲线的主要特点为：①从曲线形状看，荷载 F 增加至极限荷载 F_u 前，各曲线均表现为木柱的竖向位移 u 与 F 成近似线性关系；F 增加到 F_u 以后，随着 u 值增大，F 值有不同程度降低，但各木柱的 F-u 曲线下降段曲率均较为平缓，可反映各木柱破坏后仍有较好的变形能力。②从曲线 F 对应的峰值即 F_u 来看，完整木柱的 F_u 值最大，铁箍墩接加固底部糟朽木柱后极限荷载值有不同程度减小，可反映铁箍墩接加固木柱并不能恢复至完好状态。③从曲线 F_u 对应的竖向极限位移 Δ_u 来看，木柱加固前后 Δ_u 值的大小顺序为：C_0(11.38mm)＞C_1(11.31mm)＞C_3(9.72mm)＞C_2(9.23mm)，且墩接加固后木柱 Δ_u 的均值为 10.09mm，由此可反映铁箍墩接后木柱的极限位移略小于完好木柱。

图 6-4-9 为木柱墩接加固前后的 F_u 值对比图。可以看出 C_0 木柱的极限承载力最大，F_u＝540.6kN；铁箍墩接加固木柱后，木柱极限承载力有不同程度降低，即 C_1 木柱的极限承载力为 492.3kN，C_2 木柱的极限承载力为 517.4kN，C_3 木柱的极限承载力为 478.9kN。相对于完好木柱而言，各底部糟朽木柱采取铁箍墩接方法加固后，C_1、C_2、C_3 的 F_u 值恢复比例分别为 91.1%、95.7%、88.6%，均值为

91.8%。该值反映了铁箍墩接加固方法并不能完全使木柱的承载力得到恢复，但加固后的木柱承载力与完好木柱承载力相近。

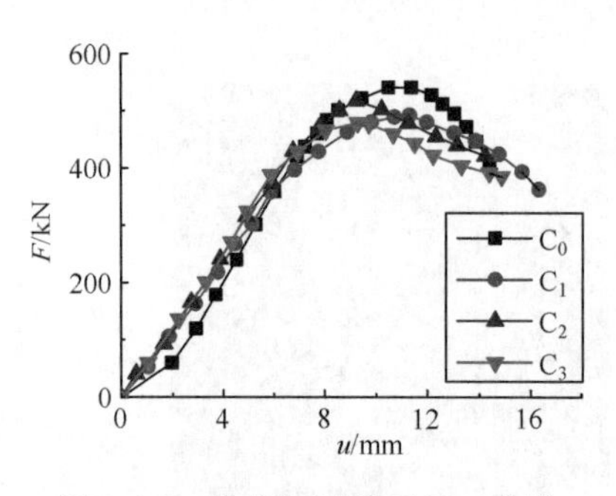

图 6-4-8　木柱加固前后 F-u 曲线

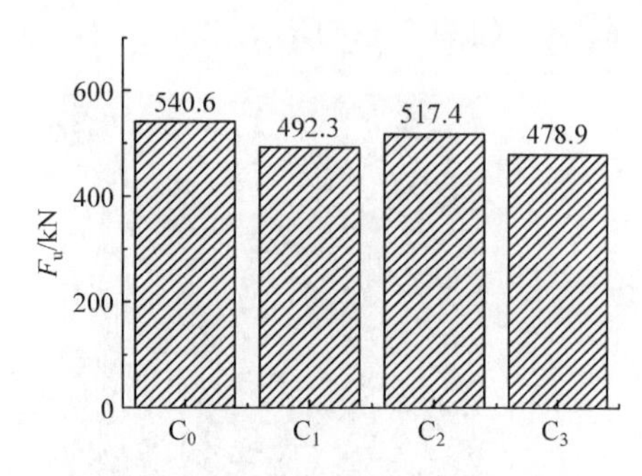

图 6-4-9　木柱墩接加固前后 F_u 值对比图

2. 延性系数

构件的延性是指构件的某个截面从屈服开始到达最大承载能力或到达以后而承载能力还没有明显下降期间的变形能力，其量化指标一般为延性系数，可包括曲率延性系数、位移延性系数和转角延性系数[11]。本节采用位移延性系数 μ_Δ 来评价木柱加固前后的变形能力。μ_Δ 是无量纲的比值，μ_Δ 值越大，反映木柱的变形能力越好。μ_Δ 的计算方法详见式(5-2-1)。

求解式(6-2-1)的各参数，可获得各木柱的 μ_Δ 值，见表 6-4-1。可以看出，采取墩接法加固木柱后，其 μ_Δ 值相对完好木柱而言基本接近，均值为 1.16，占完好木柱的 98.3%，即加固后的木柱延性要比完好木柱略低。这反映了传统铁箍墩接法加固的木柱的延性可基本恢复。其主要原因在于铁箍强度远大于木材，其加固木柱底部糟朽位置后，一方面由于铁箍的侧向约束作用，加固后木柱的整体变形能力得到恢复；另一方面由于铁箍的使用量不大（仅 2 道铁箍包裹，且铁箍直径很小），使加固后木柱与完好木柱的整体刚度相差不大。

表 6-4-1　木柱 μ_Δ 值

工况	C_0	C_1	C_2	C_3
Δ_u/mm	11.38	11.31	9.63	9.72
Δ_y/mm	9.61	9.47	8.44	8.31
μ_Δ	1.18	1.18	1.14	1.17

3. 应变分析

基于试验数据，绘制各木柱的水平向及竖向荷载-应变（F-s）曲线，如图 6-4-10 所示。可以看出：①从曲线形状来看，无论是水平应变还是竖向应变，其与荷载 F

的关系曲线在形状上均相近，可反映传统铁箍墩接法加固底部糟朽柱根后，加固柱的受力性能与完好柱基本一致，其承载力和延性性能均可得到较好的恢复。②从应变峰值来看，加固后木柱在水平及竖向的极限应变均略小于完好木柱。其中，C_0、C_1、C_2、C_3 水平极限应变分别为 1246$\mu\varepsilon$、1250$\mu\varepsilon$、1167$\mu\varepsilon$、1218$\mu\varepsilon$，加固后木柱水平极限应变恢复率均值为 97.2%；C_0、C_1、C_2、C_3 竖向极限应变分别为 2899$\mu\varepsilon$、2855$\mu\varepsilon$、2170$\mu\varepsilon$、2290$\mu\varepsilon$，加固后木柱竖向极限应变恢复率均值为 84.1%。这反映了加固后的木柱极限变形要小于完好木柱。其主要原因在于铁箍墩接木柱后，形成的加固柱刚度大于完好木柱。③木柱轴心受压时，其荷载-应变曲线基本为直线形状，且加固区竖向应变普遍大于水平应变。

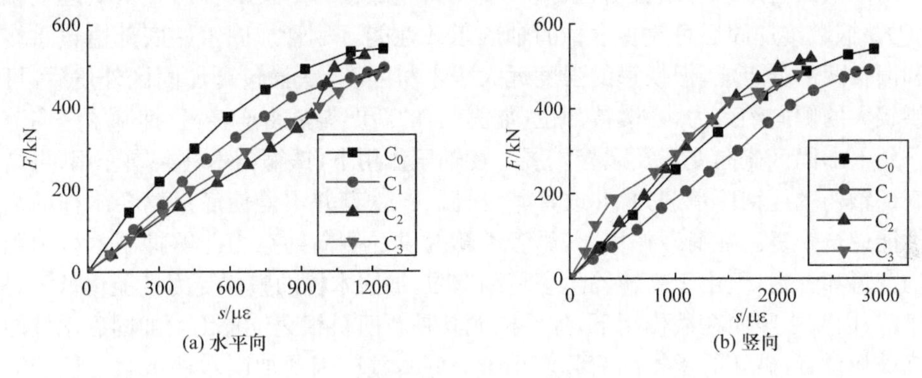

图 6-4-10　木柱 F-s 曲线

4. 竖向刚度

为研究铁箍墩接加固底部糟朽木柱后在轴压荷载作用下的竖向刚度变化情况，根据图 6-4-8 中的 F-u 曲线及木柱屈服点近似计算方法，按式(6-4-1)和式(6-4-2)计算各木柱的近似屈服、破坏阶段的竖向刚度：

$$k_1=\frac{F_y}{\Delta_y} \tag{6-4-1}$$

$$k_2=\frac{F_u-F_y}{\Delta_u-\Delta_y} \tag{6-4-2}$$

式中，F_y、Δ_y 分别表示木柱近似屈服时的荷载及竖向变形；F_u、Δ_u 分别表示木柱破坏时的荷载及竖向变形；k_1、k_2 分别表示木柱在近似屈服阶段及破坏阶段的竖向刚度值。利用式(6-4-1)和式(6-4-2)求解各木柱的 k_1、k_2 值，结果见表 6-4-2。可以看出铁箍墩接加固后的木柱在近似屈服和破坏阶段的竖向刚度均大于完好木柱，其均值分别为 54.71kN/mm 及 13.57kN/mm。上述值反映了铁箍墩接加固底部糟朽木柱后，其在木柱近似屈服阶段的竖向刚度比完整木柱略有增长，而在破坏阶段的竖向刚度明显增大，即铁箍提供的侧向约束作用在木柱破坏阶段比屈服阶段更明显。

表 6-4-2　木柱竖向刚度值　（单位：kN/mm）

竖向刚度	C_0	C_1	C_2	C_3
k_1	54.63	49.42	59.59	55.11
k_2	8.47	12.50	12.61	15.60

5. 加固机理分析

由以上试验结果可以看出，铁箍墩接加固底部糟朽木柱的轴压受力机理表现为：①铁箍墩接加固后可改善木柱的轴压承载性能。尽管加固木柱底部由包墩接料和旧料两部分组成，但铁箍的强度远大于木材强度，铁箍包裹加固区外皮后，可提供较大的侧向约束力，使墩接部位（加固区）的新旧料紧密连接，且抑制了竖向荷载作用下加固区侧向变形及裂缝扩展。在轴压作用下，铁箍与木柱共同作用，可增大底部糟朽木柱轴压承载力，并改善其延性。②铁箍并不能使底部糟朽木柱的承载性能完全恢复。在荷载作用下，尽管铁箍提供的侧向约束力能够抑制木柱加固区的变形和开裂，但由于铁箍的包裹范围有限，加固木柱的整体受力性能仍低于完好木柱，因而在竖向荷载作用下，加固区尤其是新旧料相交位置仍为加固后木柱的最终破坏位置，破坏时承担的荷载要小于完好木柱。因此加固木柱承载力低于完好木柱。③铁箍墩接加固木柱并不能使木柱的延性得到完全恢复。由于铁箍材料强度远大于木材，且仅仅墩接加固木柱底部，因而相对于完好木柱而言，加固后木柱的整体性略差，在木柱底部形成刚度相对较大的区域，其刚度要大于完好木柱。在轴压荷载作用下（尤其是木柱进入破坏阶段），加固柱的变形能力要低于完好木柱，其延性性能并不能完全恢复至完好木柱的状态。

6.4.4　结论

（1）完好木柱在轴压荷载作用下产生破坏的部位为木柱中上部，采取传统铁箍墩接法加固底部糟朽木柱后，在轴压荷载作用下产生破坏的主要位置为加固区，尤其是新旧料接缝位置。

（2）与完好木柱相比，铁箍墩接加固后木柱的极限承载力可恢复约 91.8%，延性性能可恢复约 98.3%，水平极限应变恢复约 97.2%，竖向极限应变恢复约 84.1%。

（3）铁箍墩接加固后木柱的竖向刚度大于完好木柱，且在木柱破坏阶段表现明显。

（4）由于铁箍与木材的强度差别较大，且铁箍加固范围有限，加固后木柱整体性能低于完整木柱，承载性能略差。

参考文献

[1] 马炳坚. 中国古建筑的构造特点、损毁规律及保护修缮方法(上)[J]. 古建园林技术,2006,(3):57—62.

[2] 马炳坚. 中国古建筑木作营造技术[M]. 北京:科学出版社,1991.

[3] 张峰亮. 天安门城楼角檐柱墩接技术研究及施工[J]. 古建园林技术,2004,(2):51—53.

[4] 周乾,闫维明,李振宝,等. 古建筑木结构加固方法研究[J]. 工程抗震与加固改造,2009,31(1):84—90.

[5] 周乾,闫维明,纪金豹. 明清古建筑木结构典型抗震构造问题研究[J]. 文物保护与考古科学,2011,23(2):36—48.

[6] 许清风,朱雷. CFRP 布维修加固局部受损木柱的试验研究[J]. 土木工程学报,2007,40(8):41—46.

[7] 许清风. 巴掌榫和抄手榫维修圆木柱的试验研究[J]. 建筑结构,2012,42(2):170—172.

[8] 欧阳煜,龚勇. 碳纤维布加固破损木柱偏心荷载作用下的性能试验[J]. 上海大学学报(自然科学版),2012,18(2):209—213.

[9] 国家技术监督局,中华人民共和国建设部. GB 50165-92　古建筑木结构维护与加固技术规范[S]. 北京:中国建筑工业出版社,1993.

[10] 杜仙洲. 中国古建筑修缮技术[M]. 北京:中国建筑工业出版社,1983.

[11] 高大峰,李飞,刘静,等. 木结构古建筑斗拱结构层抗震性能试验研究[J]. 地震工程与工程振动,2014,31(1):131—139.

6.5　CFRP 布墩接加固糟朽柱根轴压试验

在外部因素(如荷载、风雨侵蚀)作用下,古建筑不可避免的会出现残损问题,典型症状之一即为柱根糟朽。坐落于柱顶石之上的柱根,很容易受到雨水侵蚀产生糟朽,并威胁到结构稳定性能。墩接是我国古建木柱柱根糟朽的传统加固方法,图 6-5-1 为故宫某古建木柱采用传统墩接法加固前后的照片。

墩接法虽然能在一定程度上提高糟朽木柱的受力性能,但也存在以下三个问题:①铁箍长时间暴露在空气中,容易产生锈蚀,从而导致加固效果降低甚至失效;②铁箍包裹木柱时,往往通过铆钉固定铁箍与木柱,而铆钉对木材具有一定的破坏作用;③墩接后的柱根仍暴露在潮湿环境中,长时间仍将产生糟朽问题。碳纤维增强复合材料具有自重轻、强度高、耐腐蚀、裁剪容易、施工简单等优点,可在一定程度上弥补传统铁件材料的不足,在木结构领域的应用研究也逐步深入。许清风等[1]研究了 CFRP 布加固底部开裂、腐朽木柱的轴压受力性能,认为 CFRP 布具有较好的加固效果;杨会峰等[2]研究了 CFRP 布加固木梁的极限承载力和抗弯刚度,认为木梁极限承载力最大可提高 77%,且构件刚度得到提高;Zhou 等[3]研究了 CFRP 布加固古建筑木结构梁柱节点的抗震性能,认为 CFRP 布加固榫卯节点后,可减小节点拔榫量,提高抗弯承载力和耗能能力;Taheri 等[4]进行了 CFRP 加固

图 6-5-1　传统方法墩接加固古建木柱柱根

长细比为 16 的胶合方木柱试验研究，认为可提高方木柱 60%～70%的极限承载力；Antonio 等[5]研究了 CFRP 布粘贴在木梁底侧和两侧的受力性能，认为 CFRP 布粘贴梁底可提高 40%～60%的极限抗弯承载力，而粘贴在两侧的 CFRP 布对提高梁的抗弯承载力影响不大；Judd 等[6]研究了 CFRP 材料加固木结构连接件的承受荷载能力，发现连接件强度提高 1.5 倍。本节基于以上研究结果，采用竖向静力加载试验方法，研究 CFRP 布材料代替传统铁箍墩接加固底部糟朽木柱的承载性能，提出可行性建议，为古建筑木结构的保护和维修提供参考。

6.5.1　试验概况

试验选取的材料与 6.4.1 节试验概况相同。墩接加固木柱所用的 CFRP 布材料由北京卡本工程技术研究所有限公司提供的 CFS-Ⅱ-200 型号碳布，宽度为 500mm，公称厚度为 0.111mm，抗拉强度为 3004MPa，受拉弹性模量为 2.30×10^5MPa，伸长率 1.5%；配套的碳纤维胶型号为 CFSR-A/B，抗拉强度为 52MPa。以故宫太和殿某柱为例，制作缩尺比例模型。木柱模型截面直径为 180mm，长 1500mm，数量共 6 个，包括完好木柱 1 根，1 层 CFRP 布墩接 1 根，2 层 CFRP 布墩接 3 根，3 层 CFRP 布墩接 1 根。各试件编号及加固方式见表 6-5-1。

表 6-5-1　试件编号及加固方式

编号	试件名称
C_0	完好木柱
C_1	1 层 CFRP 布墩接加固木柱
C_{2-1}	第 1 根 2 层 CFRP 布墩接加固木柱
C_{2-2}	第 2 根 2 层 CFRP 布墩接加固木柱
C_{2-3}	第 3 根 2 层 CFRP 布墩接加固木柱
C_3	3 层 CFRP 布墩接加固木柱

木柱模型仍采用刻半榫墩接法制作。CFRP布墩接加固木柱的工艺与6.4.1节铁箍墩接加固木柱工艺相同，仅用CFRP代替了铁箍加固。CFRP布墩接加固木柱工艺如图6-5-2所示。

木柱上应变片百分表的选用型号、布置方式与6.4.1节相同，并采用相同的加载方式。CFRP墩接加固木柱的试验装置示意图如图6-5-3所示。

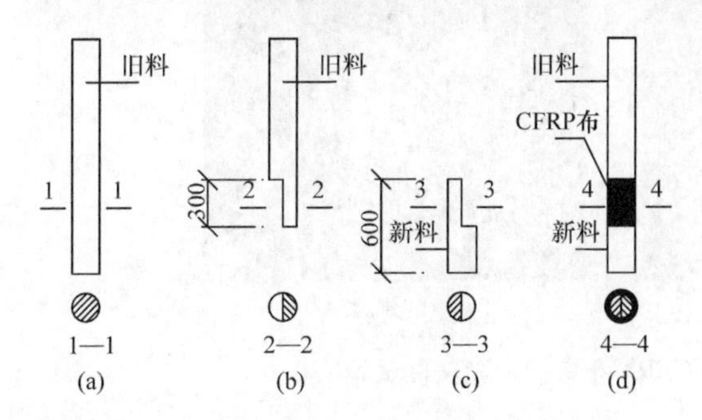

图6-5-2　CFRP布墩接木柱柱根工艺(单位：mm)

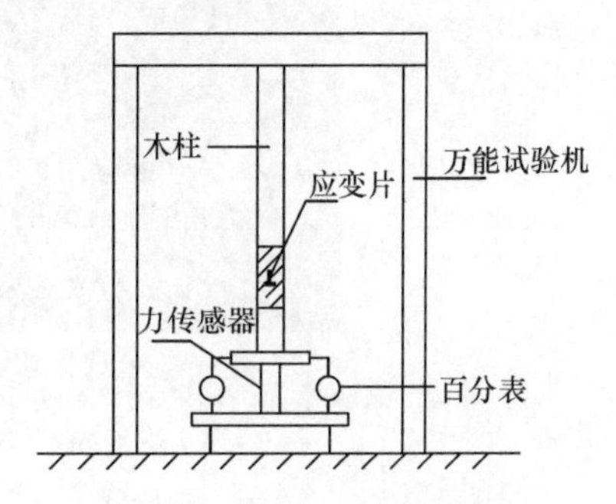

图6-5-3　CFRP墩接加固木柱的试验装置示意图

6.5.2　试验现象

(1) 完好木柱。本试验中用于对比的完好木柱模型与6.4节相同，其轴压变力的试验现象详见6.4.2节。

(2) 1层CFRP布墩接加固木柱。试验一开始在木柱上部就有轻微噼啪声，应该是木柱与加载装置挤紧发出的声音。随后，无明显试验现象。F增至30%F_u左右时，加固区底部传来轻微噼啪声，木柱整体外观完好。F继续增大，木柱上部、加固区底部均有轻微噼啪声，可反映木柱整体受力状态。F增至65%F_u左右时，加固区底部的劈裂声开始明显，并变得连续，可反映该位置较其他位置薄弱，即使有CFRP布包裹，但墩接区位置的刚度和整体性能相对于其他部位仍较差。此时木柱尚未出现明显破坏。F继续增大，加固区底部劈裂声逐渐变为响亮的爆裂声。F接近F_u时，加固区底部产生弯折，并出现纵向裂缝，宽度约为4mm，长度约为300mm。木柱上部则保持完好。这说明1层CFRP布墩接加固木柱柱根时，木柱在竖向轴压荷载作用下的破坏部位(最薄弱部位)仍为墩接位置。试件试验的照片如图6-5-4所示，其中虚线为试件裂缝位置。

(3) 2层CFRP布墩接加固木柱。试验一开始，木柱顶部就有轻微劈裂声，应该是柱顶与加载装置挤紧的声音。试验初始阶段，发现百分表转速明显，可认为木柱竖向压缩较迅速。随着荷载F增大，木柱上部有轻微噼啪声，但构件整体完好。随后，木柱上部劈裂声持续传来，但不明显。F增至约42%F_u时，加固区传来轻微劈裂声，很可能是CFRP布脱胶声音。F继续增大，轻微劈裂声由上至下传至木柱

(a) 试验前

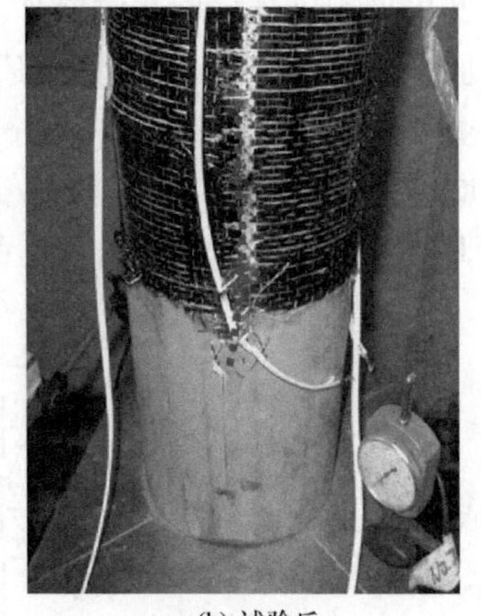

(b) 试验后

图 6-5-4　1 层 CFRP 布墩接加固试件试验

底部，可反映木柱整体受力状态。F 增至约 65％F_u 时，木柱顶部劈裂声持续且较为明显，构件整体外观尚无明显变化。F 增至约 95％F_u 时，木柱顶部突然发出一声巨响，破坏很可能出自上述位置，但 F 能继续增大。F 增至 F_u 时，劈裂声不断进行，荷载已无法增加，预示木柱进入破坏阶段，但沿摄像机方向观察，木柱尚无明显弯折变形，可反映其延性较好。随后开始卸载，F 降至约 92％F_u 时，木柱上部突然折断，表明木柱破坏。F 继续下降至约 85％F_u，试验停止。经观察，在木柱上部出现较为明显的劈裂裂缝，裂缝纵向，长约 30cm，最大宽度 0.8cm，且裂缝并非竖直向，而是在由上往下延伸过程中产生横向扩展，形成类似折断破坏形式。木柱破坏前预兆不明显，其上部产生折断之前并无明显侧向变形。另外，CFRP 布加固区完好，可反映 CFRP 布提供的核心约束力可提高木柱加固区承载力，甚至大于完好区域。木柱加固试验照片如图 6-5-5 所示。

（4）3 层 CFRP 布墩接加固木柱。一开始在顶部出现轻微噼啪的声音，应该是加载装置与木柱挤压的声音。F 增大过程中，木柱上部传来间断劈裂声，但初始阶段声音不明显。F 增至约 30％ F_u 时，木柱上部劈裂声逐步开始向下传递，反映了木柱整体的受力状态，但木柱保持完好。F 增至约 50％F_u 时，木柱上部劈裂声变得密集，但响声不明显，木柱下部则完好。F 增至约 90％F_u 时，木柱上端劈裂声明显，并出现轻微弯折。F 增至 F_u，木柱上部不断传来剥落声，夹杂巨响，上部产生可见变形，此时荷载已不能再增加，可反映木柱进入破坏状态。随后开始卸载，期间木柱上部持续产生噼啪声，且有节奏，可反映木柱破坏后仍有较好的承载性能。F 将至约 75％F_u 时，木柱上部劈裂，试验停止。经观察，裂纹宽 0.4cm，沿纵向延伸，长度约 40cm。在整个试验过程中 CFRP 布加固区完好。试验照片如图 6-5-6 所示。

(a) 试验前

(a) 试验后

图 6-5-5　2 层 CFRP 布墩接加固试件试验

(a) 试验前

(b) 试验后

图 6-5-6　3 层 CFRP 布墩接加固试件试验

从以上试验现象可以看出，CFRP 布对木柱墩接区进行包裹，在该位置形成刚性区。在轴压作用下，由于 CFRP 布对墩接位置的核心约束作用，提高了木柱在该位置的承载力及刚度，且在 CFRP 布包裹层数增加时试验现象和试验结果改变明显。相对加固区而言，木柱其他位置的承载性能略低，在轴压荷载作用下，加固后的木柱破坏位置往往发生在木柱完好区域(CFRP 布包裹 2 层、3 层)。此外，由于 CFRP 布的约束作用，加固后的木柱在破坏前仍具有一定的承载性能，体现了更好的延性。

6.5.3 试验分析

1. 荷载-变形曲线

基于试验结果，绘出木柱加固前后的荷载-变形（F-u）曲线，如图 6-5-7 所示。曲线主要特点为：①从形状来看，曲线均由上升段和下降段组成；上升段表现为近似直线形式，可反映木柱的 F 与 u 为近似线性关系；下降段均较平滑，可反映各木柱破坏后仍有较好的变形能力。②从峰值 F_u 来看，CFRP 墩接加固后木柱的 F_u 值要大于完好木柱，且随着 CFRP 包裹层数增多，F_u 值增大越明显，可反映 CFRP 布墩接加固法可提高木柱极限承载力。③从极限变形值 u_m 来看，各柱的 u_m 大小顺序为：C_3（13.74mm）>C_2（C_{2-1} 为 11.60mm，C_{2-2} 为 11.39mm，C_{2-3} 为 13.12mm，均值为 12.04mm）>C_1（11.39mm）>C_0（11.38mm），即 CFRP 布加固后木柱的极限变形增大，且随着 CFRP 布包裹层数的增加而增加。

图 6-5-8 为木柱加固前后的 F_u 值对比情况。可以看出：①完好木柱（C_0）F_u 值最小，为 540kN。CFRP 布墩接加固柱根后，木柱的 F_u 值有不同程度的提高。其中，1 层 CFRP 布墩接时（C_1）的 F_u 值为 541kN，提高率约为 0.2%；2 层 CFRP 布墩接时（C_{2-1}、C_{2-2}、C_{2-3}）的 F_u 平均值为 563kN，提高率约为 4.3%；3 层 CFRP 布墩接时（C_3）的 F_u 值为 585kN，提高率约为 8.3%。②本试验采用 CFRP 布墩接加固底部糟朽木柱后，可有效提高木柱的 F_u 值，提高幅度约为 0.2%～8.3%。③随着 CFRP 布墩接加固层数增多，加固柱的 F_u 值逐渐提高，增长率约为 4.1%（墩接 2 层相对于墩接 1 层）及 3.9%（墩接 3 层相对于墩接 2 层）。

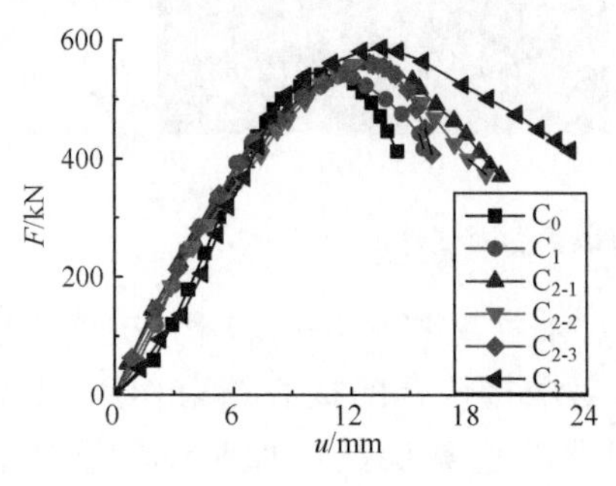

图 6-5-7 木柱加固前后 F-u 曲线

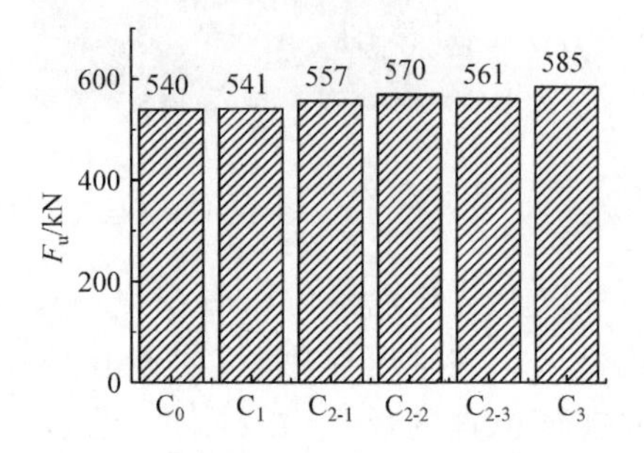

图 6-5-8 木柱加固前后 F_u 值对比图

2. 延性系数

无论木柱加固与否，在竖向荷载作用下，其逐渐产生屈服，但在破坏前仍有一定的变形能力，这种能力的量化指标即延性系数。本节采用位移延性系数 μ_Δ 来评价 CFRP 布墩接木柱的变形能力。μ_Δ 计算方法参考式（5-2-1）。当构件屈服点不明显时,可参考文献[7]提供的方法获得各木柱的 Δ_y 值,并依据式(6-2-1)求解各木柱的 μ_Δ 值,结果见表 6-5-2。表 6-5-2 数据主要有以下特点:①CFRP 布墩接加固木柱后,Δ_u、Δ_y、μ_Δ 值均增大,可反映加固后木柱的变形能力及延性均得到提高。各加固柱与完好木柱的 μ_Δ 值百分比分别为:104%(C1)、109%(C2 均值)、116%(C3)。②随着 CFRP 布墩接加固木柱层数增加,加固柱的 μ_Δ 值逐渐增大,可反映 CFRP 布层数对提高木柱的延性具有一定的促进作用,增长率分别为 4.88%(墩接 2 层相对于墩接 1 层)和 6.20%(墩接 3 层相对于墩接 2 层)。

表 6-5-2　各木柱的 μ_Δ 值

延性系数	C_0	C_1	C_{2-1}	C_{2-2}	C_{2-3}	C_3
Δ_u/mm	11.38	11.39	13.01	12.79	13.12	13.74
Δ_y/mm	9.61	9.65	10.09	10.15	10.01	10.04
μ_Δ	1.18	1.23	1.29	1.26	1.31	1.37

3. 应变分析

基于试验数据,绘制各木柱水平向及竖向荷载-应变(F-s)曲线,如图 6-5-9 所示。各曲线表现出以下特点:①无论是水平向还是竖向,各木柱的 F-s 曲线基本相近,均表现为近似线性关系,可反映 CFRP 布墩接加固木柱后的受力性能与完好木柱相近,即木柱的承载性能和延性都能得到恢复。②与完好木柱相比,CFRP 布墩接加固木柱后,加固部位的平均极限应变恢复比例分别为:109.6%(1 层 CFRP 布墩接加固木柱,水平向)、108.6%(1 层 CFRP 布墩接加固木柱,竖向);116.6%(2 层 CFRP 布墩接加固木柱,水平向均值)、138.9%(2 层 CFRP 布墩接加固木柱,竖向均值);126.5%(3 层 CFRP 布墩接加固木柱,水平向)、160.7%(3 层 CFRP 布墩接加固木柱,竖向)。由此可知,CFRP 布墩接加固木柱后,可提高木柱的水平向及竖向平均应变,且随着 CFRP 布包裹层数增加,木柱加固区极限压应变恢复程度增大。

4. 竖向刚度

为研究 CFRP 布墩接木柱柱根后对木柱整体竖向刚度的影响,以及对各木柱在不同受力阶段的竖向刚度进行对比分析。根据各木柱竖向受力的 F-u 曲线特点及木柱屈服点近似计算方法,按式(6-4-1)和式(6-4-2)计算各木柱的近似屈服、破坏阶段的轴压刚度。

利用式(6-4-1)和式(6-4-2)求解各木柱的 k_1、k_2 值,结果见表 6-5-3。各木柱竖向刚度的主要特点为:①木柱屈服阶段,完好木柱屈服刚度 k_1 值最大,CFRP 布墩接加固木柱的 k_1 值略小。联立式(6-4-1)及 F-u 曲线中的相关数据分析可知,

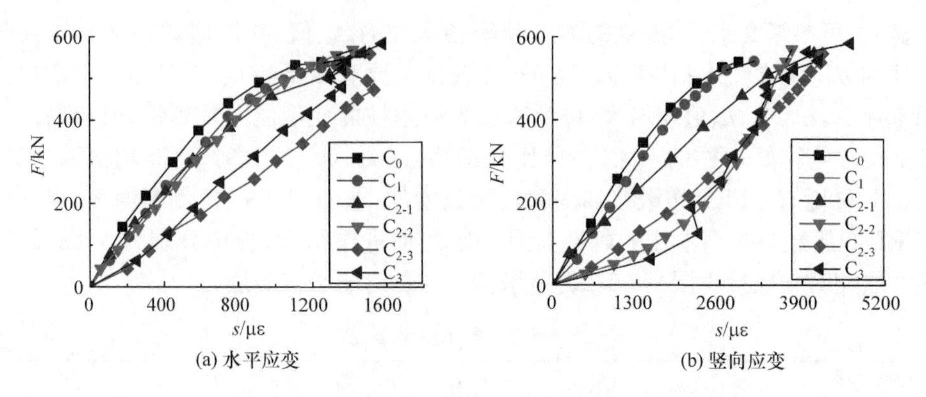

图 6-5-9　CFRP 布墩接加固木柱模型 *F-s* 曲线

完好木柱 F_y 值、Δ_y 值均较小，因而 k_1 值较大；CFRP 布墩接加固木柱柱根后，木柱的 Δ_y、F_y 值增加相对明显，使得屈服阶段木柱的刚度基本能恢复到完好木柱状态，且随着 CFRP 布包裹层数越多，其屈服刚度恢复越明显。②木柱破坏阶段，CFRP 加固木柱的竖向刚度 k_2 值相对于完好木柱增加，但随着 CFRP 布包裹层数越多，k_2 值逐渐减小。联立式(6-4-2) 及 *F-u* 曲线中的相关数据分析，不难发现，其主要原因在于 CFRP 布墩接加固木柱柱根后，其极限承载力 F_u 值相对 F_y 值有一定程度增长（幅度不大），极限位移 Δ_u 值相对于 Δ_y 值增大明显，使得木柱破坏阶段刚度减小，且包裹层数越多，上述情况表现越明显。但 CFRP 墩接加固木柱柱根后，木柱破坏前变形能力增强，延性增大，且 F_u 值增加，因而可认为 CFRP 布墩接加固木柱后的承载性能提高。

表 6-5-3　试件竖向刚度值　　（单位：kN/mm）

竖向刚度	C_0	C_1	C_2（均值）	C_3
k_1	53.5	49.8	50.9	52.3
k_2	13.7	20.7	16.6	14.1

5. 加固机理

(1) 木柱是各向异性材料，由于材料特性原因，其在外力作用下很容易产生开裂并影响其受力性能。在竖向轴压荷载作用下，未加固木柱在某一部位产生局部破坏时，其纤维错动、压缩，木柱在该位置有效承载截面减小，导致木柱产生开裂破坏。而 CFRP 布包裹加固区后，木柱横向受到 CFRP 布的约束作用，使木柱处于三向受力状态。加固后木柱薄弱处的纤维错动和压缩受到限制，但能继续承担竖向荷载，延缓了木柱产生破坏的时间，甚至改变了木柱产生破坏的位置。当加固柱产生破坏时，其未压碎的纤维部分和 CFRP 布共同限制压碎的纤维部分向外侧错动，木柱仍作为一个整体受力，其受力性能得到改善。

(2) CFRP布包镶墩接位置后，对柱产生径向约束力，可抑制木柱因受力产生的变形。在木柱受力屈服阶段，其参与受力不明显，随着轴压增大，木柱加固区变形增大(该位置木柱内部纤维拉结最薄弱)，但变形迅速受到CFRP布的约束作用。竖向压力越大，CFRP布产生的约束力越强，最终木柱产生破坏的部位并非出现在加固区，而是出现在旧料纤维薄弱处。因为CFRP布参与受力，木柱的极限承载力得到了提高，且当CFRP布包裹层数增加时，对木柱的径向约束力越大，其参与受力越明显，因而木柱承载力提高幅度增大。

(3) 加固后木柱的延性要比完好木柱好，主要在于CFRP的侧向约束作用。木柱在受力屈服阶段时，CFRP布尚未充分发挥作用，加固木柱的整体性能略低于完好木柱；进入破坏阶段后，CFRP布对加固区的核心约束力增强；随着荷载增加，完好木柱由于内部纤维错动而产生开裂破坏；而CFRP布墩接木柱后，其提供的侧向约束力可抑制木柱裂纹的扩展，使其在破坏前仍有很好的变形能力，进而提高了木柱的延性。

(4) 由于CFRP布对木柱仅提供径向约束力作用，减小木柱在加固区产生破坏的可能性，因此木柱在轴心受压过程中，墩接加固后木柱的受力性能与完好木柱接近。另外，由于CFRP布提供附加约束作用，加固后木柱的变形能力要大于完好木柱，尤其在木柱破坏受力阶段表现明显，因此加固后木柱变形能力增强，且极限应变增大。

(5) 与完整木柱相比，CFRP墩接加固木柱由新、旧料及CFRP布组成，其整体性低于完好木柱。在受力初始阶段，CFRP布对木柱的径向约束力不明显，因而加固柱的刚度低于完好木柱。随着轴压荷载增大，木柱进入破坏阶段，其横向变形受到约束，CFRP布提供的附加包裹力增大，参与受力的比例增大，使得加固柱的承载力反超过完好木柱，因而加固柱的刚度要大于完好木柱。

6.5.4　结论

(1) 完好木柱在轴压荷载作用下的破坏形式为上部局部折断；CFRP布墩接加固底部残损木柱后，在CFRP布包裹1层时，木柱破坏形式为加固区的局部折断；CFRP包裹层数增加后，木柱破坏形式改为木柱上部的纵向开裂。

(2) CFRP布墩接加固木柱后，木柱极限承载力提高幅度约为0.2%～8.3%，延性性能恢复到完好木柱的104%～116%，水平极限压应变可恢复到完好木柱的109.6%～126.5%，竖向极限应变可恢复到完好木柱的108.6%～160.7%；CFRP布包裹层数增多时，加固效果相对更好。

(3) 与完好木柱相比，CFRP墩接加固木柱的竖向刚度在木柱屈服阶段略小，在木柱破坏阶段要大；CFRP布包裹层数增多时，对提高木柱竖向刚度不明显。

参考文献

[1] 许清风,朱雷. CFRP 布维修加固局部受损木柱的试验研究[J]. 土木工程学报,2007,40(8):41－46.

[2] 杨会峰,刘伟庆,邵劲松,等. FRP 加固木梁的受弯性能研究[J]. 建筑材料学报,2008,11(5):591－597.

[3] Zhou Q, Yan W M. Experimental study on aseismic behaviors of Chinese ancient tenon-mortise joint strengthened by CFRP[J]. Journal of Southeast University,2011,27(2):192－195.

[4] Taheri F, Nagaraj M, Cheraghi N. FRP reinforced glue laminated column[J]. FRP International,2005,2(3):10－12.

[5] Antonio B, Marco C, Andrea G. A method for flexural reinforcement of old wood beams with CFRP materials[J]. Composites(Part B),2005,36(2):143－153.

[6] Judd J P, Fonseca F S. FRP-wood nailed joint behavior[C]//Proceedings of International SAMPLE Symposium and Exhibition, Long Beach,2000:895－901.

[7] 范立础,卓卫东. 桥梁延性抗震设计[M]. 北京:人民交通出版社,2001.

6.6 CFRP 布包镶加固底部糟朽木柱试验

包镶是我国传统的用于柱根加固的技术之一,主要用于糟朽深度较小的柱根加固。一般来说,柱根圆周的一半或一半以上表面糟朽,糟朽深度不超过柱径的1/5 时,可采取包镶的做法[1]。包镶即用锯、扁铲等工具将糟朽的表皮剔除干净,然后按剔凿深度、长度及柱子周长、制作出包镶料,包在柱心外围,使之与柱子外径一样,平整浑圆,然后用铁箍将包镶部分缠箍结实,如图 6-6-1 所示。

(a) 包镶前

(b) 包镶后

图 6-6-1 传统包镶加固底部糟朽木柱

传统包镶法虽然能够改善糟朽木柱的承载能力,但仍存在铁件易锈、破坏木构件,加固过程不可逆等问题,因而应用范围存在一定的局限性。

CFRP具有强度高、易剪裁、抗腐蚀等优点,可在一定程度上弥补传统铁件加固方法的不足。目前,CFRP材料已广泛应用于结构工程加固领域,并不断地显示其优越性。相应的,国内外部分学者开展了CFRP布加固木柱的研究,主要成果包括:许清风等[2,3]采用局部切除法来模拟产生糟朽的柱子,研究了包裹一层CFRP布后,柱子受压承载力的恢复情况,认为其受压承载力和延性性能均可恢复;李向民等[4]研究了CFRP布加固旧方木柱的受压承载力,认为包裹CFRP布后,旧木柱的受压承载力可提高26.6%,延性系数可提高60.5%;淳庆等[5]研究了嵌入式CFRP筋加固圆木柱的轴心抗压性能,认为木柱的轴心抗压强度可提高6.2%～47.1%;Taheri等[6]进行了CFRP加固长细比为16的胶合方木柱试验研究,认为可提高方木柱60%～70%的极限承载力。Jonathan[7]采用CFRP棒加固局部残损木柱,并提出了加固计算公式。Roberto等[8,9]提出了采用FRP材料修复码头木柱的思路,并通过试验论证了方案对于提高木柱极限受压承载力的可行性。

本节基于以上成果,采取静力试验手段,开展CFRP布包镶加固底部糟朽木柱轴压受力性能的研究,提出可行性建议,结果可为我国木构古建保护和维修提供理论参考。

6.6.1　试验概况

本试验的选材与6.4.1节试验概况中木材相同。包括完好木柱1根,1层CFRP布包镶2根,2层CFRP布包镶2根,3层CFRP布包镶1根。各试件编号及加固方式见表6-6-1。

表6-6-1　试件编号及加固方式

编号	试件名称
C_0	完好木柱
$C_{1\text{-}1}$	第1根1层CFRP布包镶加固木柱
$C_{1\text{-}2}$	第2根1层CFRP布包镶加固木柱
$C_{2\text{-}1}$	第1根2层CFRP布包镶加固木柱
$C_{2\text{-}2}$	第2根2层CFRP布包镶加固木柱
C_3	3层CFRP布包镶加固木柱

本试验中,CFRP布包镶加固底部残损木柱的工艺流程及示意图如图6-6-2所示,流程如下:①制作底部残损木柱,挖去木柱底部周圈厚30mm、高500mm部分,露出柱芯,以模拟柱底部糟朽等残损现状。上述尺寸的选择依据为:高500mm的糟朽深度与古建筑实际工程中木柱柱根糟朽深度相近,而糟朽深度30mm符合包

镶加固工艺要求[1]。②制作包镶料，根据传统工艺做法，包镶料由数块同材料木块叠加而成，总尺寸同木柱被挖去部分，用少量乳胶将包镶料与柱芯黏结，以恢复木柱外表形状。③用长 500mmCFRP 布包裹包镶部分，以代替传统铁箍包镶加固做法。

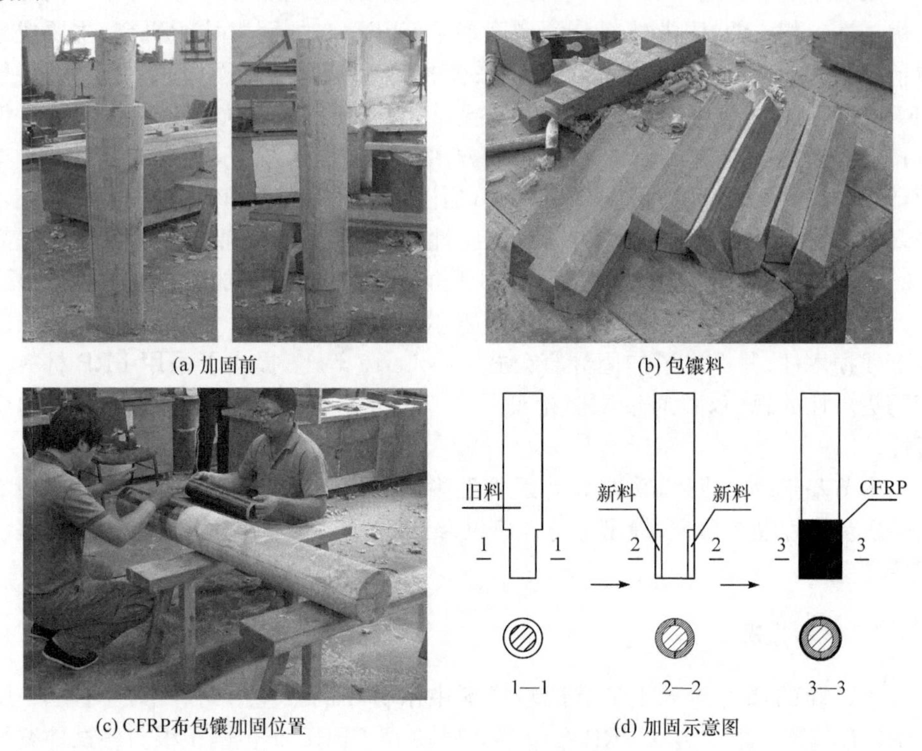

(a) 加固前　(b) 包镶料

(c) CFRP布包镶加固位置　(d) 加固示意图

图 6-6-2　CFRP 布包镶加固木柱模型工艺

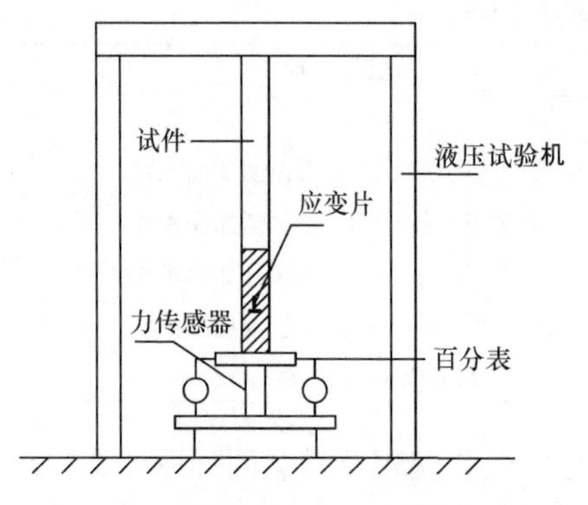

图 6-6-3　CFRP 布包镶加固的试验加载装置示意图

模型的测点布置加载方式同 6.4 节，试验加载装置示意图如图 6-6-3 所示。

6.6.2　试验现象

（1）完好试件。完好试件的试验现象描述见 6.4.2 节。

（2）1 层 CFRP 布包镶加固木柱。木柱上部原来有长 150mm，宽 2mm 的纵向细小裂缝。一开始加载，木柱周边有轻微噼啪声，应该是木柱与加载装置挤紧的声音。F 为 20% F_u 左右时，CFRP 布加固位置传来轻微劈裂声，应该是 CFRP 布参与受力时部分木柱受挤压的声音，此时木柱整体较完好。F 为 40% F_u 左右时，木柱上部传来轻微爆裂声和间断噼啪声，是木柱上部产生裂纹的声音。随着 F 增大，上部噼啪声频率增大，并传来局部的木柱剥裂声，但加固区尚完好。依此可初步判断在木柱上部可能会产生受力破坏，而加固区由于刚度和强度较大，不会产生破坏。F 进一步增大时，上部的噼啪声变得越来越频繁，反映木柱上部开始产生受力破坏。F 达到 F_u 时，木柱上部传来嘭的一声巨响，加载已无法继续进行，说明木柱已产生受力破坏。经仔细观察，发现木柱破坏是由原有裂缝向下并向后扩展产生的，并导致木柱上部局部弯折破坏。木柱试验照片如图 6-6-4 所示，为便于观察，试验后木柱的裂纹已用加粗线表示。木柱破坏过程为脆性破坏。

(a) 试验前

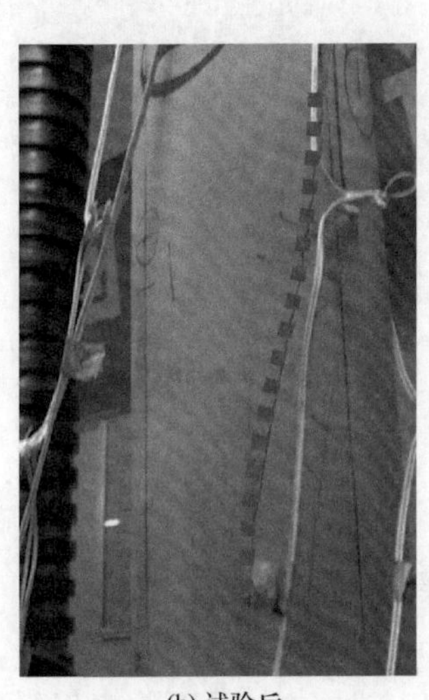

(b) 试验后

图 6-6-4　1 层 CFRP 布包镶加固木柱

需要说明的是，木柱原有受损位置为底部。采取 CFRP 布加固后，木柱受到轴压力作用时，其破坏位置并非发生在加固区，而是在木柱上部，这说明底部加固区得到了补强。

(3) 2 层 CFRP 布包镶加固木柱。一开始，木柱顶部传来轻微劈裂声，应该是木柱与加载装置挤紧声音。F 增大，木柱上部间断传来噼啪声，应该是该位置受力比其他位置大。需要说明的是，木柱上部原有细小纵向、斜向裂缝，宽度约为 1.5mm，长度约为 150mm。F 为 20% F_u 左右时，木柱上部的轻微噼啪声不断，应该是原有裂缝受挤压时发出的声音。随着 F 增大，上部劈裂声不断传来，但木柱尚未破坏。初步分析认为，木柱上部原有裂缝，且上部受力较大，因而不断传来噼啪声。F 达到 50% F_u 左右时，木柱顶部偶尔传来爆裂声，反映该位置木柱裂纹的扩展。F 达到 F_u 时，木柱上部噼啪声开始急剧增大，随后嘭的一声，上部产生局部向后折断(图 6-6-5 右,已用加粗虚线标记),原有裂缝均已扩展。尽管木柱最终破坏位置并非原有裂缝的扩展直接产生,但与之有着非常密切的关系。这是因为木柱上部原有裂缝很小,F_u 作用下裂缝宽度增大,造成木柱顶部偏心受压,且有效受压面积减小,使得木柱上部产生局部弯折爆裂,并导致木柱最终破坏。另外,木柱底部加固区完好,无明显破坏迹象。试验照片如图 6-6-5 所示。

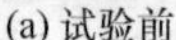

(a) 试验前

(b) 试验后

图 6-6-5　2 层 CFRP 布包镶加固木柱

(4) 3 层 CFRP 布包镶加固木柱。木柱右侧有一较大的初始裂纹,由顶部向下延伸 500mm,宽 8mm,属干缩裂缝。开始加载阶段,木柱无明显试验现象。F 为 20% F_u 左右时,木柱上部传来轻微劈裂声,应该是原有裂缝扩展。随着 F 增大,劈裂声持续进行,但尚不明显;下部加固区无明显试验现象。F 达到 60% F_u 左右,劈裂声由中上部传来,声音不明显,可认为裂缝朝下扩展,噼啪声持续。在加载过程中百分表转速较慢,可反映构件变形不明显。F 增长过程中,裂缝一直不太明显,表现为轻微噼啪声。F 为 80% F_u 左右时,在木柱上部不仅有劈裂声,还传来剥落声,应该是该位置裂缝扩展声音。随后该位置传来一声清脆的爆裂声,可反映木柱在该位置有较明显的破坏。随着 F 继续增大,木柱传来的爆裂声增大、次数增多。外力达到 F_u 时,爆裂声不断增大,F 已无法继续增加,木柱变形增加明显。随后 F 开始减小,木柱上部爆裂声持续进行,木柱上部变形明显,可以发现有明显的水平折断裂纹,加载停止。在整个过程中,木柱的破坏并非突发性,而是持续进行的,一直发生在中上部。另外,原有纵向裂纹已扩展,但木柱最终破坏形式并非源于原有裂缝,而是产生局部弯折破坏。分析认为是木柱开始受到轴压作用,裂缝扩展后,木柱偏压作用比轴压作用更明显。在加载过程中木柱上部产生侧向弯曲,并导致上部产生弯折破坏。试验照片如图 6-6-6 所示,其中纵向裂缝为原有裂缝,横向裂缝是破坏时产生的裂缝。

(a) 试验前

(b) 试验后

图 6-6-6　3 层 CFRP 布包镶加固木柱

从以上试验现象可以看出,CFRP 布对木柱底部进行整体包裹,并在底部形成刚性区。在轴压作用下,木柱底部承载力及刚度大于其他位置,因而不会产生破坏。但这对木柱整体受力性能有一定的影响,因为加固后的木柱整体刚度不均匀,在外力作用下,破坏位置往往发生在初始裂纹位置(几乎任何木柱均存在初始干缩裂纹),并导致原有裂纹的扩展,木柱承载力很难恢复到破坏前的状态。理想的加固状态是,木柱的承载力能够基本恢复甚至提高,木柱受力破坏并非初始裂纹扩展,而是木柱和加固材料作为一个整体,在轴力作用下产生整体破坏。因而改善 CFRP 布的加固方式,例如,仅在开裂位置局部粘贴 CFRP 布条,或对整个木柱进行包裹,有利于提高木柱的整体承载性能。

6.6.3　试验分析

1. 荷载-位移曲线

基于试验相关数据,获得木柱加固前后荷载-位移(F-u)曲线,如图 6-6-7 所示。可以看出:①从曲线形状来看,各曲线均表现为木柱达到极限荷载前,其竖向位移 u 与荷载 F 成近似线性关系;木柱达到极限荷载后,随着 u 值增大,F 值有不同程度降

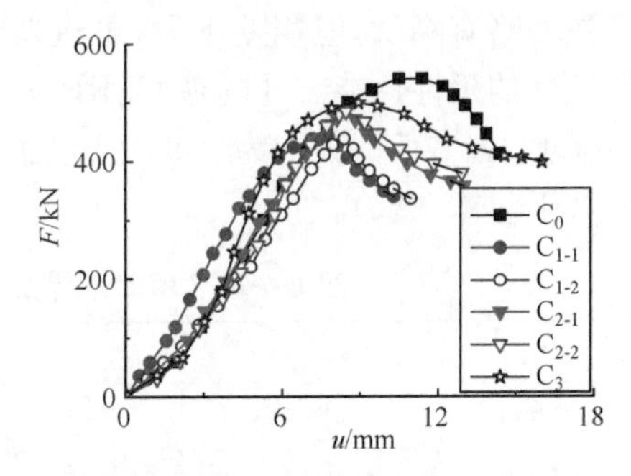

图 6-6-7　CFRP 布包镶加固木柱前后木柱 F-u 曲线

低，但下降段曲率较为平缓，可反映木柱破坏后仍有较好的变形能力。②从峰值来看，完整木柱极限荷载值最大，不同层数 CFRP 布包镶加固残损木柱后极限荷载值有不同程度减小；木柱加固前后的极限位移大小顺序：完整木柱（11.38mm）＞3层 CFRP 布包镶加固（8.93mm）＞2 层 CFRP 布包镶加固（均值 8.43mm）＞1 层 CFRP 布包镶加固（均值 7.9mm）。

图 6-6-8 为不同工况条件下模型极限承载力对比情况。可以看出：①完好木柱（C_0）极限承载力最大，为 540.6kN。CFRP 布包镶加固柱底后，木柱极限承载力有不同程度的恢复。其中，包镶 1 层 CFRP 布时（$C_{1\text{-}1}$、$C_{1\text{-}2}$）的平均极限承载力为 440.2kN，恢复到完好木柱极限承载力的 81.4%；包镶 2 层 CFRP 布时（$C_{2\text{-}1}$、$C_{2\text{-}2}$）的平均极限承载力为 486.1kN，恢复到完好木柱极限承载力的 89.9%；包镶 3 层 CFRP 布时（C3）的极限承载力为 499.4kN，恢复到完好木柱极限承载力的 92.4%。②本试验采用 CFRP 布包镶加固底部糟朽木柱后，并不能使木柱的承载力完全恢复，加固后木柱的承载力为完好木柱承载力的 84%～92%。③随着 CFRP 布包镶层数增多，加固柱的极限承载力逐渐提高，增长率约为 10.4%（包镶 2 层相对于包镶 1 层）及 2.8%（包镶 3 层相对于包镶 2 层）。

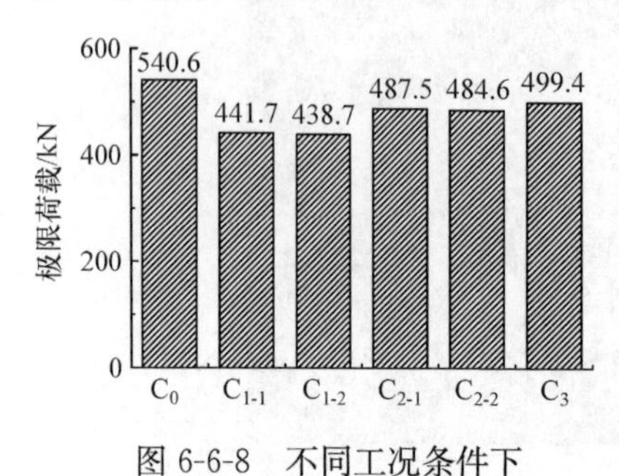

图 6-6-8　不同工况条件下模型极限荷载对比图

2. 延性系数

采用式（5-2-1）计算各木柱延性系数。综合图 6-6-7 中各 *F-u* 曲线中的 Δ_u 值，可求得各模型的 μ_Δ 值，见表 6-6-2。可以看出：①完好木柱的延性系数最大，最大值为 1.18。1～3层 CFRP 布包镶加固柱底后的平均延性系数分别为 1.03、1.05、1.13，相对于完整木柱而言，其恢复率分别为 87.3%、88.9%、95.8%。②本试验采取不同 CFRP 布包镶加固底部糟朽木柱后，加固后的木柱延性系数相对于完好木柱均略有降低，但相差不大，可近似认为 CFRP 布包镶加固底部糟朽木柱后仍有较好的延性性能。③随着 CFRP 布包镶加固木柱层数增加，加固柱的延性系数逐渐增大，增长率分别为 1.94%（包镶 2 层相对于包镶 1 层）及 7.62%（包镶 3 层相对于包镶 2 层）。

表 6-6-2　CFRP 包镶加固木柱试验模型的延性系数值

工况	C_0	$C_{1\text{-}1}$	$C_{1\text{-}2}$	$C_{2\text{-}1}$	$C_{2\text{-}2}$	C_3
Δ_u/mm	11.38	7.42	8.38	8.40	8.45	8.93
Δ_y/mm	9.61	7.21	8.12	8.05	7.99	7.87
μ_Δ	1.18	1.03	1.03	1.04	1.06	1.13

3. 应变分析

基于试验数据，绘制各模型的水平向及竖向 F-s 曲线，如图 6-6-9所示。可以看出：①无论是水平应变曲线还是竖向应变曲线，各模型的曲线比较接近，可反映CFRP 布包镶加固底部糟朽柱根后，加固柱的受力性能与完好柱相近，其承载力和延性性能均可近似得到恢复。②与完好木柱相比，CFRP 布包镶加固木柱后，加固部位的水平平均峰值应变恢复比例分别为 67.4%（包镶加固 1 层）、82.2%（包镶加固 2 层）、119%（包镶加固 3 层）；竖向平均峰值应变恢复比例分别为 60.5%（包镶加固 1 层）、77.6%（包镶加固 2 层）、113%（包镶加固 3 层）。由此可知，随着CFRP 布包裹层数增加，木柱加固区峰值压应变增大。③木柱轴心受压时，其荷载-应变曲线基本为直线形状，且加固区竖向应变普遍大于水平应变。

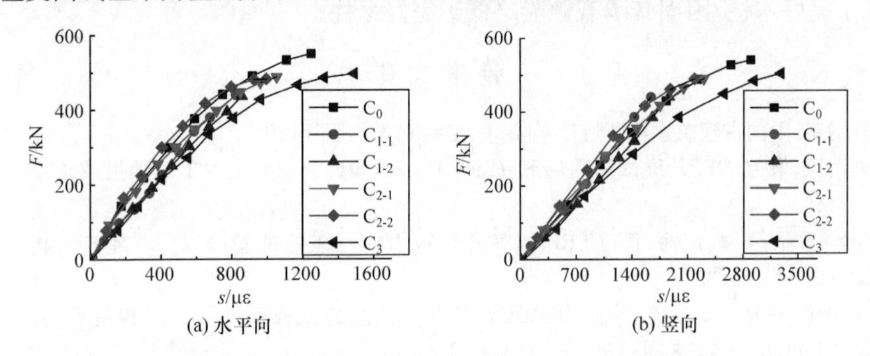

图 6-6-9　CFRP 布包镶加固木柱模型 F-s 曲线

4. 加固机理分析

由以上试验结果可以看出，CFRP 布包镶加固底部残损木柱的轴压受力机理表现为：①CFRP 布使得加固柱轴压受力性能得以改善。尽管加固木柱底部由包镶料和芯料组成，但 CFRP 布的抗拉强度远大于木材强度，CFRP 布包裹加固区外皮后，可提供较大的侧向约束力，使包镶料与柱芯紧密连接，且抑制了竖向荷载作用下加固区侧向变形及裂缝扩展。CFRP 布层数增多时，其提供的侧向约束力增强。在轴压作用下，CFRP 布与木柱共同作用，可增大残损木柱轴压承载力。②CFRP布并不能使底部残损木柱的承载性能完全恢复。CFRP 仅仅包镶加固木柱底部，因而在木柱底部形成刚性区。相对而言，木柱上部的刚度相对较小，在竖向荷载作用下易首先产生变形及开裂破坏，导致每个加固件的破坏始终发生在木柱上端。尽管这种破坏形式与完整木柱破坏形式相近，但由于加固木柱整体性能相对完好木柱略差，在轴压作用下，加固柱未能整体发挥承载作用，却因上部位置提前破坏而导致整体破坏，使得承载能力略低于完整木柱。类似的，加固柱上下部位刚度差别较大，因而构件延性要略低于完整木柱。

6.6.4　结论

（1）CFRP 布包镶加固底部残损木柱前后的破坏形式均表现为木柱上部局部弯折破坏，且木柱底部加固区在整个加载过程中完好，体现了 CFRP 布包镶加固的有效性。

（2）CFRP 布加固木柱后，木柱极限承载力可恢复到完好木柱的 81.4%～92.4%左右，延性性能可恢复到完整木柱的 87.3%～95.8%，水平峰值压应变可恢复到完好木柱的 67.4%～119%，竖向峰值应变可恢复到完好木柱的 60.5%～113%，且 CFRP 布包镶 3 层时的加固效果更好。

（3）CFRP 布仅包镶木柱底部，在底部形成较大的刚性区，使加固木柱整体性略低于完好木柱，因而其承载性能略低于完好木柱。

参考文献

[1] 马炳坚. 中国古建筑木作营造技术[M]. 北京：科学出版社，1991.

[2] 许清风，朱雷. CFRP 维修加固局部受损木柱的试验研究[J]. 土木工程学报，2007，40(8)：41－46.

[3] 朱雷，许清风，戴广海，等. CFRP 加固开裂短木柱性能的试验研究[J]. 建筑结构，2009，39(11)：101－103.

[4] 李向民，许清风，朱雷，等. CFRP 加固旧木柱性能的试验研究[J]. 工程抗震与加固改造，2009，31(4)：55－59.

[5] 淳庆，张洋，潘建伍. 嵌入式 CFRP 筋加固圆木柱轴心抗压性能研究[J]. 建筑科学与工程学报，2013，30(3)：20－24.

[6] Taheri F，Nagaraj M，Cheraghi N. FRP reinforced glue laminated column[J]. FRP International，2005，2(3)：10－12.

[7] Jonathan A K. Repair of Wooden Utility Poles Using Fibre-Reinforced Polymers[D]. Manitoba：University of Manitoba，2001.

[8] Roberto L A，Antonis P，Michael T C. Experimental characterization of FRP composite-wood pile structural response by bending tests[J]. Marine Structures，2003，16：257－274.

[9] Roberto L A，Antonis P，Michael T C，et al. Repair of wood piles using prefabricated fiber-reinforced polymer composite shells[J]. Journal of Performance of Constructed Facilities，2005，19(1)：78－87.

第7章 故宫太和殿大修期前的力学问题分析

本章包括以下两方面内容。①故宫古建大木构件典型残损问题分析。采取现场勘查与归纳分析相结合的方法,以故宫古建大木结构的柱、梁、榫卯节点、檩三件、斗拱、墙体等木构件(节点)为对象,研究了它们的典型残损问题。基于这些木构件及节点的典型构造和受力特点,对其典型残损问题进行了汇总,分析了产生原因,提出了加固建议。②故宫太和殿大修期前的力学问题分析。故宫太和殿大修前,通过勘查发现其大木构架存在如下力学问题:西山挑檐檩跨中挠度过大;三次间正身顺梁榫头下沉尺寸过大;明间藻井产生明显下沉;山面扶坨木榫头下沉尺寸过大,但已被支顶加固。采用理论分析与数值模拟相结合的方法,对上述问题进行了分析,探讨了问题产生的原因,提出了可行性加固方案或建议。

7.1 故宫古建筑大木构件典型残损问题分析

在长时间自然因素或人为因素的作用下,古建筑不可避免地会出现残损问题,威胁结构整体安全性,因而对它们进行可靠性评估极其重要。古建筑木结构的可靠性评估是对古建筑进行维修加固的重要前提,主要用于确定承重结构中残损点的数量、分布、恶化程度及对结构整体受力性能的影响[1]。然而现有研究侧重于构件或节点单体的可靠性问题及相关加固方法的探讨,少有关于古建筑可靠性普遍存在的问题的研究[2~4]。基于此,本章以故宫古建筑群为例,通过勘查及分析结果,对古建筑的典型可靠性问题进行分类汇总,分析原因,提出可行性加固建议,研究结果将为我国古建筑修缮加固提供参考。

7.1.1 柱

1. 评估内容

按照《古建筑木结构维护与加固技术规范》(GB 50165—92)规定[1],木柱残损评估内容包括如下几个方面:

(1) 材质的腐朽程度应在许可范围内。柱子腐朽是指柱子受到木腐菌侵蚀后,不但颜色发生改变,而且其物理、力学性质也发生改变,最后木材结构变得松软、易碎,呈筛孔状或粉末状等形态[5]。柱子腐朽严重地影响木材的物理和力学性质,使柱子质量减小,吸水性增大,强度和硬度降低。

(2) 沿柱长任一部位不能有虫蛀孔洞。木柱产生柱孔的主要成因是昆虫或钻孔动物蛀蚀。深度 10mm 以上的大虫眼和深而密集的小虫眼以及蜂窝状的空洞,将破坏木柱的完整性,并使木材强度和耐久性降低,是引起木材变色和腐朽的主要通道。

(3) 木材材质无明显天然缺陷,即在柱的关键受力部位,如木节、扭(斜)纹或干缩裂缝的尺寸应在许可范围内。木节是树干内部活枝条或枯死枝条的基部,木节的类型、尺寸、密集程度及分布位置影响着柱子的强度等级。裂纹是指木材纤维与纤维之间分离形成的裂隙。天然裂纹的产生一般是由于木生长时期受环境(包括气候)、生长应力等因素的影响或在木材干燥的过程中形成。裂纹破坏了木柱的完整性,降低了其强度,同时也是木腐菌侵蚀木材的主要通道,因此应予以控制。

(4) 柱的弯曲变形应在许可范围内。柱的弯曲包括柱子天然弯曲及外力作用下产生的弯曲。柱弯曲尺寸过大时,容易产生偏心受力,有可能导致柱子失稳或折断,从而威胁结构整体安全。故宫古建大木结构柱子一般选材严格,且柱径截面充裕,柱弯曲变形问题很少。

(5) 柱底与柱顶石之间的接触面积应满足最小值要求。即指柱子与柱顶石之间有充分的接触面积,且在外力作用下(如地震)柱底产生一定量的滑动后仍能立在柱顶石上,这样可避免因柱底缺乏可靠支撑导致柱子产生倾斜、歪闪而诱发木构架整体失稳甚至倒塌的问题。需要说明的是,柱子浮放在柱顶石上,而不是插入地下,这是古建大木的重要构造特征,其作用一是可避免柱根产生糟朽,二是柱底与柱顶石之间的摩擦滑移可减小地震对古建筑结构整体的破坏。

(6) 沿柱身任一部位无明显损伤如断裂、劈裂或压皱等。即在外力作用下(如地震、人为破坏等)柱子不能受损严重,其主要原因在于上述损伤症状削弱了柱子的整体性,或使得其有效受压截面尺寸减小,或使其处于偏心受力状态,均不利于柱子受力。

(7) 木柱历次加固现状完好。即柱子的某一部位曾经因为残损而被加固,加固部位的残损问题未重新出现,且采取的加固材料无老化、松动,黏结材料无空鼓;原有挖补部位无松动、脱胶或重新出现腐朽问题。柱身无新的变形或变位,或榫卯脱离、开裂、铁箍松动等问题。

2. 典型问题

基于对故宫大量古建筑柱子的勘查结果,可归纳柱子的典型残损问题包括如下几个方面:

(1) 糟朽。古建筑墙体一般缺乏良好的防潮措施,部分墙体材料还吸收地表、空气中的水分,使墙体潮湿。有的古建木柱包砌在墙体中,由于空气密闭长期处在潮湿的环境中,很容易产生糟朽[图 7-1-1(a)]。

(2) 开裂。柱子裂缝包括自然因素引起的干缩裂缝以及外力作用引起的破坏性裂缝。无论哪种形式产生的裂缝，当其宽度和深度超出一定范围时，都将影响柱子的受力性能[6]。故宫古建筑底部承重柱由于选材严格，且截面尺寸充裕，很少出现外力作用产生的破坏性裂缝，其表面的干缩裂缝也一般在许可范围内。而位于脊枋下面的脊瓜柱，其截面厚度仅为底部承重柱径的 1/2[7]，且由于构造原因截面有严重削弱，而承担的屋面传来的荷载与底部柱子相近，因而很容易出现破坏性裂缝，如图 7-1-1(b)所示。脊瓜柱开裂产生的裂缝一般与其受压方向相同，裂缝易造成脊瓜柱处于偏心受力状态，有效受压截面尺寸减小，使柱子易产生歪闪，严重影响上部梁架稳定，因而需要及时加固。

(3) 柱顶石风化。柱顶石是柱底支撑构件，对古建大木结构整体结构的稳定性起重要作用。这是因为柱顶石要有一定的强度，才能使柱子立在上面不产生倾斜；柱顶石应有充足的宽度，以保证外力作用下柱子产生侧移时，还能立在柱顶石上。然而勘查发现，柱顶石风化是故宫古建筑柱子的一个典型问题。柱顶石风化主要指柱顶石材料在空气中因物理、化学作用而变松散的过程，如图 7-1-1(c)所示。柱顶石风化的主要特征包括：柱子有效承重截面减小，柱顶石材质松散而无法承担柱底传来的作用力。柱顶石风化柱子有效支撑截面减小，在外力作用下柱子产生侧移时很可能从柱顶石上掉落，从而使其受压性能降低或丧失，并导致木结构内力重分布，威胁大木结构整体安全。由此可知，预防柱顶石风化，或者对已风化的柱顶石采取及时有效的补强措施极其必要。

(4) 加固件松动。对于部分已出现残损的木柱，故宫采取的传统加固材料以铁件为主，加固做法如铁件打箍、包镶等。其主要原因在于铁件材料具有体积小、强度高、加固效果好、施工方便等优点。然而铁件材料在空气中易锈蚀，产生物理体积和化学性质的缺失和变化，虽然在一定时间内铁件能提供附加承载力以避免木柱的深度破坏，但长期暴露在潮湿空气中时，会生成氧化铁并产生锈蚀，结果造成铁件本身松动或者断裂，如图 7-1-1(d)所示。加固件松动后，铁件加固作用减弱或丧失，木柱被加固部位的强度和刚度未能得到提高，木柱仍处于非正常受力状态，甚至有可能威胁古建大木结构整体安全。

(a) 糟朽

(b) 开裂

(c) 柱顶石风化

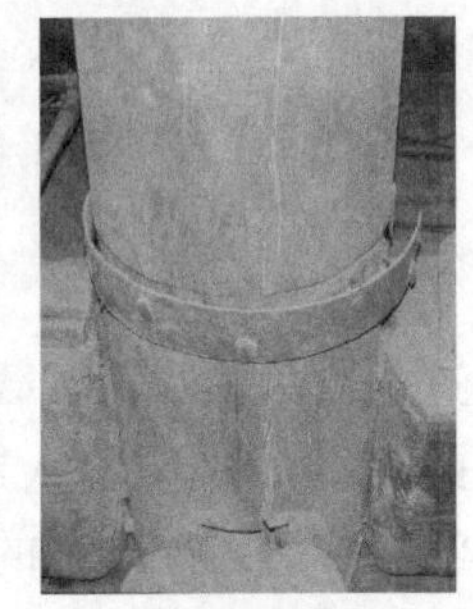
(d) 加固件松动

图 7-1-1　故宫柱子典型残损

3. 原因分析

通过分析归纳可知，故宫古建木柱产生典型残损问题的主要原因包括如下几个方面：

(1) 材料原因。木材虽然有良好的变形和抗压、抗拉性能，但还有抗剪性能差、易开裂、易糟朽、易虫蛀、有木节等问题。木柱材质缺陷产生的主要原因有[5]：生理原因，即树木在生长过程中产生的缺陷，是先天性的，如木节；病理原因，即树木在生长过程中或被伐倒后受到生物因素如菌类、虫类等危害而形成的，是后天性的，保护措施适当可以减缓甚至避免发生，如腐朽、虫蛀等；人为原因，即木柱加固或施工引起的缺陷，这也是可以避免的；还有一种原因，即多因素作用的结果，使得木材产生缺陷，如裂纹、抗剪性能差等，需要采取及时有效的加固措施。

对于柱顶石材料而言，由于石材长时间在空气中容易产生风化，造成柱顶石与柱底的有效接触面积减小，木构架的稳定性受到威胁。

对于铁件加固材料而言，由于铁件材料长时间在空气中会产生锈蚀，造成铁件连接松动，甚至脱落，使加固木柱效果降低或失效。

(2) 构造原因。故宫古建大木结构的重要构造特点之一是梁和柱采用榫卯节点形式连接，对于底部承重柱而言，柱截面尺寸充裕，即使在柱顶开设卯口后，柱子剩余截面也能满足抗压承载力要求，因此底部柱很少出现受压开裂破坏问题。但对于脊瓜柱而言，其承载截面尺寸小，为满足榫卯搭接的构造要求还需削弱垫板、枋所占位置的尺寸，因而在竖向荷载作用下极易产生破坏裂缝。如图 7-1-2 为故宫乾隆花园某脊瓜柱在屋面荷载作用下产生的剪应力分布图(考虑瓜柱底部铰接约束，因此未绘出底部的榫头)，应力绝对值越大则表示越危险。可知在脊瓜柱卯口位置的剪应力最大，且应力主要沿卯口及竖直朝下方向分布，与脊瓜柱实际开裂情况吻合(图 7-1-2)。由此可知，古建筑木柱的构造作法对其残损有着重要影响。

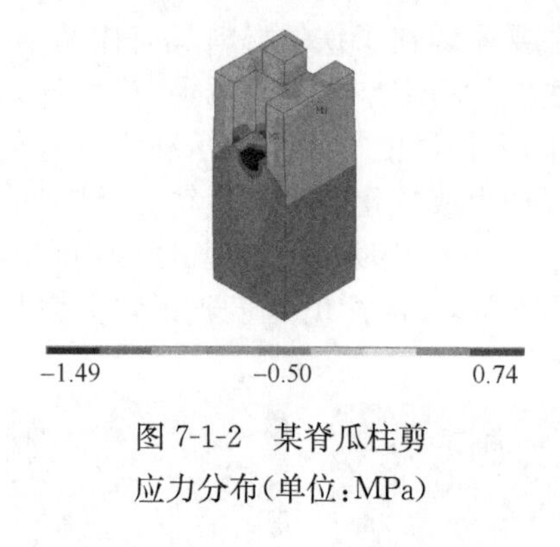

图 7-1-2　某脊瓜柱剪应力分布(单位：MPa)

(3) 工艺原因。对于柱糟朽而言，古建筑施工工艺是引起该问题的重要原因。这是因为古建筑承载主体是木构架，墙体仅起维护作用，按照古建筑大木施工工艺要求[7]，施工时立大木构架在先[图 7-1-3(a)]，其次再砌筑维护墙体。这种工艺做法虽然满足了建筑的功能使用要求，但是造成部分柱子被包砌在墙体内。有的后檐墙及山面墙体与柱子相交处设有透风，如图 7-1-3(b)圆圈标记位置。透风是一块有透雕花饰的砖，其作用在于使柱子根部附近的空气流通而使柱根不糟朽[8]。

故宫宫殿的墙体上身和下碱外部的下皮均有透风，以便空气对流。然而对于部分角柱部位的柱子，被墙体包砌没有透风[图 7-1-3(c)]，使柱子受到潮湿空气时排不出去；或者部分透风因为柱子的变形造成通道堵塞，同样使柱子处于潮湿状态。在上述因素的综合作用下，柱子缺乏通风，且受到墙体材料吸附水的作用，长期处于潮湿状态，因而产生糟朽问题。由此可知，古建筑大木施工工艺对柱子糟朽有重要影响。

(a) 大木立架

(b) 有透风墙

(c) 无透风墙

图 7-1-3　立柱与墙体的关系

(4) 外力原因。外力原因包括两个方面：一是木柱受到突然增大的外力作用，如地震、大风、暴雪等；二是木柱承受的外力不变，但木柱自身的材料强度(即抵抗力)下降。木柱一般承受压力，在正常情况下，竖向荷载作用在柱轴心位置。在突然发生的地震、风、雪等荷载作用下，柱受力方向产生偏离，偏离轴心，这使柱子处于偏心受力状态，很容易造成柱开裂破坏，甚至导致柱折断。古建筑木结构还有一个重要特点，即随着时间增长，木材的材料强度及弹性模量降低，即产生老化。这使得木柱变得易弯曲、易破坏，即使外力不变，木柱也容易产生开裂或折断。另外，弯曲柱子的受压条件比直立柱子差很多，在相同的条件下，更容易产生破坏。此外，木柱上的加固件松动、脱落的原因有可能是由于铁件材料松弛而导致的，也有可能是外力作用过大，现有的铁件拉接强度不足，因而导致加固失效。

4. 加固建议

(1) 替换加固。该法是在柱子糟朽、虫蛀或开裂非常严重，必须更换构件的情况下采用的加固措施。选择的新料尽量与旧料同一树种，尺寸相同。抽换柱子时，首先应清除干净柱子周边的杂物，然后把窗扇、抱框等与柱子有关联的构件拆下，再在梁端部位置放千斤顶。转动千斤顶，将梁抬升至原有柱子不再承重的高度，再将旧柱拆下，把新柱立直，最后按中线垂直吊正[9]。如果梁底原有的海眼大小深浅与新换柱子的馒头榫不合适，可将榫头略加修理合适。图 7-1-4 即为某柱子替换加固前后的照片。

(a) 加固前

(b) 加固后

图 7-1-4　替换加固法

(2) 墩接加固。墩接柱根是木柱修缮的一种常用方法。做法有两种：柱根包镶和墩接。其中，包镶法主要适用于木柱柱根表面及糟朽情况；而墩接法则适用于木柱柱根糟朽较严重时的情况[7,10]。墩接加固法的照片如图 7-1-5 所示。

完成柱的墩接加固后，对木柱及加固铁件应涂刷防(腐)锈漆，如图 7-1-5(c)所示，以避免出现糟朽、锈蚀问题再次出现。

(a) 包镶(左:加固前;右:加固后)

(b) 墩接(左:加固前;右:加固后)

(c) 刷防腐油

图 7-1-5　墩接加固法

(3) 化学加固。包括黏结和灌注两种做法[4]。对于柱表皮损伤或缺失，可采用环氧树脂粘接方法，如图 7-1-6(a)所示。具体做法为：先剔除柱损伤部分，制作同样尺寸新料，然后用环氧树脂胶(建议配合比为 E-44 环氧树脂：多乙烯多胺：二甲苯＝100：13～16：5～10)将新料黏结。

当柱内部因虫蛀或腐朽形成中空时，若柱表层完好厚度不小于 50mm，可采用灌注法加固，如图 7-1-6(b)所示。灌注材料可为环氧树脂或不饱和聚酯树脂灌注剂(建议配合比为不饱和聚酯树脂∶过氧化环已酮浆∶萘酸钴苯乙烯液∶干燥石英粉＝100∶4∶2～4∶80～120)。加固时要求在柱中应力较小的部位开孔。若通长中空时,可先在柱脚凿方洞,洞宽宜小于 120mm,再每隔 50mm 凿一洞眼,直至中空的顶端。在灌注前应将腐朽木块、碎屑清除干净。柱中空直径超过 150mm 时,应在中空部位填充木条或木块。加固时,先将调制好的灌注剂适量灌入劈裂隙缝中,适度敲震木柱,使灌注剂浸透饱和,与木柱紧密结合,之后镶入加工好的木条或木块,将其向下捣实。如果灌注剂未覆盖填充木条或木块,可再次补充该液体并振捣匀实。

(a) 粘接

(b) 灌注

图 7-1-6　化学加固法

(4) 碳纤维加固[11]。20 世纪 60 年代以来,CFRP 材料出现并逐渐应用于建筑加固工程中,且以 CFRP 布形式应用较多。与古建筑加固木柱的一般方法对比,采用 CFRP 布的优越性体现在:①墩接木柱更换构件需要进行局部或全部落架,对构件可能造成损伤;而采用 CFRP 布材料粘贴于柱子破坏区,可以增强抗压性能,同时也避免了对古建筑落架和调整复位,达到了良好的加固效果;②铁件加固木柱虽然方法简单,但是容易造成结构局部二次受力,同时也影响了其外观;采用 CFRP 布不仅解决了柱子受力不足的问题,而且对结构外观不产生影响;③嵌补修补木柱裂缝仅能解决表面问题,因为嵌补很难深入柱子裂缝深层;而 CFRP 布加固则不存在这个问题,通过在裂缝区包裹 CFRP 布材料,利用 CFRP 布高强度特征来参与受力并控制裂缝的扩展,达到修复木柱的效果。

CFRP 布加固木柱的原理是:将 CFRP 布缠绕粘贴在木柱的表面,在柱子受轴力并产生横向膨胀时纤维被动提供侧向约束力,使轴压柱处于三向受压状态,从而提高柱子的受力性能。采用 CFRP 布对轴压柱进行约束加固的主要方式有三种:①包裹式。现场包裹式是最普遍采用的技术,将 CFRP 布用聚合物树脂浸渍,一层层地包裹在柱的周围，主纤维方向与柱轴线相垂直。②缠绕式。纤维束缠绕的原理与包裹式类似，只是缠绕时用连续纤维束代替片材，目前国内还没有应用此技术加固柱的工程实例。③预制外套式。为防止方形柱角处的纤维易出现应力集中而提前破坏，可预制圆形或椭圆形 CFRP 外套，将方形或矩形截面柱改为圆形或椭圆形，以提高约束效应。CFRP 布加固木柱示意图及照片如图 7-1-7 所示。

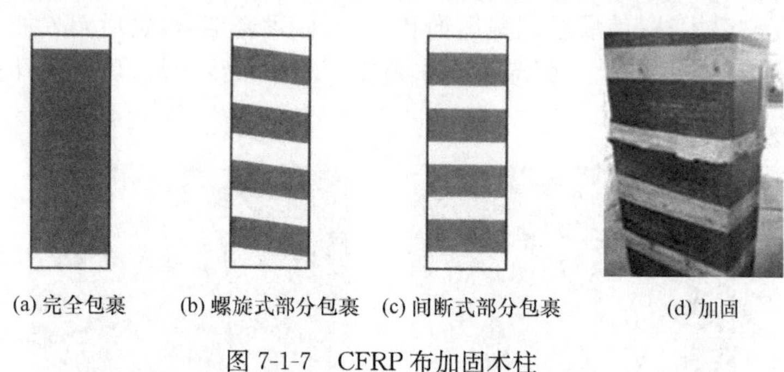

图 7-1-7　CFRP 布加固木柱

(5) 柱顶石加固。当柱顶石表层风化面积过大而影响柱子承载力时，应予更换；当柱顶石严重风化或缺损时可进行修补，原则是保证补配材料的强度与原柱顶石相当，同时颜色也相近。传统的补强材料为：白蜡、黄蜡、芸香、木炭及石面(与原有石材相同的材料)按一定比例混合，加温熔化后即可使用[8]。

7.1.2　梁

1. 评估内容

按照《古建筑木结构维护与加固技术规范》(GB 50165—92)规定[1]，木梁残损评估内容包括如下几个方面。

(1) 材质的腐朽及老化程度应在许可范围内。即对于梁身而言，其腐朽及老化截面面积应小于《古建筑木结构维护与加固技术规范》(GB 50165—92)[1]允许值；而对于梁端而言，则不允许有腐朽老化问题。另外，梁存在心腐问题时，可认为是残损点。梁腐朽严重地影响木材的物理和力学性质，使梁质量减小，吸水性增大，强度和硬度降低。

(2) 沿梁身任一部位有虫蛀孔洞，或虽未见孔洞，但敲击时有空鼓声音时，均可认为是残损点。梁孔洞使梁有效受力截面减小，材料变脆，强度降低，很容易导致梁在外部荷载作用下产生弯、剪破坏。对于故宫古建筑木梁而言，虫蛀造成的孔洞主要为不同历史时期的虫害所致。近年来，随着虫蛀防治工作的深入，故宫古建筑木梁很少出现该问题。

(3) 梁的关键受力部位，木节、扭(斜)纹或干缩裂缝的尺寸应在许可范围内。其主要原因在于，裂缝的存在削弱了梁的整体性。梁一般承受竖向荷载，开裂梁在裂缝位置的内力远大于其他位置，很容易造成裂缝继续扩展并贯穿梁截面，使梁被分为几个部分（即形成叠合梁）；当任一部分的截面尺寸不足以满足抗弯或抗剪承载力要求时，梁便会产生局部折断。

(4) 梁的竖向或侧向变形应在许可范围内。古建筑木梁承受的荷载方向以竖向为主，水平方向荷载（如屋面对梁侧压力及风力）一般不大。梁产生过大变形最主要的原因是梁截面尺寸过小导致的抗弯强度不足。梁变形过大时会对其上部结构的安全构成隐患，且梁自身很容易因变形过大而产生断裂。对于故宫古建筑木梁而言，其截面尺寸一般有富裕，且部分梁下面还设有随梁（辅梁）承受外力，因此梁身很少出现过大变形问题。

(5) 沿梁身任一部位无明显损伤，即不出现跨中断裂、梁端劈裂或非原有的锯口、开槽、钻孔引起的梁受弯截面尺寸不足等问题。其主要原因在于，上述损伤破坏了梁的整体性，削弱了其有效抗弯及抗剪截面尺寸，降低了承载力，很可能导致梁产生断裂问题。上述损伤产生的原因与外力作用、木材材料特性、梁构造做法、古建日常维护保养等多因素有关。

(6) 梁的历次加固现状完好。梁端原有拼接未出现变形、脱胶、螺栓松脱等问题；原有灌浆加固的梁完好，敲击无声音，且加固后的梁无明显变形等。古建筑承受长时间的荷载作用，当梁构件因强度不足需要采取加固措施时，所使用的加固材料或方法应能保证梁继续承受长时间荷载需求，且不出现因材料或方法失效造成的梁过大变形、断裂等问题。

2. 典型问题

基于对故宫大量古建筑木梁的勘查结果，归纳出梁的典型残损问题包括如下几个方面。

(1) 开裂。梁开裂既包括梁干缩形成的裂缝，也包括外力作用下梁产生的裂缝；裂缝方向有水平向[图 7-1-8(a)]、竖向[图 7-1-8(b)]及环向[图 7-1-8(c)]。梁头开裂的主要原因是梁头位置截面尺寸削弱，檩端传来的荷载使得梁头局部弯、剪、压应力过大而导致的。梁头开裂将使梁的有效支撑尺寸减小，很可能造成梁架倾斜，从而威胁木构架整体稳定性。梁身裂缝包括水平裂缝和竖向裂缝，水平裂缝使得梁由单梁过渡为叠合梁，其抗弯能力下降；而竖向裂缝使得梁偏心受弯，其侧向变形可能使上部瓜柱产生歪闪，造成上部构架倾斜甚至掉落，从而威胁上部构架安全性能。

(2) 梁头变形。故宫古建筑木梁梁身很少出现过大变形问题，但梁头变形则很常见，如图 7-1-9 所示。梁头变形一般指梁头在檩、垫板作用下产生压缩变形。此外，由于构造原因梁头截面尺寸小于梁身，且部分露明于室外，在雨水侵蚀下很容易糟朽，进而增加外力作用下产生的变形量。梁头变形过大时，其承载力降低，

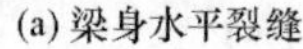
(a) 梁身水平裂缝

(b) 梁身竖向裂缝

(c) 梁头劈裂

图 7-1-8 梁开裂

很可能产生折断,削弱甚至中断梁与柱的联系,威胁到梁的整体稳定性。因此,对于梁头变形问题,应及时采取措施进行加固。

图 7-1-9 梁头变形

(3) 糟朽。梁受到木腐菌侵蚀,不但颜色发生改变,而且其物理和力学性质也发生改变,最后木材结构变得松软、易碎,呈筛孔状或粉末状等形态[5]。梁糟朽部位主要包括梁头、梁身及梁整体。梁头糟朽主要由于梁头暴露在室外,受到雨水侵蚀后形成[图 7-1-10(a)];梁身糟朽主要为屋顶漏雨,雨水渗入梁架部位,且梁架长期处于潮湿状态而形成[图 7-1-10(b)];梁整体糟朽主要是指山墙位置的梁整体产生糟朽,其主要原因在于梁全部封闭在墙体内,根本无法保证空气对流,因而下雨形成的墙体渗水对梁产生完全侵蚀,并导致其糟朽破坏。仔角梁的大部分位置被泥背及老角梁覆盖,很容易产生大面积糟朽[图 7-1-10(c)],也可认为是一种整体糟朽形式。梁糟朽问题不仅削弱了梁的有效受力截面尺寸,而且降低了梁材质的承载能力,很容易诱发梁产生断裂问题,因而应予预防或避免。

(4) 加固件破坏。故宫古建筑木梁的加固材料以传统铁件为主,其主要原因在于铁件材料具有体积小、强度高、短期加固效果好等优点。然而,铁件加固材料存在易锈蚀,破坏木构件、过程不可逆等问题[12]。如图 7-1-11 所示拉接梁的铁件材料发生断裂问题,其主要原因在于铁件材料因锈蚀而强度降低所致。由于加固

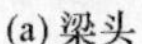
(a) 梁头

(b) 梁身

(c) 梁整体

图 7-1-10　梁糟朽

件的主要作用在于提供附加承载力以减轻梁的受力负担，因此加固件的破坏会导致梁受力剧增，很可能导致梁因强度不足或变形过大而破坏。

图 7-1-11　加固件破坏

3. 原因分析

通过分析归纳，可得故宫古建筑木梁产生典型残损问题的主要原因包括以下几个方面。

(1) 材料原因。木梁的开裂、糟朽等典型残损问题与其材料特性密切相关。当木梁处于封闭、潮湿环境中时，容易产生糟朽问题；当木梁承受过大的剪力或其干缩裂缝尺寸过大时，裂缝威胁梁自身安全。上述残损对木梁甚至古建筑大木结构整体的受力性能均有不利影响，因而应予加固。

对于铁件加固材料而言，由于铁件材料长时间在空气中会产生锈蚀，因而造成铁件连接松动或断裂，使加固木梁效果降低或失效。

(2) 构造原因。根据我国古建筑木作营造法式规定[7]，古建大梁(如五架梁、七架梁)的梁头作出檩碗以承接檩，檩碗下刻垫板口以安装垫板，且梁头高度要比梁身尺寸小，如图 7-1-12 所示。这种构造使得梁头截面尺寸远小于梁身，很容易导致梁头抗剪、抗压承载力不足而破坏。因此，在檩端传来的外力作用下，梁头很容易产生变形、开裂等残损问题。

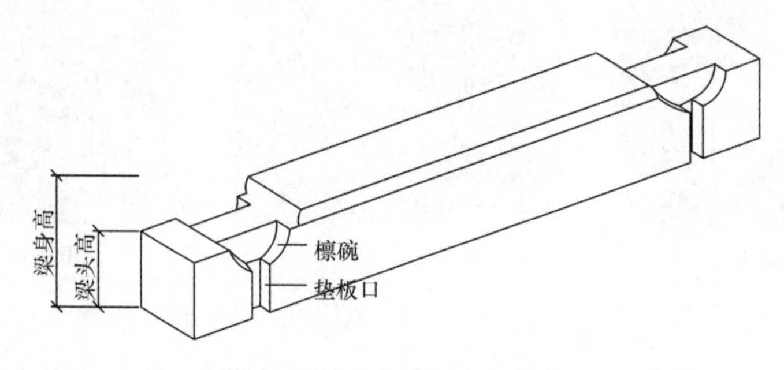

图 7-1-12　大梁构造示意图

(3) 工艺原因。梁糟朽问题产生原因除了与木材材料特性相关外，还与施工工艺密切相关。对于山面木构架而言，根据古建筑大木作工艺流程，山面木架立完后，再砌筑维护墙，如图 7-1-13 所示。这使得墙体内的木梁缺乏通风干燥条件，当雨水渗入墙体后，木梁长期处于潮湿状态，很容易产生糟朽问题。类似的，仔角梁很容易产生糟朽问题，主要原因在于根据工艺流程，仔角梁角梁上部被泥背覆盖，屋面漏雨时，雨水由泥背直接深入仔角梁，导致其出现糟朽问题。

图 7-1-13　包砌在墙体内的梁柱体系

(4) 外力原因。梁的部分残损问题与外力作用因素有关。对于梁开裂问题，竖向荷载(外力)作用下，梁截面抗弯、抗剪承载力不足时，容易在梁身产生裂缝，或造成原有天然裂缝扩展，直至贯穿梁截面；水平方向裂缝使得单梁变成叠合梁，增大了梁的变形值，降低了其承载力；垂直方向的裂缝则使得梁偏心受弯，容易造成梁侧向歪闪，加剧了其破坏程度。另外，对于梁头变形问题，其产生的主要原因是梁头上作用檩、垫板传来的荷载过大；当梁头自身存在糟朽问题时，在荷载作用下，梁头变形加剧。

4. 加固建议

对于故宫古建筑木梁的典型残损问题,可采取如下不同方法进行加固。

(1) 包裹加固法。常用的包裹材料为铁件。铁件为故宫古建筑加固的传统材料,大量应用于包括梁的各种木构件中。铁件的优点在于铁件抗拉、抗压、抗弯、抗剪强度远大于木材,加固所需的铁件材料少,加固效果好。对于图 7-1-14(a)所示的开裂、变形梁头,可采用铁箍包裹法加固,以约束梁头部位的变形,并提供附加支撑力;对于图 7-1-14(b)糟朽的梁头,采用新料进行更换后,可用铁件做成“铁靴子”形式来拉接新旧木料,且“铁靴子”成为梁端支座,并承担檩、垫板传来的外力,从而使木梁得到保护;对于图 7-1-14(c)开裂的梁身而言,采用铁箍进行包裹,可约束梁身裂缝的发展,增强开裂梁的整体性,并承担部分压、剪应力,以达到加固的效果。

(a) 加固开裂、变形梁头

(b) 加固糟朽梁头

(c) 加固开裂梁身

图 7-1-14　铁件包裹加固法

近年来,CFRP 布包裹加固古建筑木梁的方法也逐步得到应用。采用 CFRP 布包裹在梁表面时,通过对加固部位的约束作用来达到加固目的,可约束梁的变形或裂缝的扩展,增强梁的抗弯、抗剪承载力。国内外工程实践已证明这种材料对古建筑木结构具有良好的加固效果[13~15]。图 7-1-15 为某古建筑木梁采用 CFRP 布加固前后在竖向力作用下的破坏情况,其中图 7-1-15(a)为强度相对较高的新料,图 7-1-15(b)为采用 CFRP 布包裹、粘贴加固(黑色部分)的古建筑木梁[16]。从图中可以看出,未加固木梁产生受弯破坏裂缝,而 CFRP 布加固后的木梁在相同外力作用下仍保持完好。由此可知,CFRP 布加固古建筑木梁可有效提高其抗弯性能。

(2) 贴补加固法[17]。当梁有不同程度的糟朽需要修补、加固时,若验算表明剩余截面面积尚能满足使用要求时,可采用贴补的方法进行修补。贴补前,应将糟朽的部分剔除干净,经防腐处理后,用干燥木材按所需形状及尺寸,用耐水性胶粘材料贴补严实[图 7-1-16(a)],再用铁箍或螺栓紧固[图 7-1-16(b)]。对于梁的干缩裂缝,当构件的水平裂缝深度小于梁宽或梁直径的 1/4 时,可先用木条和耐水性胶黏剂,将缝隙嵌补黏结严实,再用两道以上的铁箍或玻璃钢箍箍紧。贴补加固法

(a) 加固前

(b) 加固后

图 7-1-15　CFRP 布包裹加固法

的目的相当于恢复木构件的受力截面，但由于木构件相当于由两部分组成，因此受力性能不如原木。

(a) 贴补

(b) 螺栓紧固

图 7-1-16　贴补加固法

(3) 化学加固法。梁内部因糟朽中空截面面积不超过全截面面积 1/3 时，可采用环氧树脂灌注加固[4]。环氧树脂一般指分子中带有两个或两个以上环氧基的低分子量物质及其交联固化产物的总称，其用于古建筑木梁加固的优点在于：力学性能高、附着力强、固化收缩率小、工艺性能好、稳定性能好等[18]。环氧树脂的配方为 E-44 环氧树脂：多乙烯多胺：聚酰胺树脂：501 号活性稀释剂＝100：13～16：30：1～15(质量比)。灌注环氧树脂前，应在梁中空梁端凿孔，用 0.5～0.8MPa 的空压机将腐朽的木屑或尘土吹净。环氧树脂加固木梁的实质在于用环氧树脂材料代替糟朽部分木材参与受力，且提供部分抗弯、剪力以减小原有木梁受力负担。

(4) 支顶加固法。该法也是故宫古建筑加固常采用的方法，即通过支顶、拉接等方式为木梁提供附加支撑，以改善木梁受力状态，并减小梁破坏。支顶加固通常有两种形式：当木梁下有梁枋时，可在梁枋上设置木柱作为附加支座[图 7-1-17(a)]；

当木梁下没有梁枋时，可在木梁侧方设置铁钩拉接，铁钩一端钉入木梁内，另一端钉入附近梁架内，该铁钩同样起到附加支座作用[图 7-1-17(b)]。支顶加固法可有效改善木梁内力重分布，降低木梁跨中挠度和弯矩，提高木梁承受荷载的性能。

(a) 支顶开裂梁

(b) 拉接帽儿梁头

图 7-1-17　支顶加固法

(5) 更换加固法。对于严重糟朽的梁，经计算剩余截面无法满足承载力要求时，可采取更换加固法。制作的新料在材质、尺寸上应尽量与原材料一致，且材料应干燥，并做好防腐处理。拆除旧料及安装新料时，应采取可靠的临时支撑措施，以尽量减小对与梁相连的柱、枋或其他构件的扰动。另外，梁上原有加固件破坏时，应及时进行更换，或采用其他加固材料代替(如 CFRP 布等)。

7.1.3　檩三件

1. 评估内容

在对檩三件进行残损鉴定时，其残损判别依据与梁基本相同，即材质的腐朽及老化程度应在许可范围内；沿构件任一部位不可有虫蛀孔洞；构件的关键受力部位，木节、扭(斜)纹或干缩裂缝的尺寸应在许可范围内；构件的竖向或侧向变形应在许可范围内；沿构件任一部位无明显损伤；构件历次加固现状完好。

2. 典型问题

基于对故宫大量古建筑的勘查结果，归纳得檩三件的典型残损问题主要包括以下几个方面。

(1) 糟朽。一般而言，檩三件糟朽有两种情况：一是檩相对于垫板、枋而言位于上部，且直接与椽子接触，因此当屋顶漏水时，檩最容易产生糟朽问题，如图 7-1-18 所示；二是对于某些古建筑而言，其后檐檩三件被包砌在墙体内时，很容易因空气不流通而产生糟朽。檩三件糟朽问题不仅削弱了檩三件自身的有效受力截面尺寸，而且降低了其受力能力，很容易产生过大变形或断裂问题，因而应予预防或避免。

图 7-1-18 檩糟朽

(2) 挠度。檩三件的挠度问题主要是指檩三件在外力作用下产生的过大变形。如图 7-1-19 为故宫某古建筑西山挑檐檩挠度现状照片。测得檩挠度最大值达 13cm,位置在跨中。尽管目前未发现该挑檐檩存在其他的残损问题,但挠度问题应予以重视。这是因为檩三件的过大挠度不仅影响了木构件自身外观,而且对木构件受力性能产生不利影响。挠度过大且无任何加固措施时,很可能导致檩三件受弯开裂破坏,因而应采取措施予以控制。

图 7-1-19 檩枋挠度

(3) 构件分离。檩三件一般上下叠合,共同承担屋顶传来的荷载。构件分离是指由于木材干裂或受力原因,檩、垫板、枋不再上下叠合,而是之间有一定空隙,如图 7-1-20 所示。构件分离使屋顶传来的荷载由檩单独承受,当檩有效受力截面不足时(开裂、糟朽等原因),将造成檩挠度过大,使瓦面局部下沉,屋顶渗水,从而诱发屋顶木构件的糟朽。

(4) 垫板歪闪。该问题在故宫古建筑梁架内较为多见。垫板是位于檩枋之间的木构件,作用主要是传递檩部竖向荷载给枋。由于檩、垫板、枋之间仅为纯粹的叠合,彼此并无约束关系,因而在水平外力作用下,檩、垫板、枋很可能侧向变形不

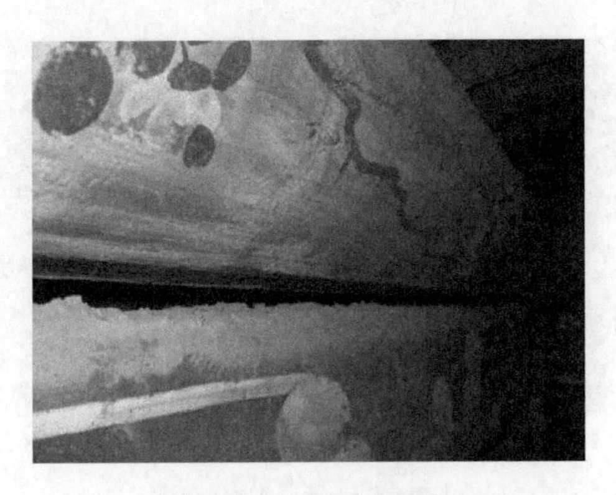

图 7-1-20　构件分离

一致,从而引起垫板歪闪,如图 7-1-21 所示。垫板歪闪使檩部荷载无法正常传递,或者造成枋偏心受力,从而引起檩变形过大或枋水平歪闪,不利于檩三件正常受力,甚至会诱发屋面产生过大变形并导致漏雨。

图 7-1-21　垫板歪闪

(5) 开裂。开裂是指木材纤维与纤维之间分离形成的裂隙。檩三件(或其中部分构件)的开裂既包括自然干裂,也包括受力破坏裂缝。裂缝方向既有水平向[图 7-1-22(a)],也有竖向[图 7-1-22(b)]。无论哪种形式的裂缝,当其宽度和深度超出一定范围时,檩三件的受力性能就要受到影响。裂缝的存在破坏了檩三件的完整性,降低了其强度,同时也是木腐菌侵蚀木材的主要通道,因此应予以控制。此外,裂缝方向与受力方向相同时,很可能导致檩三件偏心受力并产生侧向歪闪,威胁结构整体安全。

(6) 连接松动。连接松动主要是指檩端出现较严重的错动或拔榫问题,如图 7-1-23 所示。在水平外力(如地震、风)作用下,大木构架容易产生晃动。虽然檩端之间的连接为较为牢固的燕尾榫形式,但由于檩端浮搁在梁头上,缺乏梁头的约束作用,因而檩发生横向滚动时,相邻檩端部会产生错动,而榫卯节点的拉接作

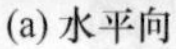
(a) 水平向

(b) 竖向

图 7-1-22　枋裂缝

用效果不大(燕尾榫的主要作用在于纵向拉接);部分榫头由于屋顶漏水产生糟朽现象,在外力作用下,檩头很容易产生拔榫。

图 7-1-23　檩头错动

3. 原因分析

故宫木构古建檩三件产生残损的主要原因包括如下几个方面。

(1) 工艺原因。我国古建筑大木结构施工工艺的一个重要特征是先立架后砌墙。对于部分类型古建筑而言,其后檐墙砌筑时,有一种封后檐的施工工艺,常见于清式建筑[8],即砌筑后檐墙体时,将后檐大木构架完全封护。如图 7-1-24 所示的故宫某古建筑,其后檐墙一直砌筑到冰盘檐下,冰盘檐上部则是瓦面,后檐檩三件完全被包砌在墙体内。这种工艺使得墙体内的檩三件缺乏通风干燥条件,当雨水渗入墙体后,檩三件长期处于潮湿状态,很容易产生糟朽问题。

(2) 材料原因。檩三件出现典型残损问题与木材材料特性有一定关联,表现为:

① 挠度过大的一个重要原因是木材的弹性模量小(即弹性变形能力大),这使

(a) 后檐墙体

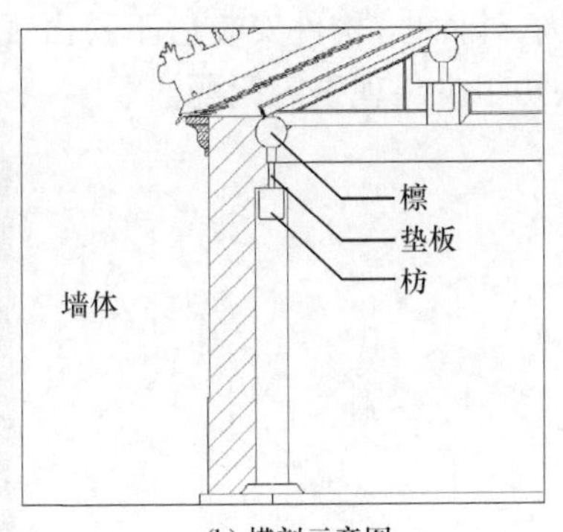

(b) 横剖示意图

图 7-1-24　某古建筑后檐墙体

得檩枋体系截面尺寸较小时，在外力作用下容易产生弯曲，并导致上部屋面体系下沉，从而威胁屋面结构体系安全。

② 木材材料的强度及弹性模量随着时间的增长会降低，这相当于变相增大了外力对檩三件的破坏作用。故宫古建筑建成至今约 600 年，其承重材料的强度已出现不同程度的退化，这也是檩三件容易出现开裂、糟朽、挠度、拔榫等问题的主要原因之一。

③ 木材开裂与木材构造密切相关[19]。木材在构造上是一种非均匀的有机体，由于构成木材的细胞形状、构造及排列方式不一致，形成了其物理和力学性质不一致性。因此，檩三件在干燥、收缩不均匀的条件下会产生开裂问题。

④ 木材腐朽的根本原因在于其所处的环境适于木腐菌生长及繁殖[20]。木腐菌通常以孢子状态存在于空气、土壤或水中。檩三件在潮湿环境中时，当孢子接触木材表面，孢子就开始繁殖，其分泌的酶使木材细胞壁内的纤维素和半纤维素被分解导致檩三件破坏。

(3) 构造原因。檩三件的各构件在上下向叠合堆放，其优点是可形成叠合梁承担屋面传来的作用力，各构件根据自身截面尺寸大小分担相应比例的外力，不仅可满足承受较大作用力的需求，而且可替代单块大截面尺寸木料。但这种构造也存在一个问题，即檩-垫板、垫板-枋之间并无相互约束作用，以至在外力作用下，檩、垫板、枋之间可能产生分离，垫板很可能产生歪闪。

此外，檩、垫板、枋的端部搭接构造为[7]：檩端部下口按梁端预留卯口（一般为 1/4 梁宽，俗称鼻子榫）尺寸，刻除相应截面，再搭扣在梁头上，相邻檩端为拉接方便，采取燕尾榫卯方式进行连接；垫板两端刮刨直顺光平，直接插入梁侧面，插入深度为梁宽 1/4；枋端部做成燕尾榫形式，通过垂直向下方式插入柱顶中，形成较好的连接。需要说明的是，檩、枋的截面尺寸远大于垫板，其端部之间的燕尾榫连接（燕尾榫又称为大头榫、银锭榫，它的形状是端部宽、根部窄，与之相应的卯口则是里面大、外面小，构件安装后不易出现拔榫现象）比垫板牢固得多（图 7-1-25）。因此檩、枋很少出现歪闪问题。

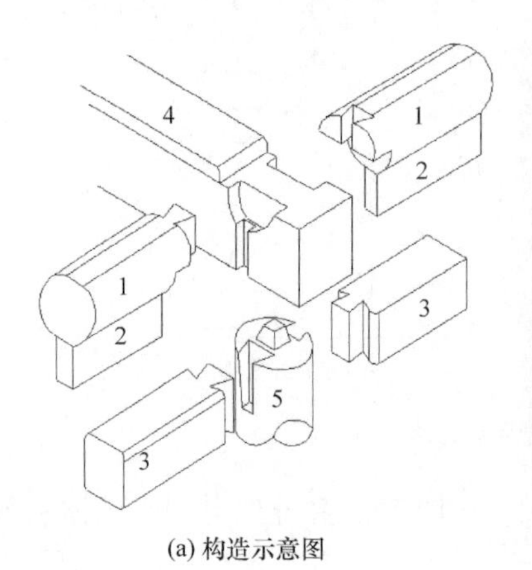

(a) 构造示意图

(b) 安装

图 7-1-25　檩三件构造

1. 檩；2. 垫板；3. 枋；4. 梁；5. 柱

（4）外力原因。木材开裂的重要原因之一在于外力作用。木材抗剪性能（指材料承受剪切力的能力）差，因而在较小的外力作用下，檩枋体系很容易产生水平剪切裂缝。如不采取及时有效的加固措施，裂缝会扩展甚至纵向贯通构件截面，从而导致檩三件整体体系的受力性能降低。水平外力（如地震、风）作用下，木构架产生歪闪，会导致檩端之间的拉接失效（即拔榫）或垫板的歪闪。在竖向外力（如屋顶重量、施工荷载）作用下，檩三件会产生挠度、构件分离等问题。

4. *加固方法*

针对故宫古建筑大木结构的檩三件出现的残损问题，可采取如下加固方法：

（1）拉接加固。主要用于檩头拉接松动时的加固。如图 7-1-26 所示的采用扒锔子拉接檩头的做法，是故宫古建筑檩头加固常采用的方法，其优点为强度高、体积小、安装方便、加固效果好。扒锔子的长度通常为 20～30cm，厚约 1cm。由于铁件的强度远大于木材，因此扒锔子拉接檩头后，可通过对相邻檩头的拉接作用，抑制其错动及拔榫，从而保证了檩头在梁头位置的稳定性。

（2）支顶加固。通过在残损的檩枋构件底部增设附加支撑的方式来加固构件。该法可用于檩枋构件开裂及挠度加固。如对于开裂的檩枋构件，在开裂位置底部设置附加支撑，可使开裂位置成为檩枋支座，并使得构件计算长度减小，因而在外力作用下，构件内力及变形大幅度减小，从而达到加固效果。对于挠度过大的檩枋构件，通过在构件底部增设适当数量的支顶，可降低构件跨中挠度和内力，提高构件的承载性能。

图 7-1-26　檩头拉接加固(故宫萃赏楼)

(3) 贴补、化学加固。对于轻度糟朽的檩三件,可采取贴补方法进行修复,即将糟朽部分剔除,经防腐处理后,用干燥木材按所需形状和尺寸,以耐水胶贴补严实,再用铁箍或螺栓紧固。对于轻度开裂的檩三件,也可用干燥木条及耐水性胶黏剂贴补严实,然后再用铁箍或玻璃箍箍紧。

檩枋内部糟朽面积不超过全截面面积的1/3时,可采用化学加固法修复,即首先在檩枋中空两端凿孔,用0.5～0.8MPa的空压机将腐朽的木屑或尘土吹净,然后灌注环氧树脂注剂[E-44环氧树脂∶多乙烯多胺∶聚酰胺树脂∶501号活性稀释剂＝100∶13～16∶30∶1～15(质量比)],再用玻璃钢箍箍紧中空部位的两端。

(4) 包裹加固。对于檩枋分离或垫板歪闪问题,可采取包裹加固法。包裹加固法即采用扁铁或钢筋将檩三件包裹起来,使之成为一整体,如图7-1-27所示。由于铁件对檩三件的约束作用,檩三件各构件之间很难发生相对变形,因而在外力作用下共同受力,类似组合梁(组合梁即几个单梁在上下向黏合在一起,就像一根整梁受力),其承载能力要优于檩三件形成的纯叠合梁(叠合梁即几个单梁在上下向叠合在一起,外力由几根梁分别承担)[21]。

(5) 替换加固。檩三件糟朽尺寸过大,挠度过大或开裂问题严重时,可采取替换加固法,即用新料代替旧料以满足构件正常使用要求,如图7-1-28所示。进行替换加固时,选择的新料尽量与旧料同一树种,且尺寸应相同。根据檩三件构造特点,檩端浮放在梁顶,更换时对结构整体稳定性影响不大;垫板端部插入梁侧面,且很少出现更换问题;而枋则插入柱顶中,更换时应对柱子采取有效支顶措施,以避免柱子出现严重歪闪问题。枋归位后,再吊线调直柱子。

此外,对于易出现糟朽的檩枋构件,应对替换后的新料采取有效地防腐处理措施。常用的防腐措施[22]:采取硼酸盐、有机脂、防腐油等系列防腐剂,通过喷淋、涂刷、浸泡扩散等处理方式进入木构件内部,并尽可能使其均匀分布,以达到防止木腐菌入侵的目的。

(a) 扁铁包裹

(b) 钢筋包裹

图 7-1-27　包裹加固法

(a) 加固前

(b) 加固后

图 7-1-28　替换加固(故宫武英门东值房前檐檩三件)

7.1.4　榫卯节点

1. 评估内容

榫卯节点的残损评估参照《古建筑木结构维护与加固技术规范》(GB 50165—92)规定,包括如下内容[1]:榫头拔出卯口的长度不应超过榫头长度的 2/5;榫头或卯口无糟朽、开裂、虫蛀,且横纹压缩变形量不得超过 4mm。下面将对故宫古建筑梁柱榫卯节点的典型残损问题进行分析,结果可为故宫古建筑维修和保护提供理论参考。

2. 典型问题

基于大量工程现场勘查结果,可归纳得故宫古建筑榫卯节点的典型残损问题包括如下几个方面。

(1) 拔榫。拔榫反映了榫头与卯口之间的相对摩擦和挤压运动。一般而言，在地震作用下，尺寸较小的拔榫量(如前所述，一般小于榫头长度的 2/5)可耗散部分地震能量，使大木构架的震害减轻，然而榫头从卯口中拔出的尺寸过大时，会削弱榫头与卯口的连接，且榫头实际参与受力的有效截面尺寸减小，很可能使榫头产生受力破坏，从而诱发大木构架局部失稳，如图 7-1-29 所示。

图 7-1-29　拔榫

(2) 榫头变形。主要包括榫头下沉和榫头歪闪两方面问题。完好的榫头与卯口本来为紧密结合状态，但是在外力作用下，榫头受到卯口挤压后，产生压缩变形或者开裂破坏，导致尺寸减小，即形成榫头下沉。榫头下沉使榫头与卯口在竖向有一定间隔，如图 7-1-30(a)所示。榫头下沉实际意味榫头的有效受力截面尺寸减小，因而在外力作用下产生弯、剪破坏的可能性增大。榫头歪闪一般是指在外力作用下，榫头与卯口之间产生水平向的相对错动或扭转，如图 7-1-30(b)所示。当卯口变形不严重时，榫头歪闪很可能反映榫头已产生开裂或局部扭断，因而需要采取加固措施。

(a) 下沉

(b) 歪闪

图 7-1-30　榫头变形

(3) 榫头糟朽。榫头由于受到木腐菌侵蚀,不但颜色发生改变,而且其物理和力学性质也发生改变,最后榫头变得松软、易碎,呈筛孔状或粉末状等形态[5],如图 7-1-31 所示。榫头糟朽问题常见于屋顶部位或隐蔽在墙体内的榫卯节点。当屋顶或墙体渗水流入榫卯节点位置时,在缺乏通风条件下,榫头长期处于潮湿的环境中,产生糟朽问题。榫头糟朽使榫头的有效受力截面减小,削弱了榫头与卯口之间的连接强度,很容易产生榫头完全拔出卯口的问题。

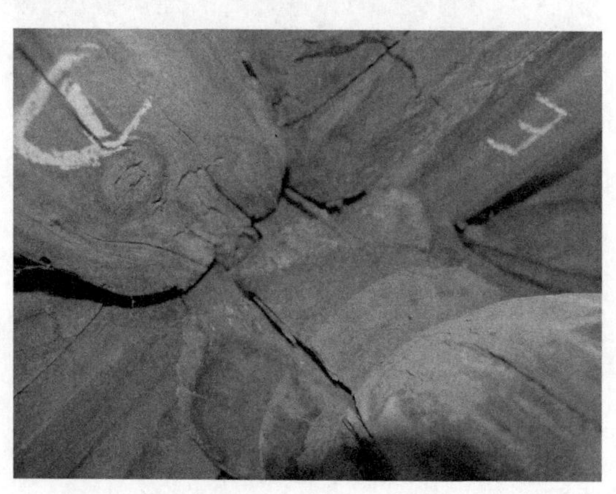

图 7-1-31 榫头糟朽

(4) 加固件松动。加固件在一定情况下与榫卯节点连接紧固程度减弱的问题。故宫一般以铁件加固为主,如采用铁钉、铁片连接梁和柱。铁件加固法虽然可以提高节点的强度和刚度,但是由于铁件自身存在易锈蚀问题,因此加固件在历经数年后会产生锈蚀、松动。另外,部分加固方法是拉接水平向的榫卯节点,但是加固件由竖向钉入,如图 7-1-32 所示。在这种情况下,若梁身受到的竖向力(方向向下)大于铁件对梁端的嵌固力(方向朝上),则很可能导致加固件被拔出。加固件松动后,榫卯节点的强度回到了未加固状态,其承载能力迅速降低,对结构整体的稳定性构成威胁。

需要说明的是,榫卯节点的典型残损还包括卯口的变形、开裂等问题,由于其破坏原因及加固方法与榫头类似,故不进行详细论述。

3. 原因分析

基于大量现场勘查及分析结果,可知故宫古建榫卯节点典型残损问题的主要原因包括如下几个方面。

(1) 构造原因。榫卯连接的构造特征在于,两个构件在连接处都要削掉一部分尺寸,做成榫头或卯口形式,再进行连接。这种构造虽然使木构件之间得以拉接,但对于构件本身而言,无论其采用何种形式的榫卯节点,其榫头或卯口的截面尺寸要远小于构件其他部位。这使外力作用下,榫卯节点位置的有效受力截面尺

图 7-1-32　加固件松动

寸不足，因而在该位置易出现抗弯、抗剪承载力不足，进而导致出现拔榫、开裂、变形等残损问题。

(2) 外力原因。这是榫卯节点产生破坏的主要原因之一。榫卯节点位置的承载力较低，因而在外力作用下，节点产生破坏的可能性比较大。对于古建筑常见的拔榫问题而言，在水平外力(如风、地震)作用下，榫头绕卯口转动尺寸过大时，很容易导致榫头从卯口拔出。此外，外力较大时，榫头与卯口之间的相对摩擦和挤压程度越明显，很容易导致榫头或卯口产生开裂和变形问题。

(3) 材料原因。木材虽然有良好的变形和抗压、抗拉性能，但还有抗剪性能差、易开裂、易糟朽、易虫蛀、有木节等问题。当榫头处于封闭、潮湿的环境中时，容易产生糟朽问题。外力作用下，木材的各向异性使榫卯节点易产生开裂问题。此外，对于故宫常采用的铁件加固材料而言，虽然其具有较强的拉接力，可在一定程度上抑制节点变形，但铁件材料在空气中易产生锈蚀，因而很容易产生松动并降低加固效果。

此外，榫卯节点在加工和安装过程中存在施工误差，也很容易导致节点出现残损问题。

4. 加固方法

(1) 铁件加固法。铁件加固法是故宫古建筑榫卯节点加固时常采用的方法。利用铁件材料体积小、强度高的优点，将其固定在榫卯节点位置，并通过参与受力，来减小甚至避免榫头或卯口的破坏。如对于图 7-1-33(a)所示用于梁柱连接的燕尾榫节点，通常采用铁片连接，然后用铆钉固定。对于图 7-1-33(b)所示的檩头节点，由于榫头和卯口所属构件均为水平向，因此通常采用的加固方法为将铁片两端削尖并做成弯钩形式，钉入檩头内，通过铁片的弯钩部分对木构件的约束作用来限制檩头的水平拔榫。

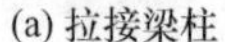

(a) 拉接梁柱

(b) 拉接檩头

图 7-1-33 铁件加固法

对于图 7-1-34 所示的榫卯节点，柱的卯口完全被贯穿，且插入的榫头为容易拔榫的直榫形式，因而采取的加固方法为用厚 5～20mm 的铁片从卯口上下端分别拉结榫头，然后用铆钉固定，古建筑工艺称为过河拉扯[23]。上述做法中，节点的部分承载力主要由固定铁片的铆钉承担。

(a) 过河拉扯

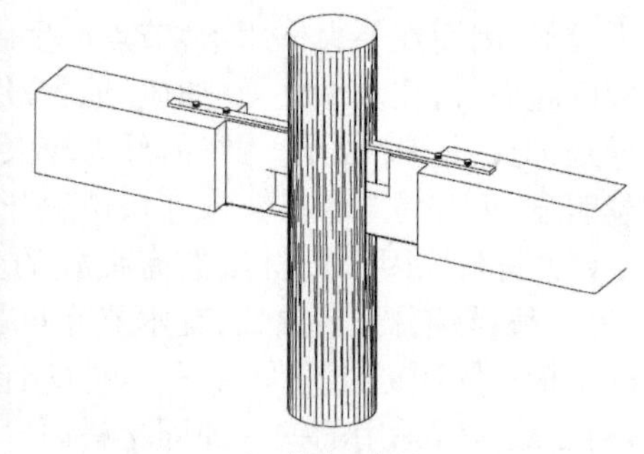

(b) 构造示意图

图 7-1-34 过河拉扯做法

（2）铁件加固法的改进。故宫古建筑采用的传统铁件加固方法可提高榫卯节点的强度和刚度（即硬度），但也存在破坏木构件、不利于检修等问题。因此，对铁件加固法应进行合理改善，即铁件不仅能满足加固强度要求，而且对木结构无破坏，并符合可逆性（可灵活装拆、更换）原则。

故宫博物院与北京工业大学联合开发的一种适用于古建筑木结构榫卯节点的加固装置[24]，该装置既可提高榫卯节点承载力，又可避免破坏木构件、施工不可逆等问题，而且不影响建筑外观[25]。

（3）支顶加固法。支顶加固法是指在柱内侧增设辅柱，用辅柱柱顶来支撑拔榫的榫头的加固方法，如图 7-1-35 所示。对于拔榫的节点而言，榫头在卯口内的搭接量不足很可能会引起节点受力破坏或脱榫（即榫头完全从卯口拔出），从而导致节点失效。而通过辅柱支顶方式，则可有效解决榫头搭接量不足的问题。与铁件加固法相比，该法有一定的不足之处，主要表现为：在水平外力（如地震、风）作用下，榫头晃动尺寸过大时，仍有可能从辅柱顶部脱落。其主要原因在于，辅柱仅提供了对榫头的竖向支撑，并没有限制榫头绕卯口的转动。

图 7-1-35　支顶加固法（故宫保和殿）

（4）CFRP 加固法。CFRP 同样也可以用来加固古建筑榫卯节点，其原理为：利用 CFRP 的良好抗拉性能，将 CFRP 布包裹在榫卯节点区域。当节点产生变形时，对 CFRP 布产生拉力，CFRP 布则对节点产生约束，抑制其变形，同时增加节点承载力，减小其破坏。如图 7-1-36 所示为故宫太和殿某榫卯节点加固试验模型，加固方式为采用一层 CFRP 布包裹榫卯节点，厂家提供的配套碳纤维胶进行粘贴。分别进行榫卯节点加固前和加固后的抗震性能试验，结果表明，CFRP 布加固后的榫卯节点承载力、刚度均有大幅度提高，且加固后的节点仍然有良好的抗震性能[26]。

图 7-1-36　CFRP 布加固榫卯节点试验

7.1.5 斗拱

1. 评估内容

根据《古建筑木结构维护与加固技术规范》(GB 50165—92)规定,斗拱的残损点确定依据为[1]:整攒斗拱变形明显或错位;拱翘折断、小斗脱落,且每一枋下面连续两处发生;大斗明显压陷、劈裂、偏斜或移位;整攒斗拱的木材发生腐朽、虫蛀或老化变质,并影响斗拱受力;柱头或转角处的斗拱有明显破坏现象。本节基于上述相关规定,以故宫古建筑斗拱为研究对象,探讨典型残损问题,分析产生原因,提出加固建议,结果可为故宫古建筑修缮加固提供参考。

2. 典型问题

基于对故宫大量古建筑的勘查结果,斗拱的典型残损问题主要包括如下几个方面:

(1) 开裂。斗拱构件产生破坏性裂缝的问题。如图 7-1-37 所示,某角科斗拱昂构件产生水平通缝,主要由于屋面荷载通过昂上部的宝瓶传给昂,造成昂受到的集中力过大,从而形成水平剪切裂缝。对于图 7-1-37 右侧的坐斗而言,上部荷载经斗拱构件由上至下层层传递,最终传给坐斗,造成坐斗承受较大的集中荷载。当坐斗横纹抗压截面尺寸不足时,很容易产生水平裂缝。斗拱构件开裂实际意味着该构件已产生局部破坏。若不及时采取可靠加固措施,裂缝将进一步扩展,导致构件完全失效,并且诱发斗拱整体产生倾斜或歪闪。

(a) 昂开裂

(b) 大斗开裂

图 7-1-37 斗拱开裂

(2) 松动、缺失。斗拱的部分构件松动,甚至脱落于斗拱整体,造成缺失。如图 7-1-38(a)所示某内拽瓜拱脱离于下部构件的卯口,并产生严重松动。图 7-1-38(b)所示某斗拱侧耳缺失,其原因在于侧耳连接松动后,在很小的外力作用下便产生脱落。斗拱松动是斗拱整体性能下降的表现,而当斗拱主要承重构件(如正心瓜拱、槽升子)产生松动时,很容易造成该构件偏心受力而产生破坏,从而诱发斗拱产生变形、开裂等问题，对结构整体稳定性不利。

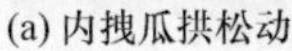

(a) 内拽瓜拱松动

(b) 斗耳缺失

图 7-1-38　斗拱松动、缺失

(3) 变形。斗拱构件产生歪闪、错位、扭翘等变形问题。当斗拱构件安装偏差过大，上部传来的荷载过大，或者斗拱上部的构件产生歪闪、变形时，很容易引起斗拱构件产生变形问题。斗拱变形反映了其处于非正常受力状态，不仅意味着变形构件与其他构件的连接削弱，而且对斗拱整体的承载性能造成不利影响。如图 7-1-39 所示的翘在坐斗内产生倾斜，造成坐斗处于偏心受力状态，很可能引起斗拱整体错动或者坐斗受压劈裂破坏，因而需要及时采取加固措施。

图 7-1-39　斗拱变形

(4) 糟朽。斗拱构件由于长期处于潮湿、封闭的环境中，导致受到木腐菌侵蚀，不但颜色发生改变，而且其物理和力学性质也发生改变，最后木材结构变得松软、易碎，呈筛孔状或粉末状等形态[5]。斗拱糟朽位置常见于角科斗拱内侧。该位置雨水容易渗漏，且空气不畅，如图 7-1-40 所示。斗拱构件糟朽后，其有效受力截面减小，这样变相增大了斗拱受到的外力，同时增大了斗拱受力破坏的可能性。此外，斗拱构件糟朽后，其重心产生了变化，构件处于偏心受力状态，从而易诱发开裂、变形等问题。

图 7-1-40 斗拱后尾糟朽

3. 原因分析

研究表明,故宫古建筑斗拱产生典型残损问题的主要原因包括如下几个方面。

(1) 构造原因。从构造角度讲,斗拱是由斗、拱、升、翘等诸多细小木构件组成的装配体,各构件彼此搭扣,且在上下向采取暗销来连接,如图 7-1-41 所示。这种构造特征使装配体系很难在外力作用下保持整体性,其原因在于暗销的截面尺寸很小,水平外力(如风、地震作用)作用下,暗销很容易折断,导致构件之间产生错动。对于坐斗而言,其在构造上位于斗拱装配体系最底部,需承担上部分层构件传来的作用力,但由于坐斗截面尺寸不大,因而很容易产生横纹受压破坏。对于昂而言,其在构造上位于宝瓶下端,需承担宝瓶传来的竖向集中荷载,造成受力过大,因而很容易产生剪切破坏。此外,当斗拱装配体系中的某个构件破坏时,体系整体的传力途径就要发生改变,这对其他构件受力将产生不利影响,并导致产生松动、开裂、变形等问题。由此可知,斗拱构造特征是诱发其出现各类残损问题的重要因素。

图 7-1-41 斗拱及暗销

(2) 材料原因。木材的材料特性对其残损问题有较大的影响。木材横纹抗压强度低,因而坐斗很容易产生横纹受压破坏;木材抗剪强度低,因而在水平外力作用下构件之间的暗销很容易产生剪切破坏;木材易产生干缩变形,这是引起斗拱构件之间松动及变形的主要诱因;木材在潮湿、密闭环境中容易受到木腐菌的侵蚀,因而某些部位的斗拱很容易产生糟朽问题;木材具有各向异性,在外力或自然因素作用下,形成了其物理和力学性质的不一致性,并导致开裂,这是斗拱构件容易出现开裂问题的主要原因。

(3) 施工原因。斗拱在加工、安装过程中产生的偏差也容易导致残损问题。如斗拱构件搭扣的预留卯口尺寸过大时,会导致搭扣件产生松动问题;斗拱分层构件安装位置不正确时,会导致部分构件偏心受力并产生变形、开裂问题。某些斗拱构件并非严格按构造安装,而是出于装修需要贴补上去,因而与斗拱整体并未形成很好的连接。在外力作用下,这些贴补构件很容易产生脱落问题。此外,由于斗拱是由众多小构件组装形成的装配整体,任何构件安装质量问题都将对斗拱装配体的力学性能产生不利影响。

(4) 外力原因。斗拱由很多小的承重构件装配而成,这些构件的有效受力截面很小,承载能力有限,且构件之间采用的连接件强度偏低,较小的外力作用即可导致构件或连接件破坏。外力作用是斗拱产生残损问题的重要原因。如前所述,在竖向外力作用下,坐斗很容易产生横纹受压破坏,昂易产生水平剪切破坏;水平外力(如地震力)作用下,斗拱分层构件之间很容易产生错动、翘曲,并容易导致斗拱装配体失效。此外,外力作用可破坏斗拱构件之间的连接,如造成暗销折断,搭扣件预留的卯口尺寸受挤压过大,导致斗拱构件松动、歪闪、脱落。

4. 加固方法

对于故宫古建筑斗拱出现的残损问题,可采取如下加固方法。

(1) 重新安装法。当斗拱受损构件较多,且严重影响斗拱整体受力性能时,可采用重新安装的方法[9]。重新安装法即把整攒斗拱卸下,对其中残损的构件进行修补、更换,重新组装后,再将斗拱归位的方法,如图7-1-42所示。斗拱重新安装法一般是随着屋面揭瓦过程而实施,其优点在于斗拱的残损构件得以更换、修复,因而重新安装后的斗拱承载能力基本恢复如初;不足之处在于,重新安装法对原有斗拱的下部柱架结构具有扰动。

在更换斗拱时应注意以下几点:①维修斗拱选用的木材,其含水率不能大于当地的木材平衡含水率;②添配昂嘴和雕刻构件时,应拓出原形象,制成样板,核对后方可施工;③凡是能够整攒卸下的斗拱,应先在原位置捆绑牢固,整攒轻卸,标出位置,堆放整齐;④斗拱中手腕构件的相对挠度,如未超过1/120时,均无需更换;⑤为防止斗拱构件位移,修缮斗拱时,应将小斗与拱之间的暗销补齐;⑥对于斗拱残损构件,凡能用胶黏剂黏结而不影响受力者,均不得更换。

图 7-1-42　重新安装法

(2) 胶黏法。采用胶材料来加固斗拱构件，多用于不严重的开裂构件、脱落的细小构件等。如对于开裂的斗，断纹能对齐的，可采用胶粘牢；劈裂未断的拱，可采用胶灌缝粘牢；断落的斗耳，按原尺寸样式补配后，可用胶粘法恢复至原位置；昂嘴脱落时，照原样用干燥硬杂木补配，与旧构件相连接，采取平接或榫接做法，如图 7-1-43 所示[27]。所选用的胶一般为耐水性胶黏剂，如环氧树脂胶、苯酚甲醛树脂胶、间苯二酚树脂胶等。胶黏法的优点在于，加固后的斗拱外观不受影响，且加固后的斗拱整体具有较好的承载力。该法的不足之处为，当斗拱中尺寸较大的或起主要承重作用的构件出现严重残损(如开裂、糟朽)时，其加固效果相对较差，不宜采用。

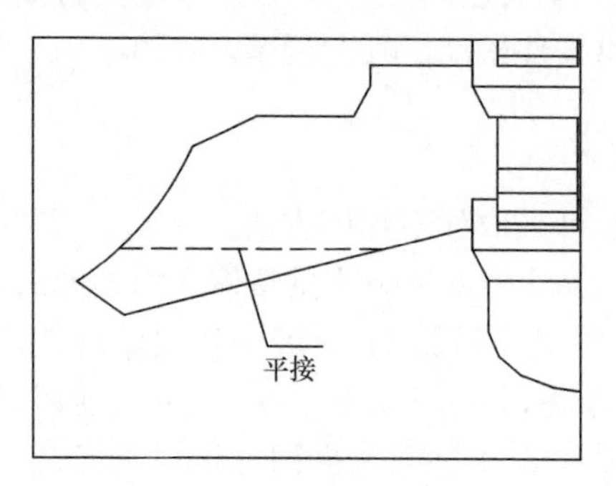

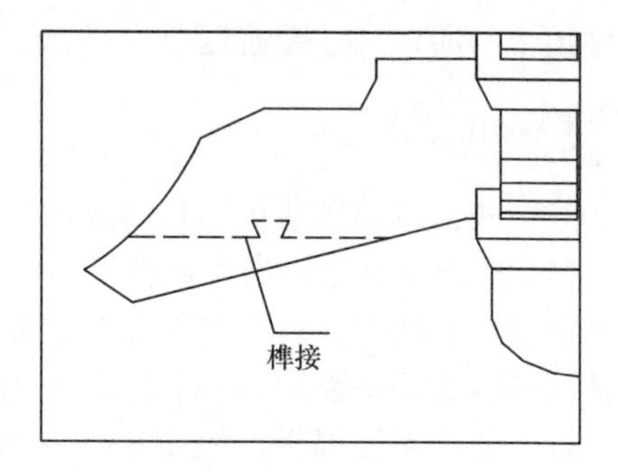

图 7-1-43　昂嘴黏结的两种做法

(3) 铁件加固法。采用铁钉、铁箍、螺栓等铁件材料加固斗拱构件的方法。铁件材料的优点的体积小，强度大，不易产生受力破坏，加固木构件具有效果好，施工方便等优点[12]。铁件材料加固斗拱的应用包括：对于脱落的斗耳构件，采用胶黏法贴补后，可再用铁钉钉牢；对于正心枋、外拽枋、挑檐枋等截面尺寸较大的斗拱构件，若出现开裂则可用螺栓固定再粘牢，若出现严重糟朽则可截去糟朽部分，换同样规格新料代替，新旧料粘牢，再用螺栓固定；对于因木材横纹受压强度低造成坐斗压陷平板枋的问题，可采用在平板枋上部安装5～10mm厚钢板的方法(图7-1-44)，以抑制平板枋的竖向变形及横纹受压破坏；某些角科斗拱后尾出现糟朽问题时，可用同规格新料代替糟朽部分，新旧料之间用铁箍箍牢。

图7-1-44　柱头科坐斗底部安装钢板

7.1.6　墙体

1. 评估内容

参照《古建筑木结构维护与加固技术规范》(GB 50165—92)，墙体的残损问题判定依据包括如下几个内容：

(1) 墙体风化。墙体风化1m以上的区段内平均风化深度与墙厚之比ρ，当墙高$H<10$m时，$\rho>1/5$或按剩余截面验算不合格则为残损；当$H>10$m时，$\rho>1/6$或按剩余截面验算不合格则为残损。

(2) 倾斜。对于单层房屋，$H<10$m时，$\Delta>H/150$或$\Delta>B/6$记为残损；$H>10$m时，$\Delta>H/150$或$\Delta>B/7$记为残损，其中Δ为墙体倾斜尺寸，B为墙体厚度。

(3) 裂缝。有通长的裂缝则记为残损。

2. 典型问题

基于大量古建筑的勘查结果，并参照上述古建筑墙体残损点评估内容，木构古建墙体典型残损问题(含产生残损的主要诱因)包括如下几个方面：

(1) 酥碱。墙体(尤其是下部)长期暴露在空气中，因风化作用，很容易产生酥碱问题。该问题的主要症状表现为：在空气、水、生物作用下，砖块逐渐变成碎块或粉末，砖表面一层一层剥落，风化处砖的颜色变浅，如图7-1-45所示。酥碱问题不能得到及时解决时，随着墙体酥碱范围增大，其有效受力截面尺寸减小，很可能导致墙体开裂、倒塌等问题发生，进而影响结构的正常使用。

(2) 返碱。墙面返碱是墙体产生残损的典型诱因之一。返碱指修缮一新的砖墙表面析出白色的粉末状或者絮状物质，如图7-1-46所示。返碱不仅影响墙体外

图 7-1-45　墙面酥碱

观，而且对结构破坏很大却不易发现，墙体水分中的盐结晶，会增大墙体内应力，并使墙体膨胀，会导致砖体产生裂纹和破碎，使砖墙结构松散，强度及稳定性下降[28]。

图 7-1-46　墙面返碱

(3) 开裂。墙体产生裂缝的问题，常见于下槛及后檐墙体。裂缝有横向及竖向，间断及贯通等形式，而竖向贯通裂缝则预示墙体产生破坏，如图 7-1-47 所示。裂缝的产生除与外力作用相关外，温度变化、地基不均匀沉降均可引起。墙体开裂意味着墙体承载能力降低，即便不至于对木结构稳定性构成威胁，也不利于木构件抵抗水平或竖向外力作用，很容易使木构架产生过大变形或加剧破坏。因而采取措施减轻或避免墙体开裂具有一定的意义。

(4) 空鼓。墙体外皮砖向外鼓出，甚至产生脱落的问题，常见于下槛部位，如图 7-1-48 所示。墙体鼓闪初期对内层砖造成的影响不大，这主要与墙体施工工艺密切相关。墙体鼓闪后，若不及时采取加固措施，将造成墙体的有效承载截面不足，很容易导致剩余截面在外力作用下产生开裂、变形等问题。此外，部分砖块脱落后，造成雨水入侵，造成墙体内层部位产生风化等问题，进而导致墙体对木

图 7-1-47 墙身开裂

构架的受力贡献减小甚至丧失。由此可知，对墙体空鼓问题应及时采取加固措施。

图 7-1-48 墙体鼓闪

(5) 变形。在正常情况下，古建筑墙体为竖直状态，然而，不同因素作用下，墙体会产生变形。这既包括地基不均匀沉降造成的竖向变形(图 7-1-49)，也包括地震作用下沿垂直墙面方向的歪闪，还包括墙体砌筑材料老化导致自身承载力的降低，进而产生竖向或扭曲变形。墙体属脆性材料，其变形严重威胁墙体的功能，变形过程往往伴随开裂，主要表现为竖向变形导致墙体产生剪切裂缝，而侧向变形使墙体属于偏心受力(自重为主)状态，在外力作用下很容易产生倒塌。

3. 原因分析

通过分析归纳，可得故宫古建筑墙体产生典型残损问题的主要原因包括如下几个方面：

(1) 外力原因。墙体产生残损问题的一个重要原因在于外力过大、构件自身承载力不足或构件之间的连接强度过低。对于墙体开裂而言，地基不均匀沉降对

图 7-1-49　墙体变形

墙体产生较大的剪切力，或木构架倾斜对墙体产生压力致使承载力强度不足时，会导致墙体产生开裂问题；对于墙体鼓闪而言，外层砖与内部墙体黏结力不强时，在水平或竖向荷载作用下很容易产生鼓闪、脱落。

(2) 施工问题。该问题包括施工工艺、施工材料、施工质量等方面。从工艺角度讲，古建筑下碱墙体施工时，一般先糙砌内墙，再细作外层墙(仅一层砖)，外墙与内墙之间通过灰浆黏结，即灌浆做法。如图 7-1-50 所示。一方面，糙砌的墙体强度较低；另一方面，施工时，若黏结材料(即灰浆)强度不足或含量过低，则墙体外层砖与内部砖之间的黏结力不牢；上述因素会导致墙体产生空鼓、变形等。此外，墙体砌筑时灰浆强度低会导致墙体易受外力作用而产生残损。墙体下基础施工质量较差时会导致墙体产生不均匀下沉问题。

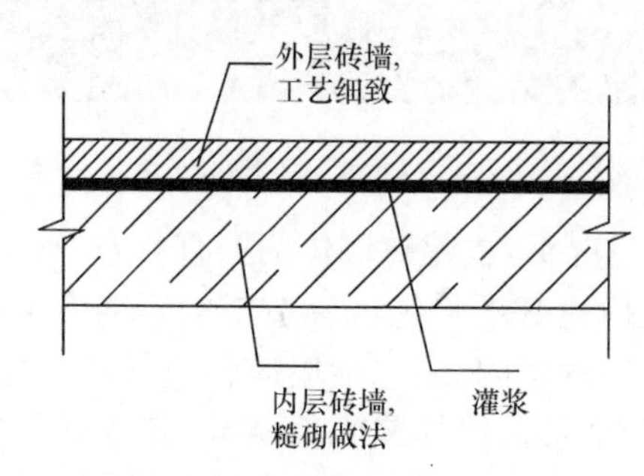

图 7-1-50　古建筑下碱墙体施工常用工艺

(3) 自然因素。古建筑墙体产生酥碱的原因在于上述材料暴露于空气中，与大气、水及生物接触过程中产生物理、化学变化而在原地形成松散堆积物。研究表明[29]，温度的交替变化、水的冻结与融化使砖坯墙体裂解成碎块；干湿引起的可溶盐的结晶与潮解以及自然界中的雨水、地面水或地下水、污染气体等通过溶解、水化、水解、碳酸化、氧化等方式，使得砖坯墙体表面酥碱粉化。

对于返碱问题而言，研究表明[30,31]，在造成墙体返碱的诸多因素中，制作砖所用的黏土等原材料含可溶性硫酸盐，是造成返碱问题的内因，而水的迁移作用则为返碱的主要外界因素。目前用于古建筑工程的新烧制青砖含有一定量的可溶盐，由于灌浆材料本身含有大量水，再加上可能存在灌浆不饱满、密实度差等问题，会加速墙体内水的迁移。在迁移过程中，水携带了砖体内部的可溶盐，这部分可溶盐在墙体表面反复溶解、结晶即形成碱。

4. 加固方法

基于古建筑墙体的典型残损问题，可采取以下加固措施：

(1) 拆砌。超过下述情况之一的应对墙体进行拆砌[32]：碎砖墙的歪闪尺寸≥8cm；墙身局部空鼓面积≥$2m^2$，且凸出尺寸≥5cm；墙体空鼓形成两张皮，墙体歪闪尺寸≥4cm 并伴有开裂问题；下碱酥碱深度≥1/3 墙厚；墙体裂缝宽度≥3cm；整砖墙的歪闪程度等于或大于 1/6 墙厚或 1/10 高度。拆砌旧墙体要尽量按原型制、原材料、原工艺、原做法。对旧墙体存在的不足，如碎砖墙、用大泥砌筑，墙体内外缺少拉结等弊病，在不影响墙体外形的前提下，可辅以现代科学的技术手段和措施，如提高砌筑材料的强度，增强墙体内外拉接等(图 7-1-51)。

图 7-1-51　拆砌

拆除原有墙体时，从安全角度考虑，应对墙体采取支顶措施，以避免墙体倒塌。同时，对于承重木构架，也应使用杉槁进行支顶，以作为保护措施。拆除墙体前，应检查柱根是否糟朽，是否需要墩接。其主要原因在于柱子为主要承重构件，其完整程度对木构架的稳定性影响很大。若需要墩接柱根时，完成墩接后方可拆除墙体。拆除墙体时应该由上往下拆，整砖整瓦应予以保留，并按类别存放，以备重新砌筑墙体用料。

(2) 托换。对墙体进行临时支顶，将下部掏空并进行加固，之后恢复原状的加固方法，通常用于墙体本身完好或墙体附有文物不便拆砌，而主要残损位置位于墙体下部时的加固措施。如图 7-1-52 为山西长治崇庆寺地藏殿墙体托换照片，其加固背景为墙体存在开裂、鼓闪等问题(下部严重)，但墙体又是殿内泥塑文物的支撑和依靠体，仅考虑墙体的修缮会造成泥塑变形或倒塌。基于此，采取以下具体加固措施[33]:首先对墙体进行水平支顶,以防止墙体外鼓,然后将底部的基石及上部2~3层砖分别移开,代以千斤顶承重,再采取加固材料对空鼓部位加固使之牢固,最后将砖层及基石复位。

图 7-1-52　墙体托换

(3) 下碱加固。一般来说,墙体下碱表面酥碱深度在3cm以内的墙体,可以采用剔凿挖补的方法进行维修。方法是:用小铲或凿子将酥碱部分剔除干净,剔除面积宜单个整砖的整数倍,从残损砖的中部开始,向四周剔凿,露出好砖,如图 7-1-53。用厚尺寸的砖块,按原位下肩砖的规格重新砍制,砍磨加工后按原位镶嵌,用水泥浆粘贴牢固。待干后进行打点,使之与整体平整一致。当酥碱深度在3cm以上时,可以采取择砌的方法,如图 7-1-54 所示。即剔除酥碱的砖块,将事先准备好的砖块镶砌在墙上。择砌是用整砖,挖补是用砖片。择砌是针对成片的严重酥碱或松散的墙面,挖补是针对表面酥碱的墙面或个别严重酥碱的砖块。两者修补的程度不同[34]。

图 7-1-53　墙面剔凿

(4) 扒锔拉接。古代大片墙体施工时,有事先加铁扒锔子防止开裂的做法,且外表露明处做成仙鹤、蝙蝠等动物形状。当裂缝小于0.5cm时,可用铁扒锔子沿墙缝拉接,如图 7-1-55 所示。上述扒锔子间距宜小于1m,以保证拉结效果。当裂

图 7-1-54　择砌

缝宽度大于 0.5cm 时，每隔相当距离，剔除一层砖块，内加扁铁拉固，补砖后将裂缝用水泥砂浆(1∶1 或 1∶2)调砖灰勾缝[27]。重要建筑可在缝内灌注水泥浆或环氧树脂。该法为保持裂缝现状的加固，以防止裂缝继续扩大。

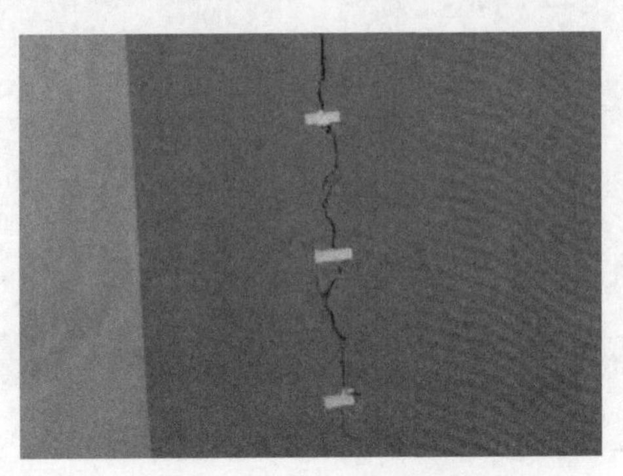

图 7-1-55　扒锔子加固

(5) 新型材料应用[31]。工程实践表明，墙体灌浆不充实，浆液与墙体黏结性能差，灌浆材料在雨水冲刷下大量流失，造成墙体返碱、空鼓等病害。在古建筑传统灌浆材料即糯米、桐油浆料基础上加入高分子材料改性剂，提高了灌浆材料的力学性能、耐污性能，增强了石灰与砖之间的黏结强度和耐水性，堵塞了墙体渗水通道，有效地防止了水分的大量迁移，提高了古建筑砖墙修复的综合性能。故宫博物院与多家机构研发的聚合物改性糯米浆-桐油灌浆料，在故宫午门城墙、神武门城台修缮工程中得到了应用。经过几年来的监测，该法效果良好。

(6) 墙体上身重新抹灰。墙体上身一般有抹灰做法。对于修补后的墙体上身，还应进行抹灰。抹灰前，先将旧灰皮铲除干净，墙面用水淋湿，然后按原做法分层，按原厚度抹制，赶压坚实，如图 7-1-56 所示。大墙抹灰有两种做法：钉麻揪和冲筋上杠[27]。钉麻揪即在墙面上每约 $1m^2$ 的面积内，钉麻揪一枚，麻线长约 0.5m，墙面横竖拉线，按规定厚度先顺竖线抹出方道灰梗与拉线齐平，各条灰梗齐平后开始抹灰，用平尺板以灰梗找平。冲筋上杠抹灰法用于墩台等大面积墙面，先在墙面四角拉线找平，将墙面分为若干大格，沿格线钉扁铁杆，沿铁杆抹砂灰梗，厚度稍超过铁杆，然后分格抹底灰，用杠尺由上往下抹，冲过铁杆灰梗，遇有凸凹不平处，加抹罩面灰 1～2 道赶光压平。

(a) 剔除原有墙皮　(b) 钉麻

(c) 基层浇水　(d) 重新抹灰

图 7-1-56　墙体上身重新抹灰

7.1.7　结论

(1) 故宫古建筑木柱典型残损问题有糟朽、开裂、柱顶石风化、加固件松动等，加固方法主要有替换、墩接、化学法、CFRP 布包裹、柱顶石加固等。

(2) 木梁的典型残损问题有开裂、梁头变形、糟朽、加固件破坏等，加固方法主要有包裹、贴补、化学法、支顶、替换等。

(3) 檩三件容易出现的残损问题包括糟朽、挠度、开裂、构件分离、垫板歪闪、连接松动等，主要加固方法有铁件拉接、支顶、包裹、贴补、化学法、替换等。

(4) 榫卯节点的典型残损问题包括拔榫、变形、糟朽、加固件松动等，加固方法有铁件包裹、铁件拉接、木柱支顶、CFRP 布包裹等。

(5) 斗拱出现的典型残损问题包括糟朽、变形、开裂、松动、脱落等，加固方法有重新安装、胶粘、铁件加固等。

(6) 古建筑墙体的典型残损问题包括开裂、变形、酥碱、空鼓等；对于开裂墙体，可采用扒锔拉接加固法；风化酥碱墙体，可采用局部替换方法；对于变形、空鼓及严重开裂或风化的墙体，宜采用拆砌或托换方法；新型材料的应用，对于减轻古建筑墙体的典型残损问题有一定的促进作用。

(7) 对于上述构件及节点的典型残损问题，其产生原因与古建筑大木施工工艺、木材材料特性、构件(节点)构造特征、外力作用等因素密切相关。

参考文献

[1] 国家技术监督局，中华人民共和国建设部. GB 50165—92　古建筑木结构维护与加固技术规范[S]. 北京：中国建筑工业出版社，1993.
[2] 张峰亮. 天安门城楼角檐柱墩接技术研究及施工[J]. 古建园林技术，2004，2：51－53.
[3] 周乾，闫维明，纪金豹. 汶川地震古建筑震害研究[J]. 北京工业大学学报，2009，35(3)：330－337.
[4] 薛玉宝. 用环氧树脂加固处理古建筑木构件的方法[J]. 古建园林技术，2009，(4)：56－57.
[5] 徐有明. 木材学[M]. 北京：中国林业出版社，2006.
[6] 马炳坚. 中国古建筑的构造特点、损毁规律及保护修缮方法(上)[J]. 古建园林技术，2006，(3)：57－62.
[7] 马炳坚. 中国古建筑木作营造技术[M]. 北京：科学出版社，1995.
[8] 刘大可. 中国古建筑瓦石营法[M]. 北京：中国建筑工业出版社，1993.
[9] 文化部文物保护科研所. 中国古建筑修缮技术[M]. 北京：中国建筑工业出版社，1983.
[10] 故宫博物院. 武英殿(一)[M]. 北京：紫禁城出版社，2011.
[11] 周乾. CFRP加固木柱轴压性能理论研究[J]. 低温建筑技术，2009，(9)：51－54.
[12] 周乾，闫维明. 铁件加固技术在古建筑木结构中的应用研究[J]. 水利与建筑工程学报，2011，9(1)：1－5.
[13] Dagher H J，Bragdon M. Advanced FRP－wood composites in bridge applications[C]//Proceedings of the 10th ASCE Conference，Miami，2001，109：35－42.
[14] Dwight D，Scott D W. Wood members strengthened with mechanically fastened FRP strips [J]. Journal of Composites for Construction，2006，10：392－398.
[15] 吴志雄. 某木结构古民居的加固[J]. 福建建设科技，2006，(5)：18－19.
[16] 沈旸. CFRP加固古建历史木梁的试验研究[D]. 杭州：浙江工业大学，2010.
[17] 周乾，闫维明，李振宝，等. 古建筑木结构加固方法研究[J]. 工程抗震与加固改造，2009，31(1)：84－90.
[18] 吴宗汉，罗曼. 环氧树脂及涂料的增韧改性[J]. 涂料工业，2009，39(12)：62－65.
[19] 王聚颜. 木材变形开裂及其预防[J]. 陕西林业科技，1989，(1)：59－62.
[20] 王景云. 木建筑防腐对策研究[J]. 西安冶金建筑学院学报，1993，(s)：1－7.
[21] 周乾，闫维明. 古建筑木结构叠合梁与组合梁弯曲受力研究[J]. 建筑结构，2012，42(4)：157－161.
[22] 侯时拓，吴家琛，李华，等. 故宫慈宁宫等古建筑木构件现场防腐处理技术[J]. 木材加工机械，2010，(4)：43－45.

[23] 王璞子. 工程做法注释[M]. 北京：中国建筑工业出版社，1995.
[24] 周乾，闫维明，李振宝，等. 用于古建筑木结构中间跨榫卯节点的加固装置[P]: CN200920108277.0. 2010-04-21.
[25] 周乾，闫维明，周宏宇，等. 钢构件加固古建筑榫卯节点抗震试验[J]. 应用基础与工程科学学报，2012，20(6)：1063—1071.
[26] Zhou Q, Yan W M. Experimental study on aseismic behaviors of Chinese ancient tenon-mortise joint strengthened by CFRP[J]. Journal of Southeast University，2011，27(2)：192—195.
[27] 中国文物研究所. 祈英涛古建论文集[M]. 北京：华夏出版社，1992.
[28] 赵卫虎. 砖墙及所用建筑材料的泛霜试验与探讨[J]. 四川建筑科学研究，1985，(4)：51—54.
[29] 于平陵，张晓梅. 西安城墙东门箭楼砖坯墙体风化因素研究报告[J]. 文物保护与考古科学，1994，6(2)：7—15.
[30] 曲亮，王时伟. 故宫墙体返碱问题初探[J]. 中国文物科学研究，2008，(4)：58—60.
[31] 崔瑾，贾京健，倪斌. 改性灌浆材料在防治故宫古建筑墙体空鼓、返碱等病害中的应用[C]//中国文物保护技术协会. 中国文物保护技术协会第七次学术年会论文集. 北京：科学出版社，2013.
[32] 北京土木学会. 中国古建筑修缮与施工技术[M]. 北京：中国计划出版社，2006.
[33] 柏柯，纪娟，于群力. 崇庆寺地藏殿古建修缮与泥塑的预防性保护方法[J]. 文博，2011，(4)：90—93.
[34] 马炳坚. 中国古建筑的构造特点、损毁规律及保护修缮方法(下)[J]. 古建园林技术，2006，(4)：52—55.

7.2 故宫太和殿大修期前的经典力学问题

中国古代建筑以其独特的文化艺术特色及结构形式著称于世。千百年来，我国古建筑大部分以木结构为主，它们平面布置规则对称，空间以卯榫结合，并辅以斗拱作为传力中介，具有良好的承载力性能。但是，由于木材本身有易变大、强度低、弹性模量低、易老化、易腐朽等缺点，以及常年在自然因素(风、雨、雪、地震力、微生物侵蚀)或人为因素(战争、污染)等作用下产生破坏，因此需要进行维修和加固。一般来讲，古建筑梁、柱构件常见的破坏形式有：糟朽、开裂、榫卯破坏、变形等；而我国古代劳动人民在长期实践过程中也总结了一些古建筑加固方法：对于柱子局部糟朽问题可采用墩接方法增加柱子受压截面；对于梁架挠度问题可采用支顶方法来降低木梁的跨中弯矩；对于榫卯节点破坏问题可采用包裹扁钢以增强榫卯节点位置的抗拉、抗压、抗剪性能；对于梁、柱开裂问题可采用铁件或胶黏剂加固等。

故宫太和殿始建于明永乐十八年(1420 年)，时名奉天殿；明永乐十九年(1421 年)四月遭雷火焚毁；明正统元年(1436 年)于原址重建，正统六年(1441 年)建成；明嘉靖三十六年(1557 年)又毁于雷火，当年重建，明嘉靖四十一年(1562 年)九月建成，更名皇极殿；明万历二十五年(1597 年)又毁于雷火，明万历四十三年(1615

年)八月重建,明天启六年(1626年)建成;明崇祯十七年(1644年)又毁于兵火;清顺治二年(1645年)重修,改称太和殿,次年完工;清康熙八年(1669年)重修,当年完工;清康熙十八年(1679年)又被火毁,清康熙三十四年(1695年)重建,清康熙三十六年(1697年)建成,并将两侧斜廊改为卡墙。新中国成立后,党和政府对太和殿进行了8次保养,主要侧重于彩画、油饰、地面及屋顶保养,而未对其整体结构进行勘查及加固。

为加强对太和殿的维修及保护,工作人员对太和殿进行了详细地勘查,期间发现部分构件存在力学问题,主要有:①西山挑檐檩跨中挠度明显,达0.13m;②三次间正身顺梁榫头下沉0.1m;③三次间山面扶柁木榫头下沉0.1m,但已经被支顶;④明间藻井下垂0.13m,井口爬梁已经开裂。

下面对这些问题进行具体分析,提出加固方案或可行性建议,结果可为我国古建筑保护和维修提供理论参考。

7.2.1　故宫太和殿西山挑檐檩结构现状分析

根据故宫博物院古建部提供资料,太和殿二层西山挑檐檩跨中竖向挠度较大,达0.13m,超出了我国《木结构设计手册》允许值(0.06m)。该挑檐檩照片如图7-2-1所示,可知除跨中挠度过大外,无明显受损症状(如糟朽、开裂等)。

图7-2-1　太和殿二层西山挑檐檩现状

该挑檐檩相关尺寸为:直径0.345m,长11.18m。其下设挑檐枋,截面尺寸为0.08m×0.155m,它们形成组合受力体系,上部承受屋面荷载,下部两端搭在柱头桃尖顺梁预留的刻口内,中间部分则由11座九踩三昂溜金斗拱支撑。根据太和殿屋顶分层做法和屋架构造形式,绘出挑檐檩断面方向受力简图如图7-2-2所示。由图可知,挑檐檩在竖向受到屋面传来的自重荷载、活荷载及雪荷载作用。由于分析重点为挑檐檩的竖向挠度对挑檐檩本身性能的影响,故暂不考虑水平荷载作用。根据太和殿屋顶构造及施工工艺特征,恒荷载取值4kN/m^2,活荷载取值3kN/m^2,雪荷载取值0.4kN/m^2。经计算,解得传到挑檐檩上的竖向均布荷载为28.6kN/m。

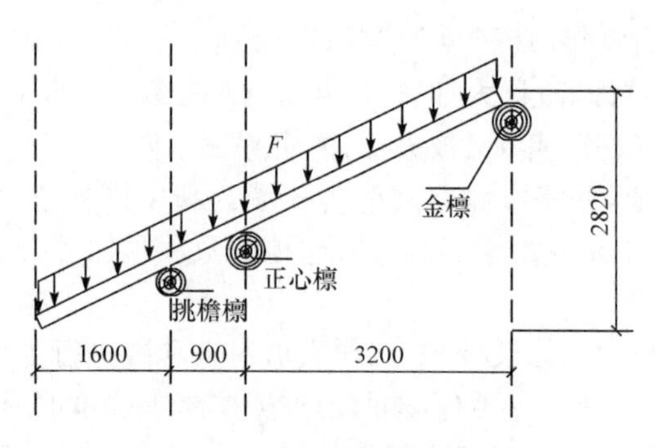

图 7-2-2 挑檐檩断面受力简图

1. 力学模型

1) 木材模拟

采用有限元分析程序 ANSYS 模拟挑檐檩力学性能。采用 SOLID64 单元模拟木材,相关输入常数见表 7-2-1[1,2]。

表 7-2-1 木材各项物理参数

输入项	对应项	物理意义
EX	E_L	木材顺纹弹性模量
EY	E_T	木材切向弹性模量
EZ	E_R	木材径向弹性模量
PRXY	0.3	Z 向泊松比
PRYZ	0.3	X 向泊松比
PRXZ	0.3	Y 向泊松比
GXY	G_{LT}	XY 平面剪变模量
GYZ	G_{TR}	YZ 平面剪变模量
GXZ	G_{LR}	XZ 平面剪变模量

当缺乏试验数据时,木材的一些数据取值如下[3]:$E_T/E_L=0.05$,$E_R/E_L=0.1$,$G_{LT}/E_L=0.06$,$G_{LR}/E_L=0.075$,$G_{TR}/E_L=0.018$。本分析选取的挑檐檩属硬木松材料[4],其原有弹性模量为 $1.0\times10^{10}\mathrm{N/m^2}$。由于该挑檐檩处于露天环境,长期荷载以恒荷载为主,使用年限超过 100 年,因此弹性模量折减 30%,即 $E_L=7.0\times10^9\mathrm{N/m^2}$。

2) 斗拱刚度模拟

从构造来看,斗拱由斗、拱、翘、升等不同木构件层层叠加而成。木材弹性模量较小,这使斗拱构件有一定的弹性,可发挥弹性减震作用,且可以认为是由不同弹簧在竖向串联形成[5]。对于第 $i(i=1\sim7)$层斗拱构件而言,其竖向刚度取值为

$$K_i = \frac{E_h A_i}{h_i} \tag{7-2-1}$$

式中，E_h 为木材横纹受压时的弹性模量；h_i 为斗底厚或第 i 层拱高。则斗拱总的竖向刚度为

$$K_v = \frac{1}{\sum \frac{1}{K_i}} \tag{7-2-2}$$

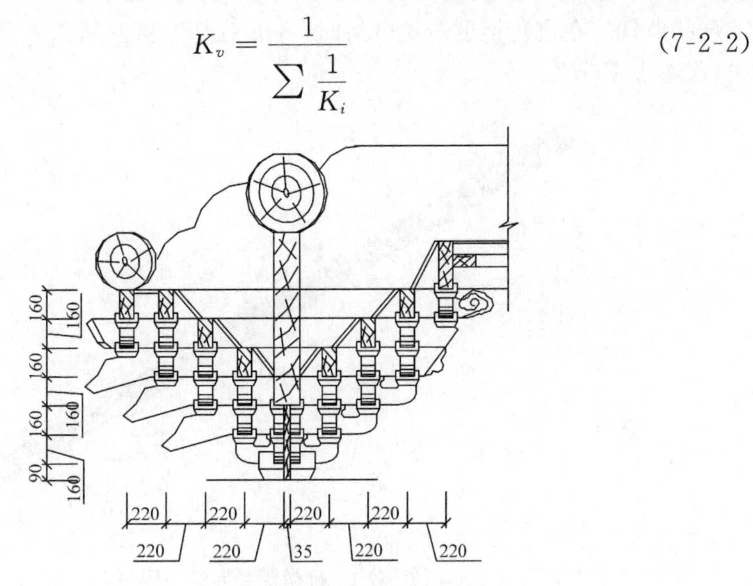

图 7-2-3　西山挑檐檩下斗拱剖面图

图 7-2-3 为西山挑檐檩下三昂九踩斗拱 CAD 尺寸图[6]，各层斗拱的荷载传递路线及刚度取值见表 7-2-2，解得斗拱现有情况下的竖向刚度总值为 481N/mm。

表 7-2-2　西山挑檐檩下斗拱竖向刚度计算

斗拱分层	受荷面	EA_i/N	h_i/mm	k_i/(N/mm)
第七层	面宽：正心枋叠加，三层内外拽枋；挑檐枋进深：撑头木带麻叶头	1530745	160	9567
第六层	面宽：正心枋叠加，二层内外拽枋，二昂上单才万拱带三才升，三昂上厢拱带三才升；进深：蚂蚱头带十八斗	1960760	160	12254
第五层	面宽：正心枋叠加，头层里外拽枋，头昂上单才万拱带三才升，二昂上单才瓜拱带三才升；进深：三昂带十八斗	1960760	160	12254
第四层	面宽：正心枋，单才万拱带三才升，头昂上单才瓜拱带三才升；进深：二昂带十八斗	1572278	160	9827
第三层	面宽：正心万拱带槽升子，单才瓜拱带三才升；进深：头昂带十八斗	1012132	160	6325
第二层	面宽：正心瓜拱带槽升子；进深：头翘带十八斗	416170	160	2600
第一层	坐斗	132268	155	850
合计 K_v				481

采用COMBIN14单元模拟斗拱构件，考虑挑檐檩两端为铰接，建立挑檐檩竖向受力有限元模型如图7-2-4所示，含檩单元36个，斗拱单元11个。需要说明的是，进行挠度分析时，考虑两种工况，工况1：挑檐檩及斗拱弹性模量不折减，即模拟挑檐檩初始状态的条件；工况2：挑檐檩及斗拱弹性模量折减30%，即模拟挑檐檩现状条件。在进行挠度对比分析时，考虑工况1和工况2；在进行强度现状分析时，仅考虑工况2。

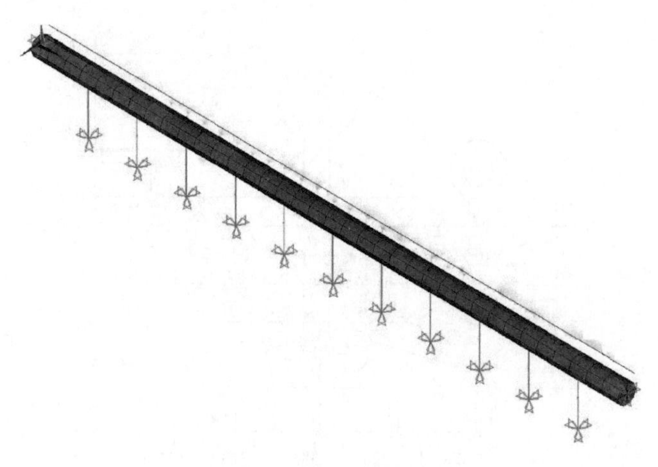

图7-2-4 挑檐檩竖向受力模型

2. 现状分析

1) 挠度

基于有限元分析结果，获得挑檐檩挠度分布如图7-2-5所示，其中虚线以上数据反映了挑檐檩及斗拱健康状态(不考虑弹性模量折减)时的变形分布，虚线以下数据则为考虑挑檐檩及斗拱老化后(考虑300年以上)的变形结果。可以看出，挑檐檩在工况1条件下挠度最大值仅为0.02m，符合《木结构设计手册》中的挠度容许范围要求。这是因为木材的初始弹性模量比较大，在竖向荷载作用下，下面有11座斗拱作支撑，而每座斗拱由7层木构件叠加而成，在竖向相当于一个刚度较大的弹簧。因此，挑檐檩在竖向荷载作用下(恒载+施工荷载)会产生不大的变形。另一方面，由于历经时间长久，木材产生老化，斗拱弹性模量减小，致使挑檐檩在工况2条件下的最大挠度值达0.11m，且模拟结果与现场勘查基本吻合。

2) 强度取值

木材有一个显著特点，就是在荷载的长期作用下强度会降低。所施加的荷载越大，木材能经受的时间越短。根据《木结构设计手册》提供数据[3]，木材在荷载的长期作用下强度降低，10000天后，木材的强度为瞬时强度的比例为顺纹受压

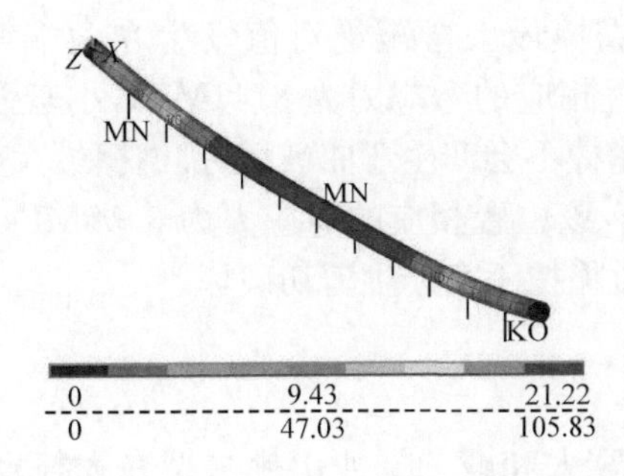

图 7-2-5　挑檐檩挠度分布(上为健康状态数据,下为老化状态数据;单位:mm)

0.5～0.59;顺纹受拉:0.5;静力弯曲:0.5～0.64;顺纹受剪:0.5～0.55。根据中国林业科学院提供正常状态硬木松的强度数值,参考《木结构设计规范》(GB 50005—2003)规定的硬木松强度值,列出木材强度取值见表 7-2-3。

表 7-2-3　木材强度取值　　(单位:MPa)

分析条件	顺纹抗拉强度	顺纹抗压强度	顺纹抗剪强度	静力弯曲强度
正常状态	74.0	35.3	7.70	66.0
强度折减	37.0	17.6	3.85	23.8
《木结构设计规范》(GB 50005—2003)	8.5	12.0	1.50	13.0

3) 强度

进行工况 2 条件下的挑檐檩有限元分析,获得挑檐檩主拉应力、主压应力分布如图 7-2-6 所示。由图 7-2-6(a)可知,挑檐檩第一主应力最大值在挑檐檩底部,其值为 8.81MPa,小于强度折减后的木材抗拉强度容许值,即挑檐檩不会产生受拉破坏。由图 7-2-6(b)可知,挑檐檩最小主应力值在挑檐檩两端顶部,其绝对值为－8.81MPa,小于强度折减后的木材抗压强度容许值,即挑檐檩不会产生受压破坏。

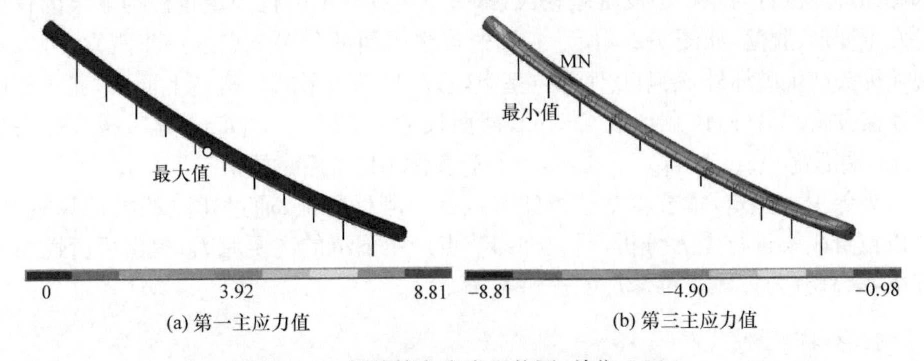

图 7-2-6　挑檐檩主应力现状图(单位:MPa)

计算结果表明，挑檐檩最大弯矩绝对值发生在两端第二攒斗拱处，其值为 3.39×10^{7}N·m，该位置相应的弯应力为 8.41MPa，小于强度折减后的木材静力弯曲强度容许值，即挑檐檩不会产生弯曲破坏；挑檐檩最大剪力绝对值发生在两端支座处，其值为 38241N，该位置相应的剪应力为 0.55MPa，小于强度折减后的木材抗剪强度容许值，即挑檐檩不会产生剪切破坏。

3. 小结

本节主要分析了故宫太和殿二层西山挑檐檩在大挠度情况下的结构性能现状。通过对挑檐檩的内力和变形性能分析，得出如下结论：

(1) 挑檐檩产生大挠度的主要原因是长期荷载作用下挑檐檩及斗拱支座弹性模量的降低。

(2) 长期荷载作用下挑檐檩的强度有所折减，但是其受力现状满足抗拉、抗压、抗弯、抗剪要求，挑檐檩仍属安全结构体系。

7.2.2 故宫太和殿三次间正身顺梁加固分析

在外力(如地震、风)作用下，一方面榫头与卯口之间的相对摩擦和挤压可耗散部分能量，体现了一定的半刚性特性；另一方面，榫卯节点也产生不同形式的破坏，如拔榫、下沉等。赵均海等提出了采用变刚度单元(力～弯曲)单元来模拟榫卯节点的半刚性连接，并通过改变刚度系数来模拟刚接、铰接及半刚接[7]；Fang 等学者引入了 2 节点虚拟弹簧单元来模拟榫卯节点的半刚性连接，采取试验与理论分析相结合的方式，获得了西安北门箭楼榫卯节点的刚度取值范围[8,9]；姚侃等和谢启芳等则对榫卯节点构造的抗震性能及加固方法进行了一系列的试验研究，获得了加固前后榫卯节点的相关刚度曲线[10,11]。上述研究成果为古建筑榫卯节点力学性能的理论分析奠定了良好的基础。

2006 年，工程技术人员对故宫太和殿进行大修勘查时，发现三次间正身顺梁端部榫卯节点位置与童柱上皮落差较大，榫头下沉约 0.1m，且固定童柱与顺梁的铁件已发生变形、脱落，如图 7-2-7 所示。通过揭去屋面部分对节点进一步观察，可以发现除榫头产生破坏外，梁架其他部位基本较好，且榫头形式从构造上而言，属于燕尾榫连接方式。另外，该顺梁长 5.55m，截面尺寸 0.53m×0.695m(宽×高)，榫头长 0.2m，端部宽 0.2m，根部宽 0.16m，上部荷载作用位置距童柱中心 1.07m。

为保护古建筑，本节将基于榫卯节点的半刚性特征，通过建立相关计算模型，对该正身顺梁进行受力分析，研究榫卯节点产生下沉的主要原因，提出可行性加固方案，结果将为古建筑维修加固提供参考。

1. 分析参数

根据相关资料，该顺梁采用的木材属硬木松，其材料强度取值与表 7-2-3 中

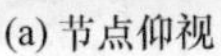
(a) 节点仰视

(b) 节点俯视

(c) 梁架整体

图 7-2-7　正身顺梁加固前照片

1. 顺梁；2. 童柱；3. 天花枋

《木结构设计规范》(GB 50005—2003)部分取值完全相同[12]，即抗拉强度 8.5MPa，抗压强度 12MPa，抗弯强度 13MPa，抗剪强度 1.5MPa。

本节采用理论计算与有限元分析软件 ANSYS 模拟相结合的方法对该顺梁榫头的破坏原因与加固方案进行分析。基于已有的研究成果，可采用三维虚拟弹簧单元组来模拟节点的半刚性特性，该弹簧单元组由 6 根互不偶联的弹簧组成，其刚度取值分别为 K_x、K_y、K_z 和 $K_{\theta x}$、$K_{\theta y}$、$K_{\theta z}$，其中前三个参数分别表示沿 x、y、z 轴的拉压刚度，后三个参数表示绕 z、x、y 轴的转动刚度。由于本节主要考虑竖向荷载作用(假设水平向为 x 轴，竖向为 z 轴，与 xz 平面垂直向为 y 轴)下顺梁榫头的破坏情况，因此着重考虑节点 K_x(水平向拔榫)和 $K_{\theta y}$(在平面内绕卯口旋转)的影响。在进行分析时，按虚拟弹簧一端连接榫头，另一端固定约束进行处理。

在用 ANSYS 进行有限元分析时，用 SOLID64 单元模拟顺梁，MATRIX27 单元模拟虚拟弹簧。其中，MATRIX27 单元没有定义几何形状，但是可通过两个节点反映单元的刚度矩阵特性，其刚度矩阵输出格式与 3.1 节榫卯节点刚度矩阵相同。

参考已有研究成果[8,13]，相关刚度值可取为：$K_x=1\times10^{9}\text{kN/m}$，$K_{\theta y}=7\times10^{12}\text{kN}\cdot\text{m}$，其余值取 0。

2. 破坏分析

1) 计算简图

太和殿属重檐庑殿屋顶建筑，其屋顶构造实际为正身和山面两组正交梁架反复水平叠加而成。根据太和殿梁架结构现状以及正身顺梁结构现状，可得出顺梁荷载传递路线为：屋面荷载→山面上金桁、上金垫板、上金枋荷载(编号 1)→正身上金桁、上金垫板、上金枋(编号 2)→山面中金桁、中金垫板、中金枋(编号 3)→正身中金桁、中金垫板、中金枋(编号 4)→山面下金桁、下金垫板、下金枋(编号 5)→正身顺梁(编号 6)，如图 7-2-8(a)所示。基于上述荷载传递路线，考虑童柱与顺梁的榫卯连接特征，可得顺梁受力简图见图 7-2-8(b)所示。其中，F 为传到正身顺梁上梁架自重及屋面荷载。

根据故宫博物院古建部提供资料，太和殿屋顶分层做法如下：望板→三层灰背→砥瓦泥→底瓦→盖瓦，根据上述构造做法可求出太和殿屋顶自重荷载。另考虑屋面活荷载值为 3kN/m²，基本雪荷载值为 450N/m²。经过荷载组合，可求出传到顺梁上的竖向荷载为：F=440kN。

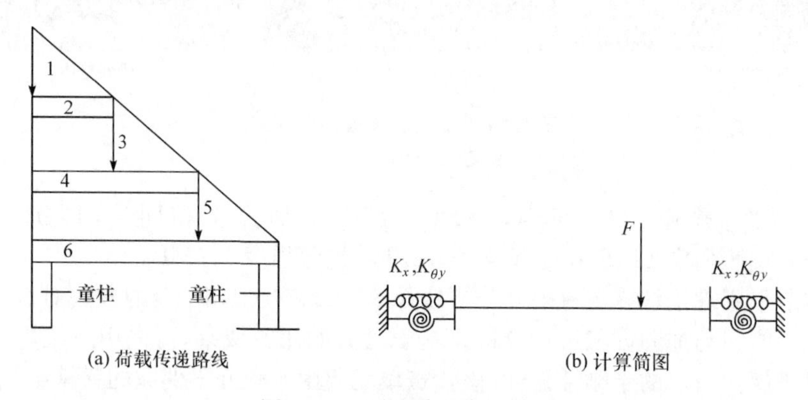

(a) 荷载传递路线　　(b) 计算简图

图 7-2-8　顺梁受力分析简图

2) 破坏分析

为便于对比分析，分别考虑童柱与顺梁连接形式为铰接、刚接和半刚接（榫卯连接），按上述边界条件求解竖向荷载作用下顺梁的弯应力和剪应力峰值见表 7-2-4。由表可以看出，不同边界条件下顺梁的最大弯应力值、最大剪应力值及所在部位不完全相同。本节榫卯节点刚度值较大，因此应力峰值结果类似于刚接边界条件，而铰接边界条件的应力峰值明显偏小，弯应力计算结果偏安全。表 7-2-4 结果表明，考虑榫卯连接时，在竖向荷载作用下，顺梁榫头的弯应力峰值、剪应力峰值已远超出《木结构设计规范》(GB 50005—2003)容许值。

表 7-2-4　顺梁应力峰值及位置

边界条件	弯应力	剪应力
铰接 ($K_x=1\times10^{20}$kN/m, $K_{\theta y}=0$)	9.16MPa 荷载位置	5.4MPa 榫头
刚接 ($K_x=1\times10^{20}$kN/m, $K_{\theta y}=1\times10^{20}$kN·m)	34MPa 榫头	6.3MPa 榫头
半刚接 ($K_x=1\times10^{9}$kN/m, $K_{\theta y}=7\times10^{12}$kN·m)	33MPa 榫头	6.1MPa 榫头

基于前述假定建立顺梁有限元模型并进行分析，获得变形及 von Mises 应力分布如图 7-2-9 所示。可以看出顺梁的变形在《木结构设计规范》(GB 50005—2003)范围内(0.022m)，而 Mises 应力峰值远超出《木结构设计规范》(GB 50005—

2003)抗拉强度容许值。由此可知,在长期荷载作用下,正身顺梁在榫头位置很可能因拉、弯、剪承载力不足产生破坏。

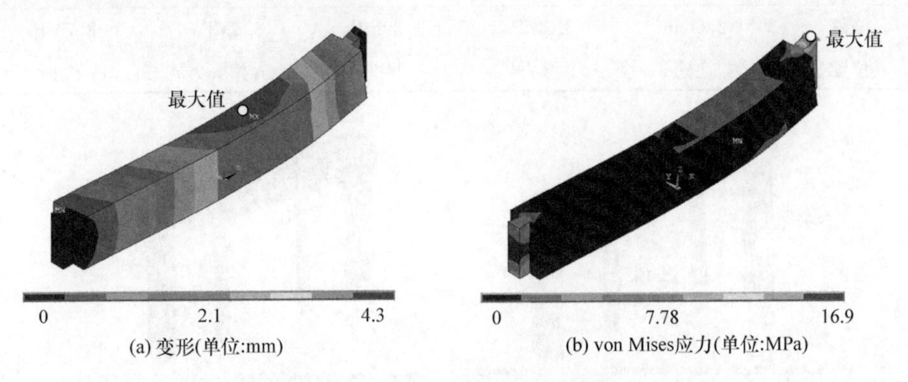

(a) 变形(单位:mm)　(b) von Mises应力(单位:MPa)

图 7-2-9　有限元分析结果(加固前)

3. 加固方案

由上述计算可知,顺梁榫头内力不满足《木结构设计规范》(GB 50005—2003)要求,因此有必要采取加固措施。在广泛的论证过程中,基本形成两种加固方案:第 1 种方案是对顺梁进行现状支顶,但由于支顶落在下部的天花枋上,因此还要对天花枋受扰动情况进行力学分析。第 2 种方案则是在顺梁下设置钢木组合体系进行加固,一方面改善顺梁受力状况;另一方面将顺梁上荷载传到童柱上去,这样使天花枋避免受力,从而不受扰动。下面对这两种加固方案进行讨论。

1) 方案 1

为改善榫头受力现状,在顺梁两端做抱柱支撑榫头,抱柱截面形状为矩形,截面尺寸为 0.4m×0.3m;另外,在顺梁中部设置两个木支顶,支顶直径 0.3m,距两端各 1.5m。附加抱柱和支顶均按竖向单铰考虑,相应计算简图如图 7-2-10 所示,通过计算获得的弯应力峰值、剪应力峰值及位置见表 7-2-5。基于方案 1 建立加固结构有限元模型并进行分析,获得部分峰值结果见表 7-2-5,其中 von Mises 应力及变形分布如图 7-2-11 所示。结果表明:方案 1 可降低顺梁的拉、弯、剪应力峰值,使之在《规范》容许的范围内。

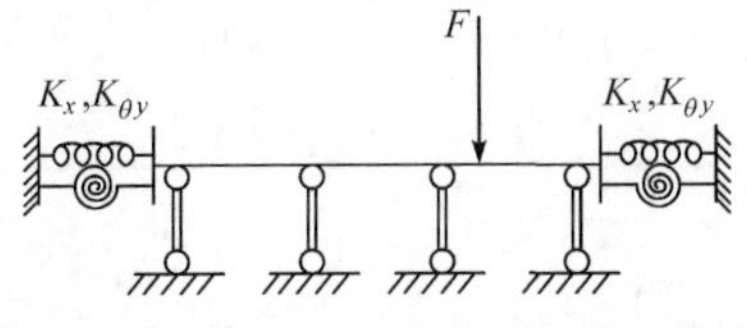

图 7-2-10　方案 1 计算简图

表 7-2-5　方案 1 变形及内力峰值

求解条件	变形	弯应力	剪应力	拉应力	压应力
峰值	2.6mm	3.3MPa	1.22MPa	5.8MPa	8.7MPa
位置	抱柱	榫头	榫头	榫头	榫头

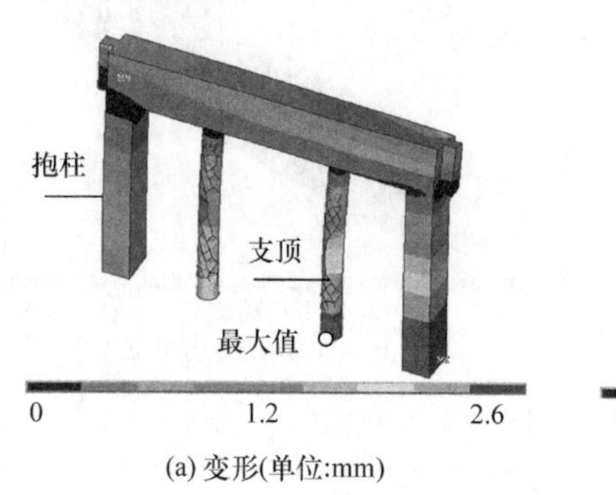

(a) 变形(单位:mm)

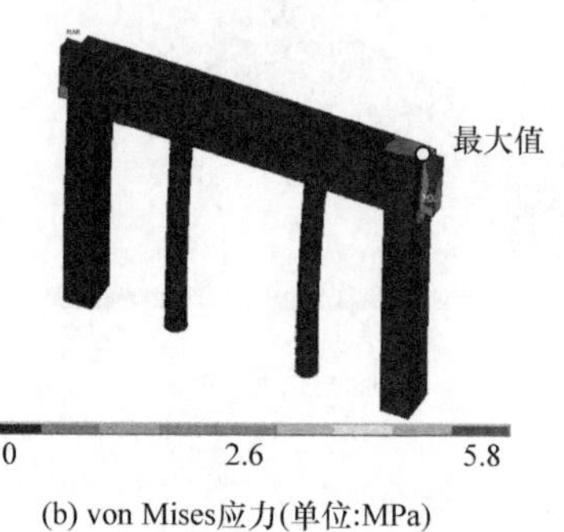

(b) von Mises应力(单位:MPa)

图 7-2-11　有限元分析结果(方案 1)

由于附加抱柱和支顶支撑在天花枋上[图 7-2-7(c)],因此需要对天花枋的受力情况进行分析。天花枋长同顺梁,截面形状为矩形,尺寸为 0.6m×0.43m,两端搭入天花梁长度 0.12m,除受到活载 $q=3\text{kN/m}^2$ 以外,还受到附加支顶传来的拉压力 F_1F_4,其受力简图如图 7-2-12 所示。经过计算分析,可得天花枋变形及内力峰值见表 7-2-6。由表可以看出,天花枋的主压应力及剪应力峰值均超过《木结构设计规范》(GB 50005—2003)容许值要求。由此可知,方案 1 虽然能够满足顺梁加固要求,但是很可能对天花枋榫头造成压剪破坏,因而具有一定的局限性。

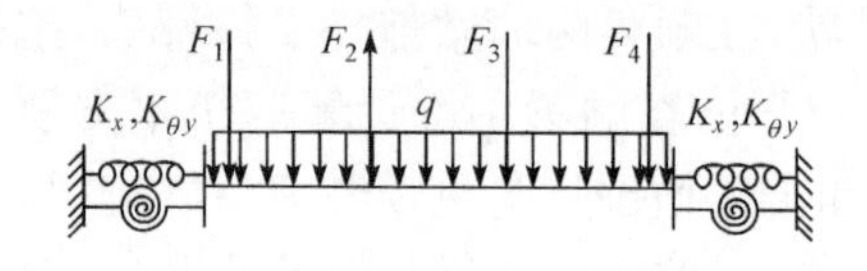

图 7-2-12　天花枋受力简图

表 7-2-6　天花枋变形及内力峰值

求解条件	变形	弯应力	剪应力	拉应力	压应力
峰值	5.3mm	11MPa	3MPa	7.8MPa	14.4MPa
位置	跨中	榫头	榫头	榫头	榫头

2) 方案 2

方案 2 由故宫博物院原副院长晋宏逵先生提出,其思路是采用钢木组合体系,如图 7-2-13 所示。该方案中,顺梁下由三根 0.3m×0.3m 的硬木松组成,类似龙门戗的结构作为支顶,横梁与斜戗采用钢板与螺栓连接固定。斜戗底部与童柱的固定方法为:在童柱底部设置钢箍,底部钢板一侧与钢箍焊牢,另一侧与斜戗下部用螺栓固定。由于顺梁传给龙门戗顶部的荷载通过两个斜戗传到童柱底端,为防止两根童柱底部因受力产生外张,通过设置花篮螺丝来对童柱进行拉结。为增加荷载作用端卯榫节点的抗剪能力,在该端设置抗剪角钢。该组合体系既能解决顺梁端部弯剪承载力不足的问题,又能保证对天花枋不产生任何扰动。

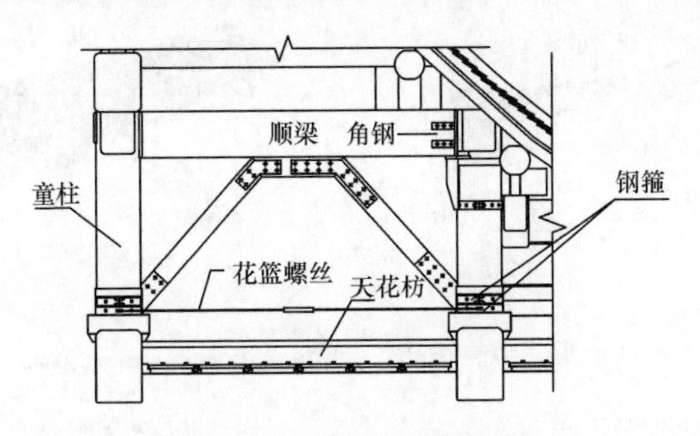

图 7-2-13　方案 2 示意图

经过计算分析,横梁的长度定为 1.3m。钢材选 Q235 钢,螺栓选 4.6 级 C 级螺栓。左斜戗选用 8M25 螺栓固定,右斜戗选用 16M25 螺栓固定,连接钢板厚度均选用 10mm。童柱底设钢箍两道,钢箍采用厚 10mm 钢板,高 120mm。每道钢箍用 4 个铆钉固定在童柱上,铆钉采用 BL3 号钢,Ⅰ类孔,铆钉直径 20mm,长 160mm。抗剪角钢选用 110mm×8mm,用 8 个铆钉固定。花篮螺丝则选用两根直径为 18mm 的 R235 钢筋加工制成。

基于方案 2 思路,建立顺梁受力计算简图如图 7-2-14 所示,其中龙门戗的边界条件考虑为铰支。建立钢木组合体系加固结构有限元模型,通过分析获得部分峰值结果见表 7-2-7,其中结构 von Mises 应力及变形分布如图 7-2-15 所示。结果表明,方案 2 也可降低顺梁的拉应力峰值、弯应力峰值、剪应力峰值,使之在《木结构设计规范》(GB 50005—2003)容许的范围内,而且斜戗设置在童柱下脚,利用童柱进行传力,对天花枋毫无扰动,对整个太和殿结构起到良好的保护作用。

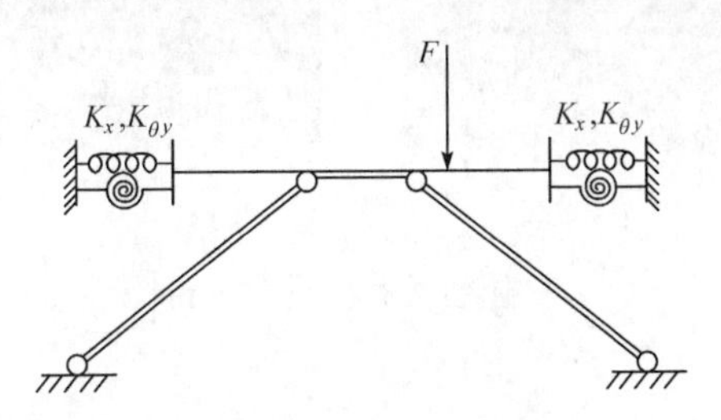

图 7-2-14　方案 2 计算简图

表 7-2-7　方案 2 变形及内力峰值

求解条件	变形	弯应力	剪应力	拉应力	压应力
峰值	2mm	11.7MPa	1.83MPa	3.85MPa	8.9MPa
位置	跨中	榫头	榫头	榫头	榫头

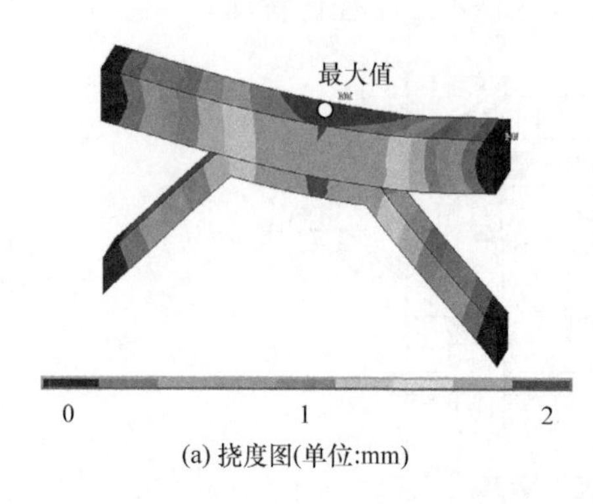

(a) 挠度图(单位:mm)

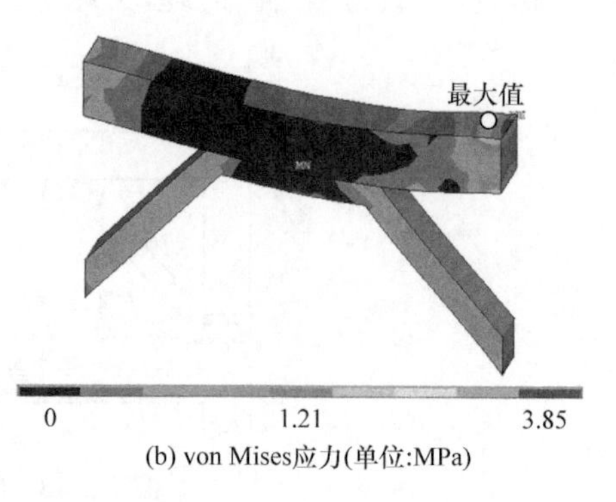

(b) von Mises应力(单位:MPa)

图 7-2-15　有限元分析结果(方案 2)

3）讨论

由以上分析可知，方案 1 虽然能减小顺梁的应力峰值，但由于对天花枋造成压剪破坏，还需对天花枋进行加固，因而适用性有限。方案 2 巧妙地采用钢木组合结构，将顺梁承担的部分荷载传到童柱，不仅有效地解决了顺梁榫头应力过大的问题，而且避免了用于天花枋的二次加固，符合对古建筑的最小干预原则，因而是一种可行的加固方案。图 7-2-16 为顺梁采取方案 2 加固施工后的照片。

(a) 整体

(b) 下脚

图 7-2-16　方案 2 加固

1. 顺梁；2. 童柱；3. 天花枋

4. 小结

（1）故宫太和殿三次间正身顺梁榫头下沉与该位置拉、弯、剪应力过大密切相关。

(2) 现状支顶方法虽然能解决顺梁内力问题,但是对天花枋产生扰动,因此具有局限性。

(3) 钢木组合体系加固方法符合文物保护原则,加固后的正身顺梁满足内力和变形容许值要求,因而该加固方法是切实可行的。

7.2.3　故宫太和殿明间藻井破坏原因分析

藻井作为太和殿主要装饰构件之一,位于太和殿明间天花顶部位,是室内天花重点装饰组成部分,是安装在帝王宝座或佛像顶部天花的一种“穹然高起,如伞如盖”的特殊装饰,具有非常强的装饰效果,如图 7-2-17(a)所示。

(a) 仰视图

(b) 井口趴梁裂缝

图 7-2-17　太和殿藻井

明清时期的藻井由上、中、下三层组成,最下层为方井,中间层为八角井,上部为圆井结构[6]。方井是藻井的最外层部分,四周通常安置斗拱。方井之上,通过使用抹角梁,正、斜套方,使井口由方形变成八角形。在八角井内侧角枋上贴有云龙图案的随瓣枋,将八角井归圆,形成圆井。圆井之上再置周圈装饰斗拱或云龙雕饰图案。圆井的最上方为盖板,盖板之下,雕凿蟠龙,龙头倒悬,口衔宝珠。

根据太和殿藻井的实际构造,可得出藻井的分层支撑做法有如下特点:

(1) 由下至上分层做法为:天花梁-长爬梁、短爬梁形成的方形井口-井口爬梁、抹角梁形成的八角井-圆井-盖板。

(2) 方形井口的斗拱和其他雕饰,是单独贴上去的,斗拱仅做半面,凭银锭榫挂在里口的方木上。

(3) 八角井外表的雕饰、斗拱均为另外加工构件附在八角井上。

(4) 圆井由一层层厚木板挖拼、叠落而成。

根据故宫博物院太和殿项目组提供的资料,太和殿蟠龙藻井整体下垂约 0.13m,支撑藻井的爬梁产生通裂缝。井口爬梁端部如图 7-2-17(b)所示。由图可知,该井口爬梁裂缝由藻井与爬梁相交处延伸至榫头,而且开裂位置已进行过加固。该藻井底部长宽均为 5.94m,由下至上高度分别为方井高 0.5m、八角井高 0.57m、圆井高 0.725m,下端支撑藻井的井口爬梁长 8.46m,截面尺寸 0.30m×0.36m,两端做半榫刻口搭在天花枋上。藻井材料除中部龙口的宝珠为类似玻璃外,均为木结构。

1. 模型建立

考虑藻井材料为硬木松,采用 ANSYS 有限元分析方法对藻井结构现状进行仿真分析,木材模拟方法同 7.2.1 节。根据藻井结构特点,将藻井盖板周圈的斗拱用等质量圆锥模拟。此外,由于藻井正中的宝珠材料质量很小,其密度类似玻璃,因此可用等质量圆柱进行模拟。该藻井承受的荷载主要为自重荷载+施工荷载(取值 $3kN/m^2$),半榫搭接按简支考虑,建立藻井模型如图 7-2-18 所示。

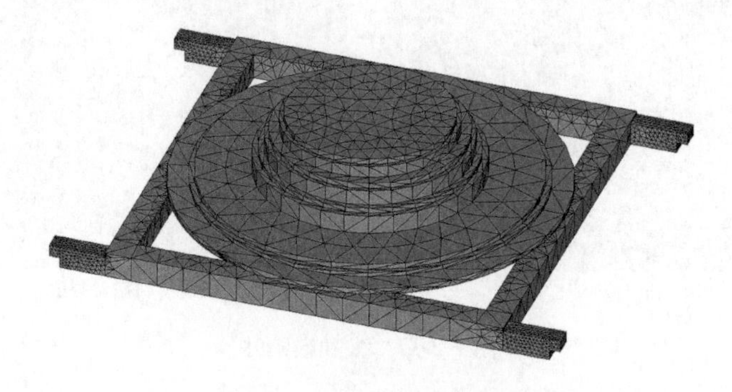

图 7-2-18　藻井有限元模型

在 ANSYS 程序建模过程中,藻井的方井和圆井部位有周圈斗拱,因为单元太小,ANSYS 无法进行网格处理,因此,将这些斗拱并入藻井重量中。此外,由于 ANSYS 程序分网建立计算模型的缘故,八角井部分自动圆化处理,成为类似于圆状有限元模型,这些并不影响分析结果。此外,建立有限元模型时,考虑两种工况,工况 1:不考虑木材弹性模量折减,即模拟藻井初始状态的条件;工况 2:考虑木材弹性模量折减 30%,即模拟藻井现状条件。在进行挠度对比分析时,考虑工况 1 和工况 2;在进行强度现状分析时,仅考虑工况 2。

图 7-2-19　藻井竖向变形分布
上为健康状态数据,
下为老化状态数据

2. 现状分析

1) 挠度分析

基于工况 1 和工况 2 分析结果,获得不同条件下藻井的竖向变形(挠度)分布,如图 7-2-19 所示,其中虚线以上数据反映工况 1 条件下的藻井变形，虚线以下数据反映工况 2 条件下的藻井变形。可以看出，藻井在初始状态下，竖向挠度最大值发生在中部，仅为 0.017m，符合《木结构设计规范》(GB 50005—2003)中的挠度容许值(0.024m)；工况 2 条件下藻井的最大挠度值位置仍然发生在中部，但达到 0.052m。这主要是因为在长期使用年限下，木材的弹性模量下降所致。由于该结果并非实测的 0.13m，下面将结合力学分析进一步研究藻井大挠度产生的原因。

2) 强度分析

木材强度取值与表 7-2-3 完全相同。基于工况 2 的分析结果，得到藻井的应力分布如图 7-2-20 和图 7-2-21 所示。由图 7-2-20 可知，藻井最大主拉应力发生在榫头部位，其值为 26.6MPa，小于强度折减后的木材顺纹抗拉强度容许值(37MPa)，即藻井不会产生受拉破坏；由图 7-2-21 可知，藻井最小主压应力发生在藻井与井口爬梁相交位置，绝对值为 31.8MPa，超过了考虑强度折减后的木材顺纹抗压强度容许值(17.6MPa)。因此，在长期荷载作用下，藻井与爬梁相交部位有可能发生局部受压破坏，导致井口爬梁产生开裂。

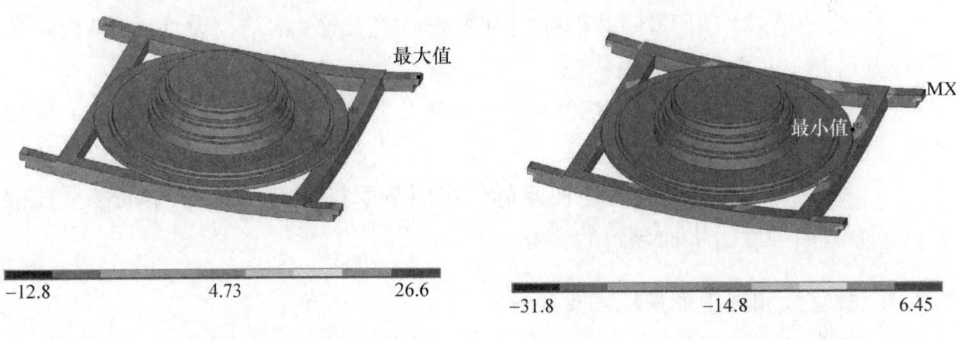

图 7-2-20　藻井主拉应力分布(单位：MPa)　　图 7-2-21　藻井主压应力分布(单位：MPa)

对井口爬梁按 BEAM188 单元进行有限元分析，解得井口爬梁最大剪力发生在榫头位置，其值为 67.3kN，在该位置剪应力为 1.87MPa，小于考虑强度折减后的抗剪强度容许值(3.85MPa)；井口爬梁最大弯矩发生在跨中截面，其值为 0.17×10^9 N · m，相应位置弯曲应力为 26.2MPa，超出考虑强度折减后的静力弯曲强度容许值(23.8MPa)。因此，在长期荷载作用下，井口爬梁还有可能因弯曲破坏而产生裂缝。

3) 加固措施

经计算讨论，采用 2 道 120mm×6mm 扁钢箍对井口爬梁进行加固，扁钢在梁底用直径为 20mm 的螺栓进行固定，以提高井口爬梁的抗压及抗弯承载力。加固后如图 7-2-22 所示。

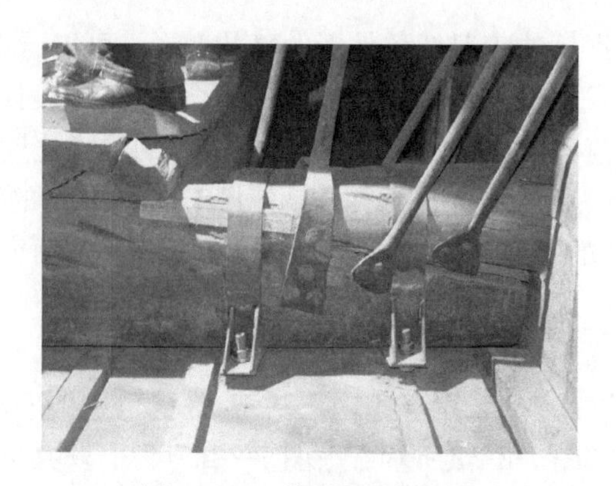

图 7-2-22 井口爬梁加固后

3. 小结

根据木结构材料特点，运用 ANSYS 仿真方法，分析了故宫太和殿藻井在长期荷载作用下产生破坏的原因。通过分析研究得出如下结论：

(1) 长期荷载作用下，藻井的强度和变形均超出了《木结构设计手册》规定范围，藻井已超过正常使用极限状态。

(2) 长期荷载作用下，木材弹性模量下降及井口爬梁开裂是导致藻井大挠度的主要原因。

(3) 井口爬梁开裂的原因是长期荷载作用下木材强度降低、爬梁局部受压强度及静力弯曲强度过大而导致的。

7.2.4 故宫太和殿山面扶柁木支顶分析

研究表明[14,15]，木构古建榫卯节点很容易产生拔榫、变形、下沉等问题，其产生原因主要与外力作用、榫卯节点构造、木材材料特性等因素有关，而采用扁铁打箍、支顶等方法可实现榫卯节点的有效加固。根据故宫博物院古建部太和殿项目组提供资料：太和殿两山童柱间扶柁木两端与童柱上皮的燕尾榫接口高差达 0.1m，固定扶柁木与童柱的铁片已变形、松动，扶柁木向外轻微歪闪。图 7-2-23 为山面扶柁木的结构现状照片。其中，画圈部分即为扶柁木端部与童柱上皮相交位置。由图可知，除扶柁木端部燕尾榫下沉外，扶柁木已加设支顶，而且材质较新，显然为后加。下面讨论支顶对减小该扶柁木端部下沉问题的影响。

1. 荷载计算

太和殿山面扶柁木长 11.22m，跨中截面尺寸为 505mm×625mm(宽×高)。由于无法通过现场测量方式获得扶柁木与童柱连接的燕尾榫节点具体尺寸，因此

图 7-2-23　故宫太和殿山面扶柁木

1. 扶坨木；2. 童柱

基于相关资料，榫长可按童柱直径的 3/10（童柱直径为 650mm）取值，榫头每面收乍尺寸按 1/10 榫长取值，则可得扶柁木根部截面尺寸为 160mm×625mm（宽×高），端部截面尺寸为 200mm×625mm（宽×高）。取山面扶柁木端部榫卯节点模拟方法及刚度参数取值与 7.2.2 部分完全相同，即 $K_x=1\times10^9$ kN/m，$K_{\theta y}=7\times10^{12}$ kN · m，其余值取 0。

此外，由于太和殿在正身和山面都是斜坡屋顶，因此，屋顶传来的荷载其实并未落在山面扶柁木上，而是落在与扶柁木正交的正身方向下金桁、下金垫板、下金枋上。扶柁木以上所有木构件及屋面自重及风、雪、活载全部传给正身，扶柁木仅受 1/3 山面范围内荷载及本身自重。荷载作用范围取 1/3 童柱承受荷载面积。基于太和殿山面屋顶构造特征及相关荷载规范，解得山面扶柁木受到的竖向荷载为 $q=1851.2$kg/m。本节主要讨论支顶对减小竖向荷载造成的扶柁木榫卯节点下沉影响，因而水平荷载暂不予考虑。基于上述假定，绘出扶柁木的受力简图，如图 7-2-24 所示，其中虚线以上表示支顶前，虚线以下表示支顶后。

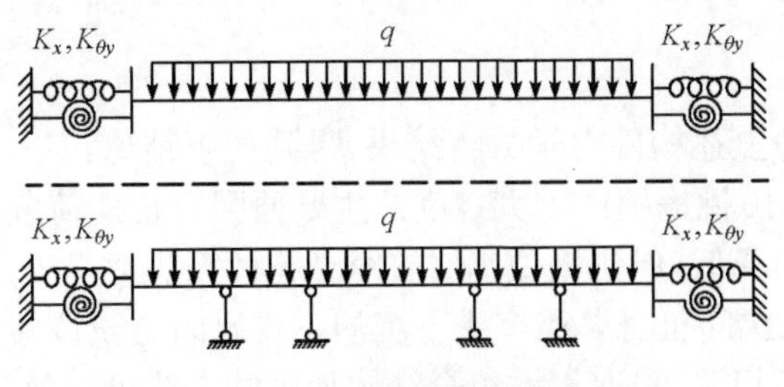

图 7-2-24　山面扶柁木受力简图

2. 计算结果

对扶柁木进行力学计算，获得扶柁木在支顶前后的弯矩与剪力分布结果，其中竖向分布如图 7-2-25 和图 7-2-26 所示。基于弯力峰值、剪力峰值及对应截面尺寸,可求得组合后的弯、剪应力峰值,见表 7-2-8 所示。可以看出支顶后扶柁木的内力和变形峰值都有不同程度的降低,扶柁木受力状态得到明显改善。

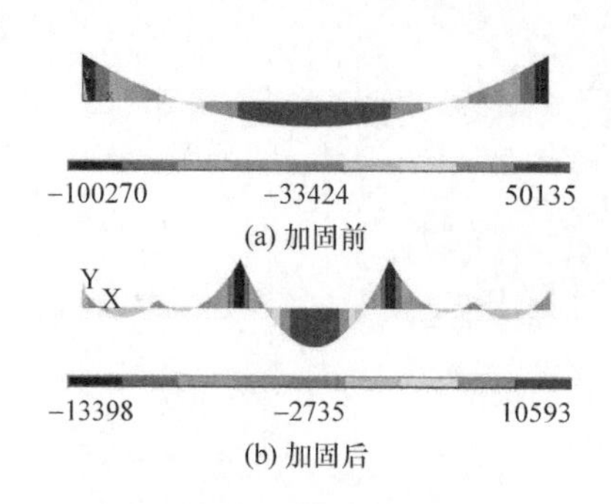

图 7-2-25 扶柁木竖向弯矩分布(单位:N·m)

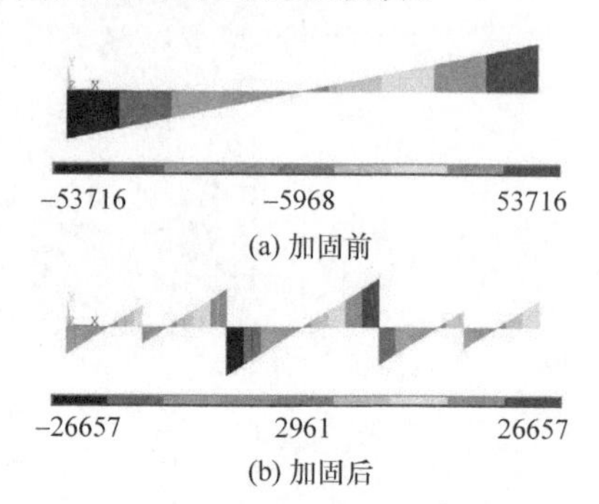

图 7-2-26 扶柁木竖向剪力分布(单位:N)

表 7-2-8 扶柁木变形、内力峰值及位置

求解条件	挠度	弯应力	剪应力
支顶	10mm,跨中	4.1MPa,跨中	0.4MPa,跨中
不支顶	60mm,跨中	23.1MPa,端部	1.82MPa,端部
支顶/不支顶	0.17	0.177	0.22

3. 小结

(1) 故宫太和殿山面扶柁木端部榫头下沉与该位置弯应力、剪应力大密切相关。

(2) 采取支顶加固方法可有效改善扶柁木的内力及变形分布,降低峰值。

7.2.5 结论

基于对太和殿上述构件力学分析结果,得到如下结论:

(1) 太和殿西山挑檐檩产生大挠度的主要原因是长期荷载作用下挑檐檩及斗拱支座弹性模量的降低,但挑檐檩仍属安全结构体系。

(2) 太和殿三次间正身顺梁榫头下沉的主要原因与该位置拉应力、弯曲应力、剪切应力过大密切相关,采取钢木组合结构加固的方法可有效实现该节点的加固。

(3) 太和殿明间藻井下沉的主要原因在于长期荷载作用下木材弹性模量下降及井口爬梁开裂,采取扁钢打箍的方法可有效解决该问题。

(4) 太和殿山面扶柁木端部榫头下沉与该位置弯应力、剪应力大密切相关,采取支顶加固方法可有效改善扶柁木的内力及变形分布,降低峰值。

参考文献

[1] ANSYS 中国. ANSYS 基本过程手册[R]. 北京：ANSYS 公司北京分公司，2000.
[2] 张大照. CFRP 布加固修复木柱、木梁性能研究[D]. 上海：同济大学，2003.
[3] 龙卫国，杨学兵，王永维. 木结构设计手册[M]. 3 版. 北京：中国建筑工业出版社，2005.
[4] 中国林业科学研究院木材工业研究所. 故宫太和殿木结构材质状况勘察报告[R]. 北京：故宫博物院，2005.
[5] 薛建阳，张鹏程，赵鸿铁. 古建木结构抗震机理的探讨[J]. 西安建筑科技大学学报，2000，32(1)：8－11.
[6] 马炳坚. 中国古建筑木作营造技术[M]. 北京：科学出版社，1992.
[7] 赵均海，俞茂宏，杨松岩，等. 中国古代木结构有限元动力分析[J]. 土木工程学报，2000，33(1)：32－35.
[8] Fang D P，Iwasaki S，Yu M H. Ancient Chinese timber architecture—Ⅰ：Experimental study [J]. Journal of Structural Engineering，2001，127(11)：1348－1357.
[9] Fang D P，Iwasaki S，Yu M H. Ancient Chinese timber architecture—Ⅱ：Dynamic characteristics[J]. Journal of Structural Engineering，2001，127(11)：1358－1364.
[10] 姚侃，赵鸿铁，葛鸿鹏. 古建木结构榫卯连接特性的试验研究[J]. 工程力学，2006，23(10)：168－172.
[11] 谢启芳，赵鸿铁，薛建阳. 中国古建筑木结构榫卯节点加固的试验研究[J]. 土木工程学报，2008，41(1)：28－34.
[12] 中华人民共和国住房和城乡建设部，中华人民共和国国家质量监督检验检疫总局. GB 50005—2017　木结构设计规范[S]. 北京：中国计划出版社，2018.
[13] 董益平，竺润祥，俞茂宏. 宁波保国寺大殿北倾原因浅析[J]. 文物保护与考古科学，2003，15(4)：1－5.
[14] 周乾，闫维明，纪金豹. 明清古建筑木结构典型抗震构造问题研究[J]. 文物保护与考古科学，2011，23(2)：36－48.
[15] 周乾，闫维明. 故宫古建筑结构可靠性问题研究[J]. 中国文物科学研究，2012，(4)：59－65.

第 8 章　结论与展望

本书采用理论、试验、数值模拟等相结合的方法，以故宫太和殿为例，研究了明清官式木构古建的力学性能与加固方法，得出以下结论。

(1) 从静力稳定构造角度来看，故宫太和殿柱子侧脚构造有利于太和殿结构保持几何不变体系；雀替、斗拱构造可减小梁枋的内力和变形；梁架构造可节省梁截面尺寸并扩大建筑空间；檩三件采用工字型截面，且檩截面采用金盘构造，有利于构件的合理使用。从结构现状安全角度考虑，重力及风荷载作用下，太和殿结构的内力、变形均在容许范围内。从抗震构造角度来看，太和殿布局合理，可避免扭转形式振动；基础处理技术有利于缓冲地震波向上部结构传递；柱底平摆浮搁可产生滑移减震效果；榫卯节点及斗拱分层构件的相互摩擦挤压有利于耗散地震能量；梁架低矮，可满足地震作用下的抗滑移及倾覆要求；屋顶厚重，可提高结构整体稳定性；墙体构造则有利于减小地震造成的木构架变形。8 度常遇地震作用下，结构保持稳定状态，且榫卯节点及斗拱构造有利于减震；因此，太和殿结构现状是安全的。

(2) ANSYS 程序可有效模拟木构古建模型，较全面地分析古建筑抗震性能，是一种切实可行的仿真分析方法。基于 ANSYS 数值模拟结果，可发现太和殿主振型以平动为主，且在水平向的振动关联很小；8 度常遇地震作用下，太和殿的变形和内力很小，可满足抗震要求；8 度罕遇地震作用下，太和殿的变形在容许范围内；不同工况条件下，不考虑墙体时太和殿模型的基本自振周期最大，不考虑榫卯连接时太和殿模型的自振周期最小；地震作用下，不同构造对减小太和殿结构位移响应的贡献程度大小顺序为：墙体＞榫卯节点＞斗拱＞侧脚＞厚重屋顶；不同构造对减小太和殿结构加速度响应的贡献大小顺序为：榫卯节点＞墙体＞斗拱＞侧脚＞厚重屋顶。8 度罕遇地震作用下，太和殿墙体易产生受力破坏，明间屋顶部位变形较大，但木构架整体完好，可满足"墙倒屋不塌"的要求。考虑嵌固墙体后，太和殿结构基频变大，在墙体部位的振动不明显；8 度常遇地震作用下，所选节点位移响应峰值明显减小，且在跨中位置加速度响应峰值明显增大；8 度罕遇地震作用下，太和殿结构变形峰值偏小，有利于避免木构架产生整体倾覆，但结构内力普遍增大。

(3) 水平低周反复荷载作用下，太和殿试验模型的榫卯节点加固前后均有良好的变形能力；CFRP 布加固节点承载力＞钢构件加固节点承载力＞扒钉加固节点承载力；CFRP 布加固节点耗能能力＞钢构件加固节点耗能能力＞扒钉加固节点耗能能力；CFRP布加固节点刚度退化＞扒钉加固节点刚度退化＞钢构件加固节点刚度退化。不同烈度地震波作用下，上述试验模型加固前后的基频(J)大小顺序为：J(钢构件)＞J(CFRP布)＞J(扒钉)＞J(未加固)，阻尼比(D)大小顺序为：D(未加固)＞D(扒钉)＞D(钢构件)＞D(CFRP布)；从构架位移响应峰值(u_{max})来看，u_{max}(CFRP布)＜u_{max}(钢构件)＜u_{max}(扒钉)；从构架加速度响应峰值(a_{max})来看，a_{max}(钢构件)＜a_{max}(CFRP布)＜a_{max}(扒钉)；从减震系数(β)来看，β(钢构件)＜β(CFRP布)＜β(扒钉)。建议扒钉用于小型木构架加固；CFRP布用于中小型木构架加固；钢构件用于中大型木构架加固。

(4) 竖向荷载作用下，太和殿一层斗拱的上部构件如坐斗、头翘易产生开裂、变形，头昂则易产生翘曲，而下部构件产生的破坏特征不明显；对于3种不同斗拱而言，极限承载力大小顺序为：柱头科＞角科＞平身科；极限变形及残余变形大小顺序为：平身科＞角科＞柱头科；延性大小顺序为：平身科＞柱头科＞角科；易破坏的程度为：柱头科＞平身科＞角科；一层溜金斗拱受到竖向荷载作用时，其秤杆后尾受力不大，且秤杆构造对减小斗拱整体内力具有一定的促进作用；太和殿斗拱的竖向刚度计算模型可用三折线段表示。

(5) 根据古建筑木结构不同的破坏症状，恰当选取传统或现代的加固方法均可有效提高古建筑木结构的力学性能。基于对太和殿某柱缩尺模型的竖向轴压试验，可发现传统铁箍法加固底部糟朽木柱后，由于铁箍对木柱的侧向约束作用，木柱的极限承载力可恢复约91.8%，延性性能可恢复约98.3%，水平极限应变恢复率约97.2%，竖向极限应变恢复率约84.1%，且加固木柱的刚度要大于完好木柱。由于铁箍材料与木材强度差别较大，使得加固后木柱的整体性能要低于完好木柱，因而加固效果有限。CFRP布墩接加固糟朽木柱柱根后，木柱极限承载力提高幅度约为0.2%～8.3%，延性性能恢复到完好木柱的104%～116%，水平极限压应变可恢复到完好木柱的109.6%～126.5%，竖向极限应变可恢复到完好木柱的108.6%～160.7%，且木柱进入破坏阶段的竖向刚度提高。因此，CFRP布墩接加固底部糟朽木柱柱根具有较好的效果。采用CFRP布包镶加固柱根后，木柱极限承载力可恢复81.4%～92.4%左右，延性性能恢复87.3%～95.8%左右，水平及竖向峰值压应变均有不同程度提高。CFRP布包镶层数为3层时，木柱柱根加固效果最明显，但加固后的木柱承载性能略低于完好木柱。

(6) 故宫古建筑结构的柱、梁、斗拱、榫卯节点、墙体等部位均易产生开裂、变形、糟朽等残损问题，并影响结构整体的稳定性能。上述问题产生的主要原因与木结构构造特征、木材材料特性、施工保养等因素密切相关。针对不同的残损问题，采取合理有效的加固方法，可减小或避免古建筑受到破坏。对于太和殿大修前发现的部分力学问题，西山挑檐檩虽然挠度较大，但强度满足要求，不需要加固；山面扶柁木下沉的原因是局部受弯强度不足，但已通过支顶解决该问题；正身顺梁榫头下沉的可能原因是材料老化，局部受拉、弯、剪强度不足，通过采用钢木组合结构进行了加固；藻井下沉的原因是木材老化，井口爬梁抗弯及抗压承载力不足，通过采用扁钢箍加固的方法进行了加固。

本书在研究太和殿的力学性能与加固方法方面仍存在一些不足。将来应着重以下两个方面研究：

（1）基于构件协同作用的太和殿抗震性能研究。基于理论与试验相结合的方法，研究太和殿柱础、榫卯节点、斗拱等构造协同作用对太和殿抗震性能影响，不同构造对太和殿结构整体抗震贡献的具体比例，构件破坏的先后顺序及对结构整体抗震性能影响等内容，以更加有效地探讨太和殿抗震机理，为我国明清官式木构古建的保护和研究提供理论参考。

（2）基于残损现状的木构古建抗震性能评估及加固方法研究。由于古建筑历经时间长久，在不同因素作用下不可避免地发生残损问题。以故宫太和殿为例，采取理论与试验相结合的方法，研究柱根糟朽、节点拔榫、斗拱松动、梁架歪闪等残损条件下太和殿结构整体抗震性能的变化，对残损现状的古建筑进行抗震性能评估，建立考虑结构损伤因素的精细化有限元模型。在此基础上，采用现代方法或对改进后的传统方法加固残损部位，探讨加固效果，实现对古建筑的更有效保护。

编 后 记

《博士后文库》(以下简称《文库》)是汇集自然科学领域博士后研究人员优秀学术成果的系列丛书。《文库》致力于打造专属于博士后学术创新的旗舰品牌,营造博士后百花齐放的学术氛围,提升博士后优秀成果的学术和社会影响力。

《文库》出版资助工作开展以来,得到了全国博士后管委会办公室、中国博士后科学基金会、中国科学院、科学出版社等有关单位领导的大力支持,众多热心博士后事业的专家学者给予积极的建议,工作人员做了大量艰苦细致的工作。在此,我们一并表示感谢!

《博士后文库》编委会